Einblicke 1

Materie | Natur | Technik

Baden-Württemberg

5. und 6. Schuljahr

von

Helmut Beck
Ulrike Herzer
Dietmar Kalusche
Bruno P. Kremer
Arthur Lang
Manfred Litz
Roland Ritter
Susanne Ruof

Ernst Klett Verlag
Stuttgart Düsseldorf Leipzig

Autoren
Dr. Helmut Beck
Ute Hajszan
Ulrike Herzer
Arthur Lang
Prof. Dr. Dietmar Kalusche
Dr. Bruno P. Kremer
Manfred Litz
Roland Ritter
Dipl. Päd. Susanne Ruof
Reinhard Werner
Alfred W. Schürmann
Josef Zeiss
Dr. Klaus Zintz

Unter Mitarbeit von
Agnes Becker
Christiane Becker
Jürgen Birkner
Prof. Dr. Karl-Heinz Gehlhaar
Jürgen Klarholz
Rose Rathmann
Christa Schönhauser
Gudrun Waiditschka
Rudolf Wastl-Mayrhofer

Berater
Günther Dreher
Peter Dünschede
Dieter Gühr
Rudolf Seibold
Helmut Spranger

Grafiken / Illustrationen
Conrad Höllerer
Karin Bartl
Jens-Peter Becker
Maria Becker
Wolfgang Behtke
Ottmar Frick
Waltraud Frick
Marianne Golte
Jeanne Kloepfer
Doris Neu
Annemirl Riehl
Johannes-Christian Rost
Wolfgang Melzer
Anina Westphalen
Julius Ecke
Rudolf Kostolnik

Umschlaggestaltung
normaldesign mit einem Foto von Viscom Fotostudio (Siegfried Schenk)

Gestaltungskonzept
normaldesign

Redaktion
Michael M. Ludwig
Alfred Tompert

Layout
Edmund Hornung

Vor der Durchführung eines Versuchs müssen mögliche Gefahrenquellen besprochen werden. Die geltenden Richtlinien zur Vermeidung von Unfällen beim Experimentieren sind zu beachten. Da Experimentieren grundsätzlich umsichtig erfolgen muss, wird auf die üblichen Verhaltensregeln und die Regeln für Sicherheit und Gesundheitsschutz beim Umgang mit Gefahrstoffen im Unterricht nicht jedes Mal erneut hingewiesen.

Einige Substanzen, mit denen im Unterricht umgegangen wird, sind als Gefahrstoffe eingestuft. Sie können in den einschlägigen Verzeichnissen nachgesehen werden.

Auch Schülerversuche sind nur auf Anweisung und unter Aufsicht der Lehrkraft durchzuführen.

1. Auflage 1 8 7 6 5 4 | 09 08 07 06 05

Alle Drucke dieser Auflage sind unverändert und können im Unterricht nebeneinander verwendet werden. Die letzten Zahlen bezeichnet jeweils die Auflage und das Jahr des Druckes.

Internetadresse: http://www.klett.de

Reproduktion: Meyle + Müller, Medienmanagement, Pforzheim
Druck: Aprinta, Wemding

Printed in Germany
ISBN: 3-12-113061-7

9 783121 130610

Wegweiser

2 | Stoffe

Kapitel 2 „Stoffe“: Eine Ziffer, ein wiederkehrendes Bild und der Kapitelname zeigen auf jeder Doppelseite das Kapitel an.

Merkmal

▶ Hier stehen wichtige Aussagen der Doppelseite.

64 | 65

Seitenangabe

Denkmal

Hier befindet sich das Aufgabenangebot der Doppelseite.

❶ Aufgabennummer

Die Aufgaben sind von leicht bis schwierig gegliedert.

Sonderseiten

Sonderseiten vertiefen und erweitern die Fachinhalte sowie die methodischen Fähigkeiten:

Lexikon

Werkstatt

Projekt

Ratgeber

Durchblick?

Durchblickseiten sind Kapitelabschlussseiten. Sie bieten Möglichkeiten zur Wiederholung und Selbstkontrolle.

Projekt-Tipp

Angebote und Anregungen zum projektartigen Arbeiten.

[2] **Bildnummer**

Bildnummer [2] bei den Abbildungen. **Bildverweise** im Text verweisen auf Abbildungen der gleichen Seite [2] oder auf Abbildungen auf anderen Seiten [125.2].

LV **Lehrerversuche**

Das Symbol LV kennzeichnet **Lehrerversuche**.

⚠ **Gefahrensymbol**

Ein **Gefahrensymbol** weist auf Gefahren bei Versuchen hin.

Versuche

Versuche sind in der Regel Schülerversuche.

Zusatzinformationen

Unter diesem Symbol und einer besonderen Überschrift stehen wichtige und interessante Zusatzinformationen.

Inhaltsverzeichnis

Inhaltsverzeichnis

Sicherheit im Fachraum

Beim ersten Besuch in einem Fachraum werden einige von deiner Klasse sofort die unbekannten Geräte und Maschinen ausprobieren wollen, andere halten sich eher zurück. Vielleicht stellst du dir auch die Frage: „Kann ich das überhaupt schaffen?"

Wie bei allen neuen Dingen wirst du bemerken, dass du beim langsamen Erlernen der Grundtechniken schnell geschickter wirst und du bald deine ersten Experimente selbstständig und sicher durchführen kannst. Ein erster Schritt ist es, dass du dich mit den Besonderheiten des Fachraumes vertraut machst.

Umgang mit Chemikalien

- *Gehe mit Chemikalien immer sorgfältig um.*
- *Benutze Pipetten und Spatel bei der Entnahme.*
- *Führe Geruchs- oder Geschmacksproben nur nach Aufforderung des Lehrers durch.*
- *Verwende kleine Mengen.*
- *Verschließe nach der Entnahme die Vorratsbehälter sofort.*
- *Entsorge die Chemikalien nach Anweisung.*

[1]

Arbeitsregeln

1. *Speisen und Getränke bleiben außerhalb des Fachraumes.*
2. *Arbeite genau nach den Anweisungen.*
3. *Halte die Arbeitstische frei: Nur das erforderliche Arbeitsmaterial befindet sich auf dem Platz.*
4. *Stelle die Geräte sicher auf und befestige sie, wenn nötig, an einem Stativ.*
5. *Verwende vorgeschriebene Arbeitshilfen und Sicherungsgeräte für deine Gesundheit, z. B. Schutzbrille, Haarnetz, Handschuhe, Schraubstock usw.*
6. *Bringe gebrauchte Geräte und Material wieder an ihren Platz zurück.*
7. *Reinige den Arbeitstisch ordentlich.*
8. *Wasche deine Hände.*

[2]

Sicherheit geht vor

Beim praktischen Arbeiten in den Fachräumen wird dir das Lernen richtig Spaß machen. Trotzdem ist es wichtig, dass du besondere Vorsichtmaßnahmen und Verhaltensregeln beachtest. Immer wenn du mit elektrischem Strom, mit Chemikalien und technischen Geräten umgehst, musst du dich selbst und deine Teampartner vor Unfällen schützen. Deshalb ist es am besten, wenn du gleich von Anfang an alle Sicherheitsregeln beachtest und einübst.

Sollte dennoch einmal etwas daneben gehen, so bleibt der Schaden meistens klein, wenn du richtig reagierst:

- Wenn dich etwa die Haut juckt, dann wasche sofort die Hände.
- Bei einem Unfall mit einem Elektrogerät betätigst du den Notausschalter.
- Und wenn etwa der Gasbrenner ausgehen sollte, schließt du das Ventil.
- Bei größeren Notfällen musst du so schnell wie möglich aus dem Gebäude herauskommen. Dazu musst du den Fluchtplan kennen.

Mehr über die einzelnen Sicherheitsvorkehrungen erfährst du, wenn du den Brenner- oder Bohrerführerschein machst. Melde jedoch alle Störungen sofort deinem Lehrer oder deiner Lehrerin.

[3] *Trage immer eine Schutzbrille, wenn du am Brenner arbeitest. Binde lange Haare z. B. mit einem Gummiband zusammen. Die Öffnung des Reagenzglases zeigt von dir weg. Halte dabei das Glas immer schräg.*

[4] *Wenn du mit einer gefährlichen Flüssigkeit arbeitest, dann trage immer eine Schutzbrille und arbeite stets mit einer Pipettierhilfe.*

Umgang mit Maschinen und elektrischen Geräten

- *Nach einer ausführlichen Einweisung weißt du, wie die Geräte angeschlossen und bedient werden.*
- *Andere Geräte darfst du nicht verwenden.*
- *Übergib ein scharfkantiges Werkzeug immer so, dass der Andere das Werkzeug am Griff zu fassen bekommt.*

[5]

[7] *Achte beim Arbeiten mit der Bohrmaschine auf Haarschutz (bei langen Haaren) und Schutzbrille (bei spröden Werkstoffen und Metall). Befestige das Werkstück gut.*

Solange du an der Maschine arbeitest, darf niemand die schwarz-gelbe Markierung übertreten. Zur Sicherheit soll jemand am Notausschalter stehen und dich beobachten.

Im Team geht's besser

Viele Aufgaben werdet ihr im Team bearbeiten. Damit alles gut funktioniert, merkt euch drei Regeln:

- Verteilt die Arbeit im Team so, dass jeder seine Stärken einsetzen kann.
- Arbeitet miteinander.
- Denkt daran, dass ihr für das Ergebnis gemeinsam verantwortlich seid.

[6] *Geruchsprobe: Fächle mit einer Hand vorsichtig die aufsteigenden Dämpfe zur Nase. Halte niemals die Nase direkt an die Flasche.*

Notfall-Checkliste

- *Wo ist die Feuerlöschdecke?*
- *Wo ist der Feuerlöscher?*
- *Wo ist die Augendusche?*
- *Wo ist das nächste Telefon?*
- *Wo ist der Erste-Hilfe-Kasten?*
- *Wo ist der Notausschalter?*
- *Was musst du tun, wenn dein Lehrer sich beim Experimentieren verletzt?*

[8]

[9] *Fluchtweg-Schild*

[10] *Notausschalter*

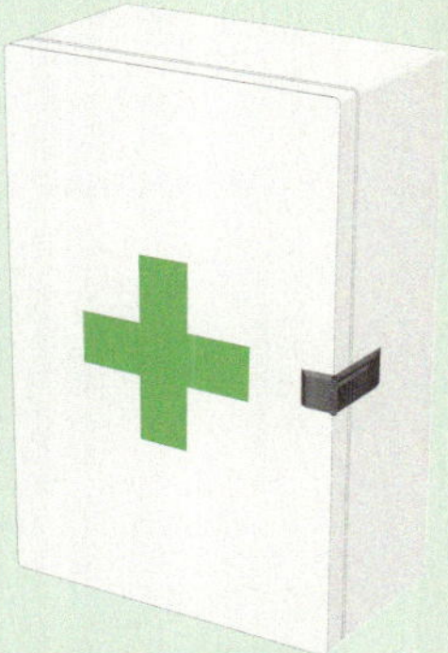

[11] *Erste-Hilfe-Kasten*

[12] *Augendusche*

[13] *Feuerlöscher*

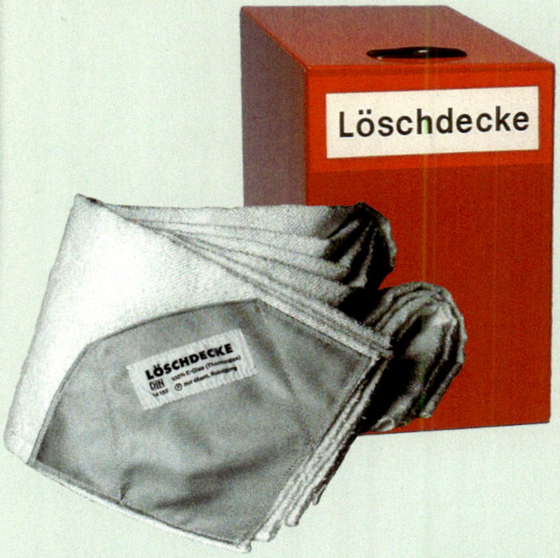

[14] *Feuerlöschdecke*

1 Erkunden, erkennen, ordnen

Ein winziges Bauteil in unserem Handy, ein ganzes Haus, Kleidungsstücke oder Süßigkeiten – alle Dinge, die uns umgeben, bestehen aus den unterschiedlichsten Materialien. Sogar wir selbst oder die Weinbergschnecke bestehen aus verschiedenen Materialien. Die winzige Kellerassel und der treuherzig blickende Hund haben etwas, was dem unbeweglichen Stein ebenso fehlt wie dem fließenden Wasser: Sie sind lebendig.

Lebewesen können zum Beispiel in die Gruppe der Pflanzen oder in die Gruppe der Tiere eingeordnet werden. Tiere lassen sich noch weiter sortieren: Tiere ohne Beine wie der Regenwurm, Tiere mit vier Beinen wie der Hund oder Tiere mit ganz vielen Beinen wie die Kellerassel. Auch tote Gegenstände und Materialien lassen sich wie in einem Regal in ein System einordnen.

Von den Dingen daheim

Wenn alle Dinge um uns in einer großen Unordnung wären, hätten wir es schwer, uns in unserer Umgebung zurechtzufinden. Daher ist es notwendig, in bestimmten Bereichen Ordnungssysteme einzurichten.

Nachdem Ayse mehrere Stunden ihr Zimmer aufgeräumt hat, zeigt sie es stolz ihrem Vater. Dieser ist entsetzt! Von Ordnung keine Spur: die Lieblingshose liegt neben der zitronengelben Bluse und den Socken mit den Punkten. Darunter stehen die alten Turnschuhe, die sie so gerne trägt.

[3] *Verwandtschaftsbeziehungen: Wer gehört zu wem?*

Ordnung ist das halbe Leben

Um Dinge ordnen zu können, muss man sie zuerst miteinander vergleichen. Dabei ist es wichtig herauszufinden, welche Gemeinsamkeiten und Unterschiede diese besitzen. Ordnet oder sammelt man nach der Gemeinsamkeit „Farbe", gehören zum Beispiel alle gelben Kleidungsstücke von Ayse in eine Schublade. Dagegen sind in Bekleidungsgeschäften Hosen, Pullis und Unterwäsche in verschiedenen Abteilungen zu finden. Darüber hinaus werden die Kleidungsstücke oft auch nach Marken geordnet. Sicher ist, dass sie immer nach Größen geordnet werden. Die Ordnung erleichtert uns das Einkaufen.

Die vielen Einwohner einer Stadt sind im Telefonbuch nicht nach der Straße, in der sie wohnen, oder nach ihrem Beruf geordnet. Das wäre zwar möglich und manchmal auch hilfreich, aber viel zu unübersichtlich. Um schnell eine Telefonnummer zu finden, ist es viel einfacher, nach dem Namen der gewünschten Person zu suchen. Die Namen sind nämlich nach dem Alphabet geordnet.

Findet man eine oder mehrere Gemeinsamkeiten, kann man verschiedene Dinge zu Gruppen zusammenfassen. Schokolade, Gummibärchen und Bonbons gehören zum Beispiel zur Gruppe der Süßigkeiten. Ist das große Warenangebot in Supermärkten, Baumärkten oder Gärtnereien nach Warengruppen geordnet, findet man sich beim Suchen schnell zurecht.

[1]

[2]

[1], [2] *Gegenstände werden in verschiedenen Systemen nach unterschiedlichen Merkmalen geordnet.*

Lebewesen ordnen

Ob Biene oder Gänseblümchen, Blauwal oder Mammutbaum – wir finden auf unserer Erde die unterschiedlichsten Lebewesen. Man teilt sie in größere und kleinere Gruppen ein, um sie besser unterscheiden zu können. Am einfachsten ist die Unterscheidung von Pflanzen und Tieren. Diese Einteilung kann noch weiter fortgeführt werden. Pflanzen können zum Beispiel weiter unterteilt werden in Bäume, Kräuter oder in Ge-

würzpflanzen, die in einem Kräutergarten wachsen.

Es wäre auch möglich, Tiere und Pflanzen nach ihrem gemeinsamen Lebensraum zusammenzufassen. Karpfen, Teichhuhn und Wasserläufer sowie die Seerose sind Bewohner des Lebensraumes Teich. Fledermaus und Amsel dagegen sind Bewohner des Lebensraumes Luft. Obwohl beide fliegen können und eine ähnliche Körperform haben, gehören sie bei genauem Betrachten verschiedenen Gruppen an. Fledermäuse sind Säugetiere, Amseln sind Vögel.

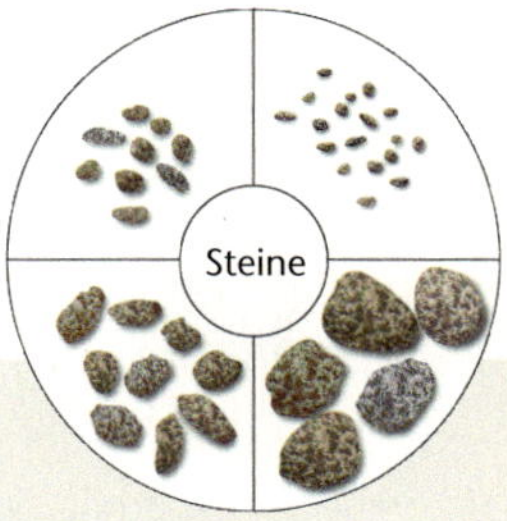

Ordnungssysteme

Augenfarbe	Mädchen	Junge
blau		
grün		
braun		
grau		

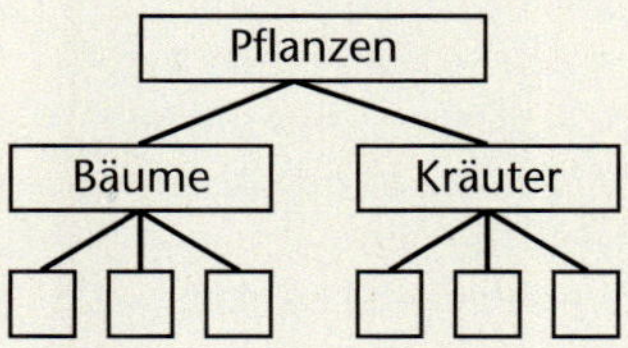

Obst	Gemüse
• Apfel	• Tomate
• …	• …
• …	• …

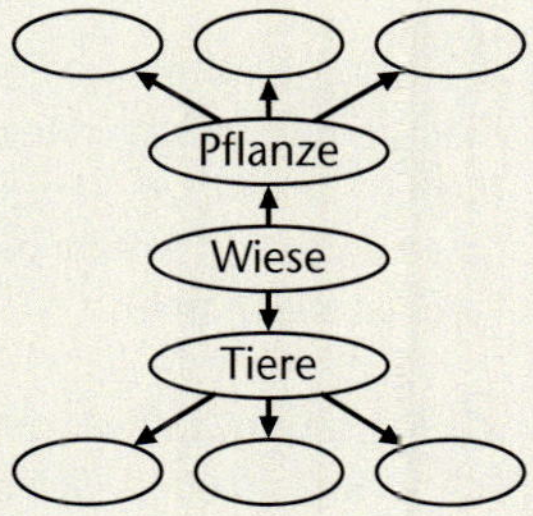

[4] *Ordnungssysteme lassen sich unterschiedlich darstellen.*

Merkmal

▶ Lebewesen und Gegenstände können nach verschiedenen Merkmalen geordnet werden.

▶ Verschiedene Ordnungssysteme zeigen Gemeinsamkeiten und Unterscheidungsmerkmale auf und dienen der Übersichtlichkeit.

Denkmal

❶ Vergleiche einen Vogel mit einer Stubenfliege. Nenne Gemeinsamkeiten und Unterschiede. Erstelle hierfür eine Tabelle.

❷ Versuche die Dinge in der Abbildung [3] zu ordnen. Nach welchen Merkmalen oder Gemeinsamkeiten ordnest du?

❸ Betrachte das Schrauben- und Nägelsortiment [1]. Überlege dir ein Ordnungssystem, in das sich alle Gegenstände aus dem Kasten einordnen lassen. Stelle das System übersichtlich dar.

❹ Wähle einen Baumarkt oder einen Supermarkt in deiner Nähe aus und untersuche dessen Ordnungssystem. Zeichne einen Orientierungsplan mit Beispielen.

❺ Auf einer Wiese findest du die unterschiedlichsten Lebewesen. Wie lassen sie sich ordnen?

❻ Stelle mit deinem Partner eine Sammlung von Dingen zusammen, welche einige gemeinsame Merkmale aufweisen. Beispiele: Steinesammlung, Federnsammlung, Samensammlung, Münzensammlung, Kakteensammlung, u. s. w.

Den Stoffen auf der Spur

Dinge, denen wir im Alltag begegnen, bestehen aus den verschiedensten Stoffen. Beim Vergleichen von Stoffen fällt auf, dass jeder Stoff ganz besondere Eigenschaften besitzt.

Ganz gleich, ob wir eine Hose anziehen, eine CD in den CD-Player einlegen oder ein gut riechendes Duschgel benutzen, wir gehen mit den unterschiedlichsten Gegenständen um. Wir benutzen jeden auf seine Weise und überlegen uns nicht lange, aus welchem Material er besteht.

Mit Stoffen haben wir immer zu tun

Eine Hose kann aus Wolle, Baumwolle oder Kunstfasern bestehen. Wichtig ist, für welchen Zweck wir sie brauchen. Stoffe aus Wolle sind weicher und wärmer als Baumwollstoffe. Für eine Sporthose, die stark beansprucht wird und schnell trocknen soll, eignet sich ein Stoff aus Kunstfasern. Nicht nur bei Kleidungsstücken spricht man von Stoffen. In der Naturwissenschaft meint man mit **Stoffen** die Materialen, aus welchen Gegenstände bestehen. Gegenstände können aus Stoffen wie Holz, Metall oder Kunststoff bestehen oder aus mehreren Stoffen zusammengesetzt sein.

Im Haushalt gibt es Stoffe mit unterschiedlichen Eigenschaften

Stoffe lassen sich aufgrund ihrer **Eigenschaften** beschreiben und unterscheiden. Ihre Eigenschaften bestimmen auch, welche Gegenstände man aus ihnen herstellen kann.

Tücher haben unterschiedliche Eigenschaften und verschiedene Verwendungsmöglichkeiten. Manche haben eine raue Oberfläche und werden zum Putzen benutzt. Andere sind sehr saugfähig und trocknen das Geschirr gut. Microfasertücher vereinen viele Eigenschaften: Sie säubern ohne Reinigungsmittel, sind sehr saugfähig und nehmen Schmutz und Staub gut auf. Getränke können wir in stabilen aber schweren Glasflaschen, leichten Kunststoffflaschen, gut stapelbaren Tetrapacks oder in Metalldosen kaufen. Werkzeuge aus Metall müssen hart und schlagfest sein.

Wissenschaftler und Techniker in großen Labors prüfen Stoffe auf ihre Eigenschaften und ihre Verwendbarkeit und entwickeln immer mehr neue Stoffe.

[1]–[5] *Verschiedene Stoffe mit unterschiedlichen Eigenschaften*

[1]

[2]

[3]

Versuche

1 Besorge dir einige Filmdöschen und fülle sie mit verschiedenen „Geruchsstoffen“ (Gewürze, Tees, Früchte, …). Lasse deine Mitschüler die Stoffe durch Riechen bestimmen.

2 Stelle eine Saftbar mit unterschiedlich schmeckenden Getränken her. Wer erkennt den Geschmack mit verbundenen Augen?

3 Metalle gehören zwar alle zu einer Stoffgruppe, aber sie unterscheiden sich in einigen Eigenschaften und Verwendungsmöglichkeiten. Untersuche verschiedene Metalle und beschreibe ihre Eigenschaften genau.

Beispiele: verschiedene Münzen, Schmuckgegenstände, Werkzeuge, Küchengeräte, Kupfer und Aluminium aus dem Chemieschrank

4 Übertrage den „Kreis der Eigenschaften“ [7] in dein Heft und untersuche damit einige Stoffe aus den Abbildungen. Entscheide dich für drei Stoffe aus eurem Badezimmer und untersuche sie auf dieselbe Weise.

Unsere Sinne können Stoffe unterscheiden

Wenn wir Stoffe unterscheiden und genau beschreiben wollen, können wir dazu unsere Sinne einsetzen. Mit den Augen erkennen wir das Aussehen, wie zum Beispiel die Farbe eines Stoffes. Mit der Nase und der Zunge stellen wir den Geruch und den Geschmack fest. Mit dem Tastsinn der Haut bestimmen wir durch Befühlen die Beschaffenheit eines Stoffes: Er kann sich zum Beispiel hart, weich, kalt, rau oder glatt anfühlen.

Stoffe mit ähnlichen Eigenschaften können auch in **Stoffgruppen** eingeteilt werden: Die Stoffe, aus denen ein Nagel, eine Münze oder ein Stück Kupferblech hergestellt werden, gehören zur Stoffgruppe der Metalle. Aus der Stoffgruppe der Kunststoffe werden zum Beispiel Kunststofftrinkflaschen, Rührlöffel, Handy-Gehäuse, Plastiktüten oder die Verpackung einer Schale Erdbeeren hergestellt.

[6] *Die gleiche Form, aber unterschiedliche Farbe und anderer Geschmack*

Merkmal

▶ Stoffe erkennt man an ihren Eigenschaften. Sie können mithilfe unserer Sinne unterschieden werden.

▶ Mit den Augen bestimmen wir Aussehen und Farbe eines Stoffes.

▶ Mit der Nase und der Zunge bestimmen wir den Geschmack und den Geruch ungiftiger Stoffe.

▶ Mit dem Tastsinn der Haut bestimmen wir die Beschaffenheit des Stoffes.

▶ Stoffe mit gleichen Eigenschaften werden in Stoffgruppen zusammengefasst.

Denkmal

❶ Welche Stoffeigenschaften können wir mit unseren Sinnen feststellen?

❷ Untersuche die Gegenstände aus deinem Mäppchen. Bestimme die Stoffe, aus denen sie gefertigt sind, und beschreibe ihre Eigenschaften und Verwendungsmöglichkeiten. Erfinde zur Darstellung deiner Ergebnisse eine ansprechende Form.

❸ In der Küche findest du unterschiedliche Tücher aus verschiedenen Materialien. Aus welchen Stoffen bestehen die Tücher, wofür eignen sie sich wegen ihrer Eigenschaften besonders gut?

❹ Was findest du im Internet über Microfasertücher heraus?

[4]

[5]

5 Entwickle einen Versuch: Wie kannst du einen Orangen- oder Zitronenduft selbst herstellen?

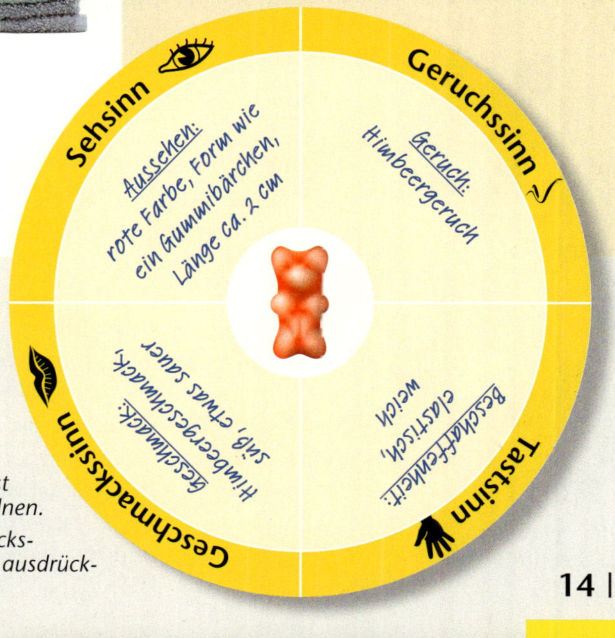

[7] *Mit dem „Kreis der Eigenschaften" kannst du einem Stoff seine Eigenschaften zuordnen.*
⚠ *Vorsicht bei Geruchs- und Geschmacksproben im Unterricht: Sie dürfen nur mit ausdrücklicher Erlaubnis durchgeführt werden.*

Dem Leben auf der Spur

Ein lebendiges Wesen unterscheidet sich von einem toten Stein. Es wächst, fühlt und vermehrt sich, ist in Bewegung und nimmt ständig Nahrung auf.

[1] *Die Henne beschützt und wärmt die Küken, ihre Nachkommen.*

[2] *Die junge Pflanze wächst aus dem Samen dem Licht entgegen.*

[3] *Spinnen bauen komplizierte Netze, um Beutetiere zu fangen.*

Silke trifft Thomas auf dem Schulweg. „Stell dir vor, ich habe gestern eine kleine Katze bekommen", erzählt sie freudestrahlend. „Getigert ist sie, hat samtweiche Pfötchen und ein wunderbar weiches Fell." Silke schwärmt weiter: „Sie schaut mich mit großen Augen an und schnurrt ganz laut, wenn ich sie streichle." Thomas ahnt, wie glücklich Silke über ihren neuen Hausgenossen ist. Seine Familie hat seit letztem Jahr einen Hund, einen schwarzgrauen Husky mit hellblauen Augen. Davon könnte er sofort eine Menge toller Geschichten erzählen.

Lebewesen

Silke und Thomas und alle ihre Mitmenschen fühlen sich als Lebewesen. Mona, Silkes neue Tigerkatze, und Harro, der Husky in der Familie von Thomas, gehören ebenso dazu wie die Tauben auf dem Marktplatz oder die Bienen auf den Blumen.

Die vierbeinigen Hausgenossen toben munter umher, freuen sich über ihr Futter und fühlen sich bei ihrer Familie zu Hause. Sie schlafen, träumen und atmen wie wir, spielen gerne, sind manchmal verärgert und können auch krank werden. Mona und Harro haben Haut und Haare, zwei Augen und Ohren, eine Nase und ein Maul. Tiere sind uns in vielen Merkmalen erstaunlich ähnlich.

[6] *Spielzeug-Wachhund*

Menschen sind besondere Tiere

Bei unseren Tieren fallen uns viele Körpermerkmale auf, die wir auch bei uns selbst vorfinden. Dennoch gibt es auch ganz besondere Unterschiede. Nur wir Menschen können über uns selbst und über die übrige Welt nachdenken. Wir können mehrere Sprachen sprechen, Bücher lesen, Bilder malen und Briefe schreiben. Manche spielen ein Musikinstrument oder bauen komplizierte Maschinen. Viele fahren Auto und bedienen Computer, einige fliegen sogar mit Raketen bis zum Mond.

Wie das Leben so spielt

Im Lauf der Zeit werden alle Lebewesen älter. Ihr Leben findet irgendwann ein natürliches Ende. Der Mensch stirbt, der Baum fällt von selbst um, und auch der bunteste Schmetterling geht einmal ein. Vor dem Tod vermehren sich jedoch die Lebewesen. Blumen und Bäume pflanzen sich durch Samen fort, Tiere ziehen ihre Jungen auf und auch

Merkmal

▶ Pflanzen und Tiere haben gemeinsame Merkmale, die sie als Lebewesen kennzeichnen. Sie wachsen, vermehren und bewegen sich, sie nehmen Nahrung auf und prüfen mit ihren Sinnen die Umwelt.

[4] *Die „Töchter" der Pflanzen heißen Ableger. Diese Jungpflanzen sichern den Fortbestand der Grünlilie.*

[5] *Menschen sind mehr als „nur" lebendig: Sie erfinden technische Geräte, sie unterhalten sich, sie unterscheiden sich in ihren Lebensgewohnheiten und ihrer Hautfarbe.*

die Menschen bekommen Kinder. So bleibt ihr Leben in ihren Nachkommen auf jeden Fall erhalten.

Um zu wachsen brauchen alle Lebewesen Nahrung. Pflanzen leben fast nur von Licht, Luft und Wasser. Schafe und Kühe stehen auf der Weide und fressen Gras, und auch die Katze braucht regelmäßig ihre Mäuse. Um die richtige Nahrung zu finden, verlassen sich die Tiere auf das Aussehen, den Geruch oder den Geschmack des Futters.

[7] *Ich bin mehr als nur ein Spielzeughund.*

Denkmal

❶ Lies dir den Text genau durch und nenne die fünf Merkmale eines Lebewesens.

❷ Begründe die folgende Aussage. „Damit ein Lebewesen ein Lebewesen sein kann, müssen alle fünf Merkmale des Lebens zutreffen."

❸ Wir Menschen gehören zu den Tieren. Dennoch gibt es Unterschiede zu ihnen. Erkläre.

❹ Welche Merkmale des Lebens werden in den Abbildungen **[1]–[4]** besonders deutlich?

Versuche

Ist die Kerze lebendig?
Zünde eine Kerze an und überprüfe die folgenden Sätze.

- Eine Flamme ist ständig in Bewegung.
- Wenn du sie anpustest, flackert die Flamme aufgeregt, sie ist also reizbar.
- An der Flamme kannst du eine andere Kerze anzünden und die Flamme vermehren.
- Stülpe ein Glas über die Kerze – es beschlägt mit Feuchtigkeit, und die Flamme erstickt. Ihr geht die Luft aus.
- Wenn du dich richtig ernährst, wirst du mit der Zeit immer größer. Die Kerze wird jedoch kleiner, je länger sie brennt.

[8]

Sammeln und ordnen

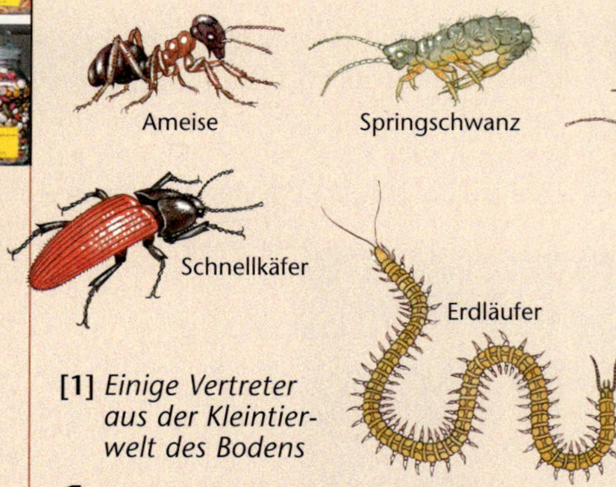
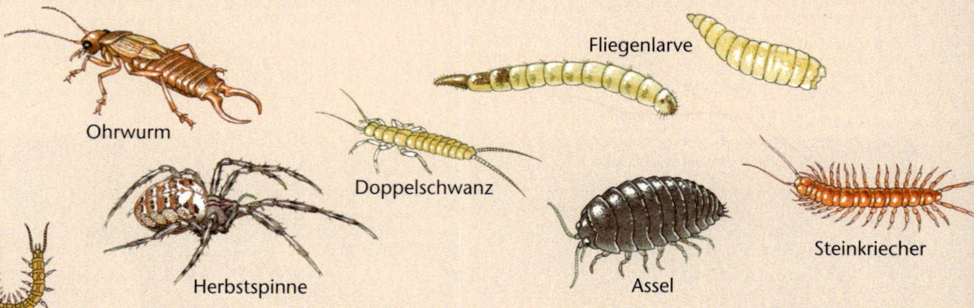

[1] *Einige Vertreter aus der Kleintierwelt des Bodens*

1 Unter die Lupe genommen

Mit einer Lupe entdeckst du Einzelheiten, die du mit bloßem Auge kaum sehen kannst. Eine Lupe ist wie ein Vergrößerungsglas, unter dem die Dinge bis zu 20mal größer erscheinen.

Gib je eine Messerspitze Salz, Mehl und Waschpulver in eine Petrischale und betrachte die drei Stoffe mithilfe einer Lupe ganz genau [2]. Beschreibe die Gemeinsamkeiten und Unterschiede. Fertige hierfür eine Tabelle an.

[2] *Die weißen Pulver sind mit bloßem Auge nur schwer zu unterscheiden.*

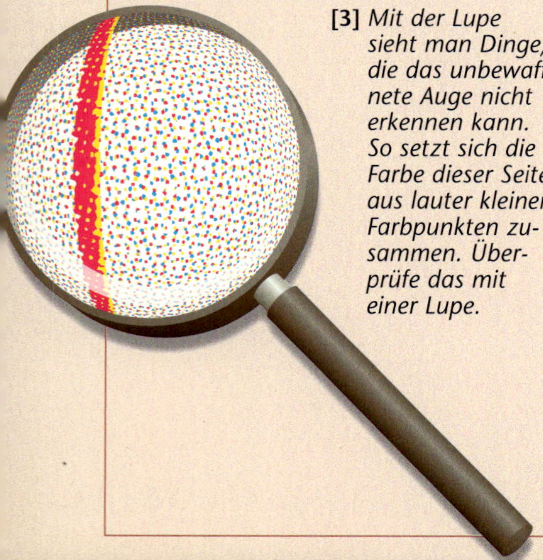

[3] *Mit der Lupe sieht man Dinge, die das unbewaffnete Auge nicht erkennen kann. So setzt sich die Farbe dieser Seite aus lauter kleinen Farbpunkten zusammen. Überprüfe das mit einer Lupe.*

2 Fingerabdrücke vergleichen

Auf der Innenseite der Hände bilden feine Hautleisten bestimmte Muster wie Schleifen, Bögen oder Wirbel.

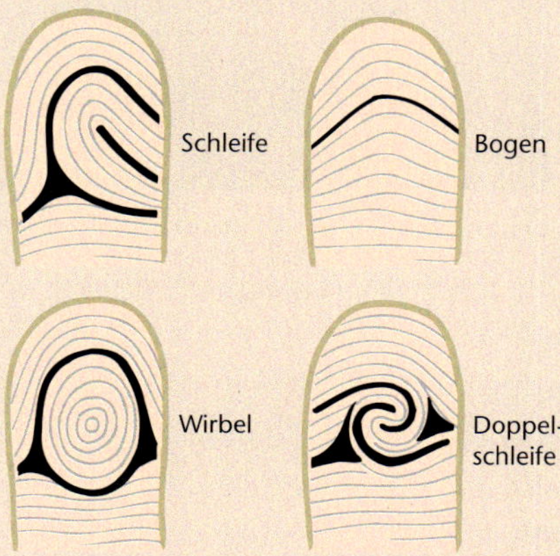

[4] *Fingerbeerenmuster sind einmalig und unverwechselbar.*

a) Zeichne deinen Daumen in natürlicher Größe einmal von oben und einmal von unten. Betrachte anschließend deinen Daumen von beiden Seiten unter der Lupe. Übertrage das Gesehene in die Umrisse.
b) Fertige mit Hilfe eines Stempelkissens einen Daumenabdruck an und vergleiche ihn mit dem deines Nachbarn.
c) Ordne deinen Fingerabdruck den Merkmalen der abgebildeten Mustern [4] zu und beschrifte deine Zeichnung.
d) Stelle fest, wie viele deiner Mitschüler auf ihrem Fingerabdruck Bögen, Schleifen oder Wirbel haben. Stelle deine Ergebnisse in einer Tabelle dar.
e) Die Polizei nimmt von Straftätern immer die Fingerabdrücke und sammelt diese in einer Kartei. Kannst du dir denken warum?

3 Gleich auf den ersten Blick

In den meisten Fällen reicht schon ein Blatt aus, um den Namen eines Baumes herauszufinden. Blätter unterscheiden sich nämlich in ihrer Größe und in ihrer Form.
a) Sammle auf dem Schulhof drei unterschiedliche Laubblätter und schaue dir die Blätter zunächst genau an. Stelle fest, welche Form das Blatt hat und fertige von jedem eine Umrisszeichnung an.
b) Betrachte den Rand des Blattes mit der Lupe und verfeinere deine Zeichnung.
c) Welche Merkmale aus den Abbildungen [5] lassen sich auf deine Blätter übertragen?

[5] *Die Blätter verschiedener Bäume zeigen auch unterschiedliche Blattformen.*

[7] *Eine Becherlupe eignet sich gut zum Beobachten von Kleintieren, da diese nicht flüchten können.*

4 Pflanzensammlung

Häufig vorkommende Pflanzen kann man sammeln, pressen und auf Papierbögen kleben. Eine solche Pflanzensammlung nennt man Herbarium **[6]**.

Für ein solches Herbarium braucht man: weißes Papier DIN A4, Schere, durchsichtige Klebestreifen, Klarsichthüllen, Zeitungspapier und möglichst schwere Bücher oder eine Pflanzenpresse **[90.8]**.

a) Sammle fünf unterschiedliche blühende Pflanzen. Notiere dir, wo und wann du die Pflanze gefunden hast.

b) Bildet in der Klasse vier Gruppen. Vergleicht eure getrockneten Pflanzen und ordnet sie nach selbstgefundenen Merkmalen. Stellt eure Pflanzensammlung den anderen Gruppen vor.

5 Die Bein-Uhr

a) Sucht unter Blättern und Steinen nach Kleintieren. Nehmt die gefundenen Tiere vorsichtig auf und gebt sie in eine Becherlupe **[7]**.

b) Betrachtet euren Fang unter der Lupe und fertigt auf ein Blatt in der Größe einer Postkarte eine Zeichnung an.

c) Ordnet nun alle Tiere, die ihr gefunden habt nach der Anzahl der Beine. Erstellt gemeinsam eine Bein-Uhr **[8]**.

d) Sucht in diesem Schulbuch nach weiteren Krabbeltieren und ordnet sie ebenfalls nach der Anzahl ihrer Beine der Bein-Uhr ein.

[6] *Eine Kornblume für´s Herbarium*

[8] *Kennt man erst einmal die Zahl der Beine, dann lassen sich diese „Krabbeltiere“ auch schnell einordnen.*

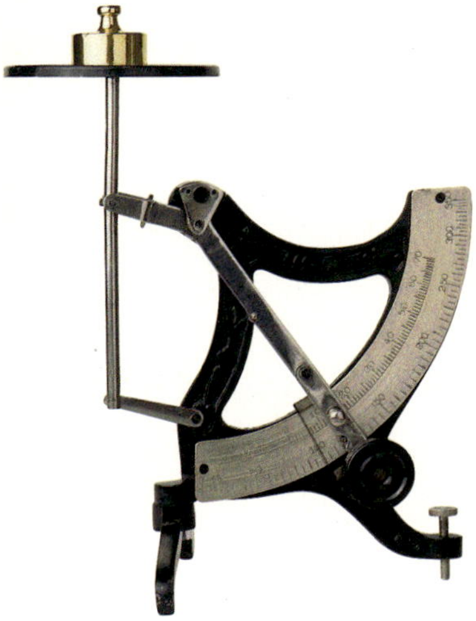

Bei jedem Atemzug, den wir machen, bei jedem Bissen in ein frisches Stück Obst, bei jedem Schluck, den wir zu uns nehmen: wir haben es immer mit Stoffen zu tun, ohne die wir gar nicht leben könnten. Was wir auch sehen, ertasten, schmecken und riechen – nichts als Stoffe. Dabei macht es keinen Unterschied, ob es sich um neue Jeans, einen Eisbecher mit

2 Stoffe

Früchten oder um einen gut gefüllten Einkaufswagen handelt, oder um die verschiedenen Stoffe in einer Goldwaschpfanne.

Die Gegenstände, mit denen wir alltäglich zu tun haben, werden aus unterschiedlichen Stoffen hergestellt. Die verschiedenen Stoffe lassen sich durch ihre Eigenschaften voneinander unterscheiden. Hierfür müssen wir sie genau untersuchen, messen und wiegen.

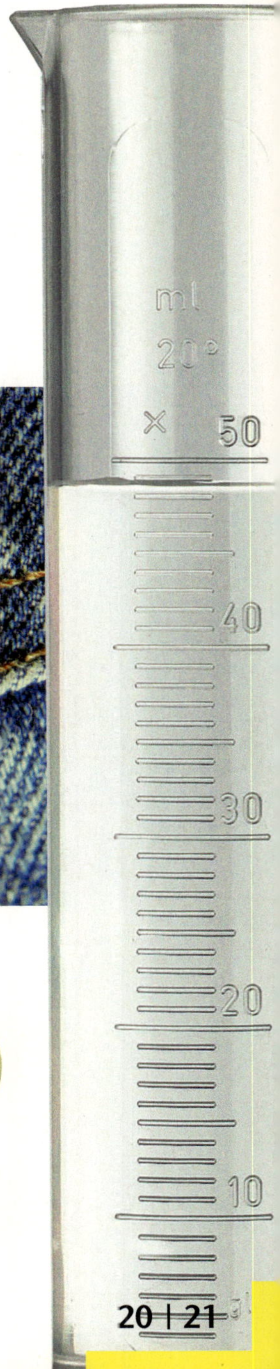

Groß, größer, wie groß?

Flüssige, feste und gasförmige Körper nehmen einen bestimmten Raum ein. Dieser kann verglichen, gemessen und berechnet werden.

[1] *In welchem Glas ist mehr Saft?*

Felix stellt seiner kleinen Schwester Anne und sich ein Glas Saft auf den Tisch. „Nein, ich möchte das große Glas, da ist nämlich mehr drin", quengelt Anne. Bereitwillig tauscht Felix. Er weiß, dass er in beide Gläser gleich viel Saft gefüllt hat.

Auf den Inhalt kommt es an

[2]

Um seiner Schwester zu zeigen, dass in beiden Gläsern die gleiche Menge Saft ist, holt Felix aus der Küche einen Messbecher [9]. Zuerst gießt er den Inhalt des schlanken hohen Glases in den Messbecher, markiert die Füllhöhe mit einem Filzstift und gießt den Saft ins Glas zurück. Ebenso verfährt er mit dem breiten niedrigeren Glas. Beide Filzstiftstriche stimmen überein. Nicht die Glasform, sondern der Inhalt ist entscheidend.

Volumen von Flüssigkeiten

Der Saft in den Gläsern nimmt einen bestimmten Raum ein. Diesen Raum bezeichnet man als Rauminhalt oder **Volumen.** Das Volumen von Flüssigkeiten bestimmt man am besten mit einem Messgefäß, zum Beispiel einem Messbecher. Eine Skala am Messbecher gibt das Volumen in der Einheit Milliliter an, am oberen Strich sind es meistens 1000 Milliliter (1000 ml) oder 1 Liter (1 l).

Auch feste Körper brauchen Platz

Felix füllt den Messbecher mit 500 ml Wasser und gibt vorsichtig eine Kartoffel dazu. Beide beobachten: der Wasserspiegel steigt auf 630 ml an. Die Kartoffel verdrängt genauso viel Wasser, wie sie selbst an Volumen besitzt. Felix berechnet die Differenz der beiden Messwerte und erhält als Ergebnis das Volumen der Kartoffel.

Jetzt hat Felix noch eine andere Idee, wie man das Volumen der Kartoffel bestimmen könnte: Wenn die Kartoffel genauso viel Wasser verdrängt, wie sie selbst an Volumen besitzt, dann müsste doch bei einem ganz gefüllten Messbecher genauso viel Wasser überlaufen. Felix stellt das Messgefäß in eine große Schüssel und füllt es bis an den Rand mit Wasser. Als er die Kartoffel hinzugibt, läuft das Wasser über und sammelt sich in der Schüssel. Anschließend gießt er das

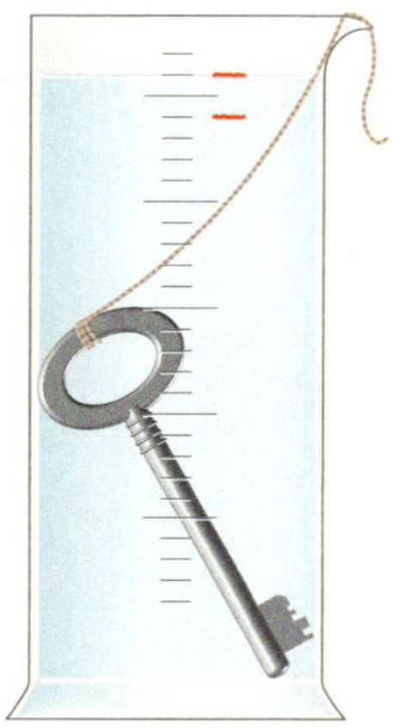

[3] *Differenzmethode*

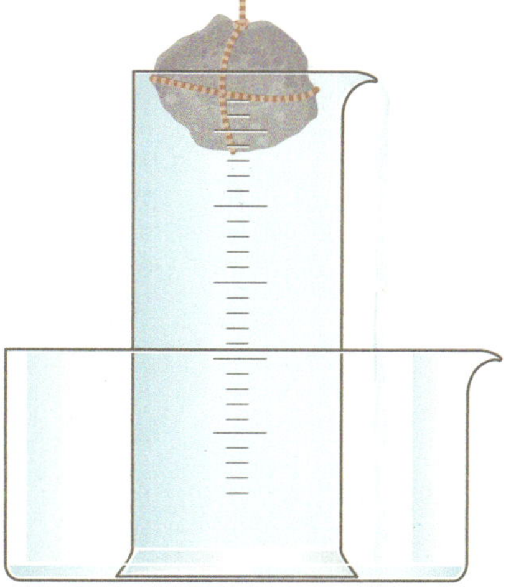

[4] *Überlaufmethode*

[5] *Welches Volumen hat der Tyrannosaurus aus Kunststoff?*

übergelaufene Wasser in einen Messbecher und stellt fest, dass dies dem Volumen der Kartoffel entspricht.

Felix kann das Volumen von festen Körpern also mit zwei Methoden messen. Man bezeichnet sie als **Differenzmethode** [3] und **Überlaufmethode** [4].

[6] *Auch gasförmige Körper nehmen einen Raum ein.*

Einheiten des Volumens

Ein Würfel mit der Kantenlänge von einem Zentimeter (cm), besitzt ein Volumen von einem Kubikzentimeter (cm^3), das ist genauso viel wie ein Milliliter (ml). Ein Würfel mit einer Kantenlänge von einem Meter (m) besitzt ein Volumen von einem Kubikmeter (m^3).

Ein Liter Wasser nimmt genau den Raum eines Würfels mit der Kantenlänge von einem Dezimeter (dm) ein. Das heißt, das Volumen von einem Liter entspricht einem Kubikdezimeter (dm^3).

Volumen berechnen

Das Volumen von regelmäßigen Körpern [8], zum Beispiel eines Würfels oder eines Ziegelsteins, lässt sich ganz einfach auch rechnerisch bestimmen. Man multipliziert die Länge mit der Breite und der Höhe des Körpers. Ein Spielwürfel besitzt eine Länge, Breite und Höhe von jeweils 2 cm. Sein Volumen beträgt 8 cm^3.

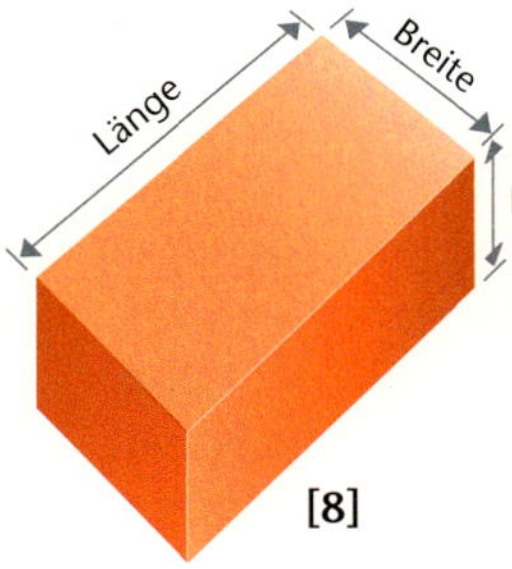

[8]

Merkmal

- Alle Körper nehmen einen bestimmten Raum ein. Diesen Raum bezeichnet man als Volumen.
- Das Volumen flüssiger Körper bestimmt man mit einem Messgefäß.
- Das Volumen fester Körper kann man mit der Überlaufmethode oder mit der Differenzmethode bestimmen.
- Das Volumen regelmäßiger Körper kann man berechnen.

Volumeneinheiten		
1 Kubikzentimeter	= 1 cm^3	= 1 ml
1 Kubikdezimeter	= 1 dm^3	= 1 l
1 Kubikmeter	= 1 m^3	= 1000 l
1 Milliliter	= 1 ml	= 1 cm^3
1 Liter	= 1 l	= 1000 cm^3

[7]

Denkmal

❶ Erkläre den Begriff Volumen.

❷ Wie kann man mit der Differenz- und Überlaufmethode das Volumen einer Kartoffel bestimmen?

❸ Welches Volumen hat die Kartoffel von Felix und Anne?

❹ Bestimme das Volumen eines Ziegelsteins. Seine Länge beträgt 24 cm, seine Höhe und Breite jeweils 12 cm.

❺ Wie viel Luft ist in deinem Klassenzimmer? Berechne es in l und m^3.

❻ Berechne das Volumen einer Milchpackung. Stimmt die Angabe auf der Packung mit deinem Wert überein?

❼ Wie könnte der Ehemann seiner Frau Erika die übergelaufene Badewanne „physikalisch" erklären [2]?

Versuche

1 Miss mit unterschiedlichen Messgefäßen [9] möglichst genau folgende Werte ab:
7 ml; 75 ml; 150 ml; 245 ml; 1 Liter

2 Ermittle das Volumen einer Kartoffel, eines Steines und eines Tischtennisballs mit der Differenzmethode [3] und der Überlaufmethode [4]. Fertige eine Versuchszeichnung an und übertrage deine Ergebnisse in eine Tabelle.

Überlege, was du tun musst, wenn der Körper schwimmt.

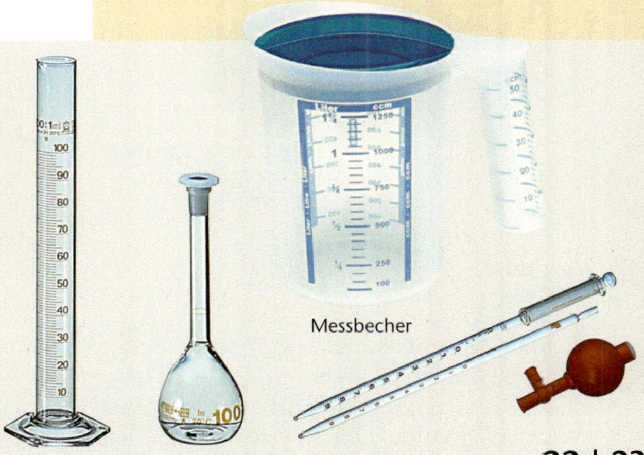

[9] *Unterschiedliche Messgeräte für Flüssigkeiten im Haushalt und im Labor*

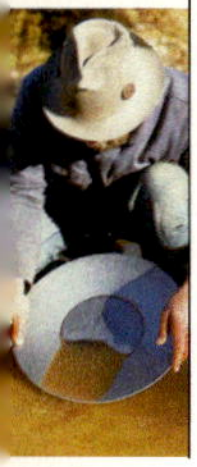

Schwer oder leicht?

Wenn wir Gegenstände mit einer Waage wiegen, bestimmen wir ihre Masse. Kleine Gegenstände können aber oft viel mehr wiegen als große – es kommt auf die Dichte an.

[1] *Verkäufer auf dem Markt benutzen statt der Tafelwaage oft eine Zeigerwaage. Im Supermarkt gibt es nur noch elektronische Digitalwaagen, in denen ein eingebauter Computer den Preis berechnet.*

Jeden Samstag geht Steffen mit seinem Vater auf den Markt, um frisches Obst einzukaufen. „Ein Kilo Äpfel, bitte" bestellt Steffen. Der Obstbauer legt in die eine Waagschale ein Kilogramm-Wägestück und in die andere Schale so viele Äpfel, bis die **Waage** im Gleichgewicht ist.

Massen im Vergleich

Alle Gegenstände haben neben dem Volumen eine weitere Eigenschaft, durch die man sie vergleichen kann: die **Masse.** In der Umgangssprache nennt man die Masse auch Gewicht. Hält man in der einen Hand drei Äpfel und in der anderen drei Birnen, so fällt es schwer durch Wiegen in der Hand festzustellen, ob die Äpfel oder die Birnen eine größere Masse haben. Dazu benutzt man eine Tafelwaage [2] oder eine Balkenwaage. Liegen auf beiden Waagschalen Körper mit gleicher Masse, so ist sie im Gleichgewicht.

Um Massen vergleichen zu können, hat man das **Kilogramm** als Einheit der Masse festgelegt. Für kleinere Massen wurde das Gramm und für größere Massen die Tonne eingeführt. Eine Tonne entspricht 1000 Kilogramm und ein Kilogramm entspricht 1000 Gramm.

Wie viel wiegst du?

Um das Körpergewicht, also die Masse des Körpers, zu bestimmen, benutzen wir Digitalwaagen. Auch in der Küche oder in den Obstabteilungen von Supermärkten sind diese heute nicht mehr wegzudenken. Bei vielen Briefwaagen wird die Masse der Briefe durch einen festen Zeiger auf einer Skala angezeigt.

Sind große Äste leichter als kleine Steine?

Ein Kilogramm Holz wiegt genauso viel wie ein Kilogramm Stein. Trotzdem würde jedes Kind sagen, dass Holz leichter ist als Stein. Legst du in die eine Waagschale einer Tafelwaage eine Stück Holz und in die andere Schale einen Kieselstein nach dem anderen, bis die Waage im Gleichgewicht ist, wirst du feststellen, dass das Volumen der Steine viel geringer ist als das des Holzstückes. Unsere Erfahrung, dass Steine eine größere Masse besitzen als Holzstücke, gilt also nur, wenn die Körper das gleiche Volumen haben.

[2] *Sind Äpfel schwerer oder leichter als Birnen?*

Versuche

1 Wiege eine Birne und einen Apfel genau mit unterschiedlichen Wägestücken aus und vergleiche die Massen. Welche Wägestücke hast du verwendet?

2 Wie viele Gramm Mehl nehmen das gleiche Volumen ein wie 250 g Salz?

3 Bestimme die Dichte eines Steines. Bestimme dazu sein Volumen und wiege seine Masse genau ab. Berechne dann die Dichte.

[3] *Groß aber leicht – klein aber schwer*

Auf die Dichte kommt es an

Um zu zeigen, dass Stein schwerer ist als Holz, müssen wir Körper wählen, die das gleiche Volumen haben. Hierfür eignen sich Würfel mit der Kantenlänge von einem Zentimeter, deren Volumen ein Kubikzentimeter beträgt [4]. Ein Vergleich zeigt, dass der Holzwürfel ungefähr 0,7 Gramm und der Würfel aus Stein etwa 2,8 Gramm wiegt. Die Masse eines Stoffes bei einem Volumen von einem Kubikzentimeter nennt man **Dichte.** Die Einheit der Dichte ist Gramm pro Kubikzentimeter (g/cm^3). Ein Eisenstück mit dem Volumen eines Kubikzentimeters hat eine Masse von 7,9 Gramm. Seine Dichte beträgt 7,9 g/cm^3.

Dichte von unregelmäßigen Körpern

Viele Gegenstände sind unregelmäßig geformt. Willst du ihre Dichte wissen, musst du zuerst mit einer Waage ihre Masse bestimmen. Ermittle anschließend ihr Volumen mit der Überlaufmethode oder mit der Differenzmethode. Die Dichte kannst du dann ganz einfach berechnen, indem du die Masse durch das Volumen teilst [5].

[4] *Gleich große Würfel aus verschiedenen Stoffen haben unterschiedliche Massen.*
Ein Holzwürfel, fünf Metallwürfel:
Al = Aluminium
Zn = Zink
Fe = Eisen
Cu = Kupfer
Pb = Blei

Rechenbeispiel:

250 cm^3 Wasser haben eine Masse von 250 g

250 cm^3 Wasser entsprechen 250 g
1 cm^3 Wasser entspricht 250 g : 250 cm^3 = 1 g/cm^3

Wasser hat also eine Dichte von 1 g/cm^3.

[5]

4 Miss in einem Küchenmessbecher [6] nacheinander 250 g Mehl, 250 g Zucker und 250 g Haferflocken ab und schütte die Lebensmittel auf drei Teller. Vergleiche die Größe der drei Haufen.

[6] *Vergleich: Zuckermasse = Mehlmasse?*

Merkmal

- Um die Masse eines Gegenstandes zu bestimmen, verwenden wir eine Waage.
- Die Einheiten der Masse sind: Gramm (g), Kilogramm (kg) und Tonne (t).
- Gleich große Gegenstände können sich in ihrer Masse unterscheiden – sie haben eine unterschiedliche Dichte.
- Die Dichte gibt an, welche Masse 1 Kubikzentimeter eines Stoffes hat.
- Die Einheit der Dichte ist 1 g/cm^3.

Stoff	Dichte in g/cm^3	Stoff	Dichte in g/cm^3
Gold	19,3	Salatöl	0,9
Eisen	7,9	Spiritus	0,8
Glas	2,5	Holz	0,7
Beton	2,0	Styropor	0,04
Wasser	1,0		

[7]

Denkmal

❶ Welche Masse hat ein Liter Wasser?

❷ Eine große Packung Müsli hat eine Masse von 5 kg. Wie viel Gramm sind das?

❸ Vergleiche das Volumen und die Masse von einem Kilogramm Styropor und einem Kilogramm Eisen.

❹ Wie kannst du den Begriff Dichte erklären? Verwende dazu ein geeignetes Beispiel.

❺ Erkläre, warum 500 g Mehl ein größeres Volumen haben als 500 g Zucker.

❻ Begründe: Warum schwimmt Salatöl auf Wasser? (Tipp: Schaue in der Tabelle [7] nach.)

❼ Ein Radiergummi hat eine Masse von 30 g und ein Volumen von 25 cm^3. Berechne die Dichte des Radiergummis.

Zustände sind das!

Viele Stoffe kommen in drei unterschiedlichen Zustandsformen vor. Ob ein Stoff fest, flüssig oder gasförmig ist, hängt von seiner Temperatur ab.

Solche Zustände: 3-mal derselbe Stoff.
[1] *Wolken: Wasserdampf kondensiert, Wassertröpfchen türmen sich auf.*
[2] *Wellen: Flüssigkeit mit großer Kraft*
[3] *Eisberge: Festes Wasser schwimmt auf flüssigem Wasser.*

[1]

[2]

Ein schwülheißer Sommertag: In der Ferne ziehen schwarze Wolken auf, und man hört das dunkle Grollen des Donners. Zuerst regnet es nur ein wenig, doch plötzlich beginnt es zu hageln. Nach kurzer Zeit ist der Boden übersät mit Hagelkörnern. Gut, dass sie nach wenigen Minuten schmelzen. Über dem Boden, der die Hitze des Tages gespeichert hat, steigt Dampf auf.

Zustandsformen des Wassers

Wasser bedeckt weit über die Hälfte der Erdoberfläche. Jedoch kommt es nicht nur flüssig vor. Unterschiedliche Temperaturen bestimmen die Zustandsform des Wassers auf unserer Erde. In Seen, Flüssen und Meeren ist das Wasser eine Flüssigkeit, Schnee und Eis in den kalten Regionen sind ein Feststoff.

Auch zwischen dem flüssigen Wasser und den Wolken am Himmel besteht eine Beziehung. Die Sonne lässt durch ihre Wärme das Wasser als Wasserdampf von der Wasseroberfläche aufsteigen, das Wasser verdunstet. Am Himmel bilden sich daraus winzige schwebende Wassertröpfchen. Diese sammeln sich zu Wolken, aus denen das Wasser wieder als Regen auf die Erde fällt.

Wasser kommt also **fest, flüssig** und **gasförmig** vor. Eis ist Wasser in festem Zustand, Regen ist Wasser in flüssigem Zustand und Wasserdampf ist Wasser in gasförmigem Zustand. Die drei Zustandsformen fest, flüssig und gasförmig werden auch als **Aggregatzustände** bezeichnet.

[4] *Im Erdinneren herrschen so hohe Temperaturen, dass auch Gestein flüssig ist. Bei Vulkanausbrüchen tritt das flüssige Gestein als Lava ans Tageslicht und erstarrt dort.*

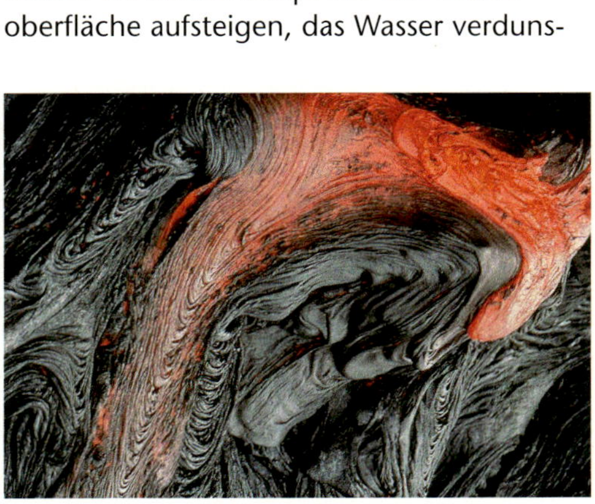

Aggregatzustände können sich ändern

Erhitzt du vorsichtig etwas Wasser in einem Becherglas oder in einem Kochtopf, so beginnt es nach einiger Zeit zu brodeln und zu kochen. Das Wasser **siedet**, Wasserdampf steigt auf. 100 °C (100 Grad Celsius) ist die **Siedetemperatur** des Wassers. Bei dieser Temperatur geht flüssiges Wasser in Wasserdampf über, es verdampft. Es ändert also seine Zustandsform von flüssig nach gasförmig. Hältst du nun eine Glasscheibe über das siedende Wasser, kühlt der Wasserdampf daran ab und Wassertröpfchen werden sichtbar. Der gasförmige Wasserdampf ist wieder zu einer Flüssigkeit geworden, er ist **kondensiert.**

Gibst du Wasser in einen Eiswürfelbehälter und stellst diesen in den Gefrierschrank, so erhältst du Eiswürfel. Das Wasser ist gefroren und zu Eis erstarrt. 0 °C ist die Gefriertemperatur des Wassers, bei der das Wasser vom flüssigen in den festen Zustand über-

[3]

geht. Lässt du die Eiswürfel im Zimmer liegen, schmelzen sie, und das Eis wird wieder zu flüssigem Wasser. Die **Schmelztemperatur** ist ebenfalls 0 °C, sie ist immer gleich wie die Gefriertemperatur.

Fest, flüssig, gasförmig

Nicht nur Wasser, sondern die meisten Stoffe kommen in verschiedenen Zustandsformen vor. Ein bestimmter Stoff hat eine ganz bestimmte Schmelztemperatur und eine Siedetemperatur.

Zum Frittieren wird oft Fett verwendet, das bei Zimmertemperatur fest ist. Erst durch Erwärmen schmilzt es. Fast alle Metalle sind bei Zimmertemperatur fest und haben eine sehr hohe Siedetemperatur und Schmelztemperatur. Um Eisen zum Schmelzen zu bringen, muss man es auf über 1 500 °C erwärmen. Zinn schmilzt schon bei etwa 230 °C und wird deshalb zum Löten verwendet.

[5] *Zinn schmilzt bei etwa 230 °C und wird zum Löten verwendet.*

Merkmal

▶ Stoffe kommen in drei Zustandsformen vor: fest, flüssig und gasförmig. Diese Zustandsformen werden auch als Aggregatzustände bezeichnet.

▶ Bei der Schmelztemperatur geht ein Stoff vom festen in den flüssigen Zustand über, er schmilzt.

▶ Bei der Siedetemperatur geht ein Stoff vom flüssigen in den gasförmigen Zustand über, er verdampft.

Denkmal

❶ Wie nennt man die Übergänge zwischen den Zustandsformen: fest – flüssig, flüssig – gasförmig, gasförmig – flüssig, flüssig – fest?

❷ Nenne je drei feste, flüssige und gasförmige Stoffe, die du kennst.

❸ Schlage in einem Lexikon nach, wie hoch die Siedetemperaturen von Eisen, Gold, Zinn und Alkohol (Spiritus) sind.

❹ Ordne die Zustandsformen des Wassers in die richtige Reihenfolge. Verwende die Begriffe: fest – flüssig – gasförmig – flüssiges Wasser – Wasserdampf – Eis – schmelzen – erstarren – verdampfen – kondensieren.

❺ Warum wird im Winter dem Scheibenwischwasser im Auto ein Entfrostmittel oder auch Spiritus zugesetzt? Informiere dich an Tankstellen über die Mischungsverhältnisse für unterschiedliche Temperaturen.

Versuche

1 ⚠ Gieße in eine Petrischale einige Tropfen Spiritus (Alkohol). *(Achtung: Brandgefahr!)* Beobachte was geschieht. Erkläre deine Beobachtung.

2 ⚠ „Wasser siedet bei 100 °C." Überprüfe diese Feststellung mit einem Versuch. *(Achtung: Spritzgefahr! Vergiss die Siedesteinchen nicht.)*

Lies die Temperatur in regelmäßigen Abständen ab und trage die Werte in eine geeignete Tabelle ein **[165.10]**. Zeichne nach Versuchsende die Werte in ein Diagramm ein **[165.11]**, **[165.12]**.

3 Erwärme 3 g Frittierfett in einem Reagenzglas im Wasserbad **[29.5]** auf ca. 80 °C. Wie hoch ist die Schmelztemperatur? Bei welcher Temperatur erstarrt das Fett wieder?

4 ⚠ Zu Silvester gibt es den Brauch des Zinngießens. Erhitze etwas Zinn in einem Verbrennungslöffel und gieße das flüssige Metall in kaltes Wasser **[6]**. *(Achtung: Spritzgefahr!)* Zeichne den Versuch und erkläre ihn.

[6]

Erhitzen

Bei vielen Versuchen benötigst du eine Wärmequelle. Im Labor benutzt man dazu häufig einen Gasbrenner.

Damit du den Gasbrenner sicher bedienen kannst, musst du wissen, wie er im Prinzip funktioniert: Aus einem Vorratbehälter oder aus der Gasleitung strömt ein brennbares Gas in ein Mischrohr. Hier vermischt sich das Gas mit Luft. Das Gas-Luft-Gemisch wird entzündet.

[1] *Leuchtende Flamme, heizende Flamme, rauschende Flamme*

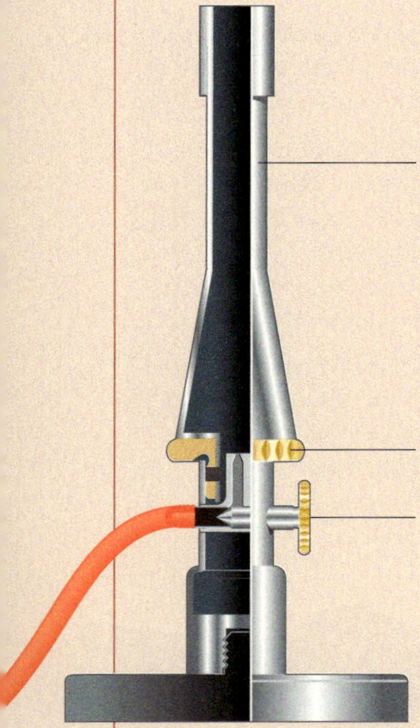

[2] *Gasbrenner*

Luft und Gas ergeben eine hitzige Mischung

Es gibt drei unterschiedliche Flammentypen, je nachdem wie weit die Luftregulierung geöffnet ist. Ist die Luftregulierung geschlossen, leuchtet die Flamme gelb und ist nicht so heiß. Man spricht von der rußenden **„leuchtenden Flamme"**. Wird dagegen die Luftregulierung geöffnet und damit mehr Luft angesaugt, ist die Flamme bläulich und heißer. Diese schwach bläuliche, wenig leuchtende Flamme nennt man **„heizende Flamme"**. Wenn dann die Luftregulierung noch weiter aufgedreht wird, ist ein rauschendes Geräusch zu hören. Als **„rauschende Flamme"** wird dieser Flammentyp bezeichnet.

Erhitzen kann man lernen

1 Schließe den Gasbrenner fest an die Gasversorgung des Tisches an. Sorge für einen festen Stand des Brenners auf der Unterlage.

Prüfe, ob die Luftregulierung geschlossen ist und schließe sie falls nötig. Setze eine Schutzbrille auf und halte Streichhölzer oder einen Gasanzünder bereit. Öffne zuerst die Gasversorgung des Tisches, dann, falls vorhanden, den Gasregler, und entzünde das ausströmende Gas. Beim Kartuschenbrenner [7] schließt du die Luftregulierung, öffnest den Gasregler und entzündest sofort das Gas.

Zum Löschen des Brenners schließt du zuerst die Luftregu-

Auf der Suche nach der besseren Flamme

Schon die Alchemisten **[3]** verwendeten auf der Suche nach dem Stein der Weisen in ihren Laboren Feuer. Auf Holzherden wurden in oft geheimnisvollen Apparaturen verschiedene Stoffe erhitzt. Da sich die Wärme jedoch nicht schnell genug regulieren ließ, kam es auch manchmal zu unerwünschten Explosionen. Asche und Ruß sowie die Hitze des Ofens machten zudem aus dem Labor einen ungemütlichen Ort.

Erst im Jahr 1855 entwickelte der Chemiker ROBERT WILHELM BUNSEN einen Gasbrenner, der die Arbeit in den Laboren total veränderte. Mit seinem Gasbrenner konnten nun mühelos die verschiedensten Dinge gezielt erhitzt werden. Nur durch wenige Griffe kann heute jeder Chemiker die Temperatur und die Eigenschaften der Flamme verändern und damit den Bedürfnissen anpassen.

[3]

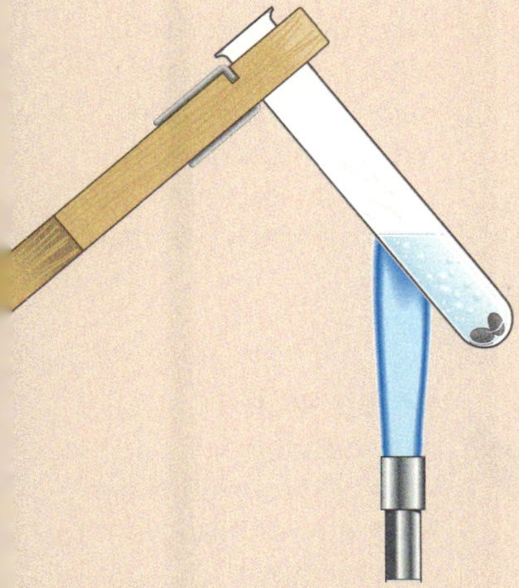

[4] *Erhitzen von Flüssigkeiten*

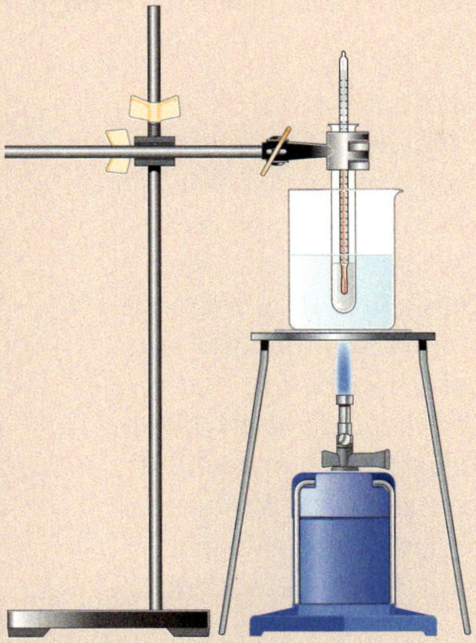

[5] *Messung einer Schmelztemperatur*

Grundausstattung für alle Versuche
- Brenner
- feuerfeste Unterlage
- Schutzbrille
- Gasanzünder
- Tiegelzange
- Porzellanschale
- Reagenzglas
- Reagenzglashalter
- Dreibein mit Keramikdrahtnetz
- Becherglas
- Thermometer
- Glasröhrchen
- Holzspäne
- Siedesteinchen
- Wasser
- Wachs oder Fixiersalz

[6]

lierung, dann den Gasregler und zum Schluss die Gasversorgung des Tisches.

2 Entzünde den Brenner und stelle mithilfe der Luftregulierung eine leuchtende Flamme ein. Halte mit der Tiegelzange eine Porzellanschale kurz über die Flamme und stelle die warme Schale auf der Unterlage ab. Lösche den Brenner und notiere dann deine Beobachtung.

Wiederhole den Versuch zuerst mit der heizenden, dann mit der rauschenden Flamme. Stelle dazu die Luftregulierung sorgfältig ein. Vergleiche die Ergebnisse.

3 Untersuche mit einem Holzspan die drei Flammentypen. Halte ihn dazu kurz in die Flamme. Erkläre mithilfe der Abbildung **[1]** die unterschiedlichen Brandstellen.

4 Untersuche verschiedene Materialproben auf ihre Brennbarkeit und ordne sie nach der Eigenschaft brennbar oder nicht brennbar.

5 Stütze beide Arme auf und halte ein Glasröhrchen mit drehenden Bewegungen über die Flammenspitze. Was geschieht, wenn das Glas zu glühen beginnt? Wiederhole den Versuch. Ziehe an beiden Enden, wenn das Röhrchen in der Mitte zu glühen beginnt. Notiere deine Beobachtungen.

6 Fülle ein Reagenzglas zwei Daumenbreit mit Wasser und füge zwei Siedesteinchen hinzu. Erhitze das Wasser mit der heizenden Flamme **[4]**. Achte darauf, dass der Reagenzglashalter oben am Reagenzglas befestigt ist und die Mündung von dir und anderen weg weist.

7 Stelle die Schmelztemperatur von Wachs oder Fixiersalz fest. Betrachte den Versuchsaufbau **[5]** und führe den Versuch durch.

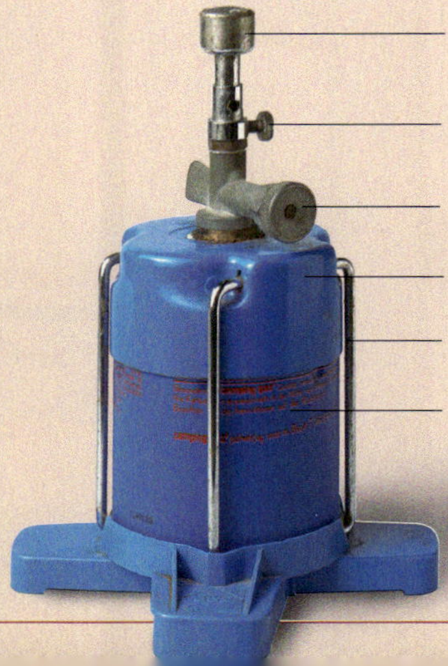

[7] *Wenn im Schullabor keine Gasleitung liegt, werden im Unterricht häufig Kartuschenbrenner eingesetzt.*

BRENNER FÜHRERSCHEIN

BRENNERFÜHRERSCHEIN

- ○ Brenner entzünden und löschen
- ○ Porzellanschale über allen drei Flammentypen
- ○ Holzspan in allen drei Flammentypen
- ○ Brennbarkeit von Materialproben
- ○ Glasröhrchen erhitzen
- ○ Wasser im Reagenzglas erhitzen
- ○ Schmelztemperatur messen

.... hat alle Versuche mit Erfolg durchgeführt und erhält den Brennerführerschein.

........................., den ....

[8]

Stoffe auf dem Prüfstand

Viele Stoffeigenschaften können wir mit unseren Sinnesorganen nicht wahrnehmen. Es gibt aber Untersuchungsmethoden, mit denen wir die Stoffe auf diese Eigenschaften prüfen können.

[1]

Auf Alimes Geburtstagstisch steht ein leckerer Kuchen. Es gibt keine Frage, um welchen „Stoff" es sich hier handelt. Mit den Augen, der Nase und mit der Zunge kann der Kuchen schnell erkannt werden. Viel schwieriger ist die Stofferkennung, wenn die Stoffe keine Lebensmittel sind, und das sind die meisten in unserer Umgebung.

Geruchs- und Geschmacksproben dürfen bei den meisten Stoffen nicht durchgeführt werden. Viele Eigenschaften von Stoffen müssen daher auf andere Weise erforscht werden. Man verwendet dazu besondere Hilfsmittel.

Stoffe im Test

Jeder Stoff hat mehrere typische Eigenschaften, die wir jedoch nur zum Teil mit unseren Sinnen erfassen können. Für die Untersuchung weiterer Eigenschaften, wie zum Beispiel die Löslichkeit in Wasser, die elektrische Leitfähigkeit oder die Brennbarkeit eines Stoffes, brauchen wir geeignete Testmethoden oder Experimente.

Mithilfe der abgebildeten Teststationen kannst du die Eigenschaften eines Stoffes genau untersuchen. In einem **Steckbrief [3]** (das ist eine Art Protokollliste) kannst du alle Eigenschaften eines Stoffes übersichtlich festhalten, die du im Experiment herausgefunden hast.

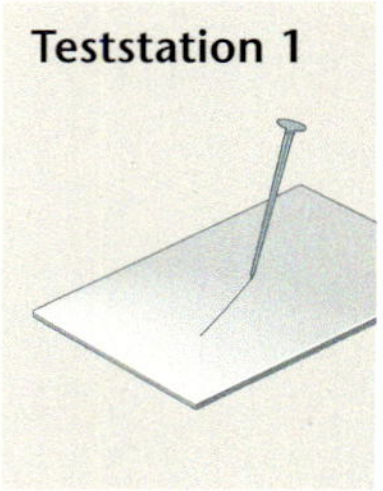

Wie hart ist der Stoff?
Mit Ritzversuchen mit dem Fingernagel oder mit einem Eisennagel kannst du feststellen, ob ein Stoff weich oder hart ist.

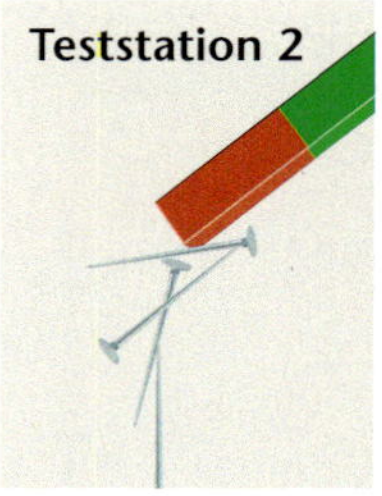

Ist der Stoff magnetisch?
Wird ein Stoff von einem Magneten angezogen, ist er magnetisch.

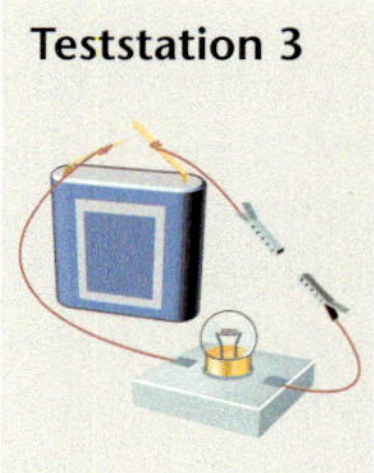

Leitet der Stoff den elektrischen Strom?
Mit einem einfachen Stromkreis aus Lämpchen, Batterie und Teststrecke kannst du die elektrische Leitfähigkeit von Stoffen überprüfen. Leuchtet das Lämpchen beim Test, so leitet der Stoff den elektrischen Strom, er ist ein Leiter. Brennt das Lämpchen nicht, so ist der Stoff ein Nichtleiter.

Versuche

1 Wähle sechs verschiedene Stoffe aus, die du untersuchen möchtest. Baue die Teststationen 2 und 3 auf und untersuche die Stoffe. Erstelle zum Festhalten deiner Ergebnisse geeignete Listen.

2 ⚠ Baue alle Teststationen mit deiner Gruppe auf und teste zwei Stoffe auf ihre Eigenschaften. *(Achtung: Spritzgefahr bei den Stationen 4, 5 und 6).*

Erstellt gemeinsam Steckbriefe **[3]** für eure Stoffe. Als Bild könnt ihr eine Probe des jeweiligen Stoffes aufkleben. Um welche Stoffe handelt es sich?

[2]

Teststation 4

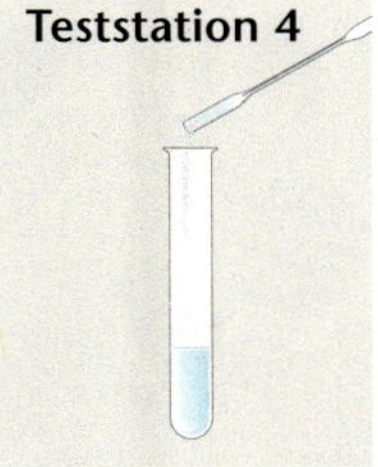

Löst sich der Stoff in Wasser?

Wenn du einen festen Stoff in Wasser gibst, kann es sein, dass er nach einiger Zeit nicht mehr zu sehen ist: er hat sich gelöst. Dieser Stoff ist also in Wasser löslich. Andere Stoffe erkennt man noch an einer Trübung des Wassers, oder sie können sich auch absetzen oder gar nicht auflösen, sie sind in Wasser unlöslich.

Teststation 5

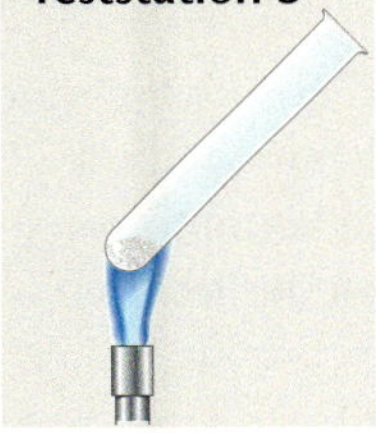

Wie verhält sich der Stoff beim Erhitzen?

Wenn du einen Stoff in ein Reagenzglas gibst und vorsichtig über der Brennerflamme erhitzt, erkennst du, wie er sich beim Erhitzen verhält. Er kann sich verfärben, beginnt einen Geruch zu entwickeln, wird flüssig – oder er reagiert auf Hitze überhaupt nicht.

Teststation 6

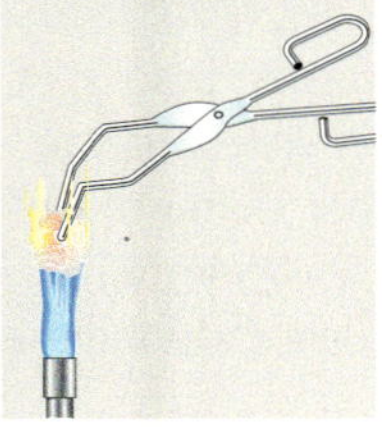

Ist der Stoff brennbar?

Hältst du einen Stoff in eine Flamme, kann er brennen oder auch nicht. Es gibt brennbare und nicht brennbare Stoffe.

Merkmal

▶ Jeder Stoff hat Eigenschaften, die für ihn typisch sind.

▶ Mit Experimenten kann man Stoffe auf bestimmte Eigenschaften prüfen, z. B.:
- Härte
- Magnetisches Verhalten
- Elektrische Leitfähigkeit
- Löslichkeit
- Verhalten beim Erhitzen
- Brennbarkeit

Steckbrief

Name des Stoffes:	*Watte*
Aussehen und Farbe:	*weiß, flauschig, dünne Fasern*
Zustandsform:	*fest*
Geruch:	*keiner*
Härte:	*sehr weich*
Magnetisches Verhalten:	*nicht magnetisch*
Löslichkeit in Wasser:	*nicht löslich*
Verhalten beim Erhitzen:	*wird schwarz*
Brennbarkeit:	*brennt sehr schnell und gut, riecht etwas*
Leiter/Nichtleiter:	*leitet den elektrischen Strom nicht*

[3]

Denkmal

❶ Erstellt eine Liste mit allen Stoffen, mit denen ihr experimentiert habt. Schreibt auf, zu welchen Gegenständen sie verarbeitet werden oder wozu man sie braucht.

❷ Informiere dich: Welche Stoffe sind magnetisch, welche Stoffe sind nicht magnetisch?

❸ Stoffe, die den elektrischen Strom leiten, findest du auch im Haushalt. Um welche Stoffe handelt es sich?

❹ Entwickle eine genaue Versuchsbeschreibung zur Teststation 5.

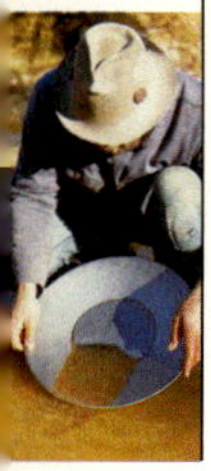

Reinstoffe und Stoffgemische

Stoffgemische sind eine Mischung aus verschiedenen Reinstoffen. Jeder Reinstoff besteht aus unzählig vielen kleinsten Teilchen, die untereinander alle gleich sind.

[1]

[2]

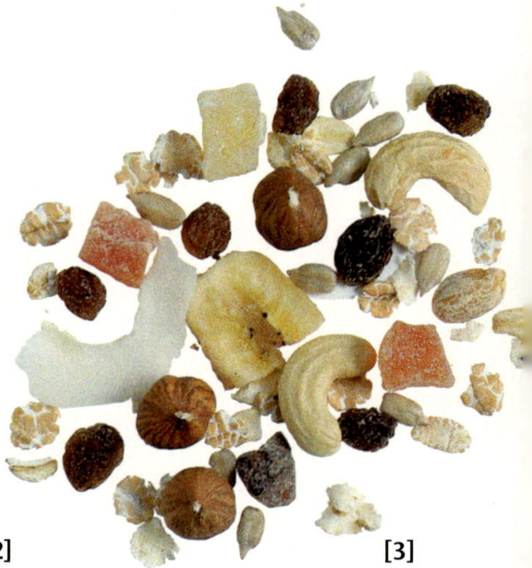

[3]

Zucker ist süß und schmeckt den meisten von uns. Ansonsten ist der Inhalt einer Zuckertüte aber ziemlich langweilig: lauter kleine weiße Kristalle, die alle gleich aussehen.

Müsli ist eine Mischung, Zucker nicht

Auch wenn man einen kleinen Zuckerkristall zerreibt, erhält man einfach nur kleinere Zuckerkristalle. Zucker ist keine Mischung, sondern ein **Reinstoff**.

Viel interessanter ist eine Packung Müsli. Weizenflocken, Haferflocken, Leinsamen, Sultaninen und Sonnenblumenkerne sind nur einige Bestandteile dieses schmackhaften **Stoffgemisches** [2], [3]. Jeder Bestandteil hat für sich ein besonderes Aussehen und einen eigenen Geschmack. Aber erst die Mischung der Zutaten ist es, die ein richtiges Müsli ausmacht. Mit einer Pinzette könnten wir dieses Stoffgemisch sogar wieder trennen.

Kristalle und Tröpfchen

Bei Zucker, Salz oder Milch scheint es sehr einfach zu sein, die kleinsten Bestandteile auszumachen. Für das Auge sind dies die Zucker- und Salzkristalle sowie ein Milchtropfen.

Unter dem Mikroskop werden jedoch in einem einzigen Milchtropfen viele winzige Fetttröpfchen sichtbar [4]. Der kleine Milchtropfen ist immer noch ein Stoffgemisch, und die Fetttröpfchen sind Bestandteil dieses

Reinstoffe	Stoffgemische
Salz	Müsli
Zucker	Milch
Kupfer	Kuchenteig
Schwefel	Reis
	Waschmittel
	Erkältungsbad

[7]

Versuche

[8]

1 Wenn du Wasserfarbe zum Malen verwendest, werden Farbstoffteilchen mit Wasser vermischt. Versuche durch das Mischen verschiedener Farben unterschiedliche Rottöne und Grautöne zu erhalten. Lege eine Mischtabelle an.

2 Kakaogetränke haben unterschiedliche Zusammensetzungen. Entwickle ein Rezept für ein gut schmeckendes Kakaogetränk. Aus welchen Reinstoffen besteht es? Stelle das Getränk her und beschreibe, was du nacheinander machen musst.

3 Untersuche und experimentiere:
- Wie schmeckt Brausepulver?
- Untersuche das Pulver unter der Lupe. Was kannst du erkennen? Welche Bestandteile (Reinstoffe) muss es enthalten?
- Wie reagieren die einzelnen Reinstoffe mit Wasser?
- Welche Stoffe sind für das „Sprudeln" verantwortlich?
- Stelle das Stoffgemisch Brausepulver selbst her [9], fertige dazu eine Zeichnung an und erfinde für dein Brausepulver einen passenden Namen.

[4]

[5]

Gemisches. In Zucker- und Salzkristallen sind auch unter einem guten Mikroskop keine weiteren Bestandteile zu erkennen. Zucker und Salz sind Reinstoffe.

Winzig kleine Teilchen

Heute weiß man, dass alle Stoffe aus kleinsten **Teilchen** bestehen. Diese Teilchen sind so winzig, dass sie auch unter dem stärksten Mikroskop nicht einzeln sichtbar sind. Man kann sie sich zum Beispiel als kleine Kugeln vorstellen [**10**].

Die kleinsten Teilchen eines Reinstoffes sind untereinander alle gleich. Die kleinsten Teilchen verschiedener Stoffe können sich zum Beispiel in ihrer Größe unterscheiden.

[**10**] *Die kleinsten Teilchen können wir zwar unter dem Mikroskop nicht sehen, aber wir können sie uns z. B. als kleine Kugeln vorstellen.*

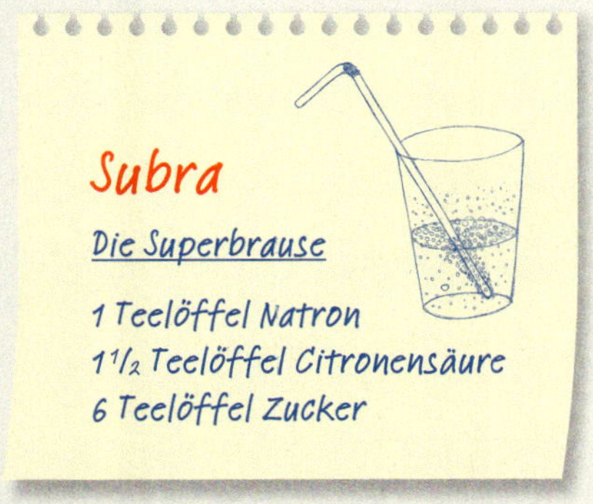

[9]

Merkmal

- Stoffe, die einheitlich zusammengesetzt sind und nicht mit anderen Stoffen vermischt sind, nennt man Reinstoffe.
- Reinstoffe bestehen aus gleichen Teilchen.
- Stoffgemische bestehen aus verschiedenen Reinstoffen, ihre Teilchen sind nicht einheitlich.
- Die kleinsten Teilchen der Stoffe können mit Symbolen, z. B. Kugeln, dargestellt werden.

[6]

[5]–[6] *Im Chemieschrank findest du mehr Reinstoffe als in der Küche, z. B. Schwefel und Kupfer.*

Denkmal

1. Wie unterscheiden sich Reinstoffe von Stoffgemischen?
2. Stoffgemisch oder Reinstoff? Erstelle eine Tabelle und ordne folgende Stoffe zu: Limonade, Kakaogetränk, Kräutermischung, Mehl, Sahne, Mineralwasser, Schokolade, Alufolie, Inhalt einer Suppentüte.
3. Kannst du die Bestandteile des Müslis mit unterschiedlichen Symbolen (Formen, Farben, …) darstellen? Verwende für jeden Bestandteil ein eigenes Symbol.
4. Kupfer und Schwefel sind Reinstoffe. Stelle die Teilchen mit unterschiedlichen Kugeln oder Kreisen dar.
5. Informiere dich: Was ist Nebel?
6. Sprudel ist kein Reinstoff. Untersuche den Sprudel, den ihr zu Hause trinkt. Schreibe die Inhaltsstoffe auf. Überlege: Was sprudelt im Sprudel?

Verschwunden und doch da

Viele Stoffe lösen sich in einem Lösungsmittel. Verdunstet das Lösungsmittel, bleibt der gelöste Stoff zurück.

Gelegentlich kommt es vor, dass ein nasser Teller in der Küche unbemerkt stehen bleibt. Nachdem das Wasser verdunstet ist, kannst du an den „Wasserflecken" erkennen, wo vorher noch Wassertropfen waren. Woher kommen diese „Schmutzspuren"?

[1] *Trinkwasser hinterlässt Spuren.*

Unsichtbares wird sichtbar

Ein einfacher Versuch hilft weiter: Einige Tropfen Leitungswasser werden auf eine saubere Glasscheibe gebracht. Nachdem sie eingetrocknet sind, tauchen die Flecken ebenfalls auf. Damit ist bewiesen, dass die „Schmutzstoffe" aus dem Wasser stammen. Dieser Versuch wirft jedoch wieder eine ganze Menge neuer Fragen auf. Einige könnten sein: Wieso werden die Stoffe erst nach dem Eintrocknen sichtbar? Woher kommen die Stoffe? Sind auch im Mineralwasser solche Stoffe vorhanden? Gibt es diese Stoffe auch im Regen?

Sichtbares wird unsichtbar

Zur Klärung der Frage, weshalb die Stoffe im Wasser nicht sichtbar sind, hilft eine andere ganz alltägliche Beobachtung: Zucker, den du in Wasser gibst, „verschwindet" nach dem Umrühren. Kein Zuckerkristall ist mehr sichtbar. Am Geschmack erkennst du aber, dass der Zucker im Wasser noch vorhanden ist. Auch wenn die Flüssigkeit durch einen Filter gegossen wird, schmeckt sie noch süß.

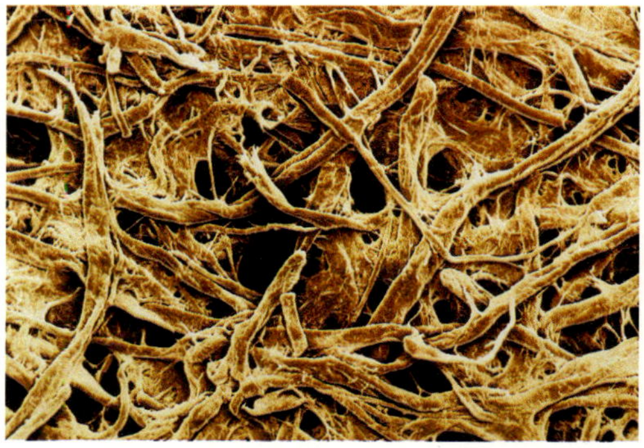

[2] *Wasser- und Zuckerteilchen gehen durch die feinen Poren des Filters hindurch.*

Das **Lösungsmittel** Wasser hat den Zucker gelöst, eine **Lösung** ist entstanden.

Die Lösung im Teilchenmodell

Um zu verstehen, was bei diesem „ganz einfachen" Vorgang geschieht, verwendet man eine Modellvorstellung: Wenn sich Zucker löst, drängen sich die Wasserteilchen zwischen die eng nebeneinander liegenden Teilchen des Zuckers im Zuckerkristall [4]. Der Abstand zwischen den Zuckerteilchen wird größer, bis alle Zuckerteilchen gleichmäßig verteilt sind. Die einzelnen Zuckerteilchen sind so klein, dass sie für das Auge nicht sichtbar sind. Durch die winzigen Poren des Filters gehen Wasser- und Zuckerteilchen hindurch [2]. Verdunstet das Wasser, lagern sich die Zuckerteilchen zu Kristallen zusammen und werden wieder sichtbar.

Protokolle erstellen

Fragestellungen und Versuche hältst du in Protokollen fest. Schreibe ein solches Protokoll [3] für die Fragestellung, warum Wassertropfen Flecken hinterlassen.

- **Beobachtung:** Beschreibe, was du mit deinen Sinnen wahrnehmen kannst.
- **Vermutung:** Gib mögliche Ursachen für das an, was du beobachtet hast.
- **Versuch:** Entwickle ein Experiment, mit dem du deine Vermutungen überprüfst.
- **Beobachtung:** Beschreibe die Vorgänge und Erscheinungen, die beim Experimentieren zu beobachten waren.
- **Erklärung:** Überprüfe deine Vermutungen mit dem Ergebnis des Experiments.

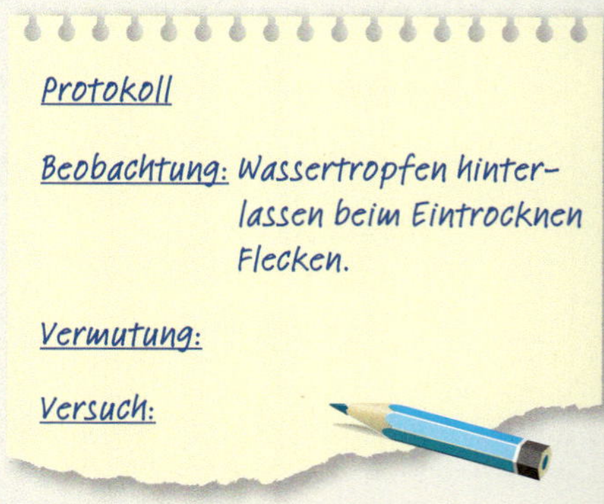

[3] *In Protokollen werden Fragestellungen und Versuche festgehalten.*

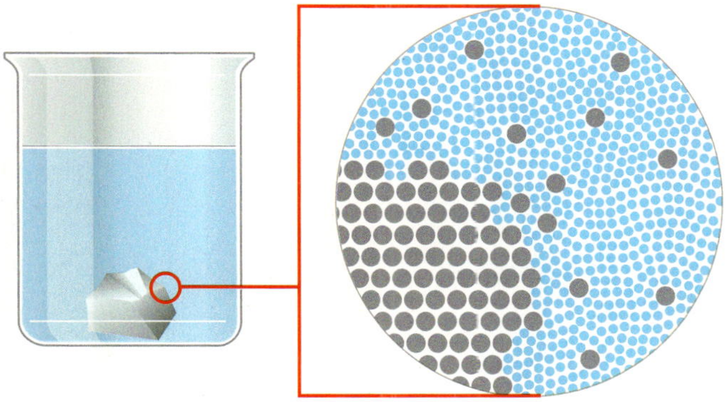

[4] *Beim Lösen eines Stoffes schieben sich die Teilchen des Lösungsmittels zwischen die Teilchen des löslichen Stoffes.*

Wenn die Lösung satt wird

Wenn zu einer Zuckerlösung immer mehr Zucker gegeben wird, bleibt er irgendwann als Satz auf dem Boden liegen. Mehr Zucker kann vom Wasser nicht mehr aufgenommen werden. Die Lösung ist **gesättigt.**

Wasser löst nicht alles

Wasser ist nicht für alle Stoffe das beste Lösungsmittel. Schmierölflecken auf den Händen lassen sich mit einer Fettcreme lösen und an ein Papiertuch reiben. Bei Fett- oder Ölflecken an den Kleidern helfen oft nur besondere Lösungsmittel wie z. B. Benzin. Auch die chemische Reinigung verwendet andere Lösungsmittel als Wasser. Da diese oft gesundheitsschädlich sind, muss man hier besondere Sicherheitsvorschriften beachten.

[5] *Das umkreiste P auf dem Pflegehinweisetikett steht für chemische Reinigung.*

Merkmal

▶ Wenn sich Stoffe in einem Lösungsmittel lösen, entsteht eine Lösung.

▶ Beim Lösen schieben sich die Teilchen des Lösungsmittels zwischen die Teilchen des festen Stoffes, bis diese gleichmäßig verteilt sind.

▶ In einer gesättigten Lösung ist von einem bestimmten Stoff so viel gelöst, wie möglich ist. Mehr kann das Lösungsmittel nicht aufnehmen.

Denkmal

❶ Beschreibe den Lösungsvorgang im Teilchenmodell.

❷ Wie können gelöste Stoffe sichtbar gemacht werden?

❸ Woran kann es liegen, dass bei dem Versuch mit den Herbstblättern die Flüssigkeiten unterschiedlich gefärbt sind?

❹ Damit man Menschen mit Darmkrankheiten gut röntgen kann, bekommen diese einen Brei aus Bariumsulfat zu essen. Warum wird das Salz Bariumsulfat und nicht Kochsalz verwendet? Tipp: Bariumsulfat löst sich kaum in Wasser.

❺ Nach dem Kaffeekochen bleibt im Filter das Kaffeemehl zurück. Was geschieht während des Filterns?

Projekt-Tipp: Lösen und Eindampfen

1 Zerreibe in einem Mörser mit der Hilfe von Sand und einem Pistill mehrere Herbstblätter [6]. Gib jeweils die Hälfte des Gemisches in ein Reagenzglas. Fülle in eines der Reagenzgläser Brennspiritus, in das andere Wasser. Verschließe beide mit einem Korken. Schüttle die Gläser gut durch und lasse sie einige Zeit stehen. Notiere deine Beobachtungen.

2 Überprüfe, ob sich die Stoffe Eisenpulver, Kerzenwachs, Gips, Öl und Kochsalz in Wasser lösen: Gib dazu eine Spatelspitze des zu untersuchenden Stoffes in ein Reagenzglas und füge ca. 5 ml Wasser hinzu. Verschließe das Reagenzglas mit einem Stopfen und schüttle kräftig. Werte die Versuche in einer Tabelle aus.

3 Fange einige Regentropfen am Anfang und am Ende eines Regenschauers auf. Lasse die Tropfen auf einer Glasscheibe eintrocknen. Welche Unterschiede kannst du erkennen?

[6]

4 Dampfe 100 ml Limonade ein [51.7]. Was bleibt zurück?

Sieben weiße Stoffe

[1]

Wer kennt das nicht: Im Küchenschrank oder im Keller stehen drei verschlossene Gläser ohne Beschriftung. In jedem Glas befindet sich ein weißer Stoff – aber es ist nicht zu erkennen, um welchen Stoff es sich handelt. Es könnte Gips sein oder auch übrig gebliebenes Waschpulver vom letzten Urlaub oder ein kleiner Rest Mehl. Mit welchem der drei unbekannten Stoffe kann man nun das T-Shirt waschen?

1 Bekannte Eigenschaften

Die abgebildeten Stoffe [1] sind uns allen bekannt. Durch Erfahrungen, die wir im Alltag gemacht haben, können wir einige Eigenschaften mit Bestimmtheit nennen. Bei anderen Eigenschaften sind wir uns vielleicht noch etwas unsicher, haben aber oft eine Vermutung. Vermutungen müssen wir natürlich mit geeigneten Versuchen überprüfen, sodass wir eine gültige Aussage treffen können. Das Versuchsergebnis kann mit unserer Vermutung übereinstimmen – dann haben wir richtig vermutet, oder ein anderes Ergebnis zeigen – dann war unsere Vermutung falsch.

a) Wählt einige der euch bekannten Stoffe aus. Erstellt in euerer Arbeitsgruppe eine Eigenschaften-Tabelle der Stoffe und diskutiert, welche Eigenschaften euch ganz sicher bekannt sind oder welche Eigenschaften ihr bei den einzelnen Stoffen vermutet. Tragt die Vermutungen in die Tabelle ein.

b) Eure Vermutungen müsst ihr nun überprüfen. Entwickelt die notwendigen Versuche und führt sie durch. Entscheidet, ob eure Annahmen richtig oder falsch waren. Tragt die Ergebnisse in die Tabelle [4] ein und stellt sie euren Mitschülern vor.

⚠ *Unbekannte Stoffe können gesundheitsschädlich oder sogar giftig sein. Daher sind Geruchs- und Geschmacksproben bei nicht bekannten Stoffen verboten.*

Beachte die Vorschriften für das gefahrlose Erhitzen von Stoffen (Brennerführerschein).

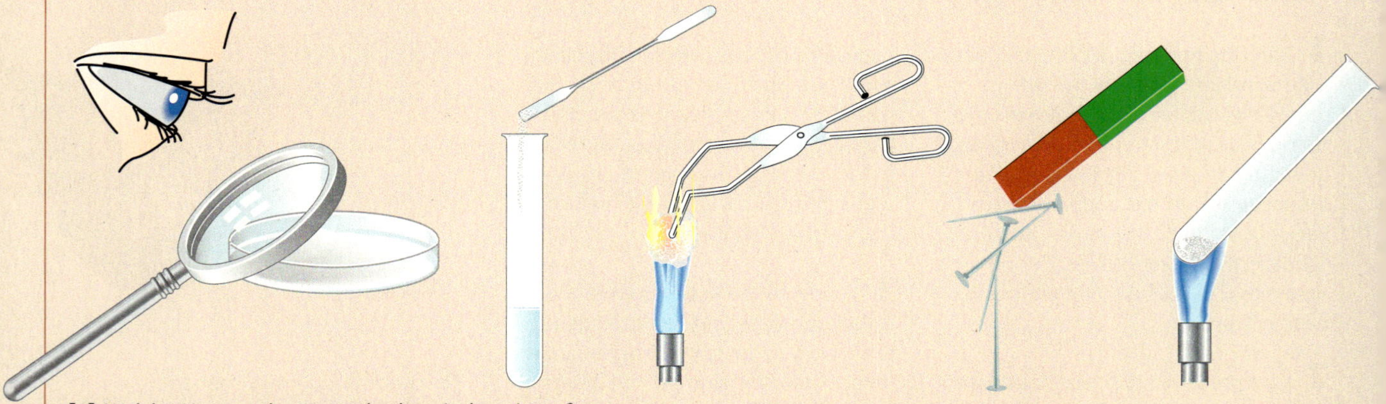

[3] *Welche Untersuchungsmethoden sind geeignet?*

[2] *In welchem Becherglas befindet sich welcher Stoff?*

2 Die sieben Unbekannten: Wie ist ihr Name?

Um unbekannte Stoffe erkennen zu können, vergleicht man ihre Eigenschaften mit den Eigenschaften bekannter Stoffe.

Vor euch stehen sieben nummerierte Bechergläser mit den Stoffen, die ihr vorher untersucht habt [2]. Sucht euch vier davon heraus. Eure Aufgabe ist herauszufinden, in welchem Becherglas welcher Stoff ist.

Um die gleich aussehenden unbekannten Stoffe den bekannten Stoffen zuordnen zu können, müsst ihr deren Eigenschaften untersuchen. Das heißt, dass ihr zuerst Versuche auswählen müsst, welche die Eigenschaften zeigen oder sie nachweisen. Sind die Eigenschaften gefunden, können sie mit den Eigenschaften der bekannten Stoffe verglichen werden. Stimmen die Eigenschaften überein, dann handelt es sich um denselben Stoff. Der Name des Stoffes ist gefunden!

a) Entscheidet in der Klasse, wie ihr bei der Untersuchung vorgehen wollt. Welche Versuche müssen durchgeführt werden? Welchen Arbeitsauftrag erhalten die Gruppen? (Anzahl der zu untersuchenden Stoffe, Anzahl der Versuche, …)

b) Führt die Untersuchung nach eurer Planung durch und haltet die Ergebnisse in einer geeigneten Eigenschaften-Tabelle [5] fest.

c) Vergleicht nun die Ergebnisse aus der ersten Tabelle [4] mit diesen Ergebnissen der unbekannten Stoffe.

d) Nun könnt ihr leicht feststellen, um welche Stoffe es sich bei den unbekannten handelt. Ordnet die untersuchten Pulver den Originalverpackungen zu und vervollständigt die Tabelle mit den Namen der Stoffe.

Gruppe: 3

1 Eigenschaften-Tabelle bekannter Stoffe

	Salz		Mehl	
	Vermutung	Überprüfung	Vermutung	Überprüfung
Aussehen: Pulver, Kristalle, …	kleine Kristalle	stimmt!	feines Pulver	stimmt!
Verhalten beim Erhitzen	wird schwarz	falsch! (bleibt weiß und knistert)	wird schwarz	stimmt! – und stinkt
Löslichkeit in Wasser	löst sich ganz auf			

[4]

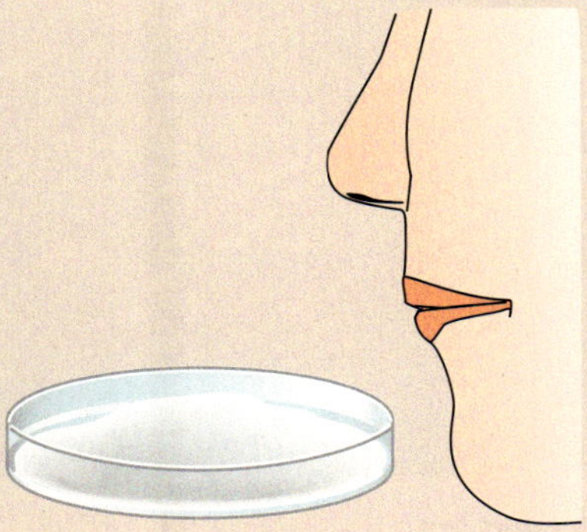

Gruppe: 3

2 Eigenschaften-Tabelle unbekannter Stoffe

	Stoff 1 Name:	Stoff 2 Name:
Aussehen: Pulver, Kristalle, …	Pulver	Kügelchen
Verhalten beim Erhitzen	bleibt weiß	wird schwarz-braun und stinkt
Löslichkeit in Wasser		

[5]

Der Haushalt als Labor

[1] *Erfrischender Geschmack bei heißem Wetter*

[2] *Pfefferminze*

[3] *Kunststoffflasche nicht fest verschließen – so kann das eventuell entstehende Gas leicht entweichen.*

Chemie findet nicht nur im Chemieraum oder in großen Laboren statt, sondern auch in unserem Haushalt. Ganz einfache Vorgänge wie das Herstellen eines wohlschmeckenden Tees aus Zitronen und Pfefferminzblättern, das Putzen von Fenstern oder das Reinigen des Waschbeckens im Bad, haben etwas mit Chemie zu tun.

Durst löschen – ganz einfach
Wenn es draußen so richtig warm ist, ist ein erfrischendes Getränk ganz einfach zubereitet. Der Vorteil eines selbst hergestellten Durstlöschers ist, dass wir die Zutaten so kombinieren können, dass das Getränk für uns gerade den richtigen Geschmack hat. Für alle nachfolgenden Versuche benötigt ihr sauber gespülte Flaschen mit Verschluss, mehrere Trinkgläser und einen Messbecher.

Mischungsverhältnisse

Apfelsaft	Kirschsaft	Sprudel	Geschmack
500 ml	250 ml	250 ml	sehr fruchtig
200 ml	150 ml	650 ml	wenig fruchtig, erfrischend.
...	400 ml	...	

[4]

1 Zur Zubereitung eines Eistees braucht ihr eine Hand voll frische oder getrocknete Pfefferminzblätter, die ihr in einem Kochtopf mit einem Liter kochendem Wasser übergießt. Während sich die Geschmacks- und Farbstoffe aus den Blättern lösen und der Tee abkühlt, muss eine Zitrone oder Orange ausgepresst werden. Hat der Tee eine angenehme Trinktemperatur, könnt ihr Zitronensaft und so viel Zucker dazugeben, bis der Tee den richtigen Geschmack hat. Stellt den Tee in einer Flasche für einige Zeit in den Kühlschrank. Mit Eiswürfeln habt ihr einen erfrischenden Durstlöscher.

In der kalten Jahreszeit könnt ihr Früchtetee aus ungespritzten getrockneten Apfel- und Orangenschalen, kombiniert mit Zimt oder Nelken, herstellen.

2 Mit verschiedenen Säften könnt ihr tolle Saftcocktails erfinden: Stellt aus vier Fruchtsäften, z. B. Apfelsaft, Kirschsaft, Zitronensaft, Orangensaft oder Ananassaft, neue Mischgetränke her. Besonders erfrischend wird das Getränk, wenn ihr Sprudel dazu gebt. Schreibt die Rezepte unter Angabe der genauen Mengen (in ml) auf, vergleicht sie mit euren Mitschülern und stellt gemeinsam ein Partycocktail-Heftchen mit den besten Rezepten zusammen.

3 Ein Holundersekt wird so hergestellt:
- Sammle 15 Holunderblütenstände und säubere sie.
- Koche 1 kg Zucker mit 1,5 l Wasser auf und lasse die Lösung abkühlen.
- Schneide zwei unbehandelte Zitronen in Scheiben.
- Mische alle Zutaten in einem großen Gefäß und lasse die Mischung zwei Tage an einem warmen Ort stehen.
- Siebe den Saft ab und presse dabei die Zitronenscheiben aus.
- Fülle den Saft in eine Kunststoff-Mineralwasserflasche und kühle ihn im Kühlschrank. (⚠ *Achtung: Deckel nicht festdrehen, sonst kann die Flasche platzen!)*
- Mit Sprudel verdünnt ergibt es ein prickelndes Getränk.

[5] *Holunderbüsche wachsen oft in Gärten und an Waldrändern.*

[6] *Salbeiöl wirkt entzündungshemmend, desinfizierend und schweißhemmend. Es wird daher oft Deos zugesetzt. Calendula oder Ringelblume wirkt heilend und beruhigt gereizte Haut. Calendula findet man oft in Wundcreme und Gesichtswasser.*

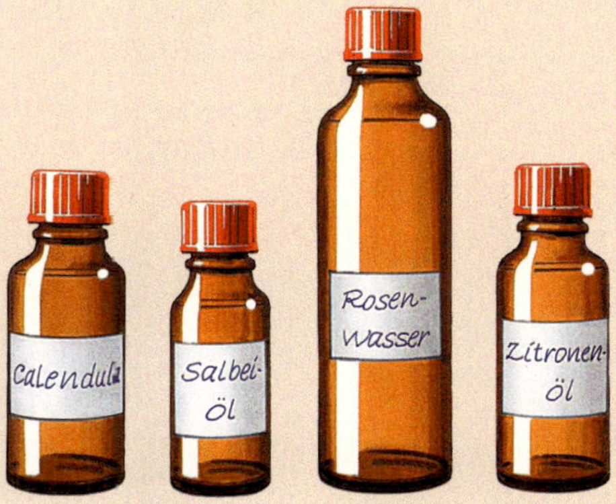

[7] *Hier reinigen und pflegen chemische Stoffe.*

Blitzblank und sauber

Damit es in der Küche und im Badezimmer blitzblank ist, werden im Haushalt spezielle Reinigungsmittel verwendet. Viele Mittel enthalten jedoch Stoffe, die – wenn sie ins Abwasser gelangen – für Tiere und Pflanzen schädlich sind. Umweltfreundliche Reinigungsmittel sind aus Stoffen zusammengesetzt, die unsere Umwelt schonen.

4 Untersucht die Reinigungsmittel in einem Supermarkt. Die eher umweltschädlichen Mittel erkennt ihr an den aufgedruckten Gefahrensymbolen. Umweltschonende Mittel haben entweder ein Umweltzeichen aufgedruckt oder der Name weist auf „Umwelt…" oder „…neutral" hin. Stellt eine Liste zusammen und schreibt die Wirkung der Mittel dazu.

Wenn ihr Reinigungsmittel selbst herstellen wollt, braucht ihr Gefäße und einen alten Esslöffel, die im Haushalt nicht mehr für Nahrungsmittel benutzt werden. Ganz wichtig ist, dass die Aufbewahrungsgefäße gut beschriftet sind, sodass es keine Verwechslungen gibt.

5 Essig-Entkalker: Mische 500 ml Essig mit 3 Esslöffel Citronensäure (Apotheke) und fülle die Mischung in eine Flasche. (⚠ *Flasche beschriften!)* Essig und Citronensäure lösen Kalkablagerungen auf.

6 Fensterputzmittel „Klarsicht": Mische 5 l Wasser mit $1^1/_2$ Esslöffel Spiritus (Haushaltsgeschäft) und 10 Tropfen Spülmittel. (⚠ *Gefäß beschriften!)* Spiritus und Spülmittel sind gute Schmutz- und Fettlöser.

7 WC-Reiniger: Verrühre 3 Esslöffel Scheuerpulver (chlorfrei) mit 6 Esslöffel Essig und gib 5 Tropfen Zitronenöl (Duft) dazu. Fülle die Mischung in ein geeignetes Gefäß. (⚠ *Gefäß beschriften!)*

Kosmetik selbst gemacht

Hier müsst ihr sehr sauber und sorgfältig arbeiten. Spült alle Gefäße gut mit heißem Wasser aus. Im Kühlschrank halten das Gesichtswasser und das Deo ungefähr drei Wochen. Die einzelnen Stoffe kann man in Apotheken und manchen Naturkostläden kaufen.

8 Calendula-Gesichtswasser zur Hautreinigung: Gib 100 g Rosenwasser, 30 g Calendula-Tinktur, 3 Tropfen Geraniumöl in eine dunkle Glasflasche und schüttle kräftig. Gib auf einen leicht mit Wasser angefeuchteten Wattebausch einige Tropfen Gesichtswasser und reibe damit das Gesicht sanft ab.

9 Deo „Sicher und Sanft": 25 ml Alkohol (Apotheke), 25 ml Mineralwasser, 5 Tropfen Salbeiöl, 5 Tropfen Duftöl deiner Wahl. Vermische alle Stoffe durch Schütteln und fülle sie in eine Sprühflasche.

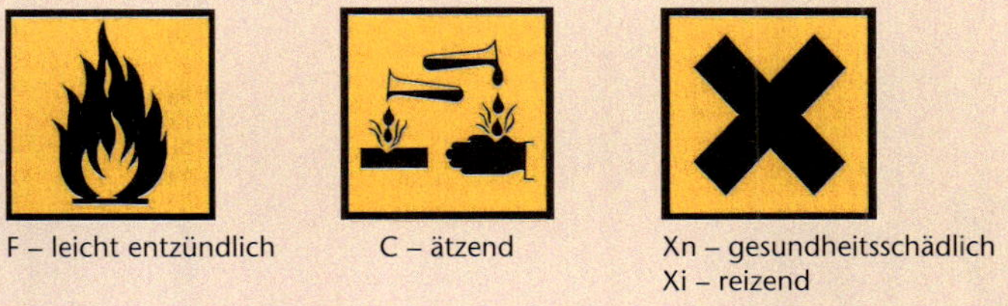

[8] *Viele Putzmittel sind mit Gefahrensymbolen gekennzeichnet. Man muss daher beim Umgang mit diesen Mitteln sehr vorsichtig sein.*

Viele Stoffe – ein Werkstück

Mutters Geburtstag steht vor der Tür. „Hast du schon ein Geschenk?“ möchte Karin von ihrem Bruder Tom wissen. Dieser zeigt stolz eine wunderschöne Kerze vor, die er von seinem Taschengeld gekauft hat. Karin meint, wenn sie einen passenden Kerzenständer finden würde, so wäre das eine feine Sache. Alle Suche bleibt erfolglos, und so beschließen die beiden, selbst einen Kerzenständer herzustellen.

Welcher Werkstoff ist geeignet?
Kurz entschlossen stöbern sie im Bastelkeller: Metall, Holz, Karton, Ton, Papier, Gasbeton, Gips: welcher Werkstoff ist am besten geeignet? Der Kerzenständer sollte massiv sein, ein geringes Gewicht haben, gut aussehen, billig sein, der Werkstoff sollte einfach zu bearbeiten sein – viele Ansprüche, die ihnen bei der Wahl des Werkstoffes durch den Kopf gehen. Karin und Tom sind sich einig, dass ihr Kerzenständer eine gute Standfestigkeit besitzen muss. Er darf nicht gleich beim ersten Windhauch umfallen. Feuerfest muss er natürlich auch sein. Gut sollte er aussehen und zur Kerze passen.

Welche Werkstoffe kannst du Tom und Karin für die Herstellung eines Kerzenständers empfehlen? Begründe deine Meinung!

[1] *Für jede Kerze den passenden Kerzenständer*

Kerzenständer herstellen
Suche dir Partner zur Herstellung eines Kerzenständers. Damit ihr eure Arbeiten in der Klasse vergleichen könnt, solltet ihr alle die gleichen Kerzen verwenden. Leider ist im Technikraum jeder Werkstoff nur einmal vorhanden. Die Teams müssen sich einigen, wer den Kerzenständer aus Ton, aus Holz usw. herstellt.

Teamarbeit
Der Kerzenständer sollte so gebaut sein, dass er die vorgegebene Kerze sicher aufnehmen kann. Entwerft im Team einen Kerzenständer. Legt die Maße fest und fertigt einen Arbeitsplan [3]. Baut den Kerzenständer nach eurem Plan.

Kerzenständer im Vergleich
Stellt euren Kerzenständer den anderen Teams vor. Zum Kerzenständer gehört natürlich auch eine Zeichnung und der Arbeitsplan. Überlegt euch vor der Vorstellung, weshalb euer Werkstoff besonders gut für die Herstellung von Kerzenständern geeignet ist. Weshalb ist euer Ständer besonders standfest? Aus welchem Grund gefällt er besonders gut? Ist er euch gut gelungen und kann er dem kritischen Auge des Fachmanns standhalten? Alle Antworten auf diese Fragen solltet ihr in die Vorstellung mit einbauen.

[2] *Welcher Werkstoff ist für die Herstellung eines Kerzenständers geeignet? Gibt es noch andere mögliche Werkstoffe?*

Es ist nicht nur Geschmacksache
Welcher Kerzenständer gefällt dir am besten? Sollte dieser nicht auch die beste Bewertung erhalten? Die Beurteilung der Werkarbeiten ist sicher nicht nur Geschmacksache. Worauf sollte man bei der Beurteilung der Arbeiten achten? Diskutiert darüber im Team und anschließend in eurer Klasse. Schreibt eure Bewertungstipps auf. Bewertet nun gemeinsam mithilfe der Bewertungsliste eure Werkarbeiten.

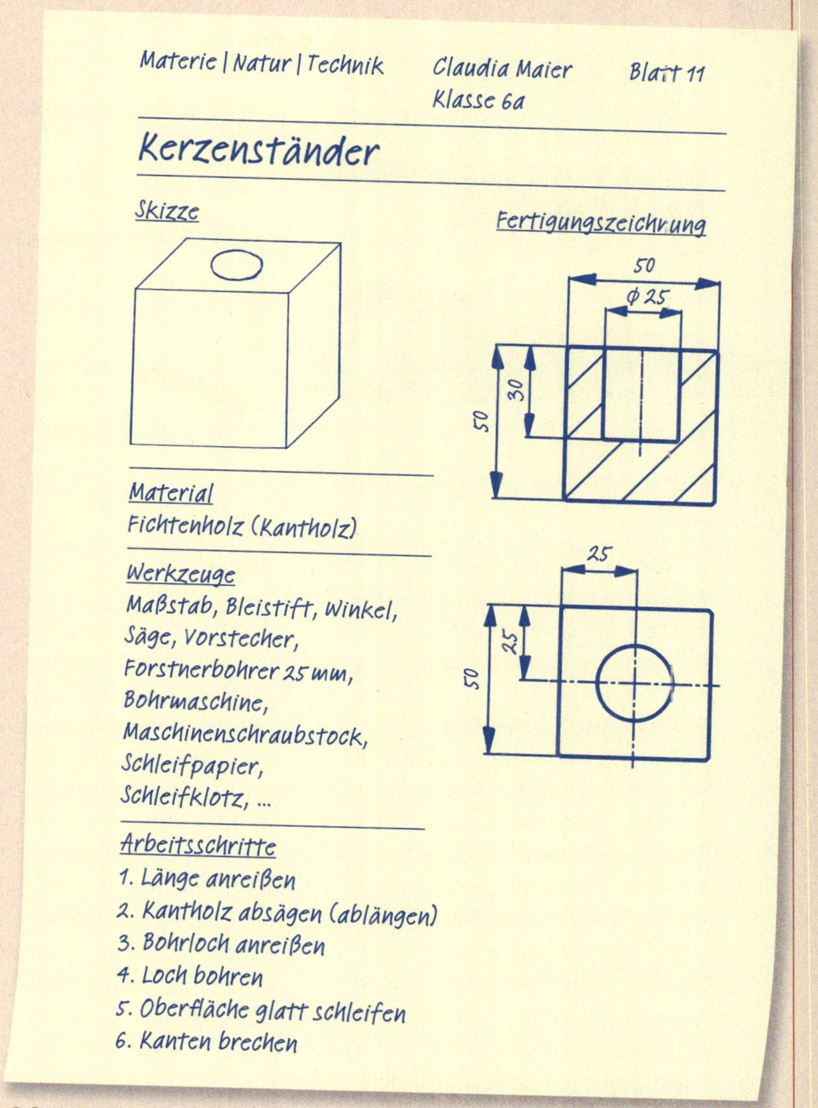
Materie | Natur | Technik — Claudia Maier, Klasse 6a — Blatt 11

Kerzenständer

Skizze

Fertigungszeichnung

Material
Fichtenholz (Kantholz)

Werkzeuge
Maßstab, Bleistift, Winkel, Säge, Vorstecher, Forstnerbohrer 25 mm, Bohrmaschine, Maschinenschraubstock, Schleifpapier, Schleifklotz, ...

Arbeitsschritte
1. Länge anreißen
2. Kantholz absägen (ablängen)
3. Bohrloch anreißen
4. Loch bohren
5. Oberfläche glatt schleifen
6. Kanten brechen

[3] *Ein genauer Arbeitsplan ist besonders wichtig.*

Planen

Mit einer Zeichnung kannst du Werkstücke oder Teile von Werkstücken besser darstellen als mit vielen Worten. Dabei genügt oft schon eine einfache Skizze, um Ideen und Vorstellungen festzuhalten oder mitzuteilen.

In Zeichnungen können viele Informationen enthalten sein, zum Beispiel die Form des Werkstückes und seine Maße. Darüber hinaus werden die Einzelteile, ihr Aussehen und wie sie zusammengehören sichtbar. Es wird deutlich, an welchen Stellen gebohrt oder Rundungen angebracht werden müssen. Zeichnungen können auch sagen, welche Arbeitsschritte nacheinander ausgeführt werden müssen, welche Materialien benötigt werden und welche Werkzeuge notwendig sind.

In einem Arbeitsplan **[3]** werden Skizzen, Material- und Werkzeugliste sowie die Arbeitsschritte festgehalten. Die Maße gibt man in der Regel in Millimetern an.

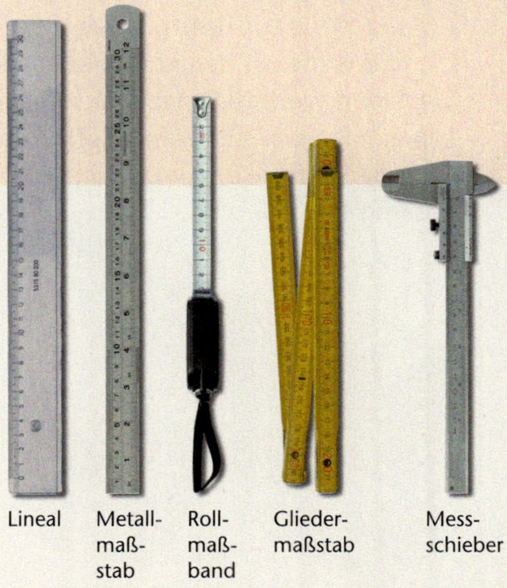

[4] *Werkzeuge zum Messen*

Messen – Sägen – Bohren – Feilen

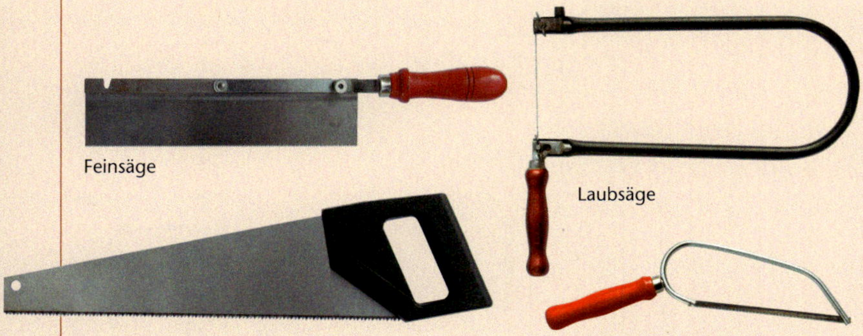

[1] *Welche Säge ist am besten geeignet?*

[5] *Werkzeuge zum Ankörnen/Vorstechen*

[6] *Werkzeuge zum Entgraten*

Bis aus einem Kantholz ein Kerzenständer wird, sind viele Arbeitsschritte notwendig. Du brauchst eine Menge spezieller Werkzeuge.

Messen und Anreißen
Mit dem Gliedermaßstab [2] oder dem Metallmaßstab kannst du genau messen. Achte darauf, dass die Skala beim Gliedermaßstab und beim Metallmaßstab bei Null beginnt.

Die Stellen, an denen du sägst oder bohrst, musst du kennzeichnen. Man sagt dazu Anreißen. Je nach Material verwendest du unterschiedliche Anreißwerkzeuge [4]. Rechtwinklige Linien reißt du mithilfe von Winkeln an [3]. Übe das Anreißen mit Abfallstreifen aus Holz und Metall.

Nur wenn du genau arbeitest, wird dein Werkstück nachher so aussehen wie in deinem Arbeitsplan, und die Einzelteile passen auch zusammen.

Sägen
Werkstücke bringst du mittels einer Säge auf die erforderliche Länge. Im Werkraum befinden sich eine Menge Handsägen [1], aber welche ist geeignet? Probiere sie einfach alle an Abfallstücken aus. Achte darauf, dass für Metall und Holz verschiedene Sägeblätter vorhanden sind. Informiere dich, wie sich Holzsägen von Metallsägen unterscheiden.

Spanne das Werkstück so in den Schraubstock ein, dass es nicht federt. Um Kratzer zu vermeiden, benutze bei Metallschraubstöcken Schutzbacken. Mit einer Feile kannst du die Ansatzstelle einkerben, dadurch wird ein Abrutschen des Sägeblatts verhindert. Führe die Säge mit leichtem Druck und in ihrer ganzen Länge über die Schnittstelle.

Bohren
Übe das Bohren zuerst an Abfallstücken. Reiße auf einem Abfallstück ein Bohrloch an. Damit die Bohrungen „richtig sitzen", das heißt die Bohrerspitze geführt wird, musst du sie vorstechen bzw. ankörnen. Bei Holzwerkstoffen verwendest du einen Vorstecher, bei Metallen in der Regel einen Körner [5].

Wähle je nach Größe und Beschaffenheit des Bohrloches entsprechende Holz- oder Metallbohrer [7]. Die Drehzahl der Bohrmaschine stellt man entsprechend dem Bohrerdurchmesser und dem Material ein. Besorge dir Drehzahltabellen für verschiedene Materialien und Bohrergrößen und lies daraus die richtige Drehzahl ab. Entgrate deine Bohrlöcher nach dem Bohren mit einem Senker [6] bei langsam laufender Maschine oder mit einem Handsenker.

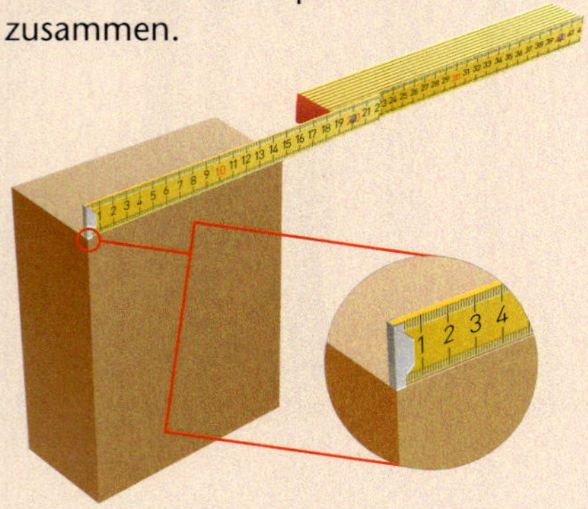

[2] *Messen mit dem Gliedermaßstab*

[3] *So reißen Fachleute an.*

Beispiele für Anreißwerkzeuge

Werkzeug	Holz	Metall	Papier, Karton	Thermoplast
Bleistift	X		X	
Filzstift		X		X
Reißnadel		X		

[4]

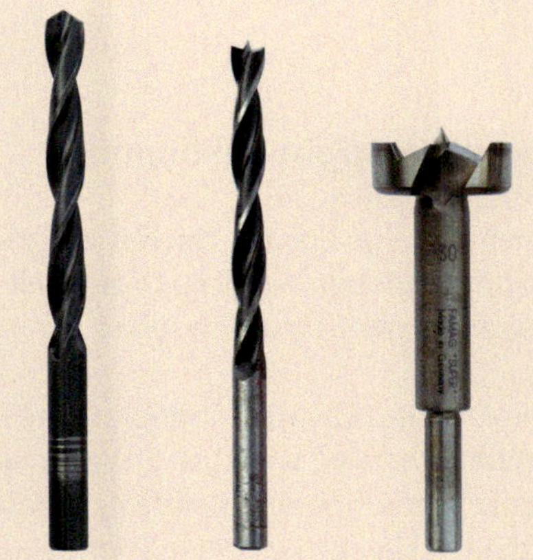

Metallbohrer Holzspiralbohrer Forstnerbohrer

[7] *Werkzeuge zum Bohren*

[8] *An der Bohrmaschine ist es wichtig, sich an die Bohrregeln zu halten.*

Feilen und Glätten

Auch für das Feilen und Glätten gilt: zuerst an Abfallstücken üben! Die Sägekanten und Oberflächen deines Werkstückes kannst du mit Metall- oder Holzfeilen glätten. Im Werkzeugschrank findest du verschiedene Feilen [9]. Informiere dich über ihre Verwendung und fachgerechte Handhabung. Mit feinem Schleifpapier sorgst du zum Schluss für den letzten Schliff.

[9] *Werkzeuge zum Feilen und Glätten*

Bohren muss man können

Du hast noch nie gebohrt? Dein Lehrer zeigt dir, wie man exakt bohrt und welche Regeln man genau beachten muss.

⚠ Unfallverhütungsvorschriften beachten! Denke vor allem an folgende Regeln:

- Haare sichern (Haarnetz, Mütze, …)
- Lockere Kleidung sichern
- Schutzbrille aufsetzen
- Einspannvorrichtung gegen Mitreißen sichern
- Solange du an der Maschine arbeitest, darf niemand die schwarz-gelbe Markierung übertreten.
- Zur Sicherheit soll jemand am Notausschalter stehen und dich beobachten.

Vorbereitung des Werkstücks

1. Bohrung anreißen
2. Mittelpunkt der Bohrung mit dem Vorstecher markieren
3. Werkstück einspannen

Vorbereitung der Bohrmaschine

1. Bohrer auswählen (Durchmesser, Bohrerart entsprechend dem zu bohrenden Werkstoff)
2. Bohrer fest ins Bohrfutter einspannen – Bohrfutterschlüssel abziehen!
3. Drehzahl einstellen
4. Bohrtiefe einstellen (bei Bedarf)
5. Bohrmaschine leer laufen lassen – der Bohrer darf nicht unrund laufen (eiern)

Bohren

1. Werkstück unter dem Bohrer ausrichten
2. Bohrmaschine einschalten
3. Vorsichtig anbohren
4. Mit gleichmäßigem Andruck/Vorschub bohren
5. Am Ende der Bohrung vorsichtig und mit geringem Vorschub bohren, damit das Bohrloch nicht ausreißt
6. Bohrer langsam und gleichmäßig aus dem Bohrloch herausführen
7. Maschine ausschalten. Achtung: Maschine auslaufen lassen!
8. Arbeitsplatz aufräumen

Mit Strom läuft viel

Viele Dinge, mit denen wir täglich umgehen, funktionieren mit elektrischem Strom. Ohne Strom ist unser Leben nur schwer vorstellbar.

[1] *Der elektrische Strom sorgt für Bewegung.*

⚠ Wenn du mit elektrischem Strom arbeitest, benutze nur Batterien, Solarzellen oder Netzgeräte bis höchstens 24 Volt.

Viele Geräte werden heute mit elektrischem Strom betrieben. Er sorgt nicht nur für die Beleuchtung und die richtigen Töne, er bringt auch die Dinge in Bewegung.

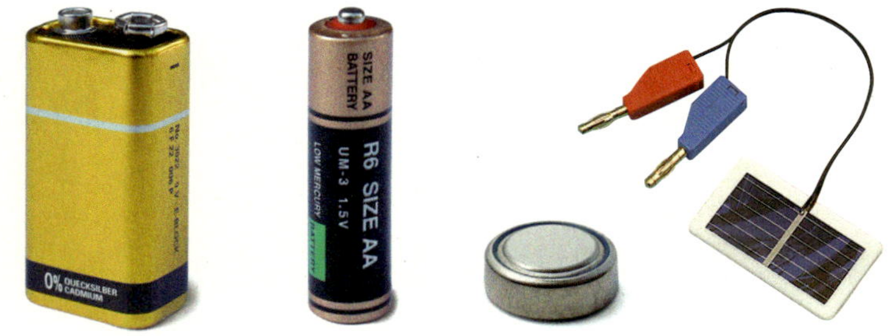

[2] *Batterien, Solarzellen oder Netzgeräte liefern den elektrischen Strom.*

Woher wir den Strom bekommen

Du hast sicher einige Geräte, die mit elektrischem Strom betrieben werden. Diese **elektrischen Geräte** nennt man im Alltag Verbraucher.

Alle elektrischen Geräte benötigen eine **Stromquelle**. Wenn sie wie eure Stereoanlage oder euer Fernsehgerät einen festen Platz haben, erhalten den elektrischen Strom aus der Steckdose oder einem Netzgerät. Geräte wie ein Gameboy oder ein Handy, die du überall benutzen kannst, erhalten aus Batterien oder Solarzellen **[2]** den elektrischen Strom. Es gibt verschieden große und unterschiedlich geformte Batterien. Oft werden mehrere Batterien in einem Batteriehalter zusammengefasst **[3]**. Manche Batterien lassen sich aufladen. Aufladbare Batterien nennt man Akkumulatoren oder kurz Akkus.

Was der Strom alles kann

Bei der Modelleisenbahn sorgt der elektrische Strom für die Beleuchtung der Dampflokomotive. In Glühlampen wird mithilfe des Stroms Licht erzeugt. Was für dich aber noch wichtiger ist: Der Strom ist auch dafür verantwortlich, dass die Lokomotive ihre Runden auf der Modellanlage drehen kann. Der elektrische Strom bewirkt im Elektromotor eine Drehbewegung.

Mithilfe des elektrischen Stroms werden auch Töne erzeugt. Du kennst das vom Radio, dem CD-Spieler, deinem Computer, dem Fernseher und vielem mehr. Bei Haushaltsgeräten erzeugt er manchmal Signal-

Versuche

1 Baue aus einer Glühlampe mit Fassung, einer Stromquelle und Kabel einen Stromkreis. Wenn du es richtig gemacht hast, leuchtet die Glühlampe. Löse nun eines der Kabel. Was passiert?

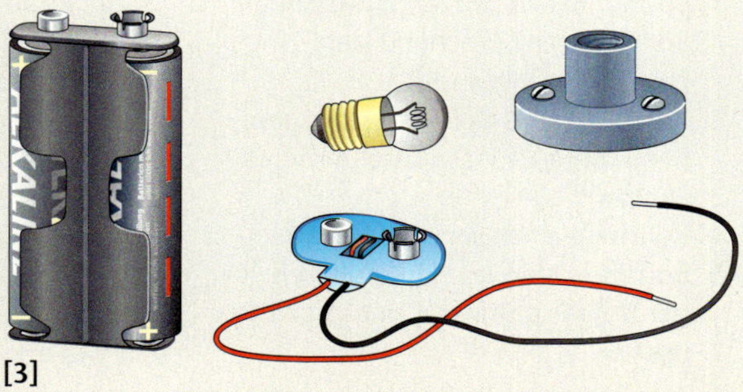

[3]

2 Wie könntest du einen Schalter bauen, mit dem du die Lampe in Versuch 1 ein- und ausschalten kannst? Erstelle eine Zeichnung und eine Materialliste. Baue den Schalter auf und probiere ihn aus.

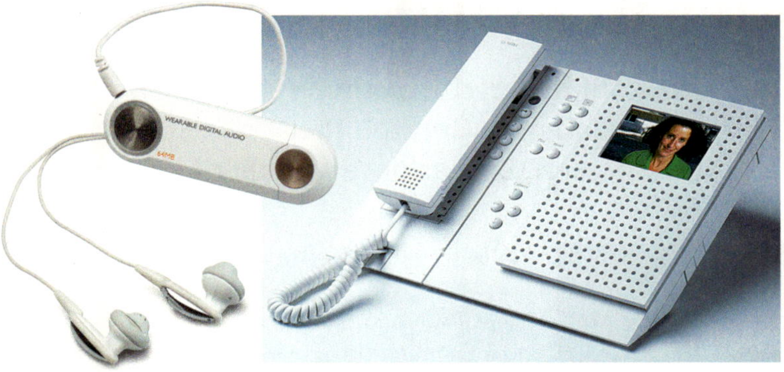

[4] *Der elektrische Strom sorgt für den richtigen Ton.*

töne, damit du zum Beispiel weißt, dass deine Pizza im Mikrowellenherd fertig ist. Die Ankunft deiner Freunde verkündet dir die Türglocke. Hier erzeugt der elektrische Strom mit Lautsprechern oder Summern Schall [4].

Der elektrische Stromkreis

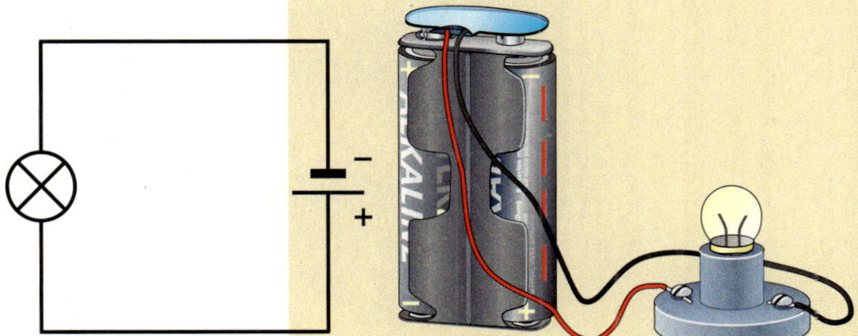

[5] *Schaltskizze und Aufbau eines Stromkreises*

Von der Stromquelle fließt der elektrische Strom durch ein Kabel zum elektrischen Gerät, z. B. einer Glühlampe, einem Elektromotor oder einem Summer. Durch ein zweites Kabel kann er wieder zur Batterie zurückfließen. Diesen Weg des Stroms bezeichnet man als **Stromkreis** [5].

Einen Stromkreis kann man für jeden verständlich in einer **Schaltskizze** [5] darstellen. Damit man nicht immer die ganzen Bauteile zeichnen muss, benutzt man Symbole, so genannte **Schaltzeichen** [6].

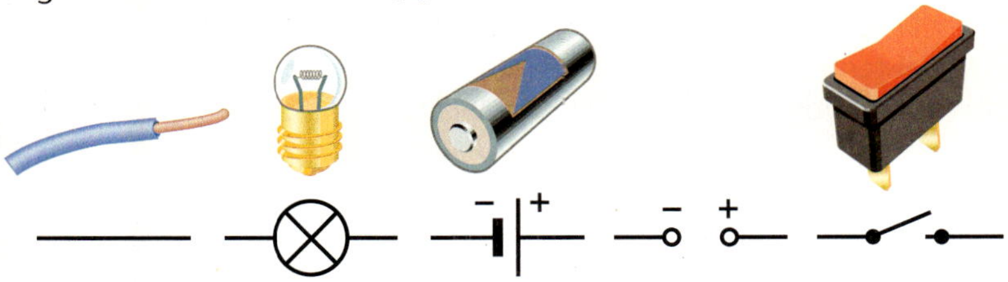

[6] *Schaltzeichen*

Der Strom lässt sich abschalten

Das elektrische Motorboot von Jens dreht unentwegt seine Runden. Damit es nicht erst stehen bleibt, wenn die Batterien leer sind, kann Jens mit einem **Schalter** [7] den elektrischen Stromfluss unterbrechen. Schalter verbinden oder trennen auf ganz unterschiedliche Weise die freien Enden zweier Kabel.

[7] *Schalter für unterschiedliche Stromquellen und elektrische Geräte*

Merkmal

▶ Batterien, Solarzellen oder Netzgeräte bezeichnet man als Stromquellen.

▶ Ein Stromkreis besteht aus Stromquelle, Hinleitung, elektrischem Gerät und Rückleitung.

▶ Mit einem Schalter kann man einen Stromkreis unterbrechen und dadurch elektrische Geräte ein- und ausschalten.

Denkmal

❶ Welche Geräte bei dir zu Hause werden mit elektrischen Strom betrieben?

❷ Was kann der elektrische Strom bewirken? Stelle alle Beispiele zusammen, die auf dieser Seite vorkommen. Kennst du Beispiele für weitere Wirkungen des elektrischen Stroms?

❸ Aus welchen Gründen benutzt man für die Modelleisenbahn keine Batterien?

❹ Welche Geräte bei dir zu Hause erzeugen durch elektrischen Strom Töne, Bilder, Licht oder Bewegung? Trage deine Antworten in eine Tabelle ein.

❺ Zeichne die Schaltzeichen für Batterie, Kabel und Glühlampe in dein Heft.

❻ Zeichne den Schaltplan eines Stromkreises, der aus einer Batterie, zwei Kabeln und einer Glühlampe besteht. Benenne die Teile.

❼ Betrachte verschiedene Schalter. Wie funktionieren sie?

Parallel oder in Reihe?

Elektrische Geräte kann man auf unterschiedliche Weise an eine Stromquelle anschließen. Bei manchen Geräten fließt der Strom nicht nur über Kabel, sondern auch über andere Metallteile.

[1] *In der Lichterkette am Weihnachtsbaum sind die Glühlampen in Reihe geschaltet.*

Stell dir vor, du kommst nach Hause, betrittst den Flur und schaltest das Licht an. Und nun passiert etwas total Verrücktes. Die ganze Wohnung ist schlagartig hell erleuchtet, das Radio brüllt in voller Lautstärke, der Fernseher hat sich wie von Geisterhand eingeschaltet, die Kaffeemaschine blubbert. So nützlich und hilfreich jedes Elektrogerät auch sein mag, alle auf einmal, das ist zu viel.

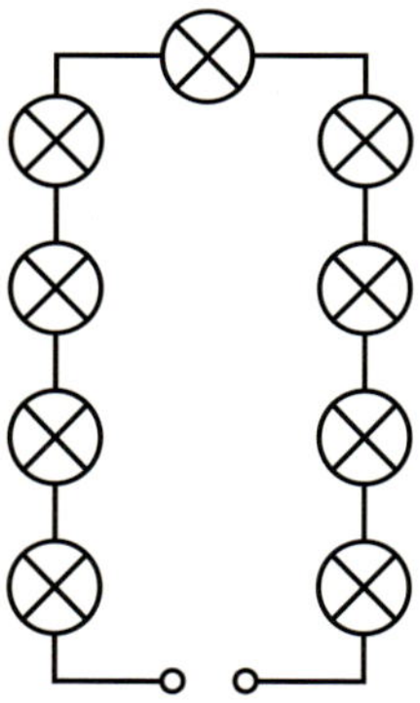

[2] *Schaltskizze einer Reihenschaltung*

Alle in einer Reihe

Was im Alltag ganz undenkbar wäre, ist für die Lichterkette an einem Weihnachtsbaum ganz praktisch. Vom Stecker führt eine Leitung zur ersten Glühlampe, von dieser eine Leitung zur zweiten, bis auf diese Weise schließlich die letzte Glühlampe der Lichterkette erreicht ist. Von dort geht die Leitung zurück zum Stecker, sodass der Stromkreis geschlossen ist.

Der elektrische Strom fließt nacheinander durch alle Glühlampen hindurch, sie gehören alle zum selben Stromkreis. Eine solche Schaltung bezeichnet man als **Reihenschaltung** [2]. Drehst du eine Glühlampe heraus, ist der Stromkreis unterbrochen und alle Lampen der Kette gehen aus.

Jeder für sich oder alle zusammen

In deiner Wohnung kannst du elektrische Geräte einzeln, jedes für sich, oder mehrere gleichzeitig benutzen. Jedes elektische Gerät ist direkt an die Stromversorgung des Hauses angeschlossen und besitzt somit seinen eigenen Stromkreis.

Die verschiedenen Stromkreise liegen nebeneinander. Man spricht deshalb auch von einer **Parallelschaltung** [8]. Jede Steckdose bietet die Möglichkeit, einen eigenständigen Stromkreis herzustellen. Du brauchst nur das Elektrogerät mit Kabel und Stecker mit der Steckdose zu verbinden. Mit dem Schalter

Versuche

1 Baue eine Reihenschaltung aus drei Glühlampen und einer Batterie auf. Zeichne eine Schaltskizze dazu. Was beobachtest du, wenn du eine Lampe aus der Fassung drehst?

[3]

Baue aus demselben Material eine Parallelschaltung auf und zeichne ebenfalls eine Schaltskizze. Leuchten die Lampen stärker oder schwächer als bei der Reihenschaltung? Was beobachtest du nun, wenn du eine Lampe aus der Fassung drehst?

2 Verbinde eine Lampe, einen Summer, eine Batterie und zwei Schalter so mit Kabeln, dass du sie einzeln ein- und ausschalten kannst. Zeichne eine Schaltskizze.

3 Baue ein Modell einer Verkehrsampel. Die Lampen müssen so mit der Stromquelle verbunden sein, dass du sie einzeln ein- und ausschalten kannst.

[4]

[5] *Boden und Decke der Autoscooter-Bahn leiten den elektrischen Strom.*

[6] *Die Aufgabe der Kabel übernehmen Oberleitung, Stromabnehmer und Schienen.*

[7] *Bei der Fahrradbeleuchtung übernimmt der Rahmen die Aufgabe des zweiten Kabels.*

am Gerät bestimmst du, ob der Stromkreis gerade offen oder geschlossen ist, oder anders gesagt, ob das Gerät gerade ein- oder ausgeschaltet ist.

Stromkreise einmal anders

Stromquellen und elektrische Geräte verbindest du in der Regel mit Kabeln. Damit ist der Stromkreis geschlossen und das Gerät in Betrieb. Bei manchen elektrischen Geräten sind die Verbindungen und die Kabel etwas anders gestaltet. Fahrrad, Autoscooter und Eisenbahn fallen etwas aus dem Rahmen.

Untersuche deine Fahrradbeleuchtung [7] genauer. Du wirst feststellen, dass nur ein Kabel vom Dynamo zum Scheinwerfer führt. Die Aufgabe des zweiten fehlenden Kabels übernehmen das Scheinwerfergehäuse, der Fahrradrahmen und andere Metallteile [10].

Autoscooter [5] und Elektrolokomotive [6] erhalten den Strom über die Oberleitung und den Stromabnehmer. Bei Zügen wird der Stromkreis über die Schienen, beim Autoscooter über die metallene Bodenplatte geschlossen [9].

[8] *Elektrogeräte in Wohnungen sind parallel geschaltet.*

Merkmal

▶ Elektrische Geräte können parallel oder in Reihe mit der Stromquelle verbunden werden.

Denkmal

❶ Sind die Lampen bei deinem Fahrrad in Reihe oder parallel geschaltet?

❷ Bei manchen Fahrrädern sind die Lampen anders angeschlossen als in der Abbildung [10]. Prüfe dies bei deinem Fahrrad und bei den Fahrädern deiner Freunde nach.

❸ Erkläre, wie es beim Autoscooter zu einem Stromkreis kommt.

❹ Überlege dir, ob die Autoscooter in Reihe oder parallel geschaltet sind.

❺ Untersuche eine Lichterkette und prüfe nach, ob die Lampen parallel oder in Reihe geschaltet sind.

❻ Finde heraus, ob die Lampen eines Autos parallel oder in Reihe geschaltet sind.

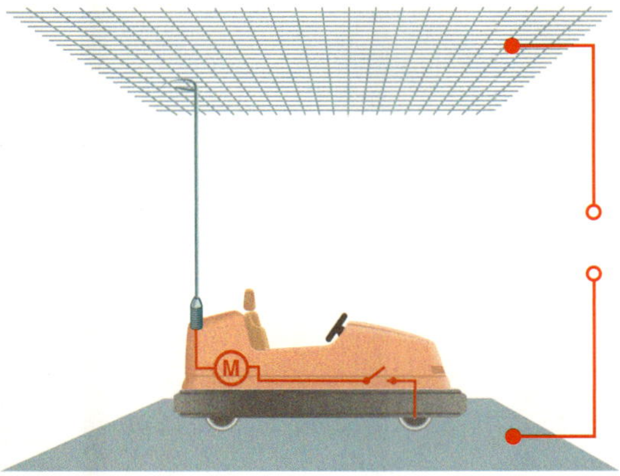

[9] *Stromkreis beim Autoscooter*

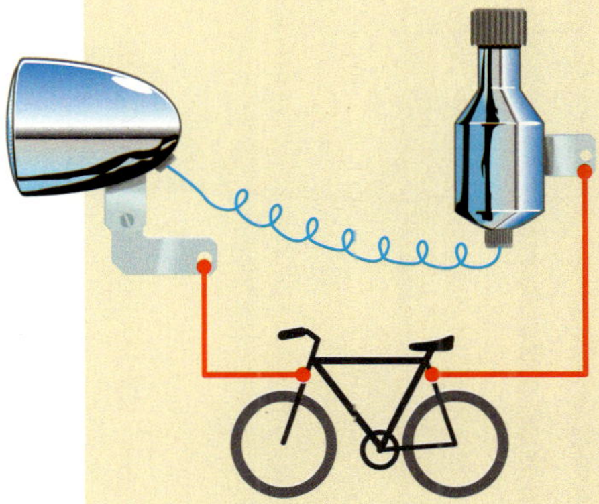

[10] *Stromkreis bei der Fahrradbeleuchtung*

Spiele und Modelle

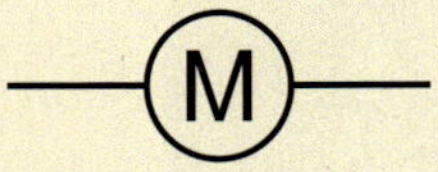

[1] *Schaltzeichen für Elektromotor*

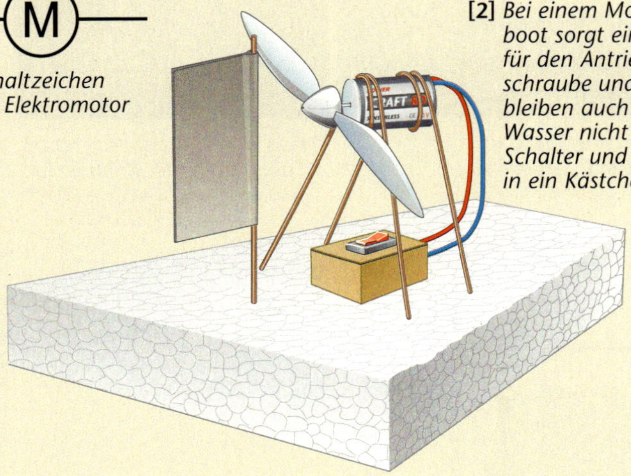

[2] *Bei einem Modell-Sumpfboot sorgt ein Elektromotor für den Antrieb. Die Luftschraube und das Luftruder bleiben auch im flachen Wasser nicht stecken. Schalter und Batterie sind in ein Kästchen eingebaut.*

[3] *Propellerboote haben einen flachen Bootsrumpf und eine Luftschraube. Man steuert sie mit einem Luftruder.*

In vielen Spielen und Modellen sorgt der elektrische Strom für Beleuchtung, Klang oder Bewegung. Ein lebhafter Summton oder ein rotes Licht zeigt bei einem Geschicklichkeitsspiel Geschick und Missgeschick an. Elektromotoren treiben Modellboote über die Wellen des Badesees. Lasten bewegen sich wie von Geisterhand in die Höhe.

1 Geschicklichkeitsspiel

Wie geschickt kannst du eine Nadel durch drei Ösen führen [5]? Berührst du die letzte Öse, deren Loch geschlossen ist, so leuchtet eine Lampe auf. Berührst du eine der drei Ösen beim Einfädeln der Nadel, so ertönt ein Summton.

Damit du ein solches Geschicklichkeitsspiel selbst bauen kannst, musst du sorgfältig planen. Welche Materialien benötigst du? Wie groß soll das Spiel werden? Wie verlaufen die Kabel? Erstelle eine Materialliste sowie einen Arbeitsplan. Zeichne eine Schaltskizze [6]. Stelle das Geschicklichkeitsspiel her.

2 Sumpfboot

Propellerboote [3] fahren mühelos durch flache Gewässer, z. B. in den Everglades in Amerika. Man nennt sie auch Sumpfboote. Ein flacher Bootsrumpf sorgt für einen geringen Tiefgang. Statt einer Wasserschraube treibt eine Luftschraube die Boote an.

Überlege dir, wie du auf einfache Weise ein Sumpfboot [2] herstellen kannst. Der Motor sollte ein- und ausgeschaltet werden können. Mit Solarzellen statt Batterien fährt das Sumpfboot besonders umweltfreundlich, allerdings nur bei Sonnenschein. Zeichne eine Skizze mit Maßen sowie eine Schaltskizze für den Antrieb mit einem Elektromotor. Erstelle eine Materialliste. Lege fest, welche Arbeitsschritte du in welcher Reihenfolge ausführst. Baue das Boot nach deinem Arbeitsplan.

[4] *Schaltzeichen für Summer oder Klingel*

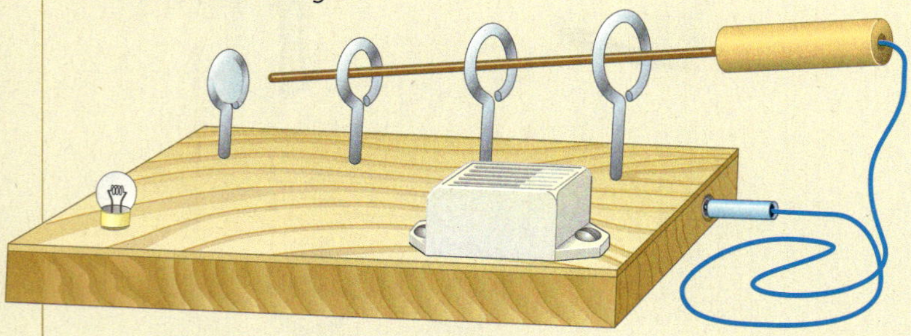

[5] *Geschicklichkeitsspiel mit akustischer und optischer Kontaktanzeige*

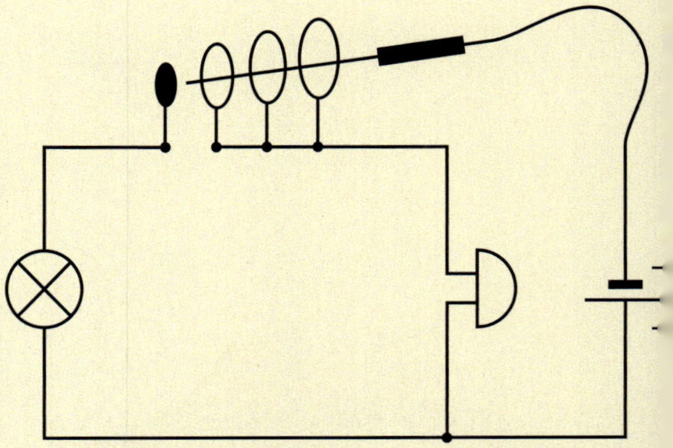

[6] *So kann deine Schaltskizze zum Geschicklichkeitsspiel aussehen.*

[7] *So könnte dein Modell-Kipper aussehen. Er ist (außer den Rädern) aus Halbzeugen und Normteilen gebaut.*

[8] *Kippvorrichtung*

3 Kipper

Lastwagen mit Kippaufbau transportieren Schüttgut. Sie bringen z. B. Schotter und Sand zu einer Baustelle und fahren die ausgehobene Erde ab. Die Kippvorrichtung spart das mühsame Abladen von Hand.

Stelle das Modell eines Lastwagens her, der eine funktionierende Kippvorrichtung besitzt.

Zur Herstellung des Modells kannst du **Halbzeuge** **[9]** verwenden. Bei Halbzeugen entspricht mindestens ein Maß, z. B. die Breite oder der Durchmesser, bereits dem Endmaß. Dadurch sparst du Arbeit beim Sägen oder Schneiden.

Zum Zusammenfügen der Einzelteile verwendest du **Normteile** **[10]**, das sind z. B. Schrauben, Muttern und Scheiben. Damit diese immer zusammenpassen, sind sie in ihren Maßen genormt. Für diese Norm ist das „Deutsche Institut für Normung e. V." (DIN) zuständig.

Die Kippvorrichtung kannst du nach der Abbildung **[8]** aus einem Vierkantholzstab herstellen. Er soll so lang sein wie die Fahrzeugbreite, abzüglich der Stärke der Muttern und Scheiben. Bearbeite den Vierkantholzstab, bis er die richtige Form hat, sodass beim Kippen keine Kanten im Weg sind. Säge nun zweimal ein Viertel von deinem Holzstab ab. Alle drei Holzstücke erhalten eine durchgehende Bohrung. Befestige die kurzen Stücke auf der Grundplatte deines Lastwagens und das längere Stück an der Kippmulde. Durch die Bohrung schiebst du eine Gewindestange, die mit Hutmuttern und Sechskantmuttern gegen Verrutschen gesichert wird.

Fertige Räder kann man im Fachgeschäft kaufen. Du kannst sie auf ähnliche Weise wie die Kippvorrichtung befestigen. Überlege dir außerdem eine Vorrichtung, mit der du die Kippmulde in Kippstellung feststellen kannst.

[9] *Im Handel sind Halbzeuge aus verschiedenen Materialien in einem breiten Angebot erhältlich. Weitere Halbzeuge siehst du in der Abbildung* **[184.3]**.

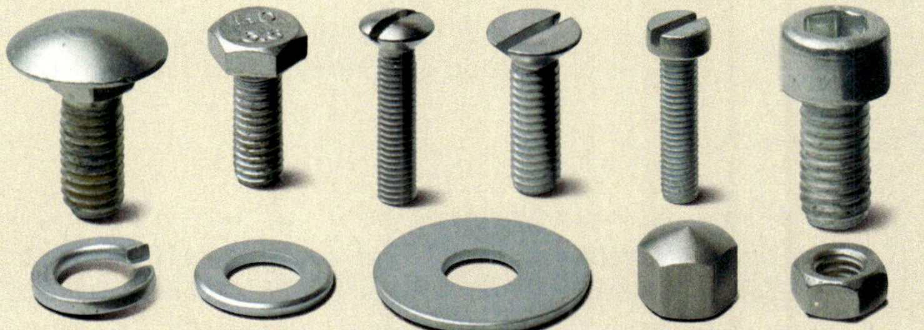

[10] *Schrauben und Muttern haben Gewinde mit genormten Durchmessern. M3 bedeutet z. B. 3 mm, M8 bedeutet 8 mm Durchmesser. Bei Scheiben gibt man den Außendurchmesser und den Innendurchmesser an.*

Stoffgemische sind trennbar

Aus Stoffgemischen lassen sich durch geeignete Trennverfahren Reinstoffe gewinnen. Wie getrennt wird, hängt von den Eigenschaften der beteiligten Stoffe ab.

[1] *Hier kannst du erkennen, wo das Wasser schneller bzw. langsamer fließt.*

[2] *Ölabscheider in einer Kläranlage*

Eine Mischung aus Nägeln und Schrauben lässt sich leicht sortieren, da sie aus festen Stoffen bestehen und leicht zu unterscheiden sind. Wenn sich aber die Bestandteile eines Stoffgemisches in Gestalt, Größe und Eigenschaften ähnlich sind oder eine Flüssigkeit dabei ist, wird die Trennung schwieriger.

Wie ein Bach wieder klar wird

Eine Beobachtung in der Natur zeigt uns, wie eine Trennung nach den Eigenschaften möglich ist. Jeder Bach führt trübes, braunes Wasser, wenn er aufgewühlt wird. Eine solches Gemisch aus festen Stoffen und einer Flüssigkeit nennt man Aufschlämmung oder **Suspension**. Nach kurzer Zeit wird der Bach jedoch wieder klar. Leichte Erdteilchen werden vom Wasser eine größere Strecke weggeschwemmt, die gröberen Körner setzen sich gleich wieder ab.

Jetzt sieht man, dass auch der Bodengrund ein Gemisch war. Man spricht hier von einem **Gemenge** von festen Stoffen. Das fließende Wasser hat dieses Gemenge nach der Dichte der beteiligten Stoffe getrennt.

Auf ähnliche Weise kann man Gemenge auch im Labor durch **Absetzen** trennen. Man gießt die Suspension in ein hohes Gefäß, z.B. einen Messzylinder **[8]**, und wartet einige Zeit. Geht es nur um die Trennung eines ungelösten festen Stoffes von einer Flüssigkeit, geht **Filtrieren** [6] oft schneller.

Öl und Wasser trennen sich von selbst

Wäscht man eine ölige Pfanne mit klarem Wasser ab, erhält man eine trübe Brühe. Die Flüssigkeiten Öl und Wasser mischen sich nicht richtig, sondern bilden eine **Emulsion**. Nach einer Weile bilden sich große Fett-

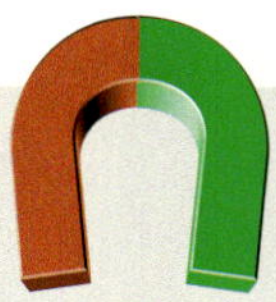

[5] *Magnet*

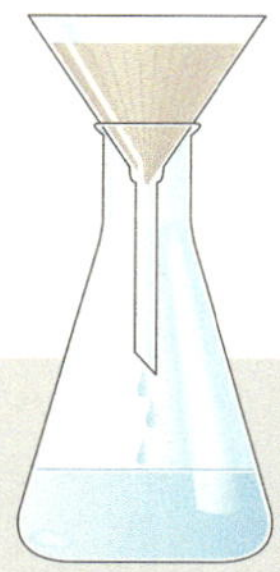

[6] *Trennung einer Suspension durch Filtrieren*

Versuche

1 Eisenspäne sind in Sägemehl gefallen. Finde zwei Verfahren heraus, um das Gemenge zu trennen. Du hast folgende Arbeitsmittel zur Verfügung: Pinzette, Lupe, Trichter, Filter, Erlenmeyerkolben **[6]**, Becherglas mit Wasser, Magnet **[5]**, ein Stück Papier.

2 Fülle in einen 50-ml-Messzylinder **[8]** etwa 10 ml Erde und gieße 40 ml Wasser hinzu. Schüttle kräftig durch. Beobachte die Suspension. Zeichne nach 10 Minuten das Ergebnis und vergleiche es mit der Abbildung **[137.8]**.

3 ⚠ Finde heraus, wie viel Zucker deine Lieblingslimonade enthält. Du brauchst: Brenner, Dreibein, Drahtnetz,

[3] *Meersalzgewinnung in Salzgärten*

[4] *Goldwäscher mit Goldwaschpfanne*

augen. Diese schwimmen oben, weil Öl leichter ist als Wasser. Mit einem Löffel lässt sich das Öl abheben. Auch in der Technik und im Labor lassen sich viele Emulsionen auf ähnliche Weise trennen [2].

Wie viel Zucker ist in der Limonade?

Dass Limonade Zucker enthält, erkennt man am Geschmack. Will man wissen, wie viel Zucker darin enthalten ist, muss man ihn abtrennen. In einer **Lösung** sind aber die kleinsten Teilchen des gelösten Stoffes so fein im Lösungsmittel verteilt, dass die Trennung durch Filtrieren nicht möglich ist. Einen gelösten Feststoff kann man durch **Eindampfen** [7] gewinnen. Dabei wird das Lösungsmittel durch Erhitzen entfernt.

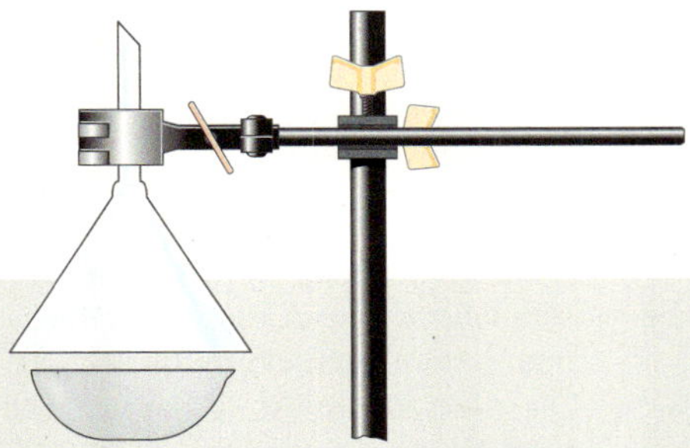

[7] *Eindampfen: Die Lösung in der Porzellanschale wird mit dem Brenner erhitzt, der Trichter dient als Spritzschutz.*

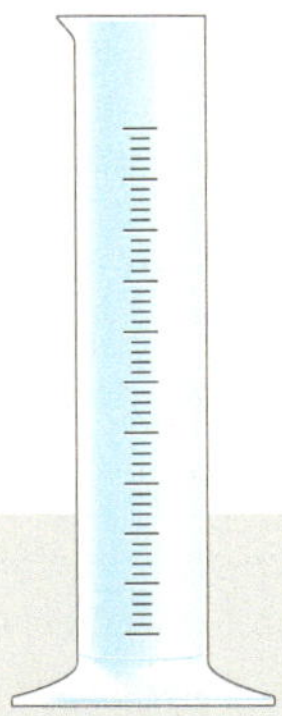

[8] *In einem Messzylinder kann man Suspensionen und Emulsionen trennen.*

Merkmal

- ▶ Wenn feste Stoffe vermischt sind, spricht man von einem Gemenge.
- ▶ Flüssige Stoffe bilden mit unlöslichen festen Stoffen eine Suspension.
- ▶ Suspensionen kann man durch Absetzen oder Filtrieren trennen.
- ▶ Flüssige Stoffe bilden mit löslichen festen Stoffen eine Lösung.
- ▶ Aus Lösungen kann man durch Eindampfen den gelösten festen Stoff abtrennen.
- ▶ Unlösliche Tröpfchen in einem Lösungsmittel sind eine Emulsion.

Denkmal

❶ Wie unterscheiden sich Gemenge fester Stoffe von Suspensionen und Emulsionen?

❷ Zu welchem Gemischtyp gehören folgende Gemische: Pfeffer und Salz, Zucker und Wasser, Sand und Wasser, Gartenerde und Wasser, Essig und Öl?

❸ Gib an, ob Suspensionen oder Lösungen entstehen, wenn man folgende Stoffe in Wasser gibt: Mehl, Sand, Zucker, Gartenerde, Holzkohlepulver.

❹ In südlichen Ländern „verschwindet" das salzige Meerwasser aus speziellen Becken [3]. Übrig bleibt das gewünschte Salz (Meersalz). Erkläre den Vorgang.

❺ Welche Eigenschaften der Stoffe helfen dem Goldwäscher [4], an das begehrte Gold zu kommen?

❻ In Kläranlagen bereiten Öle und Fette im Abwasser besondere Probleme [2]. Welche Eigenschaften der Öle und Fette nutzen die Techniker, um sie zu entfernen?

Stativmaterial, Porzellanschale und einen Trichter als Spritzschutz [7]. *(Achtung: Spritzgefahr!)*

4 Fertige eine Emulsion aus Wasser und einigen Spritzern Fahrradöl oder Salatöl an. Versuche das Wasser vom Öl zu trennen. *(Du erhältst kein Trinkwasser!)*

5 Überlege dir, wie du aus Salzwasser salzfreies Wasser gewinnen kannst. Du hast einen Erlenmeyerkolben mit Stopfen, ein Becherglas und ein langes Glasrohr zur Verfügung. Informiere dich, was eine Destillation ist.

Kristalle und bunte Flecken

[1]

[2]

[3]

Nach seiner Geburtstagsparty bemerkt Peter auf der Tischdecke mehrere Flecken. Als er einen davon genauer ansieht, bemerkt er, dass kleine Kristalle im Licht glänzen. Mit einem Finger streift er darüber und prüft den Geschmack. „Das ist ja Zucker", stellt Peter erstaunt fest und erinnert sich, dass während der Feier eine Limonadenflasche umfiel.

Mit Wasser gelingt es Peter, den Fleck zu entfernen. Ein Fettfleck bleibt davon jedoch unberührt. Der Saftfleck wird durch seine Reinigungsversuche sogar größer. „Flecken entfernen ist gar nicht so einfach", denkt sich Peter. „Welche Eigenschaften der Stoffe könnten dabei nützlich sein?"

1 Kristalle selber züchten

Löse Kochsalz in wenig Wasser vollständig auf [1], [2]. Lasse diese Lösung in einer Schale an einem warmen Ort stehen, bis das Wasser vollständig verdunstet ist.

Suche einige der größten Kristalle heraus und lege sie nochmals in eine Salzlösung, die du aus 16 g Salz in 50 ml Wasser hergestellt hast. Lasse das Wasser wieder verdunsten. Wenn du diesen Vorgang mehrfach wiederholst, kannst du schöne große Kristalle züchten.

Auch Zucker ergibt schöne Kristalle, du kannst genauso vorgehen wie bei den Kochsalzkristallen.

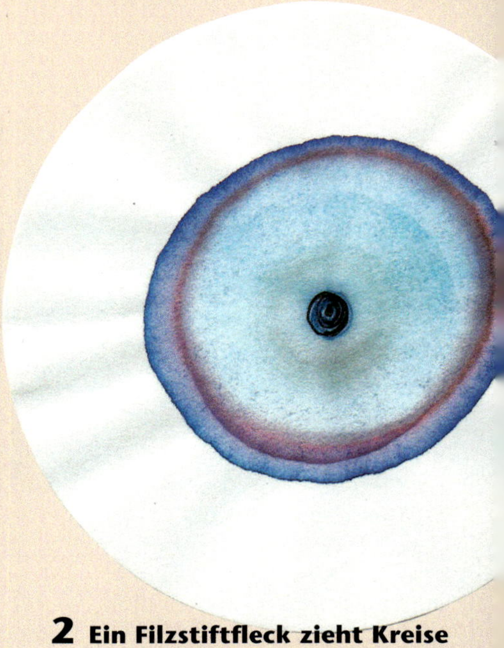

2 Ein Filzstiftfleck zieht Kreise

Zeichne auf die Mitte eines Rundfilters [6] einen Fleck von ungefähr einem Zentimeter Durchmesser mit einem Filzstift. Schwarze und braune Stifte eignen sich besonders gut. Du kannst auch schwarze Tinte nehmen.

[4] *Steinsalz*

[5] *Schwere Bagger graben riesige Hallen und Höhlensysteme in den Salzstock.*

Wie kommt das Salz in den Streuer?

Wenn Regenwasser auf den Boden fällt, lösen sich die darin enthaltenen Salze zum Teil auf und werden mit dem ablaufenden Wasser in Bächen und Flüssen weggetragen bis ins Meer. Aus dem Meer verdunstet das Wasser wieder und das Salz bleibt zurück. Deshalb schmeckt das Meerwasser so salzig. Füllt man es in große Becken, so kann man das Salz gewinnen, nachdem das Wasser verdunstet ist [8].

Vor sehr langer Zeit waren auch Teile Deutschlands von Meerwasser bedeckt. Im Laufe der Zeit verdunstete das Wasser, und das Salz blieb auf der Erdoberfläche zurück. So entstanden Salzlagerstätten [5].

Will man aus dem Steinsalz [4] Kochsalz gewinnen, muss man es erst reinigen. Dazu löst man das Salz in heißem Wasser auf und filtriert es. Wenn das Wasser verdampft, erhält man das reine Kochsalz. Lässt man das Wasser sehr langsam verdunsten, so erhält man schöne, würfelförmige Kristalle. Diese Kristallform ist für das Kochsalz typisch.

Andere Stoffe bilden Kristalle mit anderer Form, die Form der Kristalle ist also – ähnlich wie die Schmelztemperatur oder die Verformbarkeit eines Stoffes – eine typische Stoffeigenschaft.

[6]

[7]

Nimm eine kleine Petrischale [3] und lege den Rundfilter darauf. Tropfe nun auf den Fleck langsam und ganz vorsichtig aus einer Tropfpipette Brennspiritus. Warte nach jedem Tropfen, bis die Flüssigkeit ganz vom Papier aufgesaugt worden ist. Was kannst du beobachten? Wiederhole den Versuch, indem du anstelle von Spiritus Wasser auf den Farbfleck tropfst. Vergleiche die Reihenfolge der Farben mit der aus dem vorherigen Versuch.

3 Rund und bunt

Finde heraus, welche Farbstoffe in einer Schoko-Linse [10] enthalten sind. Lege dazu eine Schoko-Linse in ein Schnappdeckelglas [11] und löse die Farbstoffschicht mit wenigen Tropfen Wasser. Gehe weiter vor wie in Versuch 2.

Denkmal

❶ Beschreibe, wie Salzlagerstätten entstanden sind.

❷ Stelle aus einem Stückchen Steinsalz möglichst reines Kochsalz her.

❸ Erkundige dich, wo es in Baden-Württemberg noch Salzlagerstätten gibt.

❹ Mit welchem Lösungsmittel würdest du Filzstift- oder Tintenflecken entfernen?

❺ Ein Filzstift enthält die Farbstoffe Grün, Violett und Gelb. Diese haben die in der Tabelle [9] aufgeführten Eigenschaften. Wie werden sich die Farben auf dem Rundfilter verteilen, wenn man Spiritus als Lösungsmittel verwendet?

Farbe	Löslichkeit in Spiritus	Haftstärke am Papier
grün	sehr gut	schlecht
violett	sehr schlecht	gut
gelb	sehr schlecht	schlecht

[9]

[8] *Auch am Meer kann man das Salz im großen Stil gewinnen.*

[10]

[11]

Schlecht gelöst – gut gelöst

Die Versuche haben gezeigt, dass sich manche Stoffe besser in Wasser und andere besser in Spiritus lösen. Zu Hause können wir Wäsche nur in Wasser waschen, denn Benzin und Spiritus darf man nicht ohne Bedenken ins Abwasser schütten. Manche Flecken, z. B. Fett oder Blut, können aber bei empfindlichen Stoffen mit Wasser und Waschmitteln nicht entfernt werden. Diese Kleidungsstücke bringen wir in die **chemische Reinigung**, die mit Benzin oder benzinähnlichen Lösungsmitteln arbeitet.

Filzstiftfarben bestehen oft aus einem Farbstoffgemisch. Tropft man Spiritus auf ein solches Gemisch, das auf Filterpapier aufgetragen wurde, so lösen sich die Farbstoffe in Spiritus auf. Das Filterpapier hält die Farbstoffe aber auch fest. So werden sie zwischen dem Lösungsmittel, das sie aus dem Papier löst, und dem Papier, das sie festhält, „hin- und hergerissen". Wenn das Lösungsmittel besser löst, als das Papier festhält, dann wandert der Farbstoff schnell nach außen. Hält das Papier den Farbstoff jedoch sehr fest und löst er sich nicht so gut im Lösungsmittel, dann wandert der Farbstoff langsamer oder fast gar nicht. Diese Methode der Trennung eines Stoffgemisches heißt **Chromatografie.**

Müll – ein besonderes Gemenge

Im Müll sind viele wertvolle Stoffe enthalten, die wieder verwertet werden können. Um die Entsorgungskosten und die Müllmenge gering zu halten, lohnt es sich, Müll zu trennen.

[1] *Mit der Entsorgung des Mülls auf Deponien ist man die Sorgen mit dem Müll noch lange nicht los.*

[2] *Verpackungen mit dem „grünen Punkt" gehören in den gelben Sack oder die Wertstoffsammlung.*

[5] *Aus den schönen Verpackungen im Einkaufswagen …*

Früher schüttete man den Müll einfach in eine nahe gelegene Talmulde. Heute ist das nicht mehr möglich, die Mengen sind viel zu groß. Würde der Müll, der in Deutschland in einem Jahr anfällt, auf 100 Fußballfeldern quaderförmig angehäuft, so hätte dieser Berg die Höhe von 354 m. Jedes Jahr würde der Berg weitere 354 m höher.

Der Müllberg kann gefährlich sein

Geeignete Plätze für Mülldeponien sind knapp. Lastwagen transportieren den Müll Hunderte von Kilometern zu Deponien und Müllverbrennungsanlagen.

Auch die Vorgänge bei der Zersetzung und Verbrennung bereiten den Fachleuten Sorgen. Das bunte Gemenge im Müll hat auf der Deponie und in den Öfen der Verbrennungsanlage sein gefährliches Eigenleben, das nicht vollständig erforscht ist. Schon aus diesem Grunde müssen wir intelligent mit Müll umgehen. Würden wir den gesamten Hausmüll unsortiert in die Mülltonne werfen, wäre die Mischung die reinste Zeitbombe.

Gut sortiert – leichter verwertet

Bei der Mülltrennung im Haushalt werden heute in den meisten Gemeinden und Städten kompostierbare Abfälle (Biomüll), Verpackungsmaterialien (gelber Sack oder Wertstoffsammlung), Papier (grüne oder blaue Tonne) und Restmüll getrennt eingesammelt. Problemabfälle wie Batterien, Farben und Lacke, Lösungsmittel, Medikamente, Leuchtstoffröhren, Fotochemikalien und Pflanzenschutzmittel gibt man als Sondermüll beim „Umweltmobil" oder auf den Stadthöfen ab.

Ein- bis zweimal im Jahr werden alte Möbel und Haushaltsgeräte beim Sperrmüll abgeholt. Kühlschränke, die die Ozonschicht

Projekt-Tipp: Gut und sicher verpackt

1 Lebensmittel in Konserven stellen besondere Anforderungen an ihre Verpackung. Untersuche eine Konservendose mit einem Magneten. Welchen Stoff enthält sie? Betrachte die Innen- und Außenseite. Welche Unterschiede erkennst du? Zerkratze die Innenseite eines Konservendeckels mit einem Nagel und lege ihn in eine Petrischale mit Essig. Beobachte ihn mehrere Tage.

2 Getränkepackungen sind leicht und stabil. Untersuche, was ihnen diese Eigenschaften gibt. Schneide aus einer Getränkepackung ein etwa 5 cm · 5 cm großes Stück heraus. Vergleiche die Innen- und Außenseite. Weiche das Stückchen in Wasser ein und löse die Schichten durch Kratzen mit dem Fingernagel voneinander ab. Um herauszufinden, welche Aufgabe die einzelnen Schichten haben, untersuche die verschiedenen Eigenschaften der beteiligten Stoffe.

3 Weshalb hält Folie frisch? Bestimme das Gewicht von zwei Äpfeln. Wickle einen Apfel in Frischhaltefolie ein, lege den zweiten an einem schattigen Platz daneben. Vergleiche nach zwei Tagen das Gewicht.

[3], [4] *Wenn Batterien, Lösungsmittel und andere gefährliche Stoffe nicht mehr gebraucht werden, sind sie Sondermüll.*

schädigen würden, und Elektrogeräte, die giftige Schwermetalle enthalten, werden getrennt entsorgt. Mancher Sammler findet hier das eine oder andere verwertbare Stück und trägt damit auf seine Weise zur Müllvermeidung bei. Auch der schadstoffarme Bauaushub und Bauschutt wird vom Hausmüll getrennt. Dies spart Deponieraum.

[6] *... wird ein Haufen Müll, den wir nicht mehr haben wollen.*

Erst in Hülle – dann in Fülle

Doch woher kommt der viele Hausmüll? Den größten Teil bringen wir vom Einkaufen mit. Verpackungen schützen zum Beispiel Lebensmittel vor dem Verschmutzen, verhindern die Verdunstung und halten damit die Ware frisch. Sie sichern sie vor Stößen, helfen beim Transport und nicht zuletzt werden sie so gestaltet, dass sie zum Kauf reizen. Wenn die Verpackung jedoch größer ist als der Inhalt, sollten wir uns überlegen, ob dieses Produkt den Preis wert ist.

Projekt-Tipp: Trennung

Gemenge aus mehr als zwei Stoffen sind schwer zu trennen. Ein Gemenge aus Salz, Öl, Eisenspänen und Sand soll als Modellmüll mithilfe von Wasser getrennt werden. Führe die notwendigen Arbeitsschritte durch **[7]**. Beurteile das Ergebnis.

[7]

Merkmal

▶ Wer auf überflüssige Verpackung verzichtet, trägt am stärksten zur Müllvermeidung bei.

▶ Mülltrennung erleichtert die Entsorgung. Wertstoffe können leicht weiter verarbeitet werden.

▶ Müllmischungen sind gefährlich und schwierig zu trennen.

▶ In den Restmüll gehören nur die zugelassenen Stoffe.

Denkmal

❶ Restmüll, Biomüll, Sondermüll, Wertstoffe: welche Stoffe verbergen sich hinter diesen Bezeichnungen? Nenne für jede Stoffgruppe Beispiele und schreibe sie auf.

❷ Nenne zwei Gründe, die für die Trennung des Mülls sprechen.

❸ „Vermeiden, verringern, entsorgen", so heißt die geheimnisvolle Formel, mit der sich allzu hohe Müllberge erst gar nicht auftürmen sollen. Sammle Vorschläge, wie man das am besten anstellen könnte.

❹ Schreibe eine kleine Geschichte, die aus dem Leben einer Verpackung erzählt.

❺ Erkundige dich z. B. bei deiner Großmutter, wie früher Obst eingekocht wurde. Welche Verpackungsstoffe wurden verwendet und wie wurden sie entsorgt?

❻ Verpackungen haben ganz verschiedene Aufgaben zu erfüllen. Schreibe sie auf.

Wertstoffe aus dem Abfall

Im Abfall stecken eine Menge Wertstoffe, aus denen neue Rohstoffe gewonnen werden können. Dieses Verfahren nennt man Recycling.

[1] *So sollte ein Mülleimer heute nicht mehr aussehen. Hier stecken viele Wertstoffe drin, die man besser getrennt sammelt.*

Kein Mensch käme auf die Idee, Müll zu kaufen. Wenn wir eine Ananasdose in den Einkaufswagen legen, sind uns die Ananasscheiben viel wichtiger als die Dose. Erst wenn wir die Ananas verzehrt haben, wird aus der praktischen Dose Müll.

Dosen wachsen nicht wie Ananas

Dosen kann man nicht einfach ernten wie Ananasfrüchte. Ihr Material, Weißblech, wird aus wertvollen Rohstoffen hergestellt. Aus eisenhaltigen Gesteinen gewinnt man im Hochofen Roheisen. Das Roheisen wird zu Stahl verarbeitet und im Walzwerk zu dünnen Blechen geformt. Das Blech bekommt zum Schutz einen Überzug aus Zinn. Auch wenn eine Dose schließlich im Müll landet, ist sie zum endgültigen Lagern auf der Mülldeponie viel zu schade. Ihr Material ist für uns ein Wertstoff.

Wertstoffe werden recycelt

Anstatt sie einfach zu „entsorgen“ kann man Wertstoffe mehrfach verwenden. Sie durchlaufen auf diese Weise einen Kreislauf, in dem sich die Stationen „Herstellen“, „Gebrauchen“, „Sammeln“ und „Wiederverwerten“ einige Male wiederholen. Dieses Verfahren nennt man **Recycling.** Es schont die natürlichen Rohstoffe und spart Energie. Außerdem lässt Recycling die Müllberge langsamer wachsen.

[2] *Altpapier wird in vielen Gemeinden getrennt eingesammelt.*

[3] *Der gelbe Sack enthält ein Wertstoffgemisch.*

Aus alt mach neu

Altglas [5] lässt sich beliebig oft einschmelzen. Es muss dafür aber nach Farben sortiert gesammelt werden, außerdem sind erst einmal von Hand oder mit einem Magneten allerlei Fremdstoffe aus dem Scherbenhaufen zu entfernen. Pfandflaschen sind deshalb immer noch besser als Einwegflaschen.

Aus **Altpapier** [2] kann man neues Papier herstellen. Viele Produkte, wie Zeitungen, Schulhefte, Toilettenpapier und Pappkartons, bestehen aus Recyclingpapier.

Alteisen [6] steckt nicht nur als Weißblech im Hausmüll, auf den Straßen fährt eine große Zahl von „Blechbüchsen“. Jedes Jahr werden in Deutschland 3 Millionen Fahrzeuge verschrottet. Brauchbare Teile und Kunststoffe werden ausgebaut, der Rest wird zusammengepresst. Schreddermaschinen zerfetzen diese Pakete. Ein Magnet sortiert die eisenhaltigen Teile aus. In Stahlwer-

Projekt-Tipp: Kunststoffe

Aus dem Müll sind Kunststoffe nur sortenrein und gereinigt in großem Umfang nutzbar. Die meisten Abfälle werden leider heute noch als Energielieferant in Müllverbrennungsanlagen genutzt.

1 Trenne Styropor [8] von anderen Kunststoffabfällen mithilfe von Wasser.

[8]

2 Erhitze vorsichtig und langsam kleine Stücke eines Kunststoffmilchkännchens in einem Reagenzglas. Beschreibe die Veränderungen des Materials beim Erhitzen. Wie könnte dieser Kunststoff verarbeitet werden?

3 Mit der Brennprobe [9] kann man Naturstoffe (Cellulose, Baumwolle, Wolle, Seide) von Kunststoffen unterscheiden. Halte dazu verschiedene Fasern mit der Tiegelzange in die Flamme.

[4] *Trennung des Wertstoffgemisches aus dem gelben Sack*

[5] *Altglas muss sortenrein gesammelt und von Fremdstoffen befreit werden.*

[6] *Das meiste Alteisen kommt aus der Autoverwertung.*

[7] *Aluminiumabfälle werden eingeschmolzen.*

ken wird der Eisenschrott eingeschmolzen und hauptsächlich zu Baustahl verarbeitet.

Aluminium [7] ist ein vielseitiger Werkstoff. Dieses Metall ist leicht, gut verformbar, hitzebeständig, licht- und luftundurchlässig und rostet nicht. Aluminium kann eingeschmolzen und neu verwendet werden.

Es gibt eine riesige Zahl unterschiedlicher **Kunststoffe.** Nur wenn es gelingt, Kunststoffe sortenrein zu trennen, ist eine Wiederverwertung möglich. Kunststoffmischungen landen deshalb häufig in der Müllverbrennungsanlage.

Recyceln ist gut, Vermeiden ist besser

Müll erst gar nicht entstehen zu lassen ist der beste Weg, um den Müllberg nicht ständig wachsen zu lassen. Hier kann jeder eine Vollbremsung machen, indem er auf Dinge wie Einweg-Geschirr, Einweg-Besteck oder gar Einweg-Kameras einfach verzichtet.

Faser, Material	Verbrennt …
Cellulose, Baumwolle	… rasch mit gelber Flamme zu weißgrauer Asche.
Wolle, Seide	… langsam und riecht dabei nach verbrannten Haaren, schwarze „Kügelchen" bleiben übrig.
Viskoseseide	… schnell, riecht nach verbranntem Papier.
Polyethylen	… zuerst mit kleiner blauer Flamme, später gelb und rußend. Material schmilzt ab (tropft).
Polyamide (Nylon/Perlon)	… nicht, sondern schmort, wird an den Kanten weiß. Die Schwaden riechen nach Ammoniak.

[9] *Verhalten von Naturstoffen und Kunststoffen bei der Brennprobe*

Merkmal

▶ Verpackungsmaterial besteht aus wertvollen Rohstoffen, die bei Mülltrennung wieder genutzt werden können.

▶ Metalle, Papier und Glas sind im Gegensatz zu den Kunststoffen leicht trennbar.

▶ Kunststoffe müssen zur Wiederverwertung sortenrein getrennt werden.

▶ Recycling spart Deponierraum und Energie.

Denkmal

1. Beschreibe, welche Wertstoffe sich im Müll befinden.
2. Was ist beim Recycling von Glas zu beachten?
3. Wie werden Weißblechdosen vom Müll getrennt?
4. Weshalb ist es besonders schwierig, Kunststoffe zu recyceln?
5. Beobachtet die Müllbehälter in eurem Klassenzimmer und notiert, welche Stoffe weggeworfen werden.
6. Untersuche verschiedene Kunststoffverpackungen. Um welche Kunststoffe handelt es sich?
7. Erkundige dich, welche Mülltrennungsregeln in deiner Gemeinde gelten.

Die Natur müllt anders

Unzählige Bodenlebewesen wandeln natürliche Abfälle in fruchtbare Erde um. Sie sorgen für das perfekte Recycling der natürlichen „Abfallstoffe".

Im Frühling geht es wieder richtig los. Bäume und Sträucher entfalten ihre Blätter, Kräuter und Gräser werden wieder zu üppigen Pflanzen – die ganze Natur ist auf Wachstum eingestellt. Im Laufe des Jahres bilden sich prächtige Blüten und die unterschiedlichsten Früchte. In unvorstellbar großen Mengen entstehen ständig neue Stoffe.

[1] *Aus den Blättern wird im Laufe des Jahres Humus.*

Die Natur kennt keinen Müll

Jahr für Jahr fallen im Herbstwald tonnenweise welke Blätter auf den Boden. Trotzdem ersticken die kahl gewordenen Bäume nicht an diesem selbst erzeugten Abfall. Auch Blüten verwelken, Nussschalen und andere Reste von Früchten bleiben übrig, Äste werden morsch und brechen, und Pflanzen sterben ab. Selbst Tiere verenden. Immer und überall gibt es natürlichen Abfall. Müllberge sind in der Natur jedoch völlig unbekannt. Die Beseitigung der vielen natürlichen Abfälle dauert manchmal etwas länger, dafür geht sie aber völlig reibungslos vor sich.

Von den zarten Kronblättern einer Kirschblüte zum Beispiel ist schon nach kurzer Zeit nichts mehr zu sehen. Das Holz eines umgestürzten Eichenstammes braucht dagegen 40 oder gar 50 Jahre, bis es verrottet ist. Das herabgefallene Herbstlaub hat schon nach kurzer Zeit Löcher bekommen. Unter der Laubdecke findet man schließlich nur noch eine braune und lockere Masse. Es ist **Humus** entstanden.

Hier sind die Müllprofis am Werk

Pflanzliche und tierische Abfälle sind ein gefundenes Fressen für ein großes Heer unterschiedlicher Spezialisten. Bakterien, Asseln, Springschwänze, Milben, Regenwürmer und viele andere Kleinlebewesen machen sich über diese Abfälle her. Sie zerkleinern, durchmischen und verdauen so lange, bis dunkler, krümeliger und sehr fruchtbarer Humus übrig bleibt.

Recycling im Komposthaufen

Der größte Teil dessen, was unseren täglichen Abfall ausmacht, ist so genannter Bio- oder Nassmüll. Darunter versteht man pflanzliche Abfälle aus der Küche und Gartenabfälle. Zum Komposthaufen aufgeschichtet finden die Abfallspezialisten darin ideale Lebensbedingungen. Um das Recycling richtig in Gang zu bringen, muss der Komposthaufen sachgerecht aufgeschichtet werden, denn die Bodenlebewesen brauchen genügend Luft, ausreichend Feuchtigkeit und den richtigen Abfall. Was sie bereits nach wenigen Monaten übrig lassen, ist feinkrümeliger **Kompost.**

[2] *Vom Herbstlaub sind nur noch die Gerippe aus Blattadern übrig.*

[3] *Kompostwürmer verschlingen Erde und Bakterien, ein fruchtbares Gemisch aus Mineralien wird ausgeschieden.*

[4] *Reifer Kompost liefert den Pflanzen alles, was sie zum Wachstum benötigen.*

[5] *Der Komposthaufen ist der Recyclinghof des Gärtners.*

[6] *Das alles darf auf den Komposthaufen: rohe Gemüse-, Obst- und Salatreste, Gartenabfälle, Hecken- und Strauchschnitt, Rasenschnitt und Laub, Eierschalen, Kaffee- und Teefilter, Kleintiermist, …*

Auf keinen Fall aber: Speisereste, Schalen von Zitrusfrüchten, Bananenschalen, Pflanzenteile, die von Schädlingen befallen sind, …

Merkmal

- ▶ Natürliche Abfälle werden von Kleinlebewesen aufgefressen.
- ▶ Durch die Tätigkeit der Bodenlebewesen entsteht aus den Abfällen Humus.
- ▶ Humus dient den Pflanzen als Nährstofflieferant.
- ▶ Im Komposthaufen werden unter geeigneten Bedingungen pflanzliche Abfälle schnell abgebaut.

Denkmal

❶ Weshalb sind in der Natur keine Müllberge vorhanden?

❷ Beschreibe, wie Humus entsteht.

❸ Überlege dir, warum Fleisch oder Zitrusfrüchte nicht auf den Kompost geworfen werden sollen.

❹ Wenn sehr viel Rasenschnitt kompostiert wird, beginnt der Komposthaufen zu stinken. Woran könnte dies liegen?

❺ Weshalb lagern geübte Gärtner kranke Pflanzen, samendes Unkraut und Wurzelunkräuter im Inneren des Komposthaufens? Erkundige dich bei einem Hobbygärtner.

❻ Regenmacher, Kompostmacher, Erddurchwühler? Erstelle einen Steckbrief zum Regenwurm. Diese Aufgabe eignet sich besonders gut für Bücherwürmer, die gern etwas nachschlagen und anderen dann mitteilen.

Projekt-Tipp: Kompostierung

1 Fülle ein Glas mit Komposterde und ein zweites mit Sand. Lege auf beide ein Stück Kaffeefilterpapier. Decke die Gefäße ab und halte die Erde feucht. Was stellst du nach etwa einer Woche fest?

2 In einem Regenwurmkasten **[135.4]** kannst du beobachten, wie Regenwürmer über einen längeren Zeitraum arbeiten.

3 Suche in den Abfällen eines Komposthaufens nach Pflanzenabfällen, die Fraßspuren aufweisen. Beschreibe sie.

4 Hebe mit einer kleinen Handschaufel oder einem alten Löffel die oberste Schicht von einem Komposthaufen ab. Wie viele unterschiedliche Müllwerker kannst du erkennen? Bei der Bestimmung kann dir die Abbildung **[270.1]** helfen.

5 Für Bioabfälle gibt es in vielen Gemeinden die braune Biotonne. Erkundige dich, welche Abfälle dort gesammelt werden können und welche auf gar keinen Fall in die Tonne gelangen dürfen. Erstelle eine Liste.

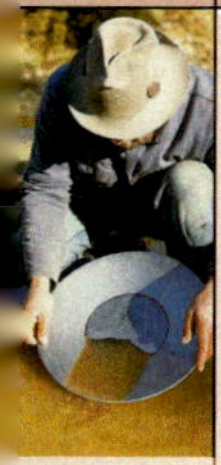

Kirschkernkissen

[1]

Sicher kennst du das Gefühl, dass dir etwas Kopfzerbrechen bereitet und du dich am liebsten in deinem Zimmer verkriechen willst, oder dass du dich konzentrieren musst, aber nichts mehr geht. Manchmal hilft ein warmes und kuscheliges Kirschkernkissen, das du dir selbst nähen und nach deinen Wünschen gestalten kannst.

[2]

Das brauchst du zur Herstellung eines Kirschkernkissens:

- Papier
- Lineal
- Schere
- Stecknadeln
- Nähnadel
- Nähmaschine
- Schneiderkreide
- 2 Stoffstücke
- Heftfaden
- Bindeband
- Passende Nähseide
- Kirschkerne

Bevor es richtig losgeht

In der Restekiste findest du bestimmt Stoffe, die dir gefallen. Damit sie deinen Ansprüchen gerecht werden, solltest du sie „auf Herz und Nieren" prüfen. Dabei helfen dir die Versuche auf dieser Seite. Wähle zwei verschiedene Stoffe aus, einen für das mit Kirschkernen gefüllte Innenkissen und einen für den Außenbezug, den du abnehmen und waschen kannst.

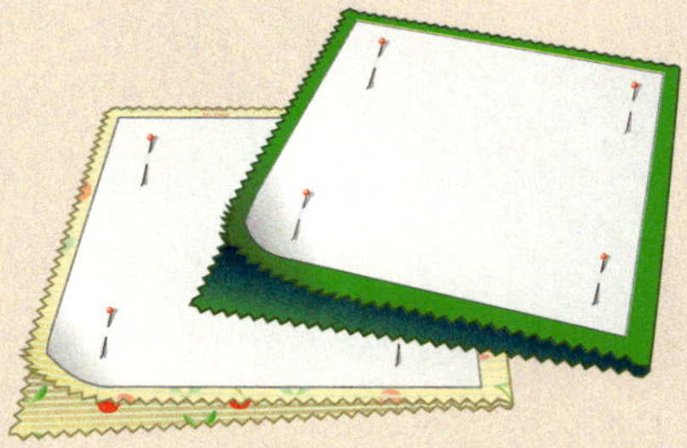

[3]

Herstellung der Schnittmuster und Zuschnitt

Überlege dir, welche Form dein Kissen haben soll und fertige zwei Schnittmuster aus Papier an. Das Schnittmuster für das Innenkissen muss rundherum 1 cm kleiner sein als das Schnittmuster für den Außenbezug.

Nimm die Stoffstücke doppelt (rechte Stoffseite innen) und lege die Schnittmuster auf die linke Stoffseite. Befestige sie mit Stecknadeln und zeichne ihren Umriss mit Schneiderkreide nach. Gib jetzt rundherum 1 cm Nahtzugabe und zeichne diese ein. Jetzt kannst du die Formen ausschneiden und die Schnittmuster entfernen.

[4] *Stoffe mit der Lupe betrachtet: Sie sind nicht nur unterschiedlich gefärbt, sie unterscheiden sich auch im Material.*

Versuche

Welches Material ist geeignet?

Nicht nur die Farbe und das Design, sondern auch die Eigenschaften sind wichtig bei der Auswahl des geeigneten Materials. Hält es der Hitze stand? Ist es gut waschbar? Behält es auch bei häufigem Gebrauch seine Form und Qualität?

Prüfe die Eigenschaften verschiedener Stoffproben. Lege eine Tabelle an, in der du deine Beobachtungen und Ergebnisse notierst. Für welches Material entscheidest du dich? Begründe deine Meinung.

1 Halte mit einer Pinzette jeweils ein kleines Stück deiner Stoffproben im Abstand von 1 bis 2 cm an eine Kerzenflamme. Danach hältst du den Stoff ganz in die Flamme. Was kannst du beobachten? (Veränderungen während des Experimentes, Geruch, Rückstand)

2 Miss die Länge und Breite deiner Stoffproben und notiere sie. Bringe etwas Wasser in einem Topf auf der Herdplatte zum Sieden. Schütte 1 Esslöffel Waschpulver dazu. (*Achtung: Topf und Esslöffel dürfen nicht mehr für Lebensmittel verwendet werden!*) Deine Stoffproben werden dann ca. 10 Minuten lang in der Waschlauge gekocht und ab und zu mit einem Holzstab umgerührt. Nachdem du die Stoffproben kalt abgespült hast, kannst du sie wieder abmessen. Vergleiche!

3 Schrubbe die verschiedenen Stoffproben einige Minuten mit einer nassen Bürste. Welche Stoffproben halten der Belastung stand?

Nähvorbereitungen

Damit der Stoff nicht ausfranst, solltest du ihn mit dem Zickzack-Stich der Nähmaschine versäubern. Stecke dann die Stoffteile mit Stecknadeln zusammen. Mit dem Vorstich heftest du sie aufeinander, damit sie beim Nähen nicht auseinander rutschen. Achte darauf, dass du an einer Seite 5 bis 7 cm der Naht zum Umdrehen offen lässt.

Nähen

Nähe das Innenkissen und den Außenbezug bis auf die Öffnung mit dem Geradstich zu. Damit die Naht gut hält, solltest du am Anfang und Ende die Stiche sichern, indem du ein 1- bis 2-mal vor- und zurücknähst.

Wenn der Außenbezug eine offene Seite behält, versäuberst du sie mit einem Saum. Dazu schlägst du die Seite 1 cm nach innen um und nähst sie mit dem Geradstich fest. Du kannst dabei ein Bindeband mit einnähen.

[5]

[1], [5] *Möchtest du das Kissen persönlich gestalten, kannst du die Stoffe vor dem Zusammennähen besticken, bedrucken oder mit Zierstichen verzieren. Auch das Zusammenfügen einzelner Stoffteile (Patchwork-Technik) verleiht deinem Kissen eine persönliche Note.*

Füllen und fertig stellen

Drehe das Innenkissen und den Außenbezug um und bügle sie. Fülle das Innenkissen mit Kirschkernen. Schließe die noch offen stehende Naht des Innenkissens mit ein paar Stichen von Hand oder mit der Nähmaschine. Nun kannst du das Innenkissen und den Außenbezug zusammensetzen.

Tricks und Tipps

Das Kirschkernkissen ist ein uraltes Hausmittel. Die Kirschkerne laden sich mit Wärme auf und geben sie langsam an den Körper weiter. Hierfür wird das Kissen im Backofen bei maximal 150 °C oder im Mikrowellenofen bis 1 000 Watt 2 Minuten erhitzt. Brauchst du weniger Wärme, legst du es auf die Heizung. Um eine Prellung oder Verstauchung zu kühlen, legst du es vor Gebrauch ins Gefrierfach. Mit Lavendel oder anderen Kräutern gefüllt, entsteht ein duftendes Kissen.

Arbeiten mit der Nähmaschine

Deine Lehrerin oder dein Lehrer wird dir zeigen, wie man mit der Nähmaschine arbeitet.

Jede Nähmaschine ist etwas anders aufgebaut. In der Betriebsanleitung kannst du nachlesen, wie die einzelnen Teile der Nähmaschine heißen und wie sie funktionieren. Du findest dort auch Hilfe zum Einfädeln und viele andere wichtige Tipps.

Die richtige Reihenfolge ist wichtig!

1. Prüfe, ob die Nähmaschine ausgeschaltet ist.
2. Zuerst wird das Kabel an der Maschine angesteckt, dann kommt der Stecker in die Steckdose.
3. Erst wenn der Ober- und der Unterfaden richtig eingefädelt sind, wird die Nähmaschine eingeschaltet.
4. Beim Abbau der Maschine geht es genau umgekehrt: zuerst ausschalten, dann Stecker aus der Steckdose, …

Weitere wichtige Regeln

- Schalte den Hauptschalter aus, bevor du das Garn oder die Nadel auswechselst, oder die Arbeit unterbrichst.
- Binde lange Haare zusammen. Sie könnten sich sonst in den beweglichen Teilen der Nähmaschine verfangen.
- Achte auf deine Finger: Wenn sie im Bereich der Nadel sind, darfst du die Maschine nicht in Gang setzen.
- Die Kabel dürfen nicht zur Stolperfalle werden. Verlege sie so, dass sie dich und andere nicht gefährden.
- Tritt niemals auf den Fußanlasser des Nachbarn, sonst bringst du dich und ihn in Gefahr.

Stoffe

1 Stofffahndung

Wer Stoffe sortieren will, muss sie auch auseinander halten können. Und wer Stoffe verwendet oder bearbeitet, sollte ihre Eigenschaften kennen.

Sammle fünf Gegenstände im Schulgelände. Ermittle die Stoffeigenschaften deiner gesammelten Gegenstände. Halte die Ergebnisse der Untersuchungen in Steckbriefen fest.

2 Drei gelbe Stoffe

Es kann schon einmal vorkommen, dass wir in der Küche ein Glas in die Hand nehmen und nicht wissen, ob Zucker oder Salz darin ist. Durch den Geschmackssinn lässt sich der Unterschied leicht feststellen. Aber nicht alle Stoffe sind so ungefährlich wie Lebensmittel, unbekannte Stoffe darf man nicht in den Mund nehmen. Wie kannst du Stoffe prüfen, wenn du die Zunge nicht als Testorgan nutzen darfst?

Vor dir liegen drei gelbe Stoffe: gelbe Kreide, Senfpulver und Gelbes Blutlaugensalz. Die zwei ersten Stoffe sind dir bekannt. Das Gelbe Blutlaugensalz kommt in Kristallform vor und wird in der Metall- und Textilindustrie verwendet.

a) Entwirf eine Testreihe, mit der du die drei Stoffe auf ihre Eigenschaften untersuchen kannst.
b) Führe die Tests durch und stelle die Ergebnisse übersichtlich dar.

3 Vermischtes trennen

In der Küche, im Labor, in der Kläranlage oder beim Recycling: überall werden Stoffgemische getrennt. Je nach Art des Stoffgemisches wendet man dabei ganz unterschiedliche Trennverfahren an. Manchmal kommt es auch vor, dass sich ein Stoffgemisch ohne unser Zutun von selbst trennt.

Auf dieser Seite sind unterschiedliche Trennverfahren dargestellt.

a) Benenne die abgebildeten Trennverfahren.
b) Welche Eigenschaften der Stoffe sind jeweils dafür verantwortlich, dass die Stoffgemische getrennt werden können?
c) Beschreibe die Vorgänge, die bei der Trennung stattfinden.
d) Nenne andere Stoffgemische, die mit diesen Verfahren getrennt werden können.

4 Kristalle, die man wachsen sieht

Kristalle aus Kochsalz oder Zucker beeindrucken durch ihre schöne Form und ihren Glanz. Es gibt noch andere wasserlösliche Stoffe, die Kristalle bilden. Diese können sogar farbig sein.

Zur Kristallzüchtung eignet sich unter anderem Kupfersulfat, das zur Pilzbekämpfung in der Landwirtschaft verwendet wird. Große und besonders schöne Kristalle erhältst du, wenn du ihnen zum Wachsen viel Zeit lässt.

Wiege 50 g Kupfersulfat ab. Fülle ein Becherglas mit 100 ml destilliertem Wasser. Löse darin das Kupfersulfat. Gieße diese Lösung in eine saubere Petrischale. Stelle sie an einen warmen und ruhigen Ort, sodass das Wasser langsam verdunsten kann. Nach einigen Tagen bilden sich Kristalle, die du als Zuchtkristalle verwenden kannst.

Wähle einen großen Kristall aus und befestige ihn an einem Kunststofffaden. Stelle aus 200 ml destilliertem Wasser und 100 g Kupfersulfat in einem Becherglas eine neue Lösung her und hänge den Zuchtkristall hinein.

Stelle das Becherglas mit dem Zuchtkristall an einen ruhigen Ort. Der Kristall wächst nun einige Wochen. Achte darauf, dass dein Kristall immer ganz in die Lösung taucht. Hat dein Kristall die gewünschte Größe erreicht, kannst du ihn aus der Lösung nehmen und mit einem weichen Papiertuch abreiben. Tipp: Dein Kristall hält besonders lang, wenn du ihn in Klarlack tauchst.

a) Beschreibe die „Reise" eines Kupfersulfatteilchens von der Lösung in Wasser bis zum fertigen Kristall.
b) Zeichne den großen Kristall.
c) Informiere dich, welche Stoffe sich noch zur Kristallzüchtung eignen.

Tiere

Unsere ersten Tiere sind aus Stoff, Plüsch oder einem ganz ähnlichen Material. Wir geben ihnen Kosenamen, sind unzertrennliche Freunde und pflegen überhaupt eine besonders innige Beziehung zu unseren geliebten Kuscheltieren. Lebendige Heimtiere finden wir ebenfalls kuschelig, lieb und drollig oder einfach nur süß. Wenn uns unser Hund begrüßt, macht das Wedeln mit dem Schwanz deutlich, wie sehr wir doch zusammengehören. Das sanfte Schnurren der Katze, wenn sie es sich auf unserem Schoß gemütlich gemacht hat, oder das neugierige Schnuppern des Meerschweinchens zeigen, dass es unseren Heimtieren gut geht. Damit das so bleibt, darf man nicht vergessen, dass es sich bei unseren Schützlingen um Tiere mit ganz typischen Verhaltensweisen und Bedürfnissen handelt, die man kennen und beachten muss. Heimtiere sind eben anders. Obwohl wir sie beim Züchter oder in der Zoohandlung erwerben, stammen sie allesamt von wild lebenden Vorfahren ab.

Es gibt jedoch auch Heimtiere, mit denen wir unser Zuhause nicht teilen möchten. Die scheue Maus im Keller, die fette Spinne an der Wohnzimmerdecke und die lästigen Fliegen in der Küche zählen eher zu den ungebetenen Gästen.

3 um uns

Ich wünsche mir einen Hund

Die meisten von uns haben schon einmal den Wunsch gehabt, einen Hund zu besitzen. Soll sich der Hund wohl fühlen, muss vieles beachtet werden. Tierliebe allein reicht ganz bestimmt nicht aus.

[1] *Endlich – ein Hund. Ein lange gehegter Wunsch ist in Erfüllung gegangen.*

Um einen Hund muss man sich täglich kümmern. Er braucht ausreichend Kontakt zu seinem Herrchen oder Frauchen, er muss regelmäßig gefüttert und zweimal am Tag ausgeführt werden. Hunde sind deshalb so anhänglich, weil sie das Leben in der Gemeinschaft mögen. Aus diesem Grunde dürfen sie niemals lange allein gelassen werden. Ist tagsüber nur selten jemand zu Hause und steht nur eine Stadtwohnung zur Verfügung, dann sollte lieber kein Hund angeschafft werden. Die Erziehung des Hundes erfordert nämlich viel Zeit und viel Geduld. Schließlich soll der Hund stubenrein sein, an der Leine laufen können und auf einfache Befehle wie „Sitz" und „Platz" reagieren lernen.

Hunde sind Mitbewohner

Oft wird der Lieblingshund nur nach seinem Äußeren ausgesucht, nach der Farbe, dem Fell und der Gestalt. Von der Rasse und der Größe des Tieres, aber auch von seinem Temperament hängt es ab, wie viel Platz nötig ist. Anfangs schläft der kleine Hund in einem Körbchen. Ist er ausgewachsen, brauchen größere Hunde einen Zwinger mit Hütte, kleineren Hunden genügt vielleicht eine Decke als Schlafplatz in der Wohnung. Wenn der Hund nicht auf einem Gartengrundstück leben kann, muss man sich immer überlegen, ob die Wohnung für den Bewegungsdrang des Tieres groß genug ist.

Das Taschengeld allein reicht nicht

Zunächst sind da die Anschaffungskosten. Bei Rassehunden ist der Kaufpreis besonders hoch. Mischlinge sind viel billiger, aber genauso treu. Hinzu kommen die Unterhaltskosten, wie z. B. die Kosten für das Futter, die Hundesteuer und die Haftplichtversicherung sowie die Kosten für die Besuche beim Tierarzt.

Verantwortung für den Hund

[2] *Immer wieder findet man an Autobahnraststätten ausgesetzte Hunde.*

Rex, ein einjähriger Schäferhund, erzählt: Mein größter Wunsch ist eine liebevolle Familie, die mich zu sich nimmt. Nun warte ich hier im Tierheim schon mehrere Wochen vergebens. Als ich noch klein war, habe ich alles gehabt, was man für ein glückliches Hundeleben so braucht. Mein Herrchen damals war ein Hundezüchter, der genau wusste, was für uns fünf Hundekinder und für unsere Mutti gut war. Eines Tages wurde ich an Dirk und seine Eltern verkauft. Anfangs war ich der absolute Liebling. Ich wurde regelmäßig ausgeführt und viel gestreichelt. Ich hatte Spielzeug und bekam kräftiges Hundefutter. Aber Dirk nahm sich immer weniger Zeit für mich. Mir ging es immer schlechter. Oft war ich den ganzen Tag allein. Mein Futter bestand nur noch aus Resten vom Mittagessen, viel zu salzig und viel zu wenig Vitamine.

Und dann kam der schlimmste Tag. Das war die Fahrt in den Urlaub. Auf einem Parkplatz band mich Dirk mit einer Leine an einer Bank fest. Erst als das Auto wieder losfuhr, wusste ich: Ich wurde ausgesetzt! Mir war hundeelend zumute.

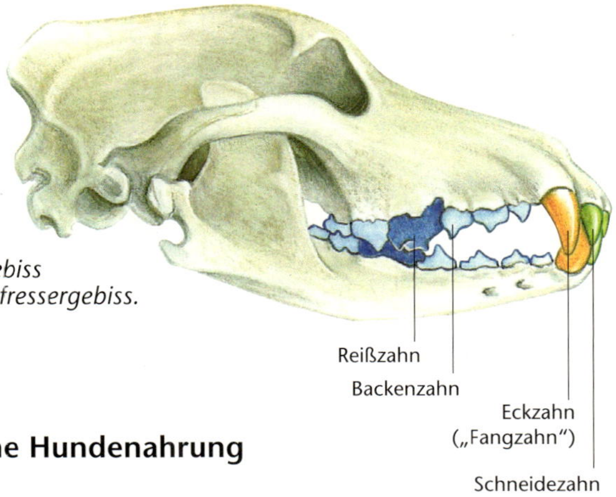

[3] *Das Hundegebiss ist ein Fleischfressergebiss.*

Ausgewogene Hundenahrung

Beim Futterkauf ist auf eine vollwertige Nahrung zu achten. Sie enthält viel Fleisch, aber auch Vitamine und Mineralstoffe. Dadurch ist der Hund auch weniger anfällig gegen Krankheiten. Hunde sind Fleischfresser, was man schon an ihrem Gebiss [3] erkennen kann. Zähne und Zahnfleisch kräftigt der Hund am besten mit Büffelhautknochen. Sie sind ein guter Ersatz für Knochen. Knochen sind kein Hundefutter. Der Hundemagen kann sie nicht ausreichend auflösen – das führt zur Verstopfung. Nur Kalbsknochen können die Hunde gut verdauen.

Der Hund – ein Säugetier

Aufopferungsvoll säugt und pflegt die Hündin ihre Welpen [4]. Die Anzahl der Welpen ist von der Größe der Hündin abhängig. Zweimal jährlich ist eine Paarung zwischen einer Hündin und einem Rüden möglich. Nach etwa 63 Tagen werden 5 bis 10 Welpen geboren. Sie sind zunächst nackt, blind und recht hilflos. Sie werden 6 Wochen lang gesäugt und wachsen recht schnell heran.

[4] *In den ersten Wochen werden die Welpen von der Hündin mit besonders nahrhafter Muttermilch gesäugt.*

Merkmal

▶ Hundehalter handeln verantwortlich, wenn sie für die passende Unterbringung sorgen, sich mit dem Tier ausreichend beschäftigen und auch bereit sind, die Kosten für Futter, Steuern und den Tierarzt zu tragen.

▶ Hunde sind Fleischfresser. Das Fleischfressergebiss erkennt man an den Eckzähnen, die auch Fangzähne genannt werden, und an den Reißzähnen. Daneben gibt es noch die Schneide- und die Backenzähne.

▶ Hunde gehören zu den Säugetieren: Die Jungen entwickeln sich im Körper der Hündin und werden nach der Geburt gesäugt.

Denkmal

❶ Lies den Text dieser Seite aufmerksam durch. Notiere alle Tipps, die ein zukünftiger Hundehalter unbedingt beachten muss. Vergleiche deine Liste mit drei anderen Schülern und ergänze sie. Erarbeitet nun auf einem Plakatbogen einen „Hundehaltertest“. Der Test könnte so beginnen: „Ein Hund soll erst dann angeschafft werden, wenn folgende Fragen geklärt sind ...“

❷ Hunde haben ein Fleischfressergebiss mit verschiedenen Zähnen. Welcher Zahntyp kann folgende Aufgaben am besten bewerkstelligen? Lege hierzu eine zweispaltige Tabelle an (Zahntyp/Aufgabe):
a) Festhalten größerer Fleischstücke,
b) Töten der Beute,
c) Zerkleinern größerer Fleischstücke,
d) Knacken von Knochen,
e) Zerquetschen von Pflanzenkost,
f) Abschaben eines Knochens.

❸ Lies den Text „Verantwortung für den Hund“ aufmerksam durch und erkläre, warum Dirk als Hundehalter versagt hat.

❹ Rex wartet nun schon mehrere Wochen im Tierheim. Er teilt sein Schicksal mit vielen Artgenossen. Nenne mögliche Gründe, weshalb ein Hund im Tierheim landet.

❺ Erarbeite einen Steckbrief zu deinem Wunschhund. Stelle anschließend deinen Wunschhund der Klasse vor.

Vom Wolf zum Hund

Alle Haushunde stammen vom Wolf ab. Wer das Verhalten der Wölfe kennt, kann Haushunde noch besser verstehen.

[1] *Vom Wolf stammen alle unsere Hunderassen ab.*

Bereits seit Jahrtausenden ist der Hund ein treuer Begleiter des Menschen. Zeichnungen, Plastiken und auch Skelettfunde belegen, dass es schon vor etwa 7000 Jahren verschiedene Hunderassen gab. Diese Beweise stammen vor allem aus Indien, China und Kleinasien.

Man nimmt heute an, dass vor etwa 10000 Jahren Urmenschen auf ihren Jagdzügen junge Wölfe gefunden und mit in ihre Höhlenbehausung genommen haben. Diejenigen Welpen, die sich besonders leicht an den Menschen gewöhnten und ihn als Rudelführer anerkannten, wurden später weitergezüchtet. Dabei veränderte sich je nach dem Verwendungszweck das **Zuchtziel**. So entstanden in langen Zeiträumen zum Beispiel Jagdhunde, Hütehunde und Wachhunde mit unterschiedlichen Eigenschaften. Auch die Körperform und der Gesichtsausdruck sind Zuchtziele geworden.

Weil die Hunderassen in ihrer Körperform, in der Art des Fells und in den Farben so unterschiedlich sind, wurde lange Zeit angenommen, dass es auch mehrere Stammformen des Haushundes geben müsse. In die engere Wahl kamen Tiere, die dem Hund sehr ähnlich sind: Fuchs, Goldschakal und Wolf.

Hunde sind nicht alle gleich

Bei den verschiedenen Rassen unserer Jagdhunde sind ganz bestimmte ursprüngliche Verhaltensweisen besonders ausgeprägt. Sie verfolgen auf einer Spur das Wild, sie stöbern es auf und zeigen es dem Jäger durch Bellen an. Auch der große Bewegungsdrang des Haushundes und seine Fähigkeit, dabei oft große Strecken ohne Ermüdung zurückzulegen, lässt sich aus der **Abstammung** vom Wolf erklären.

Das Zusammenleben mehrerer Wölfe im Rudel, die feste Rangordnung, das gemeinsame Jagen und die Aufzucht der Welpen erfordern eine gute Verständigung der Tiere untereinander. Diese erfolgt durch Lautäußerungen, bestimmte Körperhaltungen und Körperbewegungen.

Das Verhalten ist immer typisch

Heute ist sicher, dass der Wolf [1] als Stammvater aller Haushunde gilt. Die Begründung dafür sind viele gemeinsame Verhaltensweisen. Wölfe leben in einem Rudel, das aus meistens 5 bis 8 Tieren besteht. In einem Rudel gibt es eine Rangordnung. Das ranghöchste Tier ist der Leitwolf, dem sich alle anderen Wölfe unterordnen. Auch alle anderen Wölfe haben in der Rangordnung eine bestimmte Stellung, um die auch oft gekämpft wird.

[3] *Der gekrümmte Rücken und die angelegten Ohren zeigen Unterwerfung an.*

[4] *Diese Beiß-Droh-Haltung bedeutet Angriffslust.*

[5] *Gegenseitige Fellpflege dient auch dem Zusammenhalt im Rudel.*

[6] *Durch Heulen verständigen sich die Wölfe über größere Entfernungen.*

[2] *Nicht alle Hunderassen sind in ihrem Aussehen dem Wolf so ähnlich wie der Schäferhund.*

Wird ein Haushund richtig „erzogen", dann ordnet er sich unter und erkennt seinen Betreuer als „Leittier" an.

Wölfe sind Hetzjäger. Ihre viel größeren Beutetiere wie zum Beispiel Rentiere, Elche und Hirsche verfolgen sie im Rudel. Das Beutetier wird solange gejagt, bis es vor Erschöpfung nicht mehr weiterfliehen kann. Deshalb werden oft kranke und schwache Tiere von Wölfen erlegt.

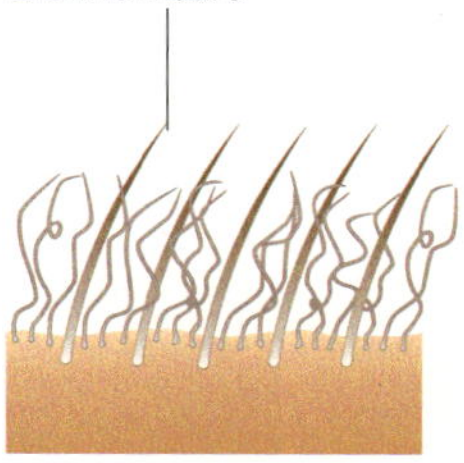

[7] *Das Sommerfell ist weniger dicht als ...*

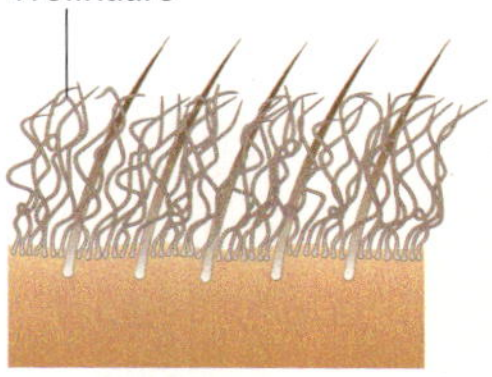

[8] *das Winterfell, das wesentlich mehr Wollhaare hat.*

Immer das gleiche Fell?

Im Frühjahr verliert ein Hund viele kurze, gewellte Haare aus dem Winterfell. Es sind Wollhaare [7], [8] die im Fell eine dichte Unterwolle als Schutz vor Kälte bilden. Zwischen den dichten Haaren entsteht ein Luftpolster, das den Körper isoliert. Die längeren Grannenhaare [7], [8] sind außerdem Wasser abweisend. So finden sich im Sommerfell nur wenig Wollhaare. Sie wachsen erst wieder im Herbst beim Aufbau eines dichten Winterfelles (Haarwechsel).

Wirbeltier

Nicht alle heute vorkommenden Hunderassen lassen auf eine Abstammung vom Wolf schließen. So unterschiedlich sie in ihrem Aussehen sind, zeigt ihr Skelett **[9]** einen übereinstimmenden Bauplan. Eine Wirbelsäule durchzieht den gesamten Körper des Hundes. Hunde zählen zu den **Wirbeltieren**. Weil die Wirbel im Halsbereich beweglich sind, können Hunde ihren Kopf gut drehen. Im Brustabschnitt bilden die Rippen den Brustkorb. Er schützt Herz und Lunge. Der Schultergürtel verbindet die Vorder- und der Beckengürtel die Hinterbeine mit der Wirbelsäule. Hunde sind **Zehengänger**, sie treten mit den Zehen auf.

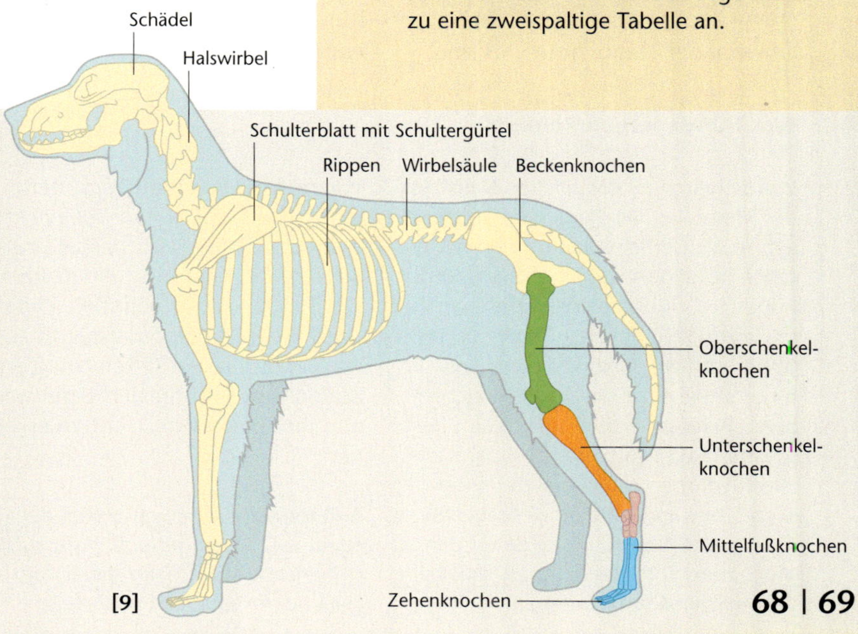

[9]

Merkmal

- Sämtliche heute lebenden Hunderassen stammen vom Wolf ab. Sie zeigen sowohl in ihrem Körperbau, als auch in ihrem Verhalten große Übereinstimmungen.
- Wölfe sind Rudeltiere. Der Leitwolf ist das ranghöchste Tier, dem sich die anderen Rudeltiere unterordnen.
- Wölfe sind Hetzjäger.
- Wirbeltiere besitzen eine Wirbelsäule, die aus einzelnen Wirbeln aufgebaut ist.
- Die Vorderbeine eines Wirbeltieres sind mit dem Schultergürtel, die Hinterbeine mit dem Beckengürtel verbunden. Schulter- und Beckengürtel sitzen fest an der Wirbelsäule.
- Säugetiere tragen Haare auf ihrer Haut. Man unterscheidet die langen Grannenhaare von den kürzeren und weichen Wollhaaren.

Denkmal

❶ Nenne Hunderassen, bei denen die Abstammung vom Wolf ebenso auffallend ist wie beim Schäferhund.

❷ Hunde sind Wirbeltiere, Rudeltiere, Hetzjäger und Zehengänger. Schreibe zu jedem dieser Begriffe einen erklärenden Satz auf.

❸ Vergleiche mithilfe des Buchtextes und der Abbildungen die Grannen- und Wollhaare miteinander. Lege hierzu eine zweispaltige Tabelle an.

Hunde-Rassen

Die Jahrtausende dauernde Hundezucht hat aus wilden Wölfen treue Gefährten des Menschen gemacht. Heute gibt es weltweit über 400 verschiedene Hunderassen. Während die Wölfe eines Rudels untereinander sehr ähnlich aussehen, zeigen unsere Haushunde dagegen große Unterschiede. Erst durch gezielte Züchtungen schuf der Mensch diese Fülle verschiedener Rassen, die sich in Größe, Gewicht, Temperament oder Fell erheblich voneinander unterscheiden.

Der **Husky** sieht dem Wolf sehr ähnlich. Er ist hauptsächlich in den nördlichen kalten und schneereichen Ländern der Erde verbreitet. Obwohl der Husky muskulös und kräftig gebaut ist, wirkt dieser mittelgroße Hund flink und leichtfüßig. Bei Anstrengungen ist der Husky sehr ausdauernd. Wegen seines großen Arbeitseifers ist er als Schlittenhund beliebt. Unter dem Deckhaar befindet sich eine dicke Unterwolle, die Wasser und Kälte zuverlässig abhalten kann. Beim Anfassen fühlt sie sich fettig an. So ist es auch zu erklären, dass selbst Temperaturen, die weit unter dem Gefrierpunkt liegen, dem Husky nichts anhaben können.

Der **Golden Retriever** ist ein beliebter Familienhund. Sein Fell ist gold- bis cremefarben. Er verhält sich ruhig, gelassen und ist ausgesprochen kinderlieb. Allerdings braucht er viel Auslauf und Beschäftigung. Vor etwa hundert Jahren wurde diese Hunderasse in Schottland gezüchtet. In der Ausbildung zeigt er sich sehr lernfreudig.

Bernhardiner zählen zu den größten Hunderassen. Sie sind sehr massig, kräftig und robust gebaut. Ihr Gewicht entspricht oft dem eines erwachsenen Mannes. Als Rettungs- und Lawinenhunde sind sie deshalb nicht mehr geeignet. Bernhardiner benötigen viel Platz und reichlich Futter. Sie sind sehr kinderfreundlich und eignen sich als ausgesprochene Familienhunde. Als Wachhunde schrecken sie eigentlich nur wegen ihrer stattlichen Größe.

Was Hunde lernen können

Hunde gelten als die ältesten Haustiere des Menschen. Als Rudeltiere fügen sie sich in die Gemeinschaft mit dem Menschen besonders gut ein. Schon seit frühester Zeit nutzen die Menschen ihre Gelehrigkeit, ihre Ausdauer, das gute Gehör und die ganz besonders leistungsfähige Nase. In vielen Bereichen bzw. „Berufen" haben sich diese Eigenschaften und Fähigkeiten bei ganz unterschiedlichen Hunderassen immer wieder bewährt. Allerdings brauchen Hunde eine Ausbildung. Jede für den Menschen hilfreiche Tätigkeit müssen sie zunächst einmal erlernen.

Vorstehen: Der Hund zeigt dem Jäger durch Stillstehen in einer ganz bestimmten Körperhaltung an, dass sich in unmittelbarer Nähe vor ihm Kleinwild befindet. Kaninchen, Rebhühner, Fasane und andere Wildtiere verharren ruhig am Boden und sind für den Jäger wegen ihrer Tarnfarbe nicht zu erkennen.

Aufstöbern: Der Jäger fordert den Hund auf, das angezeigte Wild aufzustöbern. Der Hund darf dabei dem fliehenden Wild nicht nachstellen.

Apportieren: Der Hund bringt das geschossene Kleinwild in seinem Fang **[8]** und überlässt es auf den Befehl „Aus" seinem Herrn.

Bewachen: Hunde nehmen besonders gut Geräusche wahr. Fremde, die das Grundstück bzw. das „Revier" des Hundes betreten, werden lautstark verbellt.

Hüten: Die so genannten Schäfer-Hunde dürfen Schafe nicht hetzen oder gar jagen. In einem geübten Zusammenspiel mit dem Schäfer muss die Herde vorsichtig zusammengetrieben werden.

Pekinesen sind kleine und recht lebhafte Hunde. Das Gesicht erscheint ziemlich platt gedrückt. Die Augen stehen auffallend hervor. Die kurze Nase führt schnell zu Atemnot. Das lange Fell muss gründlich gepflegt werden. Pekinesen wurden im chinesischen Kaiserpalast gezüchtet und sorgsam vor der Außenwelt verborgen. Mit allen Mitteln wollte man verhindern, dass dieser Hund Europa erreichte. So fütterte man zum Beispiel Glassplitter, damit das verschenkte Tier schon auf der Überfahrt starb. Mit der Eroberung Pekings durch die Engländer im Jahre 1860 gelangten die ersten Pekinesen nach Europa.

Der **Afghanische Windhund** mit seinem seidigen, langen Haarkleid stammt von arabischen Windhunden ab. Afghanische Windhunde findet man schon auf Abbildungen, die in das Jahr 2000 v. Chr. zurückreichen. Er diente ursprünglich als Helfer bei der Jagd auf Wildziegen und Gazellen. Von Natur aus ist er wendig und schnell, was für einen Hund, der in zerklüftetem und gebirgigem Gelände lebt, vorteilhaft ist. Das dichte Fell schützt ihn vor dem in seiner ursprünglichen Heimat rauen Klima.

Dackel zählen bei uns zu den wohl bekanntesten Hunderassen. Die allesamt kurzbeinigen Tiere mit der lang gestreckten, kräftigen Gestalt werden wegen ihres kurz- bzw. langhaarigen sowie des rauen, drahtigen Fells drei verschiedenen Rassen zugeordnet. Vor allem bei Jägern sind sie sehr beliebt. Sie stöbern Kleinwild auf, wie z. B. Hasen, Kaninchen oder Dachse und auch Füchse. Hierzu dringen sie in die unterirdischen Baue dieser Tiere ein. Man nennt sie aus diesem Grunde auch Dachshunde.

Fährten aufnehmen und suchen: Die Riechleistung der Hunde ist der des Menschen weit überlegen. Ausgebildete Suchhunde können selbst viele Stunden alte Fährten aufnehmen und verfolgen. Als Fahnder beim Zoll, bei Lawinenunglücken **[7]**, Erdbebenkatastrophen oder bei der Suche nach Vermissten leisten solche Hunde unschätzbare Dienste.

Führen: „Blinden-Führhund" **[9]** ist die offizielle Berufsbezeichnung und nahezu ein Jahr lang werden sie von Spezialausbildern trainiert. Eigentlich müssten diese Tiere „Seh-Hunde" für Blinde heißen. Sie machen außerhalb der Wohnung auf all das aufmerksam, was ihr Herrchen oder Frauchen nicht mehr sehen kann.

[7] *Lawinensuchhund*

[8] *Jagdhund*

[9] *Blinden-Führhunde sind „Seh-Hunde" für Blinde*

Wie Hund und Katz

Wir mögen ihr kuscheliges Fell, das leise Schnurren und die samtweichen Pfötchen. Dabei ist die Katze keineswegs nur ein Schmusetier.

[1] *Hund und Katze wachsen gemeinsam auf und lernen den anderen verstehen.*

Ihr seid wieder mal „wie Hund und Katz". Diese Redensart bekommt man immer dann zu hören, wenn man sich ständig mit jemandem streitet. Man könnte nun meinen, dass sich Hunde und Katzen überhaupt nicht vertragen. Wenn sie jedoch als Jungtiere gemeinsam aufgezogen werden, gibt es keinerlei Streitigkeiten oder gar Angriffe. Beide lernen schon früh, den anderen zu verstehen.

Verhaltensweisen sind unterschiedlich

Kommt uns eine Katze entgegen, dann ist zur Begrüßung der Schwanz hoch aufgerichtet, ohne dass sich dessen Spitze bewegt. Heftige Schwanzbewegungen dagegen drücken bei ihr eine starke Erregung aus. Läuft uns jedoch ein Hund entgegen, wedelt er vor Freude ganz aufgeregt mit dem Schwanz. Begegnen sich nun Hund und Katze, so kommt es wegen der unterschiedlichen Körpersprache zu „Missverständnissen". Was der Hund als Freude anzeigt, versteht die Katze als äußerste Erregung und Kampfbereitschaft. Wenn beide nun als Jungtiere gemeinsam aufgezogen werden, lernen sie von Anfang an die „Sprache" des anderen verstehen. Eine Tierfreundschaft entsteht. Hund und Katze erwecken dann den Eindruck, als seien sie unzertrennlich.

Katzen verstehen lernen

Der erhobene Schwanz **[5]** und das leise Schnurren beim Streicheln sind ein Zeichen dafür, dass sich die Katze wohl fühlt. Macht die Katze dagegen einen Buckel **[4]**, sträubt sich das Fell und faucht sie, so ist sie einem möglichen Angreifer gegenüber verteidigungsbereit. Man sollte sie dann lieber in Ruhe lassen. Ausgiebiges Kratzen an einem Baumstamm **[2]** dient dem Nachschärfen der Krallen. Das Herumstreichen und Schmusen an den Beinen **[5]** ist ein Zeichen ihrer Zutraulichkeit. Mit lautem Miauen betteln Katzen häufig nach Futter. Zum Abgrenzen des Reviers wird Harn verspritzt, und zur Paarungszeit rufen die Kater ganz besonders laut.

[2]

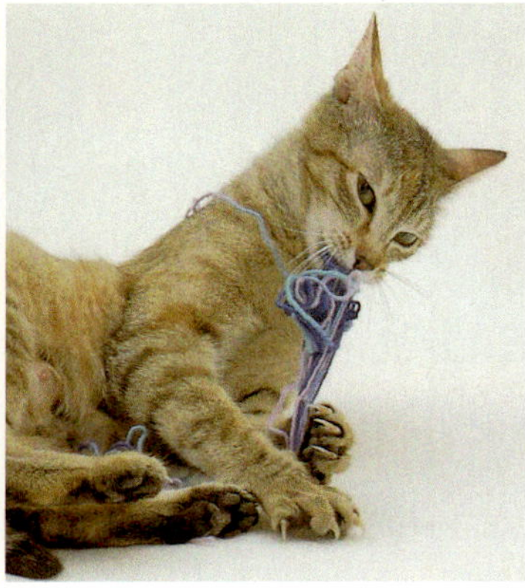

[3]

[4]

[5]

[6] *Katzennachwuchs*

„Katzenwäsche"

„Mach nicht so eine Katzenwäsche!" Das sagt die Mutter, wenn sie meint, dass wir uns nicht richtig waschen. Dabei sind Katzen sehr reinliche Tiere. Sie putzen sich ständig. Mit der rauen Zunge wird das Fell an Brust, Bauch und an den Pfoten beleckt und „gewaschen". Der Speichel reinigt das Fell und schützt auch vor Milben, die sich sonst einnisten würden. Körperteile, die von der Zunge nicht erreicht werden, durchstreicht die Katze mit den Pfoten. Diese werden immer wieder sorgfältig abgeleckt. Manchmal knabbert die Katze sogar mit ihren Zähnen bestimmte Stellen im Fell durch.

Katzen sind Säugetiere

In manchen Sommernächten lassen uns jaulende und kreischende Laute aus dem Hof oder dem Garten kaum in den Schlaf kommen. Der Kater wirbt um die Kätzin. Zwei- bis dreimal im Jahr ist die Katze paarungsbereit. Nach neun Wochen Tragzeit werden zwei bis neun Junge [6] geboren. Sie sind noch völlig hilflos, blind, und ihre Haut hat nur wenige Haare. Vier bis fünf Wochen werden die jungen Kätzchen gesäugt und gepflegt.

Katzenabstammung

In Nordostafrika und Vorderasien lebt die Falbkatze [7]. Von ihr stammt unsere Hauskatze ab. Beide sind sich in ihrer Gestalt, in der Färbung des Felles und in ihren Verhaltensweisen sehr ähnlich. Hauskatzen sind Wärme liebende Tiere und scheuen Nässe. Sie sind ebenso wie Falbkatzen Einzelgänger und in der Dämmerung und nachts aktiv.

Bei den alten Ägyptern wurden vor etwa 4000 Jahren die ersten Falbkatzen gezähmt. Zunächst galten die Katzen als heilig, sie wurden verehrt und durften weder gequält noch getötet werden. Mit dem Getreideanbau und der Lagerung von Getreide traten aber auch Mäuse und Ratten in großer Zahl auf. Nun wurden die Katzen als Mäuse- und Rattenvertilger beliebt und sehr geschätzt. Die Jagdleidenschaft blieb auch bei der Hauskatze immer ein wichtiges Zuchtziel. Noch heute gibt es Falbkatzen. Die Falbkatze ist ein Kulturfolger, das heißt, sie sucht in den Siedlungen die Nähe des Menschen und wird schnell zutraulich.

Merkmal

▶ Katzen zeigen, wie andere Tiere auch, für ihre Art ganz typische Verhaltensweisen. Diese sind ihnen angeboren und müssen nicht erst erlernt werden.

▶ Die verschiedenen Rassen unserer Hauskatze stammen von der in Nordostafrika und Vorderasien lebenden Falbkatze ab. Die Tiere haben viele übereinstimmende Merkmale in ihrem Körperbau und sie zeigen dieselben Verhaltensweisen.

▶ Katzen sind Säugetiere. Nach etwa neun Wochen Tragzeit werden zwei bis neun Junge geboren, die in den ersten Lebenswochen von der Mutter gesäugt und gepflegt werden.

Denkmal

❶ Beschreibe die unterschiedlichen Verhaltensweisen der Katzen auf den Abbildungen [1]–[5]. Formuliere einen kleinen Text, der dieses Verhalten erklärt.

❷ Suche aus dem Text dieser Seite alle weiteren Verhaltensweisen heraus und schreibe sie auf. Ergänze deine Notizen zu einem „Wörterbuch der Katzensprache", indem du erklärst, was diese Verhaltensweise zu bedeuten hat.

❸ Die Wildkatze und der Luchs sind wild lebende Verwandte unserer Hauskatze. Informiere dich über beide Tiere und fertige dazu einen Steckbrief an.

[7] *Falbkatzen suchen auch als Wildtiere die Nähe des Menschen.*

Mehr als nur ein Katzensprung

Die Katze ist ein Schleichjäger. Mit ihren Sinnesorganen kann sie die Beute rechtzeitig erkennen. Ihr Körperbau ermöglicht das unbemerkte Anschleichen.

[1] *Im Tageslicht sind die Pupillen zu senkrechten Schlitzen verengt.*

[2] *In der Dämmerung und bei Dunkelheit sind die Pupillen weit.*

Die Katze streift über eine frisch gemähte Wiese. Plötzlich bleibt sie regungslos stehen und schaut gespannt in eine Richtung. Ganz langsam schiebt sie den Kopf vor. Die Ohren sind dabei steil aufgerichtet [1], und die Schwanzspitze zuckt hin und her. Nun erhebt sie sich ganz vorsichtig und bewegt sich im Zeitlupentempo einige Schritte vorwärts. Dann duckt sie sich wieder dicht an den Boden und wartet völlig regungslos in gespannter Haltung. Schon nach kurzer Zeit schiebt sie sich ein Stückchen weiter vor. Plötzlich springt die Katze auf und landet mit gestreckten Vorderbeinen im Gras. Man hört ein kurzes Fiepen, und schon hat sie die Maus im Maul. Bei den spitzen Zähnen und Krallen einer Katze hatte die kaum eine Chance zu entkommen.

Ein guter Jäger – bei Tag und bei Nacht

Auch wenn eine Hauskatze regelmäßig gefüttert wird, zeigt sie in der Dämmerung und nachts ihr typisches Jagdverhalten. Die recht kurzen Beine ermöglichen ihr das unbemerkte Anschleichen in geduckter Haltung. Beim Abspringen [3] strecken sich die Hinterbeine und die Wirbelsäule blitzschnell. Der lange Schwanz hält die Katze dabei im Gleichgewicht. Man bezeichnet die Katze als **Schleichjäger**. Beim Anschleichen an die Beute darf sie weder Geräusche machen noch gesehen werden. Deshalb sind ihre Bewegungen sehr langsam und werden immer wieder unterbrochen. Die Katze setzt ihre Beine nur mit den Zehen auf. Sie ist ein **Zehengänger**. Das lautlose Anschleichen an die Beute ist möglich, weil die Krallen [4] beim Laufen eingezogen sind. Auf diese Weise läuft die Katze wie auf Samtpfoten. Das Ausfahren der Krallen wird durch Muskeln ermöglicht, die über Sehnen mit den Krallen verbunden sind. Beim Sprung fährt sie ihre Krallen aus und ergreift damit die Beute.

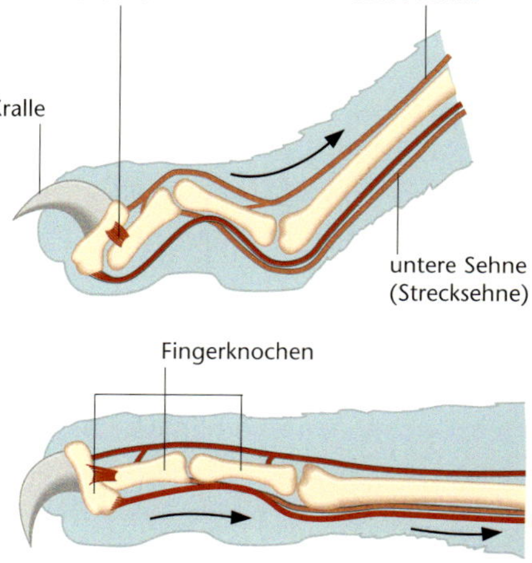

[4]

[3]

[5] *Die aufgestellten Ohren und das Fauchen zeigen die Angriffsbereitschaft.*

[6] *Zum Erlernen des Beutefangs bringt die Katze ihren Jungen oft noch lebende Mäuse.*

Merkmal

- ▶ Katzen sind Schleichjäger, die vor allem in der Dämmerung und bei Nacht auf Beutefang sind.
- ▶ Das feine Gehör, die leistungsfähigen Augen, das Fleischfressergebiss sowie die einziehbaren Krallen sind vorteilhaft für das Jagdverhalten der Katze.
- ▶ Als Stütze des Skeletts hat die Hauskatze eine aus Wirbeln zusammengesetzte Wirbelsäule. Sie ist das Kennzeichen aller Wirbeltiere.
- ▶ Die Hauskatze lebt als Einzelgänger.

Ausstattung für die Mäusejagd

Die Katze hat ein **Fleischfressergebiss** [5]. Mit den auffallend großen und spitzen Eckzähnen (Fangzähne) hält sie ihre Beute fest und tötet sie blitzschnell durch einen Genickbiss. Am Zerkleinern der Beute sind hauptsächlich die Reißzähne beteiligt.

Die Katze hat außerdem ein sehr feines Gehör. Das Rascheln einer Maus nimmt sie noch aus größerer Entfernung wahr. Dabei werden die tütenförmigen Ohren ständig bewegt.

Die Augen mit den großen, kreisrunden Pupillen [2] nehmen auch bei Dunkelheit noch geringe Lichtmengen auf, so dass eine Katze bei Dämmerung gut sehen kann.

Einen großen Teil des Tages verschläft die Katze. Von Zeit zu Zeit wacht sie auf, und manchmal gähnt die Katze auch. Dann wird deutlich, wie gut die Katze mit ihrem Gebiss zum Mäusefangen ausgestattet ist.

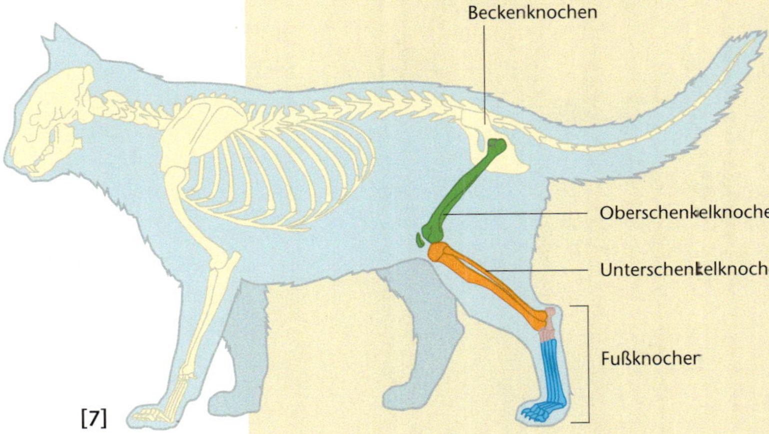

[7]

Denkmal

1. Perserkatzen und Siamkatzen sind oft nicht mehr in der Lage, eine Maus zu fangen. Wie ist das zu erklären?
2. Auf den Bauernhöfen leben immer mehrere Hauskatzen. Worin liegt ihre Bedeutung?
3. Katzen sind Schmusetiere und Mini-Tiger zugleich. Begründe diese Aussage.
4. Beobachte, wie eine Katze trinkt, was sie alles tut, wenn sie ihr „Geschäft" verrichtet, wie sie die Bäume hinauf und wieder herunter läuft, wie sie bei Tag jagt, und berichte über andere Verhaltensweisen der Katze.
5. Wie kann man brütende Vögel und ihr Gelege vor Katzen schützen?

Benno, das Meerschweinchen

[1] *Das ist Benno – mein Meerschweinchen.*

Meerschweinchen sind gesellig lebende Nagetiere und werden etwa 25 cm groß. Ihr Körper ist gedrungen und etwas walzenförmig. Die Beine sind recht kurz. Die Vorderbeine haben vier, die Hinterbeine drei kräftige Krallen. Das Fell kann sehr unterschiedlich gefärbt und beschaffen sein.

Mehrmals im Jahr werden nach 65 Tagen Tragzeit 1 bis 3, selten auch mehr Junge geworfen. Diese sind voll entwickelt, haben schon ein Fell, können nach der Geburt sofort laufen und werden vom Muttertier gesäugt. Aber schon bald beginnen sie, selbstständig zu fressen. Meerschweinchen erreichen ein Lebensalter von 4 bis 7 Jahren. Als Jungtier können sie in einer Zoohandlung im Alter von sechs Wochen gekauft werden.

Benno ist clever

Meerschweinchen werden recht zahm, wenn man sich regelmäßig mit ihnen beschäftigt. Die Tiere hören ausgezeichnet und verständigen sich durch verschiedene Laute. Sie reagieren, wenn sie mit ihrem Namen gerufen werden ebenso wie auf bestimmte Pfiffe. Meerschweinchen fressen aus der Hand und lernen dabei Männchen machen. Mit der Zeit laufen sie einem sogar nach. Beim Betteln nach Futter machen sie ziemlich laut auf sich aufmerksam.

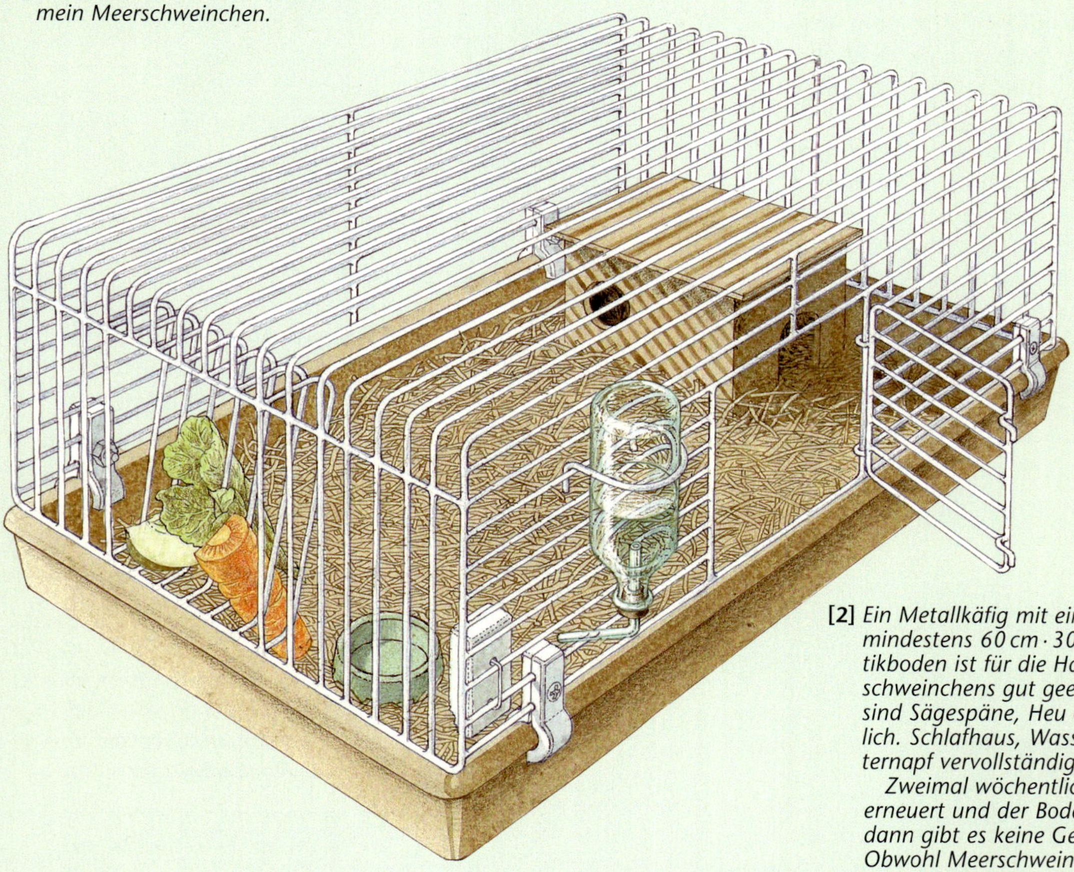

[2] *Ein Metallkäfig mit einer Lauffläche von mindestens 60 cm · 30 cm und einem Plastikboden ist für die Haltung eines Meerschweinchens gut geeignet. Als Einstreu sind Sägespäne, Heu oder Stroh erforderlich. Schlafhaus, Wasserbehälter und Futternapf vervollständigen die Einrichtung.*

Zweimal wöchentlich muss die Einstreu erneuert und der Boden gereinigt werden, dann gibt es keine Geruchsbelästigungen. Obwohl Meerschweinchen nur selten trinken, erhalten sie täglich frisches Wasser. Auch verdorbene Futterreste werden gleich entfernt.

Bennos Nahrung

Benno ist ein ausgesprochener Pflanzenfresser. Das kann man am Gebiss mit den auffallend großen Schneidezähnen [8] erkennen. Solche Zähne heißen **Nagezähne**. Fertigfutter aus verschiedenen Samen und Haferflocken gibt es in der Zoohandlung. Wenn man Benno jedoch frisches Gras, Kräuter oder Obst bringt, dann pfeift er besonders aufgeregt. Löwenzahn und Salat, Apfel- und Möhrenstückchen werden als Erstes angeknabbert. Weil die Schneidezähne immer nachwachsen und sonst zu lang werden, muss man für ihn immer hartes Brot oder kleine Zweige [6] (Weide, Obstbaum) bereitstellen.

[4]

[5]

[6]

[7] *Aus dem Wildmeerschweinchen wurden verschiedene Rassen herausgezüchtet: Glatthaarige und langhaarige, einfarbige und mehrfarbige Tiere, manche mit und andere ohne Haarwirbel.*

Das ist wichtig

- *Käfig nicht in die pralle Sonne stellen*
- *kein nasses Grünfutter geben*
- *trockene Haferflocken und frisches Heu immer im Käfig bereitstellen*
- *zwei Weibchen vertragen sich, zwei Männchen dagegen nicht*
- *täglicher Auslauf unter Aufsicht im Zimmer: Tapeten, Stuhlbeine und Stromkabel könnten beknabbert werden*
- *gründliches Händewaschen nach der Reinigung des Käfigs nicht vergessen*

Trage weitere Regeln zusammen, die bei der Haltung eines Meerschweinchens beachtet werden müssen.

[3]

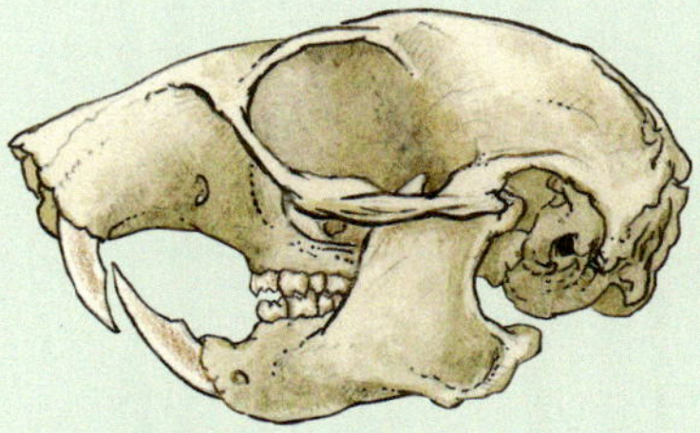
[8] *Meerschweinchen haben ein Nagetiergebiss*

Wie das Meerschweinchen zu seinem Namen kam

Wildmeerschweinchen [9] leben in kleinen Gruppen mit etwa 20 Mitgliedern. Sie bewohnen selbst gegrabene Erdhöhlen. Schon vor 3 000 Jahren wurden Wildmeerschweinchen von den Indios, den Ureinwohnern Südamerikas, als Haustiere gehalten. Wildmeerschweinchen waren vor allem Fleischlieferanten. Als spanische Eroberer im 16. Jahrhundert nach Südamerika vordrangen, sahen sie zum ersten Mal gezähmte Wildmeerschweinchen. Die Seefahrer erkannten sofort, dass diese Tiere für die lange Überfahrt nach Europa eine willkommene Fleischnahrung sein konnten. Die Tiere, die wie zu klein geratene Schweinchen aussehen und manchmal wie Ferkel quieken, stießen in Europa auf großes Interesse und wurden überall bestaunt.

[9] *Unser heutiges Meerschweinchen stammt von dem etwas kleineren Wildmeerschweinchen ab, das in fast ganz Südamerika verbreitet ist.*

Heimtiere

Heimtiere, die in den Zoofachgeschäften zum Kauf angeboten werden, kommen ursprünglich aus allen „Ecken“ der Welt. Obwohl sie als Heim- oder gar „Schmusetiere“ bei uns sehr beliebt sind, handelt es sich dabei um Tiere mit ganz bestimmten Ansprüchen, die bei der Unterbringung und Pflege beachtet werden müssen.

[3] *Der Hamsterkäfig soll am besten 25 cm · 35 cm · 20 cm groß sein. Dazu gehören ein Unterschlupf und ein Laufrad.*

Griechische Landschildkröte

Die Wärme liebende Landschildkröte kommt nicht nur in Griechenland vor, wie ihr Name vermuten lässt, sondern auch in anderen Ländern Südeuropas. Sie lebt in steppenähnlichen Gebieten mit eingestreuten Steinen und locker verteilten Sträuchern. Erdhöhlen dienen dem Tier als Unterschlupf. Die Griechische Landschildkröte ist äußerst selten geworden. Deshalb dürfen nur nachgezüchtete Tiere zum Kauf angeboten werden. Ideal für ihre Unterbringung zu Hause ist das Terrarium, das ähnlich gestaltet ist wie der natürliche Lebensraum. Landschildkröten bevorzugen Pflanzenkost, nur gelegentlich fressen sie Insekten, Raupen oder Schnecken.

[1] *Die Griechische Landschildkröte ist äußerst selten geworden.*

[2] *Aufmerksam beobachtet der Goldhamster seine Umgebung.*

Goldhamster

Obwohl der Goldhamster nur 2 bis 4 Jahre lang lebt, ist er ein beliebtes Heimtier. Im Jahre 1930 wurde in Syrien eine Goldhamsterfamilie aus ihrem 2 m tiefen Bau ausgegraben. Alle danach gezüchteten Goldhamster stammen von einem Männchen und zwei Weibchen aus diesem Wurf ab. Seinen Namen hat er wegen seines goldfarbenen Fells bekommen.

Im Zoofachgeschäft gibt es einfarbige und gescheckte Tiere mit kurzem oder langem, weichem Fell. Beim Kauf sollte das Tier nicht älter als 4 bis 6 Wochen sein. Sägespäne und Heu dienen als Einstreu im Hamsterkäfig. Holzwolle oder Zellstoff eignen sich als Nestmaterial.

Neben einer Futtermischung aus dem Zoogeschäft sind Möhren, Äpfel, Salat und anderes Grünfutter, ab und zu auch ein Mehlwurm oder wenig gekochtes Fleisch für die Ernährung des Goldhamsters geeignet. Eine zusätzliche Tränke ist nicht erforderlich. Tagsüber sollte man Goldhamster in Ruhe lassen, da sie die meiste Zeit schlafen. Erst in der Dämmerung und nachts werden die Tiere aktiv. Beschäftigt man sich allabendlich mit ihnen, werden sie nach 3 bis 4 Monaten recht zahm. Es macht Spaß, wenn man zuschaut, wie der Goldhamster seine Backentaschen füllt, ein Nest baut, auf seinen Namen hört und ganz zutraulich das Futter aus der Hand nimmt.

[4] *Kanarienvögel gibt es nicht nur sattgelb, sondern auch kaminrot. Sie sind als hervorragende Sänger bekannt.*

Kanarienvögel
Aus einem unscheinbaren, grünlich gefärbten Wildvogel der Kanarischen Inseln wurde der Kanarienvogel gezüchtet. Im Laufe der Zeit entstand eine Vielzahl verschiedener Rassen. Sie unterscheiden sich in der Färbung, in ihrem Aussehen und in ihrem Gesang. Ihr Gefieder zum Beispiel kann weiß, gelb, orange oder rot sein. Kanarienvögel sind für ihren schönen Gesang berühmt. Immerhin werden sie schon seit 500 Jahren als Stubenvögel gehalten. Ein einzelner Sänger benötigt einen Käfig von 30 bis 40 cm Länge, der nicht in der prallen Sonne aufgestellt werden darf. Eine Futtermischung aus verschiedenen Sämereien bildet die Nahrungsgrundlage. Diese sollte durch Grünfutter wie zum Beispiel Löwenzahn- oder Salatblätter sowie Apfelstückchen ergänzt werden. Der Vogel trinkt gern und badet auch oft. Regelmäßiges Füttern und vor allem ruhiges Hantieren nehmen diesem beliebten Stubenvogel die Scheu. Trotzdem kann man ihn nicht streicheln. Die geselligen Kanarien hält man möglichst paarweise.

[5] *Auch Zwergkaninchen brauchen öfter mal Auslauf.*

Zwergkaninchen
An den kurzen Ohren kann man gut erkennen, dass alle Zwergkaninchen vom Wildkaninchen abstammen. Ursprünglich kommen diese Tiere aus dem Mittelmeergebiet. Für die Haltung eines Zwergkaninchens sind ein leicht zu reinigender Behälter mit einem Plastikboden, Sägespäne als Einstreu und zwei Näpfe für Wasser und Futter erforderlich. Ein käufliches Futtergemisch, Grünfutter und Obst bilden die Hauptnahrung. Zweige und hartes Brot zum Benagen bewirken, dass die Nagezähne nicht zu lang wachsen.

Wenn man ein etwa 8 Wochen altes Jungtier kauft, sich täglich mit ihm beschäftigt und Geduld hat, dann wird es bald allerlei gelernt haben. Das Zwergkaninchen wird schon unruhig, wenn man in seine Nähe kommt. Es läuft einem hinterher und reagiert auf seinen Namen, macht Männchen und wird sogar stubenrein.

Wie alt können unsere Heimtiere werden?

Zwerghamster	2 Jahre
Hausmaus	3 Jahre
Goldhamster	4 Jahre
Meerschweinchen	7 Jahre
Zwergkaninchen	10 Jahre
Hauskatze	12 Jahre
Wellensittich	15 Jahre
Haushund	20 Jahre
Kanarienvogel	24 Jahre
Landschildkröte	137 Jahre

[6] *Wer nur wenig Zeit für den Wellensittich hat, sollte mindestens zwei Tiere halten.*

Wellensittich
Die wilden grünfarbenen Wellensittiche leben in ihrer australischen Heimat in großen Schwärmen zusammen. Viele haben den Wunsch nach einem „sprechenden" Wellensittich, weil er Wörter, kurze Sätze und manchmal sogar kleine Melodien lernt. Soll ein Wellensittich jedoch „sprechen" lernen, muss er als Jungvogel entgegen seiner eigentlichen Lebensweise einzeln gehalten werden. Bei der Auswahl ist zu beachten, dass junge Männchen sprechbegabter sind als Weibchen. Der Rufname des Wellensittichs sollte aus zwei Silben bestehen und die Buchstaben J (Jakob), E, Ei oder Ü enthalten, weil das von ihm leicht nachgeahmt werden kann.

Ungebetene Gäste

Viele Tiere nutzen die verschiedensten Ecken und Winkel des Hauses als Unterschlupf, sie mögen die Wärme, und Fressbares gibt es in Hülle und Fülle.

Wenn von Heim- oder Haustieren die Rede ist, denkt zunächst einmal niemand an das lästige Surren der Stubenfliegen oder die Begegnungen mit der langbeinigen Hausspinne. Viele Tiere machen schon mit ihrem Namen deutlich, dass sie ebenfalls zu den Heimtieren gehören.

[1] *Stubenfliegen sind allgegenwärtige Pendler zwischen Küchentisch und Abfallhaufen.*

Stubenfliegen – lästige Hausgenossen

Sie laufen kopfunter an der Zimmerdecke entlang und selbst auf spiegelglatten Flächen kommen sie nicht ins Rutschen. Tritt eine Stubenfliege [1] einmal zufällig in ein Tröpfchen Marmelade, so schmecken ihre Füße, ob sie es mit etwas Nahrhaftem zu tun hat. Sodann fährt sie den vorne etwas verdickten Saugrüssel aus, um sich das Frühstück mit uns zu teilen. Zur Grundausrüstung der sechs Fliegenbeine gehören nicht nur die Geschmacksorgane, sondern auch winzige Haftlappen, die sich zwischen den krallenförmigen Fußenden befinden. Diese sondern einen „Klebstoff" ab, der Stubenfliegen an jeder Unterlage haften lässt.

Wenn es um Nahrhaftes geht, sind diese Tiere nicht gerade wählerisch: Alles, was unser Speisezettel zu bieten hat, kommt dafür in Frage, ebenso wie die Hinterlassenschaften anderer Haustiere. Kuhfladen oder Schweinemist sind die bevorzugte Kinderstube des Fliegennachwuchses. Im Verhältnis zu ihrer Körpergröße hat die Stubenfliege auffallend große Augen. Diese bestehen aus jeweils 3 000 einzelnen Mini-Augen, die man in ihrer Gesamtheit Komplex- oder Netzauge nennt. Fliegen sehen zwar alles, nur eben etwas unscharf. Trotzdem ermöglichen solche Komplexaugen den Rundumblick, sodass die Stubenfliege auch nach hinten sehen kann. Nähert sich eine Hand der Stubenfliege von hinten, ergreift sie zumeist erfolgreich die Flucht.

Stubenfliegen zählen zu der wohl vielfältigsten Tiergruppe überhaupt – zu den **Insekten**. Diese Tiere besitzen als Erkennungsmerkmale jeweils drei Beinpaare, Komplexaugen, je nach Art unterschiedlich gebaute Mundwerkzeuge und eine äußerst stabile Hülle aus Chitin.

[2] *Maus*

Vom Mehlwurm zum Mehlkäfer

Ihr Name verrät schon, dass sie vor allem früher in Mühlen und Bäckereien auftraten. Sie gehören zu einer Vielzahl gefürchteter Schädlinge, die sich über die unterschiedlichen Vorräte, die eine Speisekammer zu bieten hat, hermachen. Mehlwürmer [5] gibt es heute in Zoohandlungen als Futter für Terrarientiere zu kaufen.

Schon zehn Mehlwürmer reichen aus, um eine kleine Zucht anzulegen. Als Zuchtgefäß eignet sich ein Tontopf oder eine Kunststoffdose mit Luftlöchern im Deckel. Auf den Boden gibt man etwa 1 cm hoch Haferflocken, Weizenkleie und Brotkrumen als Nahrung und Unterschlupf. Alle acht Tage sorgen ein Salatblatt, ein kleines Stückchen Karotte oder etwas Bananenschale für Feuchtigkeit und ergänzen die Nahrung. Um Schimmel zu vermeiden, entfernt man die Reste der Nahrung.

Alle Veränderungen könnt ihr in einem Protokoll festgehalten.

Beobachtungs-Protokoll: Wie entwickeln sich „Mehlwürmer"

Das Protokoll könnte etwa so aussehen:

1. Tag: Zehn Mehlwürmer eingesetzt. Einer ist kleiner als die anderen.

3. Tag: Alle Mehlwürmer sind jetzt gleich groß, einer ist ganz hell. Ein vertrocknetes Häutchen liegt inzwischen in der Dose.

5. Tag: Der helle „Wurm" ist dunkler geworden. Zwei bewegen sich kaum.

Hausspinne – Jäger auf acht Beinen

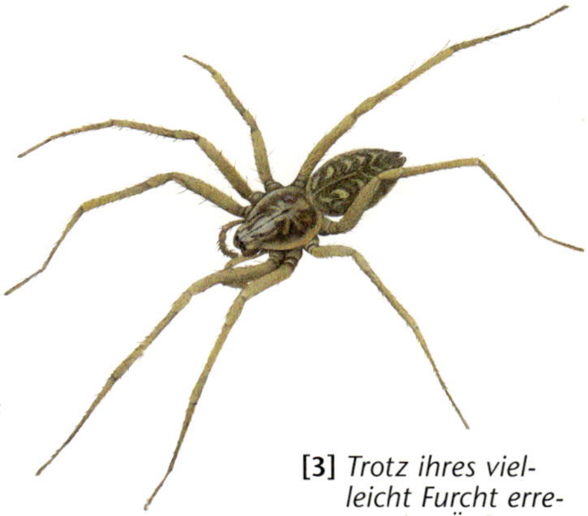

[3] *Trotz ihres vielleicht Furcht erregenden Äußeren kann die Hausspinne bei der Jagd auf Fliegen recht hilfreich sein.*

Auch sie ist sicher jedem schon einmal begegnet und hat mehr oder weniger für ein bisschen Aufregung gesorgt. Die Rede ist von der Hausspinne [3] mit ihren acht besonders langen Beinen. Hausspinnen weben in versteckten Winkeln unregelmäßige, weit ausladende Gespinstteppiche, die an einer Seite in eine nach hinten offene Wohnröhre münden.

Kellerassel – Wusler im Verborgenen

Kellerasseln [4] tummeln sich zuhauf an gleichbleibend kühlen und feuchten Orten im Keller oder unter großen Steinen. Sie ernähren sich vorwiegend von modernden Stoffen. Die grauen, abgeflachten Tiere zählen zu den Krebsen. Wie die im Wasser lebenden Verwandten atmen sie mit Kiemen. Diese befinden sich auf der Unterseite des Hinterleibes und müssen stets von einem dünnen Wasserfilm überzogen sein.

[4] *Kellerassel*

Hausmaus – nimmersatter Nager

Die Hausmaus [2] bewohnt vorwiegend den Keller oder den Dachboden. Ihr Nachwuchs ist enorm. Ein Weibchen wirft 4 bis 6-mal im Jahr 4 bis 8 zunächst noch blinde und nackte Junge. Hausmäuse fressen alles, was das Haus zu bieten hat. Allerdings bevorzugen sie eindeutig Körner.

Merkmal

▶ Viele Insekten durchlaufen in ihrer Entwicklung eine vollständige Verwandlung. Aus den Eiern schlüpfen Larven, die sich verpuppen, bevor sie als fertiges Insekt oder Vollinsekt schlüpfen.

Denkmal

❶ Betrachte einen der Mehlwürmer mit der Lupe oder unter dem Binokular. Der Name „Mehlwurm" ist eigentlich falsch. Welche Körperbaumerkmale verraten, warum es sich bei diesem Tier nicht um einen Wurm handeln kann?

❷ Finde für die im Beobachtungsprotokoll angeführten Beobachtungen Erklärungen.

❸ Der Mehlkäfer entwickelt sich in unterschiedlichen Abschnitten. Schreibe sie in der richtigen Reihenfolge auf: Vollinsekt – Larve – Ei – Puppe.

❹ Um wachsen zu können, müssen Insektenlarven die starre Hülle abstreifen bzw. sich häuten und rasch wachsen, ehe die neue und noch weiche Haut erstarrt. Welche Stelle des Protokolls weist auf diesen Vorgang hin?

❺ Begründe, weshalb man die Entwicklung des Mehlkäfers eine vollständige Verwandlung nennt.

❻ Folgende Tiere verraten bereits durch ihren Namen, dass sie zu den „heimlichen" Heimtieren gehören. Ergänze die Tiernamen und schreibe sie auf: Speck~, ~schabe, ~motte, ~bock, ~assel, ~fliege, ~wurm, ~milbe.

❼ Informiere dich über den Hausbock und prüfe, ob auch dieses Insekt eine vollständige Verwandlung durchmacht.

6. Tag: Im Gefäß liegen zwei andersartige Wesen, dafür fehlen zwei Mehlwürmer.
9. Tag: Alle Mehlwürmer haben ihre Gestalt verändert, bis auf einen. Neben den andersartigen Wesen liegt jeweils ein vertrocknetes Häutchen.
15. Tag: Alle Mehlwürmer haben sich verwandelt.
21. Tag: Zwei Käfer unbekannter Herkunft krabbeln herum, zwei der „starren Gestalten" fehlen …

[5] *Entwicklungsstadien des Mehlkäfers: Puppen, Larven und ausgewachsene Käfer.*

Tiere um uns

1 Tierische Ordnung
„Ordnung ist das halbe Leben!" Wer kennt sie nicht, diese ungemütliche und langweilige Redensart, die unmissverständlich darauf hinweist, dass man irgendetwas nicht gleich oder gar nicht mehr findet. Viel interessanter ist es da schon, dem Leben eine Ordnung zu geben bzw. den vielen ganz verschiedenartigen Tieren, denen ihr in diesem Kapitel begegnet seid. Am besten ist es, wenn ihr diese Aufgabe zu dritt oder zu viert bearbeitet.

a) Sucht alle in diesem Kapitel genannten Tiere heraus und schreibt ihren Namen auf kleine Kärtchen.
b) Überlegt euch sodann, wie diese Tiere zu Gruppen geordnet werden könnten. Findet für jede Tiergruppe einen passenden Namen.
c) Klebt die Kärtchen anschließend auf einen großen Plakatbogen und stellt eure Tierordnung der ganzen Klasse vor.

2 Mit viel Wirbel(n) Ordnung schaffen
Ordnen ist viel einfacher, wenn man die Merkmale, nach denen Naturforscher ordnen, zu Hilfe nimmt.

Übertragt folgende Tabellen in euer Heft und ordnet die Tiere dieses Kapitels den verschiedenen Spalten zu. Begründet jeweils eure Entscheidung.

Tiername	Wirbeltiere	Wirbellose Tiere
...	...	...

Tiername	2 Beine	4 Beine	6 Beine	8 Beine	viele Beine
...	...	...	...	...	...

Tiername	Säugetier	Vogel	Kriechtier	Insekt	Spinne	Krebs
...	...	...	...	...	...	...

3 Ein elefantastischer Fall

Elefanten sind ohne Zweifel fantastische Tiere. Allerdings können sie einem das Ordnen ganz schön schwer machen. Informiere dich über die Lebensweise von Elefanten.

a) Erstelle einen Steckbrief, in dem du die verschiedenen Elefanten-Arten, ihre Lebensweise, ihre Ernährung, ihr mögliches Lebensalter und besondere Bedürfnisse aufschreibst.

b) Formuliere zu jeder Elefantenabbildung eine passende Bildunterschrift.

c) Ordne folgende Bezeichnungen den einzelnen Fotos zu und begründe deine Entscheidung: Wildtier – Säugetier – Wirbeltier – Herdentier – Arbeitstier – dressiertes Tier – Nutztier – Zootier – Freizeittier – Haustier.

Pflanzen

Grüne Pflanzen wachsen wirklich überall, im Blumentopf und im Gartenbeet, im Vorgarten und im Stadtpark, auf Feldern und natürlich auch im Wald. Für manche Menschen sind Pflanzen so selbstverständlich, dass sie die grüne Kulisse in unserer Umwelt überhaupt nicht mehr wahrnehmen. Es soll sogar Leute geben, die gar nicht glauben wollen, dass auch Pflanzen richtige Lebewesen sind. Immerhin stehen sie einfach nur herum und rühren sich nicht vom Fleck. Dabei regt sich hier eine ganze Menge, egal ob es Gräser und Kräuter, Stauden, Sträucher oder Bäume sind.

Alle Pflanzen sind für uns wichtig, denn wie selbstverständlich verbessern sie ständig unsere Atemluft. Außerdem machen sie Freude. Sie verschönern unsere Umgebung und sind oft der einzige Schmuck, wo die Umwelt fast nur noch aus Asphalt, Beton und Blechlawinen besteht. Pflanzen sind die bunte Zier auf der Fensterbank und im Gartenbeet und manchmal bereiten wir mit ihnen Freude, wenn wir sie als Blumenstrauß verschenken.

4 um uns

Kraut, Strauch oder Baum?

So unterschiedlich Kräuter, Sträucher und Bäume auch aussehen, sie bestehen dennoch alle aus den gleichen Grundorganen.

Inga und Karsten unterhalten sich auf dem Nachhauseweg über ihre letzte Bio-Stunde. Es ging um Blütenpflanzen. Inga ist der Meinung, damit seien nur die blühenden Rosen und Wicken gemeint, die sie im Vorgarten gegenüber sehen. Karsten behauptet dagegen, dass zu den Blütenpflanzen auch die Ziersträucher und der große Kastanienbaum vom Schulhof gehören, bei denen man gerade keine Blüten findet. Sie schließen eine Wette ab. Wer mag wohl Recht behalten?

[3] *Sträucher, wie diese Forsythie, haben mehrere kleine, dicht über dem Boden verzweigte Stämme.*

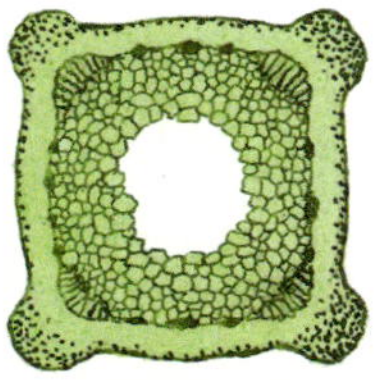

[1] *Querschnitt durch den Stängel einer Taubnessel. Obwohl er hohl ist, ist er so stabil, dass er die ganze Pflanze aufrecht halten kann.*

[2] *Bauplan einer Blütenpflanze: Die Weiße Taubnessel gliedert sich wie alle Blütenpflanzen in Wurzel, Sprossachse und Blätter.*

Wurzeln sind Bodenanker

Die Gräser auf dem Rasenstück und die Taubnessel an der Mauerecke kann man sicher nicht verwechseln. Bei aller Verschiedenheit zeigen sie doch manche Gemeinsamkeit: Beide stecken mit einer Wurzel fest im Boden. Bei einem Gras ist sie büschelig, bei der Taubnessel **[2]** kann man eine kräftige Hauptwurzel und kleinere Seitenwurzeln unterscheiden. **Wurzeln** sind die Bodenanker einer Pflanze. Auch die Sträucher und die Bäume stehen auf unterirdischen Wurzeln, so dass sie nicht gleich beim nächsten Windhauch umfallen.

Sprossachsen unterscheiden Kräuter von Sträuchern und Bäumen

An der Bodenoberfläche geht die Wurzel in die – meist verzweigte – **Sprossachse** über, die man auch **Stängel** oder kurz Spross nennt. Bei Kräutern ist sie grün, saftig und nicht holzig, aber immerhin so stabil, dass sie aufrecht stehen kann. Auch Gräser sind daher Kräuter. Verholzte und ziemlich starre Sprossachsen sind dagegen das Kennzeichen der **Gehölze: Bäume** haben einen kräftigen Hauptstamm und eine Krone mit dicken Ästen und dünneren Zweigen. **Sträuchern** fehlt der deutliche Hauptstamm. Aus dem Boden ragen gleich mehrere kräftige „Stämme".

[4] Bei einem Baum (Spitz-Ahorn) trägt ein einzelner Stamm die Krone.

Blätter bauen Nährstoffe auf

An der Sprossachse und ihren Verzweigungen sitzen die **Blätter** – schmale oder rundliche, gezähnte oder glattrandige, kurz oder lang gestielte, kahle oder behaarte. Jede Pflanzenart hat ihre eigene Blattform. Die Blätter bauen mithilfe des Sonnenlichtes Nährstoffe auf, von denen sich viele Tiere ernähren. Dazu benötigen sie Wasser und darin gelöste Mineralsalze aus dem Boden. Beides nehmen die Wurzeln mit ihren feinen Enden auf, leiten den Saftstrom über Leitbahnen durch die Hauptwurzel in den Stängel und von dort über die Blattstiele in die Blattfläche. Hier kann man die Leitbahnen [5] deutlich sehen – man nennt sie Blattadern oder Blattnerven. Außerdem haben sie die Aufgabe, die oft hauchdünnen Blätter so zu stützen, dass die Pflanze sie großflächig ins Sonnenlicht halten kann. Nach der Anordnung der Blattnerven unterscheidet man streifennervige Blätter wie bei den Gräsern von netznervigen wie bei der Taubnessel.

Alle Pflanzen, an denen man eine Gliederung in Wurzel, Spross und Blätter erkennen kann, nennt man **Blütenpflanzen.**

[5] *Blätter sind wie Ausweise. An ihrer Größe, dem Umriss und der Form des Blattrandes kann man die Pflanzen gut unterscheiden.*

[6]

[7]

[8]

[6] *Blattränder sind nicht immer gleich. Diesen nennt man doppelt gesägt oder gezähnt.*
[7] *In den Blättern der Gräser laufen die Blattnerven parallel.*
[8] *Die meisten Pflanzenarten besitzen netzförmige Blattneven.*

Merkmal

▶ Die Grundorgane einer Pflanze sind Wurzel, Sprossachse (Stängel) und Blätter. Pflanzen mit diesem Bauplan nennt man Blütenpflanzen.

▶ Je nach Festigkeit der Sprossachse unterscheidet man krautige Pflanzen von den Holzpflanzen oder Gehölzen.

Denkmal

❶ Benenne die drei Grundorgane einer Blütenpflanze.

❷ Begründe, warum auch Gräser zu den Kräutern gehören.

❸ Woran kannst du einen großen Strauch von einem kleinen Baum unterscheiden?

❹ Nenne Beispiele für Kräuter, Sträucher und Bäume.

❺ Sammle möglichst verschiedene Blätter von den Pflanzen in der Schulumgebung, vergleiche sie und beschreibe ihre wichtigsten Merkmale mithilfe eines Bestimmungsbuches.

❻ Lies dir den Abschnitt „Blätter bauen Nährstoffe auf" genau durch und erkläre die Aufgabe der Blattadern.

❼ Presse und trockne eine krautige Pflanze oder einen Gehölzzweig, klebe sie auf einen Bogen weißes Papier und beschrifte die einzelnen Bauteile mithilfe der Abbildung [2].

❽ Ist eine Pflanze, die schon Früchte mit Samen trägt, immer noch eine Blütenpflanze?

Steckbrief einer Blütenpflanze

In einem Steckbrief sind alle Besonderheiten einer Blütenpflanze aufgeführt: wann sie blüht, wie sie aussieht und wo sie vorkommt.

Von Mai und bis in den Herbst hinein fällt an Wegrändern, auf Äckern und Schuttplätzen eine leuchtend gelb blühende, krautige Pflanze auf. Es ist der Acker-Senf [3]. Die Samen enthalten Senföl, daher hat die Pflanze ihren Namen. Senf wird aus ihr allerdings nicht hergestellt. Dazu verwendet man eine nah verwandte Art.

Die Blüten des Acker-Senfs werden von zahlreichen Insekten besucht. Häufig sind Bienen und Schmetterlinge anzutreffen, aber auch verschiedene kleine Käfer krabbeln an den Blüten herum. Eine süße, zuckerhaltige Flüssigkeit, der Nektar, wird am Blütenboden ausgeschieden. Er ist genauso wie der in der Blüte gebildete Blütenstaub, den man auch Pollen nennt, ein lohnendes Ziel für viele Insekten. Der Acker-Senf ist für diese Tiere eine beliebte Futterpflanze.

Blüten nur aus Blättern

An den Blütenknospen [6] erkennt man als äußere Hülle vier grüne **Kelchblätter**. Bei der geöffneten Blüte [5] stehen diese Kelchblätter [9] waagerecht ab. Dazwischen befinden sich, etwas weiter nach innen gerückt,

[3] *Der Acker-Senf gehört zu den Kreuzblütern.*

[1] *Weißkohl wird bereits geerntet, bevor die Pflanze Blüten bildet. Eine blühende Weißkohlpflanze ist deshalb nur selten zu beobachten.*

[2] *Das Hirtentäschelkraut ist häufig in Gärten, an Wegrainen und auf Schuttplätzen zu finden. Die Pflanze blüht von März bis Oktober und wird zwischen 20 und 40 cm hoch. Die kleinen weißen Kreuzblüten stehen in einer lockeren Traube. Die dreieckigen Früchte, die Schötchen, sehen aus wie kleine Taschen.*

Steckbrief: Acker-Senf

Fundort: Acker, Feldrain, Wegrand und Schuttplatz

Wuchshöhe: 30–60 cm

Blühzeit: Mai bis September.

Blüte: gelb; Durchmesser 12–15 mm; vier grünliche, waagrecht abstehende Kelchblätter. Vier gelbe Kronblätter sowie zwei kurze und vier lange Staubblätter. In der Blütenmitte befindet sich das Fruchtblatt.

Frucht: Schote

Sprossachse: grün, krautig, rundlich, behaart. Die Sprossachse ist meistens verzweigt. Sie trägt die Blüten und die Laubblätter.

Laubblätter: die länglichen Blätter sind ungeteilt und tief eingebuchtet; der Blattrand ist gezähnt.

Wurzel: starke Hauptwurzel mit dünneren Seitenwurzeln.

[4]

[5] *Die Blüte heißt wegen der Stellung ihrer Blütenblätter Kreuzblüte.*

[6] *Viele Einzelblüten bilden eine Traube als Blütenstand.*

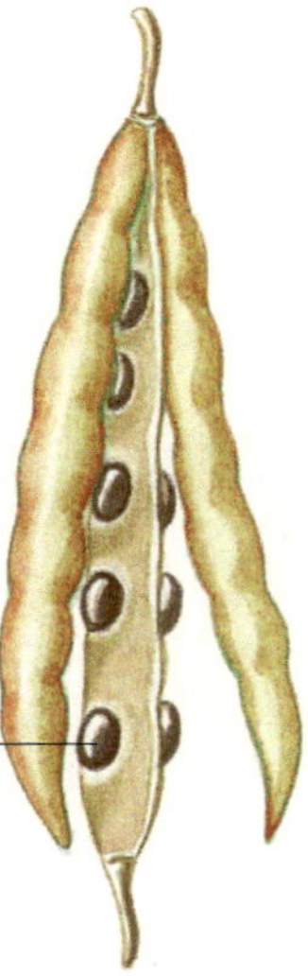

[7] *Die längliche, zweigeteilte Frucht ist eine Schote.*

vier größere, auffallend gelb gefärbte Blütenblätter, die man auch als **Kronblätter** [9] bezeichnet. Auf die Kronblätter folgen zwei kurze und vier lange **Staubblätter**. Jedes besteht aus dem Staubfaden und einem verdickten Staubbeutel, in dem der Blütenstaub gebildet wird. In der Blütenmitte befindet sich der keulenförmige **Stempel** [9]. Er besteht aus zwei miteinander verwachsenen Fruchtblättern. Daher sagt man auch **Fruchtblatt** zum Stempel.

Der Acker-Senf – eine einjährige Pflanze

Nachdem im September von den letzten Blüten des Acker-Senfs [3] die Kron-, Kelch- und Staubblätter abgefallen sind, reift der Fruchtknoten zu einer Schote [7] heran. Die Schoten vertrocknen und platzen auf. Dabei fallen die Samen auf den Erdboden. Die Pflanze vergilbt nun und stirbt ab. Die Samen keimen aus, und daraus entwickeln sich noch im Herbst Jungpflanzen. Diese überwintern als Rosette [94.4]. Die Blätter sind dabei dicht an den Boden gedrückt.

Erst im Frühjahr setzt das Wachstum wieder ein. Es bildet sich eine Sprossachse [3] mit Blättern und den ersten Blüten. In den nächsten Wochen verzweigt sich die Sprossachse. Im Sommer erreicht sie eine Wuchshöhe von 60 cm. Der Acker-Senf ist eine **einjährige Pflanze**, da sich jedes Jahr aus den Samen neue Pflanzen entwickeln.

Blütenstand
Stehen mehrere Blüten dicht beisammen, so spricht man von einem Blütenstand, im Gegensatz zur Einzelblüte.

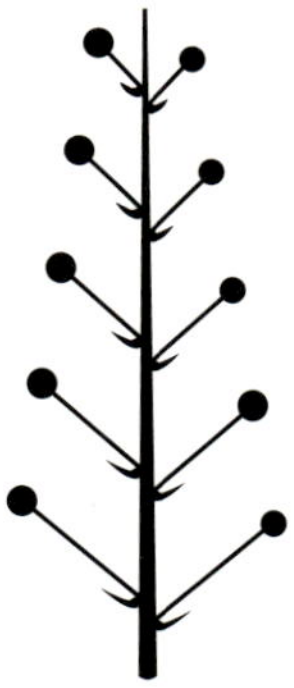

[8] *Blütenstand Traube*

Legebild

[9] *Die Kreuzblüte des Acker-Senfs*

Merkmal

▶ An der Blüte erkennt man von außen nach innen Kelch-, Kron- und Staubblättern. Mehrere Fruchtblätter sind zu einem Fruchtblatt oder Stempel verwachsen.

▶ Die Blüte des Acker-Senfs ist eine Kreuzblüte.

▶ Pflanzen mit ähnlichem Blütenbau fasst man zu einer Pflanzenfamilie zusammen. Der Acker-Senf gehört zu den Kreuzblütern.

▶ Pflanzen, die in einem Jahr keimen, wachsen, blühen, Samen hervorbringen und absterben, heißen einjährig.

Denkmal

1. Wie heißen die Bauteile einer Blüte und in welcher Reihenfolge sind sie in der Blüte angeordnet?
2. Erkläre die Aussage, „Die Blüte besteht nur aus Blättern".
3. Die Blüte vom Acker-Senf ist eine Kreuzblüte. Erkläre.
4. Was versteht man unter einem Blütenstand?
5. Wie nennt man die Früchte der Kreuzblüter?
6. Zeichne das Legebild einer anderen Kreuzblüte z. B. des Hirtentäschelkrauts und beschrifte die einzelnen Teile.
7. Der Blütenstand des Acker-Senfs ist eine Traube. Informiere dich in deinem Schulbuch über andere Blütenstände, beispielsweise Ähre und Rispe, und zeichne sie in dein Heft.

Pflanzen bestimmen

[1] *Um Pflanzen besser kennen zu lernen, muss man genauer hinschauen.*

1 Bestimmungsbücher beschreiben die Pflanzen

Da es in Mitteleuropa etwa 3 500 verschiedene Pflanzen-Arten gibt, kann man nicht alle Pflanzennamen nur mit einem Bestimmungsbuch feststellen. Also nimmt man jeweils ein spezielles Buch für die Kräuter, Sträucher oder Bäume zur Hand. Besonders hilfreich sind Bücher mit farbigen Abbildungen. In solchen Bestimmungsbüchern sind die Pflanzen nach einzelnen Merkmalen sortiert, die Kräuter meist nach der Blütenfarbe, die Gehölze nach der Blattform.

[2] *So hält man die Lupe richtig.*

Wollen wir den Dschungel an Blütenpflanzen um uns herum durchforsten und die vielen verschiedenen Blütenpflanzen kennen lernen, so helfen uns schon wenige Merkmale bei ihrer Bestimmung. Bei den krautigen Pflanzen betrachten wir die Farbe und die Form der Blüte, und bei den Bäumen helfen uns ihre Blätter. Die meisten Pflanzenbestimmungsbücher sind nach diesen Merkmalen aufgebaut. Vergleicht eure Pflanze mit den dort abgebildeten Merkmalen.

[3] *Die Lupe bringt es an den Tag – das Innenleben einer Blüte oder die feinen Haare eines Stängels* [4].

[4]

Projekt-Tipp: Die Pflanzen um unsere Schule bestimmen

Auch wenn der Pausenhof einen festen Belag hat – in den Randbereichen ist das Schulgelände ein richtiger Dschungel mit zahlreichen Pflanzen. Wie viele Arten mögen es sein? Wie sind sie über die Flächen verteilt? Arten, die ihr schon kennt, lassen sich auf einer Planskizze [7] des Schulgeländes eintragen. Bäume bekommen große, nummerierte Kreise, Sträucher kleinere und Kräuter ganz kleine, die man natürlich auch farbig markieren kann. Die Nummern schreibt ihr zusätzlich in eine Extraliste und dahinter jeweils den festgestellten Pflanzennamen. Pflanzen, die ihr nicht bestimmen könnt, bekommen nur eine fortlaufende Nummer oder werden zu Gruppen zusammengefasst wie „niedrig wachsende Sträucher“, „Boden deckendes Gestrüpp“ oder „Rasengräser“. Wenn sich einzelne Arbeitsgruppen jeweils eine besondere Ecke vornehmen, entsteht eine richtig übersichtliche Dschungelkarte.

[5] *Lupe, Pinzette und Schreibzeug*

[6] *Der Wiesen-Storchschnabel ist an den großen, tintenblauen Blüten leicht zu erkennen.*

2 Unter die Lupe nehmen

Wenn du die Abbildung im Buch mit dem zugehörigen Text vergleichst, stellst du fest, dass zur genaueren Beschreibung auch sehr unscheinbare Merkmale verwendet werden. Das kann die feine Behaarung des Stängels **[4]** sein oder die Anzahl der Staubblätter in den Blüten. Mit dem bloßen Auge sind solche Kleinigkeiten oft nicht klar erkennbar. In solchen Fällen hilft eine Lupe. Am besten hält man sie direkt ans Auge **[2]** und führt mit der anderen Hand den zu betrachtenden Pflanzenteil so dicht heran, bis man ihn scharf abgebildet sieht. So kann man Blätter oder Blüten wie in einem Schaufenster betrachten. Manchmal ist auch eine Pinzette **[5]** hilfreich. Damit kann man Einzelteile aus einer Blüte zupfen und betrachten, die sonst zwischen den übrigen Bauteilen untergehen oder zwischen zwei Fingern verschwinden.

3 Wichtigtuerische Geheimsprache?

Das Bestimmungsbuch führt nicht nur einfache Namen auf wie Gänseblümchen oder Löwenzahn, sondern richtige Wortungetüme. So findest du bei der Weißen Taubnessel den lateinischen Zusatz *Lamium album*. Das ist der so genannte wissenschaftliche Artname. Er ist international festgelegt und dient dazu, dass sich Engländer, Franzosen, Norweger oder Italiener problemlos über die Taubnessel verständigen und sicher sein können, dass alle von der gleichen Taubnesselart reden. Für unsere Zwecke brauchen wir die wissenschaftlichen Namen nicht. Für Gärtner, Förster, Apotheker und andere Berufsgruppen, die viel mit Pflanzen zu tun haben, sind sie jedoch wichtig.

4 Das Herbarium – ein Album nur mit Blütenpflanzen

Blumen sind vergänglich, und auch Blätter halten nicht ewig. Um eine Pflanze oder ihre Teile für längere Zeit zu bewahren, trocknet man sie zwischen Zeitungspapier und unter Druck in einer Pflanzenpresse **[8]**.

Und so wird's gemacht:

- Breite die Pflanze auf einem Bogen Zeitungspapier flach aus.
- Achte darauf, dass sich die Stängel, Blätter und Blüten nicht gegenseitig überlappen.
- Lege einen Zettel dazu, auf dem du Fundort, Name der Pflanze und das Datum notiert hast.
- Bedecke die Pflanze mit mehreren Zwischenlagen von passend zugeschnittenem Zeitungspapier.
- Dann kannst du eine weitere Pflanze flach auflegen.
- Wenn du keine Pflanzenpresse hast, lege zuletzt ein Brett, mehrere Bücher oder ein anderes Schwergewicht darauf.
- Wechsle täglich die Zwischenlagen, damit die Pflanzen nicht verschimmeln.
- Befestige die getrockneten Stücke mit Klebefilmstreifen auf weißem Papier und übertrage die Notizen vom Fundortzettel.

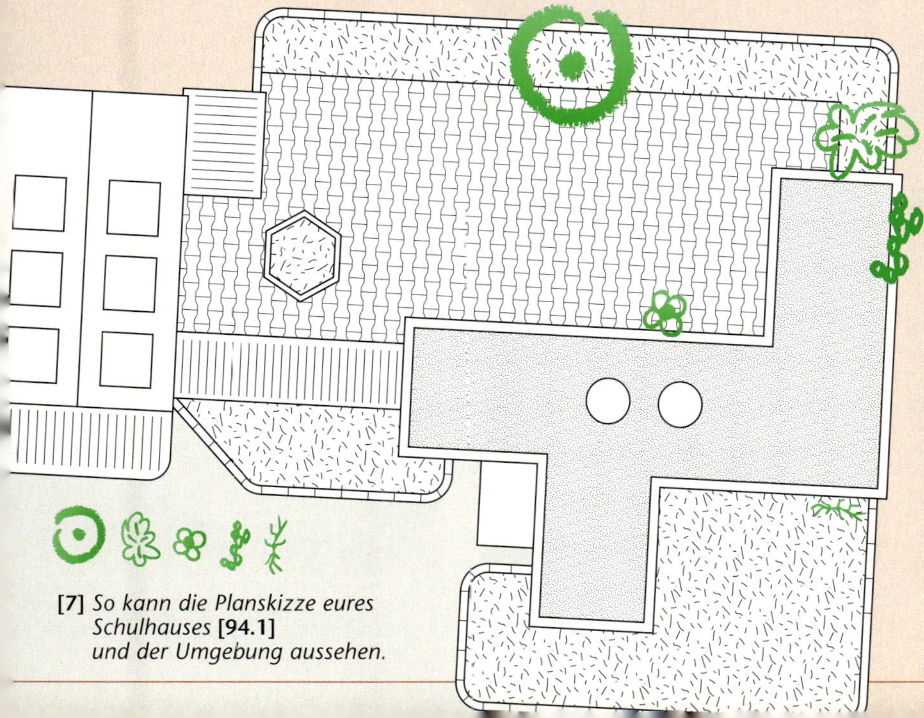

[7] *So kann die Planskizze eures Schulhauses* **[94.1]** *und der Umgebung aussehen.*

[8] *Eine Pflanzenpresse lässt sich mit einfachen Mitteln auch selbst herstellen.*

Blätter bestimmen

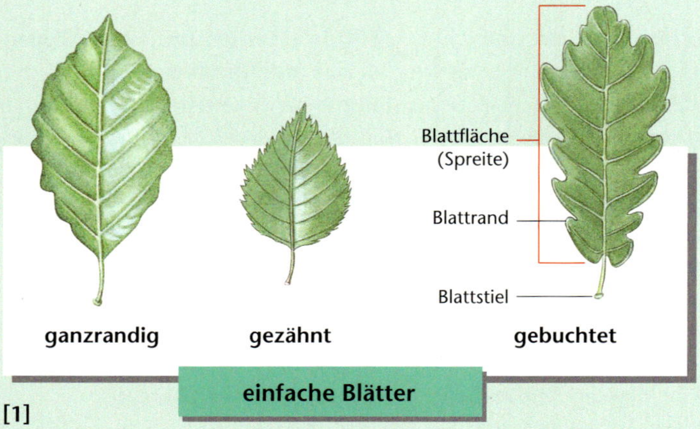

[1]

[2]

In den meisten Fällen reicht schon ein Blatt aus, um den Namen eines Baumes herauszufinden. Die Blätter jedes Baumes unterscheiden sich nämlich in ihrer **Größe**, im **Blattrand** und im **Blattstiel**.

Blätter verraten den Baumnamen

Die Blätter vieler Laubbäume bilden eine einheitliche Fläche – man nennt sie **Spreite** [1]. Sie sind einfach, also ungeteilt. Dazu zählen die Blätter von Rot-Buche [6] und Winter-Linde, von Weiß-Birke und Stiel-Eiche. Bei anderen Laubbäumen sind die Blätter geteilt. Die Spreite ist dann aus mehreren Teilen zusammengesetzt. Die Rosskastanie und die Gemeine Esche sind Beispiele dafür, wobei das Rosskastanienblatt fingerförmig und das Eschenblatt unpaarig gefiedert ist.

Bestimmungsschlüssel

Beim Bestimmen von Laubbäumen hilft ein so genannter **Bestimmungsschlüssel** [6]. Er ist so aufgebaut, dass immer zwei Möglichkeiten eines Merkmales miteinander verglichen werden müssen. Von diesen Möglichkeiten ist immer nur eine zutreffend. Gesammelte Blätter ordnet man zunächst in zwei Gruppen, in solche mit einfachen und solche mit zusammengesetzten Blättern. Nun werden erst die Blattränder miteinander verglichen, danach die Länge des Blattstiels.

[3] *Das Schwimmblatt der Victoria amazonica, ein Seerosengewächs, hat einen Durchmesser von 2 m.*

[4] *Die Dornen der Säulenkakteen sind umgewandelte Blätter. Sie verhindern Wasserverlust.*

[5] *Viele einheimische Bäume haben Nadelblätter wie z. B. die Lärche. Allerdings verliert nur sie im Winter ihre Nadeln.*

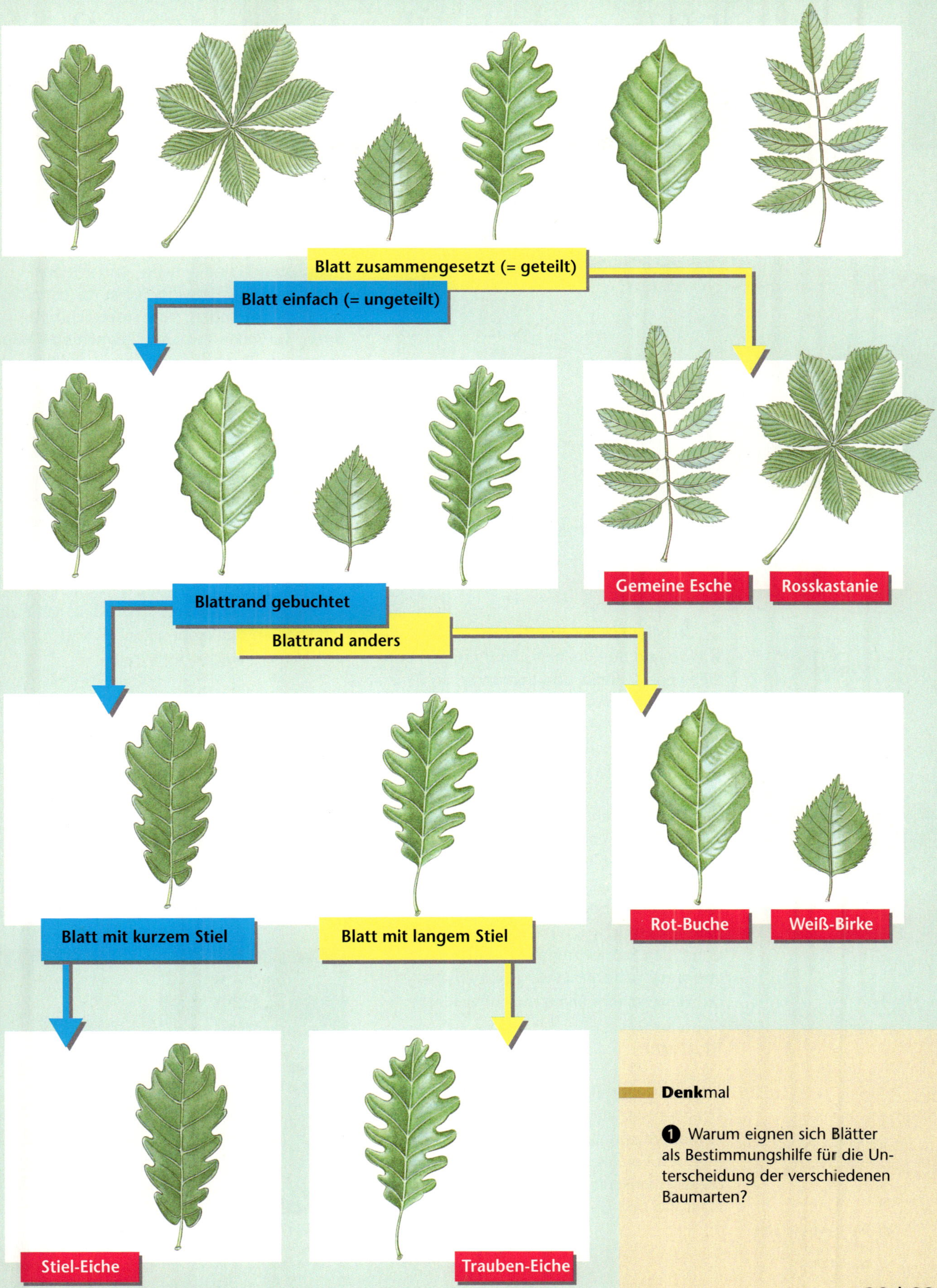

Denkmal

❶ Warum eignen sich Blätter als Bestimmungshilfe für die Unterscheidung der verschiedenen Baumarten?

[6] *Bestimmungsschlüssel Blätter*

Pflanzen als Überlebenskünstler

Wo der Standort besonders ungünstig ist, können nur noch Spezialisten unter den Pflanzen überleben.

[1] *Das Schulhaus aus der Vogelperspektive*

Straßenränder und Wegraine, Gebäudewände und Steinmauern, Pflasterritzen und Gehwege – all das sind Standorte, an denen das Wachstum von Pflanzen kaum möglich erscheint. Es fehlt an Erdboden und Nährstoffen. Das Wasserangebot ist meist sehr knapp, und oftmals sind diese Pflanzen unzähligen Tritten von Fußgängern ausgesetzt. Pflanzen, die an solchen Stellen gedeihen, sind richtige „Überlebenskünstler". Einige davon klettern, ranken oder winden sich an Pfählen oder Mauern, an Wänden oder auch Spalieren empor. Dabei können sie die Höhe von Bäumen erreichen, ohne jedoch selbst einen tragenden Stamm zu haben. Durch das enorme Wachstum in die Höhe erhalten die Blätter dieser Pflanzen sehr viel Licht.

[2] *Die Jungfernrebe heißt auch Wilder Wein.*

Kletterer

Zu den Kletterpflanzen gehört der **Efeu** [3]. Er bildet Haftwurzeln aus, mit denen er sich in Mauerritzen, an Felsen oder Baumstämmen fest verankert. Als immergrüne Pflanze bietet er verschiedenen Insekten und Vögeln Nahrung und Unterschlupf.

Winder

Blauregen, Geißblatt, Zaunwinde und Windenknöterich sind Schling- und Windenpflanzen. Die Zaunwinde etwa wächst nicht nur flach am Boden, sie windet sich mit ihrem Spross an Zweigen, Zäunen oder Bäumen hoch. Der Windenknöterich wächst ebenfalls um eine Stütze, oft sind das auch die Masten von Straßenlampen.

Ranker

Beim Wachsen umwickeln Rankenpflanzen die verschiedensten Stützen. **Jungfernrebe** [2] und Waldrebe, Wicke und Weinrebe gehören dazu. Die Pflanzen sind schnellwüchsig, lieben die Sonne und wachsen an Gebäudewänden bis zu 30 m hoch. Mit Haftscheiben an den langen Ranken finden sie an den Mauern ausreichend Halt.

Trittpflanzen

Oft sind es nur einzelne und wenige Pflanzen, die zwischen Pflastersteinen und Betonplatten, auf Feldwegen und am Straßenrand wachsen. Die Wachstumsbedingungen sind dort sehr ungünstig. Der Boden ist hart und oft trocken, Nährstoff- und Wassermangel herrschen vor, außerdem werden die Stellen oft betreten. Trotzdem wachsen hier Pflanzen.

[3] *Der Efeu gehört zu den Kletterpflanzen. Er überwindet sogar völlig glatte Mauern.*

[4] *Das einjährige Hirtent schelkraut besitzt rech trittfeste Blattrosetten. Die taschenförmigen Früchte sind Schötche*

Der **Wegerich [7]** ist eine häufige Wegrandpflanze. Die Blätter liegen dicht am Boden. Man merkt beim Ausreißen, dass sie sehr zäh sind. Als Blütenstand ist eine Ähre ausgebildet. Die kleinen Samen werden bei Trockenheit durch den Wind ausgebreitet. Bei feuchtem Wetter sind sie klebrig und haften an Tieren und Schuhsohlen.

Der **Löwenzahn [8]** blüht auffällig goldgelb. Die Blütenkörbchen bestehen nur aus Zungenblüten, die gezähnten Blätter bilden eine Rosette. Der Stängel ist hohl, und alle Pflanzenteile enthalten einen milchigen Saft. Je nach den Bedingungen am Standort sind Wuchsform und Größe des Löwenzahns verschieden.

Trittpflanzen sind häufig kleinwüchsig und meistens stark verzweigt. Ihre Pflanzenteile zeichnen sich durch besondere Festigkeit aus. Eine große Samenzahl und vielfach auch Ausläufer sichern die Vermehrung und Ausbreitung dieser Pflanzen.

Mauerpflanzen

Auch auf Mauern sind die Lebensbedingungen für Pflanzen extrem. Die dort lebenden Pflanzen vertragen starke Besonnung, große Trockenheit und Hitze. Unter diesen Bedingungen können der **Scharfe Mauerpfeffer [5]**, das Rispengras und die Echte Hauswurz noch wachsen.

[7] *Breit-Wegerich mit blühenden und Früchte tragenden Ähren.*

[8] *Löwenzahn*

[5] *Der fingerlange Scharfe Mauerpfeffer liebt sonnige und steinige Plätze auf Mauern. Er besitzt dickfleischige Blätter und kann daher längere Zeit ohne Regenwasser auskommen.*

[6] *Der Vogel-Knöterich kommt in den Städten auf der ganzen Welt vor. Die Blüten sind sehr klein und sitzen in den Blattachseln.*

Merkmal

▶ Kletter-, Winden- und Rankenpflanzen wachsen ohne stützenden Stängel (Sprossachse) dem Licht entgegen.

▶ Trittpflanzen ertragen die Belastung durch Füße und Reifen. Ihre Blätter sind sehr zäh.

▶ Mauerpflanzen ertragen große Hitze und kommen mit wenig Wasser aus.

Denkmal

❶ Mit welchen Nachteilen müssen Trittpflanzen leben?

❷ Welche Besonderheiten sichern dem Mauerpfeffer **[5]** das Überleben.

❸ Lies dir die Abschnitte „Kletterer" und „Ranker" genau durch und schreibe die Unterschiede zwischen Kletter- und Rankpflanzen heraus. Suche in Büchern über Pflanzen oder im Internet nach weiteren Kletter- und Rankpflanzen.

❹ Welche Vorteile haben Kletter- und Rankpflanzen?

❺ Efeu **[3]** und Jungfernrebe **[2]** begrünen Mauern und Fassaden auf unterschiedliche Weise. Erkläre.

❻ Suche auf dem Schulgelände nach Standorten von Überlebenskünstlern. Welche der genannten Arten findest du dort?

❼ Schötchen sind die Früchte des Hirtentäschelkrauts **[4]**. Kannst du von der Frucht auf die Blüte schließen?

❽ Beschreibe die Lebensbedingungen an einem Extremstandort deiner Wahl und erstelle den Steckbrief einer dort lebenden Pflanze.

❾ Finde heraus, welcher Gruppe der Vogel-Knöterich zugeordnet werden kann. Begründe deine Entscheidung.

Erde, Wasser, Licht und Wärme

Bevor aus einem kleinen Samen eine stattliche Pflanze heranwachsen kann, muss dieser zuerst einmal quellen. Erst danach beginnt der Same zu keimen und wächst zu einem kleinen Keimpflänzchen heran. Quellung, Keimung und Wachstum finden jedoch nur unter ganz bestimmten Bedingungen statt.

Um diese Bedingungen zu erforschen, könnt ihr eine Reihe interessanter Experimente durchführen. Am besten ist es, wenn ihr die Arbeit verteilt, und jede Gruppe später in der Klasse die Arbeitsergebnisse vorstellt.

1 Überprüfung der Keimfähigkeit

Samen sind nicht unbegrenzt lange keimfähig. Die Keimfähigkeit nimmt nämlich mit der Zeit bei vielen Pflanzen ab. Soll die Keimfähigkeit von Saatgut überprüft werden, dann wird eine bestimmte Anzahl von mindestens 20 Bohnensamen in eine Saatschale oder Saatkiste [1] auf feuchte Erde ausgelegt. Anschließend werden die Samen mit feuchter Erde bedeckt. Mehrere Tage lang ist nun auf genügend Wärme und Feuchtigkeit zu achten.

- Zählt die Samen, die zu keimen beginnen.
- Vergleicht mit den Angaben auf der Saatgutpackung.

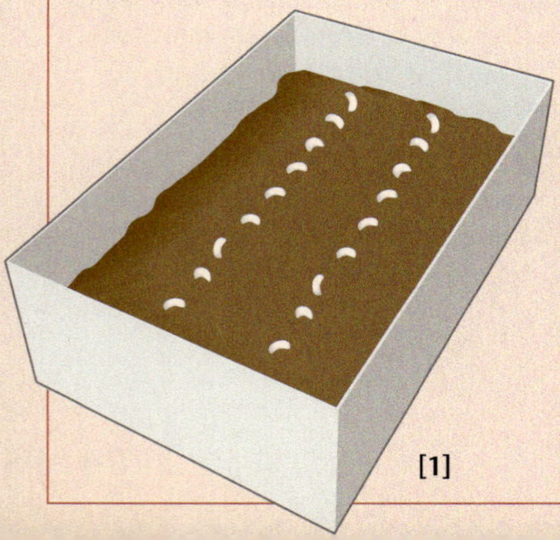

[1]

2 Wachstum von Wurzel und Spross

Füllt 2 Blumentöpfe mit feuchter Erde. Legt in jeden Blumentopf 8 Erbsensamen. Stellt die Töpfe auf ein Fensterbrett und gießt regelmäßig. Wenn die Pflanzen etwa 4 cm groß sind, legt ihr einen der beiden Töpfe auf die Seite [2]. Die Pflanzen werden weiter gegossen und nach 14 Tagen vorsichtig aus der Erde genommen. Vergleicht nun die Wuchsrichtung von Wurzel und Spross bei den Pflanzen aus beiden Töpfen und erklärt eure Beobachtungen.

[2]

3 Wasser und Wachstum

Füllt 3 gleich große Blumentöpfe mit Erde. Legt in jeden Blumentopf 4 Bohnensamen aus. Haltet die Erde feucht, bis die Keimpflänzchen erscheinen.

Überprüft nun in den nächsten 14 Tagen, welche Bedeutung Wasser für das Wachstum hat:
Topf 1 täglich gießen
Topf 2 jeden dritten Tag gießen
Topf 3 nicht gießen

Tragt die Ergebnisse in ein Protokoll [3] ein.

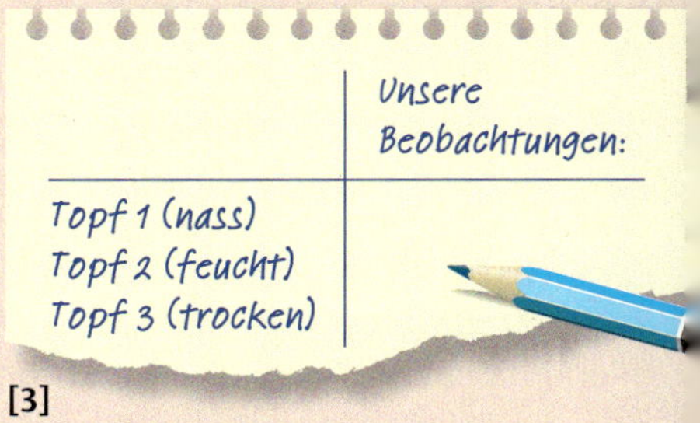

[3]

4 Licht und Wachstum

Streut in 3 gleich großen Blumentöpfen je 20 Kressesamen aus, und stellt die Blumentöpfe auf ein Fensterbrett.

Versucht, sobald die Kressepflänzchen 2 bis 3 cm groß sind, herauszufinden, welche Bedeutung das Licht für das Wachstum der Pflanzen hat:
Topf 1 bleibt im Licht stehen,
Topf 2 wird abgedunkelt,
Topf 3 kommt in einen Karton mit einer Öffnung von 2 cm Durchmesser [4].

Alle Pflanzen werden regelmäßig gegossen und jeden Tag beobachtet. Was könnt ihr feststellen? Erklärt die Beobachtungen und schreibt sie auf.

[4]

5 Bedingungen für das Keimen und Wachsen

Samen benötigen bestimmte Bedingungen, damit sie keimen und wachsen können. Findet die Bedingungen, unter denen die verschiedenen Samen (z. B. Erbse, Bohne, Kresse, Radieschen) keimen und fertigt dazu ein Protokoll an.

- Bedingung Licht **[5]**:
  Verdunkelt einen Topf mit einem Schuhkarton und stellt ihn ans Tageslicht auf die Fensterbank.

[5]

- Bedingung Wärme **[6]**:
  Stellt einen Topf bei Zimmertemperatur auf die Fensterbank und einen zweiten Topf in den Kühlschrank (+5 °C).

[6]

- Bedingung Wasser **[7]**:
  Gießt die Erde eines Topfes regelmäßig, haltet die Erde des anderen Topfes trocken.

[7]

- Bedingung Luft **[8]**:
  Verpackt einen Topf komplett (luftdicht) in Folie und stellt ihn neben einen unverpackten Topf auf die Fensterbank.

[8]

a) Welche Bedingungen müssen erfüllt sein, damit die Keimpflanzen weiter wachsen?
b) Überlegt, warum Plastiktöpfe sich besser eignen als Tontöpfe.

6 Ein Versuch mit Folgen

Material: 2 Plastiktrichter, 2 halbe Petrischalen, Rührholz, 2 Rundfilter, Schere, Gipspulver (2–3 Tassen), Plastikbecher, 12–15 trockene Erbsensamen

Durchführung:

a) Bereitet die beiden Rundfilter **[9]** so vor, dass sie in zwei gleich große Plastiktrichter passen. Die Filter werden eventuell auf die passende Größe zugeschnitten und angefeuchtet.
b) Rührt in einem Plastikgefäß einen Gipsbrei an. Schüttet dazu das Gipspulver unter Umrühren so lange in etwas Wasser, bis der Gipsbrei dickflüssig ist.
c) Füllt den ersten Plastiktrichter bis zur Hälfte mit Gipsbrei. Nun legt in die Mitte 12–15 Erbsensamen. Füllt anschließend weiter mit Gips-brei auf, bis der Trichter voll ist **[9]**.
d) Füllt den zweiten Plastiktrichter nur mit Gipsbrei.
e) Nehmt nach etwa 5–10 Minuten aus beiden Plastiktrichtern die Gipskegel heraus und stellt jeden in eine mit Wasser gefüllte Petrischale.
f) Vergleicht nach einigen Stunden beide Gipskegel und sucht für das Versuchsergebnis eine Erklärung. Welche Bedeutung hat dieser Vorgang nach der Aussaat von Samen?

[9]

Wasser marsch!

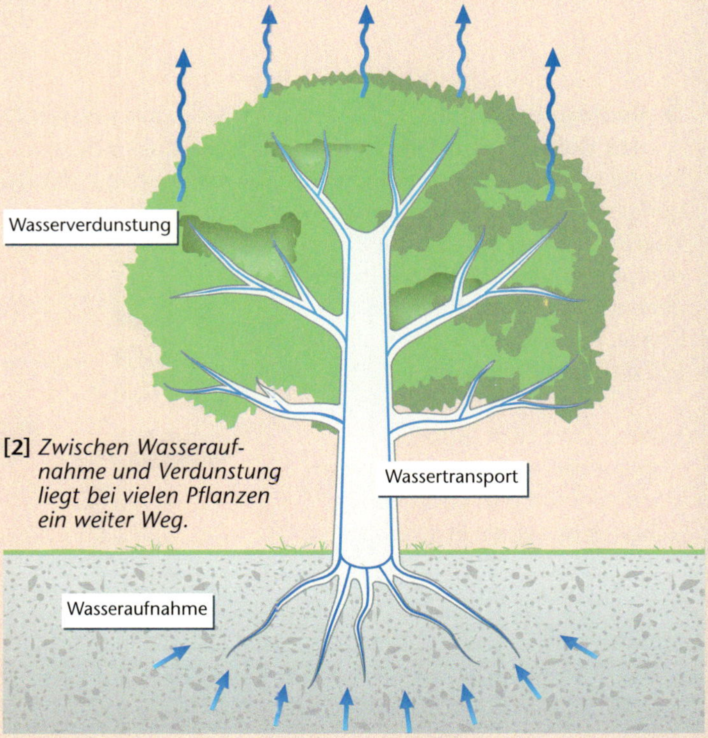

[2] *Zwischen Wasseraufnahme und Verdunstung liegt bei vielen Pflanzen ein weiter Weg.*

Tim hat schon einige Erfahrung. Mit etwas Geschick und Ausdauer ist es ihm gelungen, kleine Ableger zu stattlichen Pflanzen heranzuziehen. Seine Grünlilie ist ein ganz besonderes Schmuckstück, und das Zypergras erweist sich schließlich auch als ganz praktisch. Tim stellt diese Pflanze als „unlöschbar durstig" vor. Am besten ist es, wenn man sie direkt ins Wasser stellt. Das regelmäßige Gießen entfällt damit, und für etwas Vergessliche ist das schon ideal. Obwohl sich die Klasse meistens mit der Pflanzenpflege viel Mühe gibt, wachsen die Pflanzen unterschiedlich. Manchmal geht sogar eine Pflanze ein.

Anker und Tankstelle

Oft ist der ganze Blumentopf mit Wurzeln [1] ausgefüllt. Diese Wurzelmasse macht einen großen Teil der Pflanze aus. Bei Zimmerpflanzen wird das besonders deutlich. Bei Pflanzen im Freiland ist das nicht so auffallend. Würde man zum Beispiel alle Wurzeln einer Getreidepflanze aneinander legen, so ergäbe das eine Strecke von 80 km. Mit diesem erstaunlichen Wurzelsystem dringen Pflanzen unterschiedlich weit in den Boden ein. Oft reichen sie viel tiefer, als die Pflanze selbst hoch ist. Von den Wurzeln über die Sprossachse bis zu den Laubblättern bewegt sich ständig ein Wasserstrom, in dem verschiedene Mineralsalze aus dem Boden gelöst sind. Mineralsalze und Wasser sind für das Wachstum der Pflanze, für die Ausbildung von Blüten, Früchten und Samen notwendig. Die Geschwindigkeit des Wassertransports ist bei den verschiedenen Pflanzen ganz unterschiedlich. Bei Laubbäumen dauert der Transport von den Wurzeln bis zu den Blättern in der Baumkrone meistens einen ganzen Tag. Bei Kräutern sind dafür nur wenige Minuten erforderlich.

[1] *Die feinen Wurzelhaare nehmen Wasser und Mineralsalze auf.*

[3] *Der größte Teil des Wassers verdunstet durch Spaltöffnungen, das sind kleine Öffnungen auf der Unterseite der Blätter. Das können an heißen, trockenen Sommertagen große Mengen sein.*

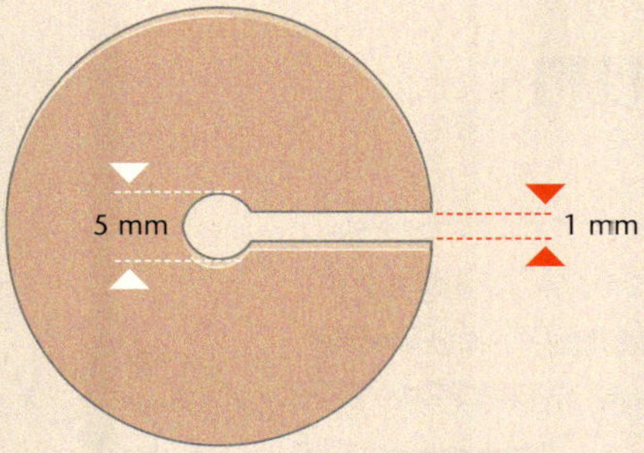

[4] *Bastelanleitung für Pappscheiben*

1 Wasseraufnahme

Findet heraus, welche Teile der Pflanze Wasser aufnehmen können.

Materialien: 3 Gefäße (z. B. Gläser, Messzylinder, Erlenmeyer-Kolben), 3 etwa gleich große Pflanzen mit vielen Laubblättern (z. B. Fleißiges Lieschen), 3 Pappscheiben [4], Leitungswasser, Faserschreiber.

Durchführung: Füllt die 3 Gefäße [5] mit der gleichen Menge Leitungswasser. Stellt in das Gefäß 1 eine Pflanze mit Wurzeln, Sprossachse und Laubblättern, in das Gefäß 2 eine Pflanze mit Sprossachse und Laubblättern, jedoch ohne Wurzeln. Gebt auch in das Gefäß 3 eine Pflanze, wobei jedoch die Laubblätter nach unten ins Wasser ragen [5]. Markiert zu Beginn des Experiments den Wasserstand in jedem Gefäß. Beobachtet nun mindestens 5 Tage lang und tragt die Ergebnisse in die Tabelle ein [6]. Was könnt ihr mit dem Versuch beweisen?

[5]

	Gefäß 1	Gefäß 2	Gefäß 3
1. Tag	ml	ml	
2. Tag	ml	ml	
3. Tag			
4. Tag			
5. Tag			
Auswertung			

[6]

2 Wasserwege

Untersucht, welchen Weg das Wasser in der Pflanze nimmt.

Materialien: Sprossachsen verschiedener Pflanzen mit möglichst weißen oder hellen Blüten (z. B. Fleißiges Lieschen, Gänseblümchen, Alpenveilchen [7], Margerite), mehrere Gläser, rote Tinte (oder Lösung von Ostereierfarben)

Durchführung: Füllt in mehrere Gläser oder Vasen mit Farblösung angefärbtes Wasser. Stellt einige Sprossstücke der verschiedenen Pflanzen mit hellen Blüten in die Flüssigkeit [7]. Notiert die Beobachtungen. Schneidet den Spross einiger Pflanzen durch, betrachtet die Schnittfläche mit der Lupe und beurteilt eure Beobachtungen.

[7]

3 Wasserverdunstung

Prüft, welche Teile einer Pflanze an der Verdunstung des aufgenommenen Wassers beteiligt sind.

Materialien: mehrere beblätterte Zweige von Laubbäumen (z. B. Kirsche, Flieder), 2 Gefäße, Leitungswasser, Pappscheiben [5], Faserschreiber.

Durchführung: Füllt beide Gefäße mit Leitungswasser. In das Gefäß 1 stellt einen beblätterten Zweig, in das Gefäß 2 einen unbeblätterten Zweig. Markiert bei beiden Gefäßen den Wasserstand [8]. Notiert die Beobachtungen an den folgenden Tagen [9].

[8]

Zeit	Gefäß 1 Pflanze beblättert	Gefäß 2 Pflanze unbeblättert
1. Tag		
2. Tag		
3. Tag		
...		

[9]

Stülpt im Freien einen Plastibeutel über einen besonnten Zweig und bindet ihn am unteren Ende zu. Was beobachtet ihr schon nach einer halben Stunde?

4 Wachstum und Mineralsalze

Untersucht, welche Bedeutung Mineralsalze für das Wachstum der Pflanze haben.

Materialien: 2 Gläser, geeignete Pflanzen (z. B. kleine Pflänzchen der Grünlilie), abgekochtes Wasser, Leitungswasser, Pappscheiben [4], Blumendünger.

Durchführung: Füllt Glas 1 mit abgekochtem Wasser, Glas 2 mit Leitungswasser unter Zugabe von Blumendünger (Gebrauchsanweisung beachten). Stellt in beide Gefäße ungefähr gleich große Pflanzen [10] und beobachtet diese mehrere Wochen. Wertet die Ergebnisse aus.

[10]

Pflanzen um uns

1 Blüten stecken

Das große Meer der Blütenpflanzen gliedert man in viele Pflanzenfamilien. Diese Pflanzenfamilien weisen Merkmale auf, die sie nur mit ihresgleichen gemeinsam haben: den Bau der Blüte zum Beispiel.

Betrachte die Abbildung und begründe, zu welcher Pflanzenfamilie diese Blütenpflanze gehören könnte. Hinweise findest du im vorhergehenden Kapitel.

Erstelle mit Stecknadel und einem Korken ein einfaches Blütenmodell. Verwende verschiedenfarbige Stecknadeln, um die Teile der Blüte zu unterscheiden.

2 Zeige mir deine Blätter, und ich sage dir, wie du heißt

Sie sind meist riesig, im Sommer grün und im Herbst recht bunt, und wenn wir nach ihrem Namen gefragt werden, dann wissen wir meist keine Antwort. Die Rede ist von Bäumen. Bäume kann man vor allen Dingen an der Form ihre Blätter erkennen.

„Meine Blätter sind ungeteilt, aber mein Blattrand ist gebuchtet. Der Stiel ist kurz. Wer bin ich?"

„Ich habe ein zusammengesetztes und unpaarig gefiedertes Blatt. Der Blattrand ist gesägt. Wie heiße ich?"

Erstelle selbst drei weitere Baum-Rätsel-Fragen für die abgebildeten Blattformen.

3 Lichtscheu oder sonnenhungrig?

Licht und Leben gehören eng zusammen. Nur Spezialisten wie der Maulwurf kommen fast ohne Licht aus oder meiden es wie der Regenwurm. Selbst Pflanzen können ohne Licht nicht wachsen. Ob Samen zum Keimen Licht benötigen, zeigt dir der folgende Versuch.

a) Besorge dir Samentüten mit Kresse- und Salatsamen. Fülle vier Blumentöpfe mit feuchter Erde. Lege in zwei Blumentöpfe jeweils 20 Kressesamen, in die anderen beiden Töpfe säst du je 20 Kopfsalatsamen. Stelle je einen Topf mit Kresse und Kopfsalat auf die helle Fensterbank, jedoch nicht ins direkte Sonnen-

licht. Die anderen beide Töpfe stellst du in einer lichtundurchlässigen Schachtel in die dunkelste Ecke im Klassenzimmer.

b) Halte bei beiden Versuchsbedingungen die Erde in den Töpfen feucht.
c) Formuliere deine Erwartungen an das Versuchsergebnis.
d) Erstelle ein Beobachtungsprotokoll.
e) Werte den Versuch aus.
f) Was sollte deiner Meinung nach unbedingt auf der jeweiligen Samenpackung vermerkt sein, damit man später auch Salat ernten kann.

4 Mein Freund, der Baum

In manchen Großstädten gibt es so genannte Baumpatenschaften. Von Baumpatenschaft spricht man, wenn die Anwohner einer dicht besiedelten Straße die Versorgung eines Baumes übernehmen. Sie sorgen dafür, dass keine Öl tropfenden Autos über der Baumwurzel stehen und gießen den Baum in Zeiten längerer Trockenheit. Auch ihr könnt für euer Schulgelände ähnliche Patenschaften übernehmen. Sucht euch auf dem Schulgelände eine Pflanze aus, die ihr über einen Zeitraum von einem Schuljahr beobachtet. Haltet alle Veränderungen in einem Tagebuch fest. Das könnt ihr allein, in Gruppen, zu zweit oder mit mehreren durchführen.

Dokumentiert mit Fotografien oder Zeichnungen die Veränderungen eurer Patenpflanze auf einem Plakat und stellt sie euren Klassenkameraden vor.

Wenn ihr wollt, könnt ihr auch eine Geschichte zum Baum schreiben. „Mein Freund, der Baum …"

5 Baum, Strauch oder Kraut

a) Lege in deinem Heft eine dreispaltige Tabelle an und ordne folgende Pflanzen den Wuchsformen zu: Löwenzahn, Holunder, Rosskastanie, Tollkirsche, Breit-Wegerich, Zuckerrübe, Eiche, Hasel, Brennnessel, Heckenrose, Schlehe.
b) Finde jeweils mindestens fünf weitere Beispiele.
c) Beschreibe die Merkmale der einzelnen Wuchsformen.

6 Zimmerpflanzen unter sich

„Was nützt die beste Aussicht ganz vorn am Fenster und die angenehme Feuchte in meinem Topf, wenn die Sonne unbarmherzig auf meine Blüten knallt und nun schon deutlich sichtbare Brandwunden hinterlässt?" jammert die Pantoffelblume.

Sie macht einen ziemlich erbärmlichen Eindruck „Wenn ich an meine viel zu nassen Füße denke, meine Teuerste, geht es mir auch nicht viel besser", stichelt der Kaktus und fürchtet weiter ernsthaft um seine ansonsten recht robuste Gesundheit. „Genügsam muss man eben sein, dann machen einem solche Misslichkeiten gar nichts aus." Der Bogenhanf reckt sich weiter völlig gelassen mit seinen schlanken Blättern in die Höhe, als ob ihn alles gar nichts anginge. – „Ein bisschen mehr von diesem Flüssigdünger", hört man nun das Alpenveilchen klagen, „könnte mein Äußeres bestimmt noch besser zur Geltung bringen."

Sicher ist diese Unterhaltung nur ausgedacht. Sie macht aber deutlich, dass Zimmerpflanzen ganz unterschiedliche Ansprüche haben, wenn es um Dünger, Wasser, Licht und Wärme geht.

a) Erstelle Steckbriefe zu den genannten Pflanzen oder zu denen auf eurer Fensterbank und liefere zu jeder Pflanze eine Pflegeanleitung.
b) Sind eure Blumentöpfe gut aufgestellt oder gibt es Veränderungsvorschläge von dir?

Wir können uns ein Leben ohne Tiere heute nicht mehr vorstellen. Seit Urzeiten sind sie treue Begleiter des Menschen. Hunde und Katzen begegnen uns überall, und viele von uns haben gefiederte Freunde zu Hause. Das war nicht immer so. Erst vor rund 12 000 Jahren begannen die Menschen, sich Tiere in ihre Behausung zu holen, um sie zu zähmen und ihre Eigenschaften als Haustiere zu nutzen. Im Laufe der Zeit brachte der Mensch immer mehr Wildtiere unter seine Obhut und spannte sie für seine Zwecke ein. Wenn wir überlegen, auf wie viele Produkte von Haustieren wir heute im Laufe eines Tages zurückgreifen, selbst wenn wir kein Fleisch essen, kommt eine ganze Menge zusammen. Das beginnt schon mit den Federn, die uns wärmen, dem Honig auf dem Frühstücksbrötchen und geht mit der ledernen Schultasche oder dem Federmäppchen weiter. Weil wir die Haustiere heute so intensiv nutzen, werden viele von ihnen oft dicht zusammengedrängt in kleinen Ställen oder Käfigen gehalten. Diese Massentierhaltung ist nicht immer artgerecht.

5 | Nutztiere

Bauernhof unter der Lupe

Die Erkundung eines Bauernhofes muss lange im Voraus geplant werden. Bei der Auswahl eines landwirtschaftlichen Betriebes kann euch sicherlich das Landwirtschaftsamt weiterhelfen. Etwa drei bis vier Wochen vorher sollte der Termin mit dem Landwirt vereinbart werden.

[1] *Die Stallhaltung ist nur eine Form der Rinderhaltung.*

Damit jeder weiß, was er bei der Erkundung später zu tun hat, muss jetzt ein **Arbeitsplan** mit Arbeitsaufträgen erstellt werden.

Betriebsübersicht

- Fertigt eine Skizze der Gebäude und der Hofanlagen sowie des Gartens an. Benennt die Gebäude und beschreibt ihre Nutzung.
- Tragt in eine Geländekarte (Maßstab 1:25 000) alle Felder, Wiesen und Wälder ein, die zum Betrieb gehören.
- Wie viele Personen arbeiten im Betrieb?
- Was wird produziert?
- Vergleicht die Anbaupläne der letzten Jahre.
- Errechnet die Größe (Angabe in Hektar, 1 Hektar sind 100 m · 100 m) des Betriebes.

Tiere auf dem Bauernhof

- Welche Tierarten leben auf dem Bauernhof?
- Stellt eine Übersicht zusammen: Tierart, Anzahl, wirtschaftliche Bedeutung.
- Wie bezeichnet man das weibliche Tier, das männliche Tier und das Jungtier der verschiedenen Tierarten?

Milchproduktion

- Wovon ist die Milchleistung der Kühe abhängig?
- Wie viel Milch gibt eine Kuh am Tag und in einem Jahr?

[2] *So kann ein Rinderbetrieb aussehen. Es gibt allerdings regionale Unterschiede, die zu beachten sind.*

[3] *Aus Platzgründen wurden viele Bauernhöfe außerhalb des Dorfes angesiedelt.*

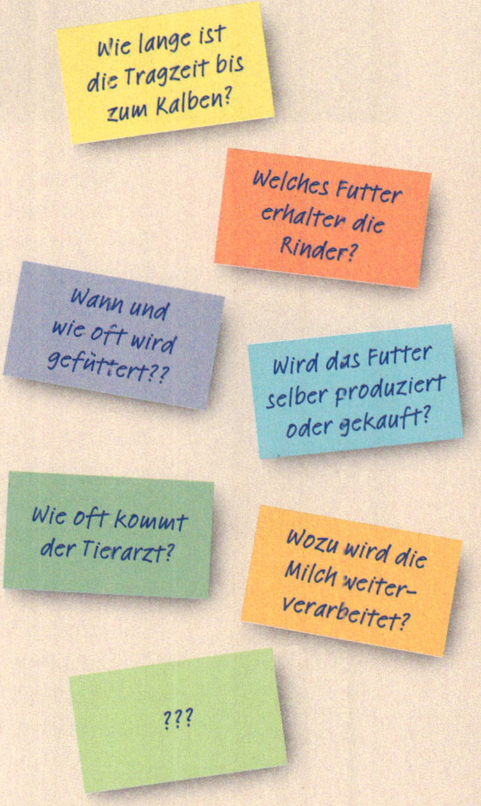

Technik und Werkstatt
- Notiert alle wichtigen Maschinen und Geräte.
- Wozu werden sie benötigt?

Rinderhaltung
- Beschreibt die Unterbringung, die Pflege und die Fütterung der Rinder.
- Welche Arbeiten fallen bei der Rinderhaltung jeden Tag an?

Im Bauerngarten
- Beschreibt den Bauerngarten. Fertigt dazu eine Lageskizze an.
- Welche Pflanzen werden dort angebaut?
- Erkundigt euch, wozu sie verwendet werden.

... und danach

Mit den Fotos, Zeichnungen, Zahlen und den vielen Auskünften könnt ihr nach der Erkundung eine „Bauernhof"-Ausstellung im Schulhaus gestalten. Wenn eine Gruppe von zwei bis drei Schülern jeweils ein bestimmtes Thema erarbeitet, gibt es für jeden sicherlich viel zu tun. Die folgenden Vorschläge beziehen sich auf einen Rinderbetrieb. Man kann sie leicht auf andere Betriebe übertragen.

Arbeitsplan

Überlegt zuerst gemeinsam, welche Aufgaben auf dem Bauernhof bearbeitet werden sollen.
- Wer bereitet einen Fragekatalog vor?
- Wer führt ein Interview durch?
- Wer soll fotografieren?
- Wer macht die Zeichnungen?
- ...

Ausrüstung – Was man alles braucht

Gummistiefel sind erforderlich, um im Stall beim Füttern und Ausmisten mithelfen zu können.

Eine feste Schreibunterlage, Bleistift und Schreibblock dürfen nicht fehlen, weil alles Wichtige und Interessante notiert werden muss.

Die Gespräche mit der Bauernfamilie, aber auch die Stimmen der Tiere sowie die Geräusche landwirtschaftlicher Maschinen sollten mit einem Rekorder aufgenommen werden.

Ein Fotoapparat wird benötigt, damit für die Ausstellung die entsprechenden Bilder zur Verfügung stehen.

Erst schlucken, dann kauen

Das Hausrind ist ein Wiederkäuer und eines der wichtigsten Nutztiere des Menschen.

[1]

Obwohl weidende Rinder auf den ersten Blick eher langweilig wirken, kann man beim genaueren Hinschauen interessante Entdeckungen machen. Ruhende Rinder zeigen ein ausgesprochen rätselhaftes Verhalten. Sie kauen andauernd, obwohl sie gerade gar nichts fressen.

[2] *Beim Fressen auf der Weide umgreift das Rind mit der kräftigen Zunge ein Grasbüschel und reißt es mit einem kurzen Ruck ab.*

Warum Rinder „doppelt" fressen

Die Ernährung des Rindes ist kompliziert. Man versteht sie nur, wenn man weiß, dass Gras wenig nahrhaft und außerdem nur schwer verdaulich ist. Die Tiere müssen deshalb täglich 50 bis 100 kg Grünfutter fressen.

Der Magen des Rindes [3] besteht aus vier Abschnitten: Zunächst kommt das Grünfutter über die Speiseröhre völlig unzerkaut in den größten Magenabschnitt, den **Pansen**. Er fasst bis zu 200 Liter, also 20 große Eimer voll. Dort wird das Gras eingeweicht und durch Milliarden von mikroskopisch kleinen Bakterien zur Verdauung vorbereitet. Nach etwa ein bis zwei Stunden wird das so vorverdaute Gras im **Netzmagen** zu kleinen Portionen geformt und über die Speiseröhre wieder in die Mundhöhle gewürgt. Nun wird das Grünfutter zwischen den Backenzähnen ausgiebig gekaut und zerrieben. Das machen die Rinder, wenn sie scheinbar ausruhen. Man nennt das **Wiederkäuen**. Danach wird der feine Brei wieder hinuntergeschluckt. Vom Pansen aus gelangt der Nahrungsbrei nun in den **Blättermagen**, wo ihm Flüssigkeit entzogen wird. Dann folgt als Letztes der **Labmagen**. Nur in ihm werden dem Nahrungsbrei Verdauungssäfte zugegeben. Jetzt endlich kann die Verdauung beginnen.

Das Gebiss verrät den Pflanzenfresser

Erst beim Zermahlen wird die Nahrung zwischen den oberen und unteren Backenzähnen gründlich zerrieben. Die Backenzähne eines Pflanzenfressers [4] haben eine raue und zudem recht große Oberfläche. Eigentlich ist es nicht verwunderlich, warum beim Kauen der Unterkiefer eines Rindes so auffallend kreisförmige Bewegungen macht.

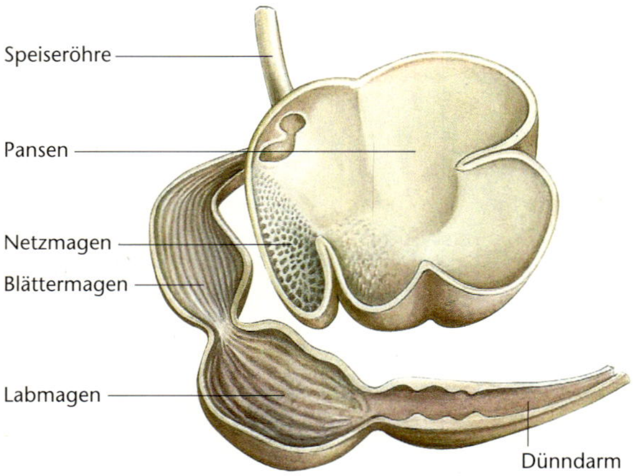

[3] *Der vierteilige Magen eines Rindes ist typisch für einen Wiederkäuer.*

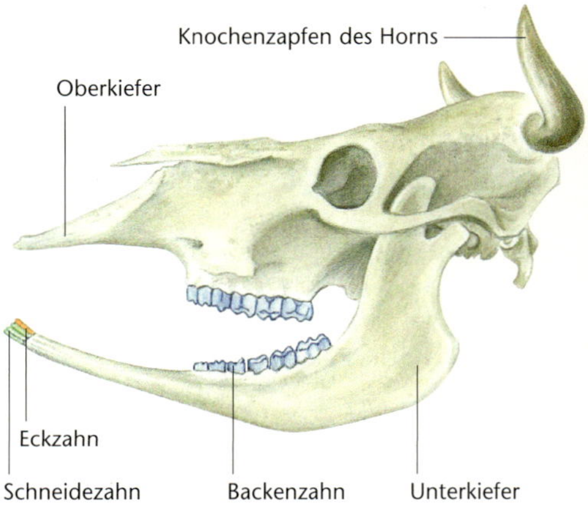

[4] *Eine Knorpelleiste am Oberkiefer des Rinderschädels dient den Schneidezähnen als Gegendruck am Abschneiden der Gräser.*

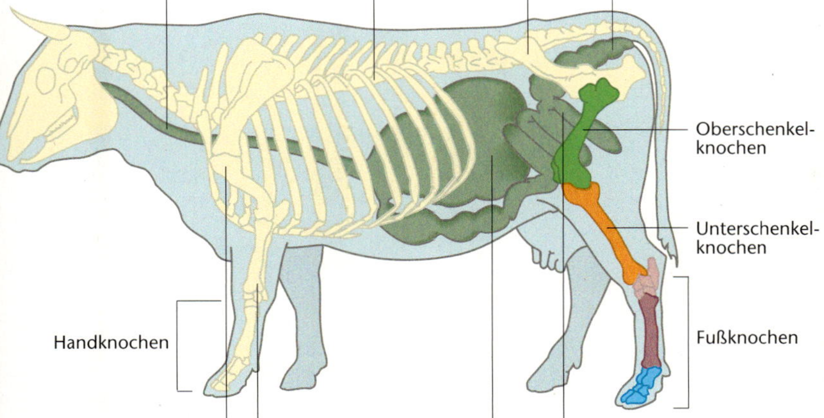

[5] *Skelett eines Rindes mit den Verdauungsorganen*

Merkmal

▶ Rinder sind Wiederkäuer. In ihrem vierteiligen Magen wird die schwer verdauliche Pflanzenkost von Bakterien zersetzt. Dabei entstehen für das Rind wertvolle Nährstoffe.

▶ Der Rindermagen besteht aus vier Abschnitten: Pansen, Netzmagen, Blättermagen und Labmagen.

▶ Das Gebiss des Rindes ist ein typisches Pflanzenfressergebiss: Die Backenzähne sind zu breiten Mahlzähnen entwickelt, Reißzähne fehlen vollständig.

▶ Rinder sind Zehenspitzengänger und Paarhufer.

Rinder gehen auf Zehenspitzen

Bei Rindern beeindruckt uns vor allem der mächtige Körper. Je nach Rasse wiegt ein Rind über 600 kg. Es sieht so aus, als würde der massige Körper nur von sehr kurzen Beinen getragen. Hand- und Fersengelenk [5] befinden sich in der Tat etwa einen halben Meter über dem Boden. Rinder stehen nur auf zwei Zehen. Jede ist von einem Huf aus Horn umgeben. Beim Laufen spreizen sie die Zehen, weshalb die Tiere trotz ihres riesigen Gewichts nur wenig im weichen Boden einsinken. Alle Tiere, die wie das Rind mit den **Zehenspitzen** auftreten, nennt man Zehenspitzengänger. Treten sie nur mit zwei Zehen auf, spricht man auch von **Paarhufern**.

Denkmal

❶ Zeichne einen Rindermagen und kennzeichne den Weg der Nahrung mit farbigen Pfeilen.

❷ Rinder bezeichnet man als Wiederkäuer. Eigentlich ist dieser Name falsch gewählt. Erfinde einen besseren.

❸ Schreibe auf, welche Vorteile wild lebende Wiederkäuer, wie zum Beispiel die Giraffen, davon haben, dass sie ihr Futter schnell schlucken und erst in einem sicheren Versteck wiederkäuen.

❹ Rinder sind Zehenspitzengänger, Paarhufer, Pflanzenfresser, Säugetiere und Nestflüchter. Erläutere diese Zuordnung.

Ein Kälbchen wird geboren

Es ist immer wieder ein besonderes Ereignis, wenn ein Kälbchen geboren wird. Etwa 285 Tage hat seine Entwicklung im Mutterleib gedauert. Oft ist die Kuh vor der Geburt ihres Kälbchens unruhig. Der Bauer beobachtet den Geburtsvorgang und ruft sofort einen Tierarzt, wenn es Probleme bei der Geburt gibt.

Anfangs liegt das neugeborene Kälbchen im Stroh und wird vom Muttertier sorgsam trocken geleckt [6]. Das Kälbchen wird mit Fell geboren und kann von Anfang an schon sehen. Kurz nach der Geburt steht es zunächst noch etwas wacklig auf den Beinen. Schon bald kann das Kälbchen aber der Mutter folgen. Weil es das Laufen nicht lange zu lernen braucht, nennt man solche Tiere auch **Nestflüchter**. Das Kälbchen sucht die Zitzen des Euters und beginnt die Milch zu saugen, die alle wichtigen Nährstoffe enthält. Rinder sind Säugetiere.

[6] *Neugeborene Kälber sind Nestflüchter, sie können gleich nach der Geburt stehen und selbstständig trinken.*

Nutztier Rind

Das Rind liefert nicht nur Milch und Fleisch, sondern auch viele andere Produkte, die wir nutzen. Rinder hält man im Stall oder auf der Weide.

[1] *In modernen Ställen kommt das Kraftfutter auf dem Fließband zu den Rindern.*

[2] *In modernen Betrieben werden die Kühe in einem vollautomatischen Stand gemolken.*

[3] *Erst wenn der Sommer vorbei ist, werden die Rinder von den Almen in die Ställe getrieben.*

Auf der Fahrt in den Urlaub durch verschiedene Gegenden in Deutschland merkt man schon bald, dass das Hausrind bei uns das häufigste Weidetier ist. Außerdem stellt man sehr schnell fest, dass die Tiere ganz unterschiedlich aussehen. Im Flachland sind die schwarzweiß gefleckten Tiere häufig. Im Bergland sind dagegen meistens Rinder mit einem rötlich braunen Fell anzutreffen. Sie können dabei einfarbig oder gefleckt sein. Das Allgäuer Rind ist einfarbig braungrau.

Fleisch- oder Milchrasse?

Es handelt sich bei all diesen Tieren um verschiedene Rinderrassen. Weltweit gibt es über 1 000 Rassen des Hausrindes. Bei Leistungstieren werden die Milchrassen von den Fleischrassen unterschieden. Diese Einteilung sagt aus, worauf bei der Zucht besonderer Wert gelegt wurde. Die Zugleistung der Tiere spielt heute im Zeitalter der Traktoren allerdings keine große Rolle mehr.

Weidewirtschaft oder Stallhaltung?

Die Tierhaltung auf der Weide kommt der ursprünglichen Lebensweise unseres Hausrindes am nächsten. Die Milchkühe leben den ganzen Sommer über im Freien [3] und werden oft auch mit der Hand gemolken.

Bei der Stallhaltung [1] werden häufig Maschinen eingesetzt. Nur mit ihnen gelingt es, dass viele Tiere von nur wenigen Menschen betreut werden können. Mit einer modernen Melkanlage [2], mit Geräten zum Entmisten und mit automatischen Fütterungsanlagen ist es möglich, dass zwei bis drei Personen über 400 Rinder versorgen.

Alles wird genutzt

Es gibt eigentlich nichts, was vom Hausrind nicht genutzt werden kann. Unsere Rinderrassen sind Zweinutzungsrinder, die sowohl Milch als auch Fleisch liefern. Die Milchleistung der einzelnen Hochleistungsrinder liegt bei über 10 000 Liter im Jahr. Milch ist für uns eines der wichtigsten Nahrungsmittel und dazu noch eines der gesündesten. Käse,

[6]

[7]

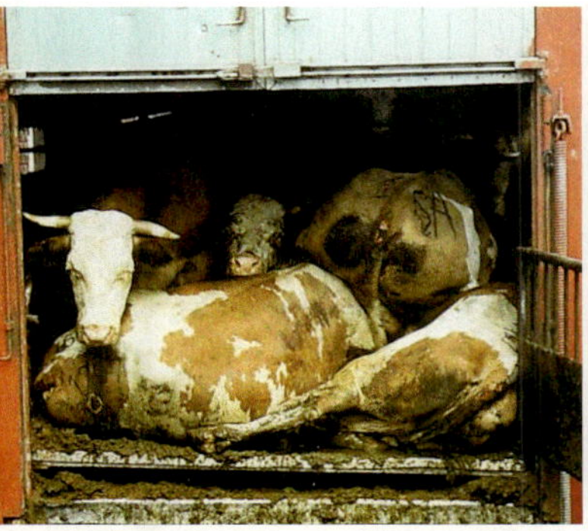

[4] *Ein Tiertransport darf niemals zur Tierquälerei werden.*

[5] *Das schnelle, schmerzfreie Schlachten des Tieres ist genauso wichtig wie ein möglichst kurzer Transport.*

Butter, Sahne, Jogurt, Quark und Trockenmilch sind weitere wichtige Milchprodukte [6]. Mit über 600 kg Lebendgewicht ist auch der Fleischanteil sehr hoch. Rindfleisch ist aufgrund seines geringen Fettgehaltes und wegen des vorzüglichen Geschmacks ein besonders wertvolles Nahrungsmittel. Die Haut wird zu Leder verarbeitet [7], das Blut in Würsten und als Dünger verwendet. Aus Talg und Fett stellt man Kerzen, Öl und Margarine her, aus den Knochen Seife, auch Fette und Öle sowie Futtermittel. Hufe und Hörner werden zu Hornmehl, Dünger und Knöpfen verarbeitet, während aus den Haaren Filz entsteht. Selbst die kurzen Haare der Ohren nutzt man zur Herstellung von Malpinseln.

[8]

Merkmal

▶ Rinder sind unsere wichtigsten Fleisch- und Milchlieferanten. Neben dem Fleisch und der Milch nutzen wir fast alle Teile des Rindes.

▶ Rinderherden werden heute zumeist in großen Ställen gehalten. Nur noch wenige Bauern halten ihre Rinder auf Weiden.

Denkmal

❶ Welche Produkte beziehen wir von Rindern?

❷ Rinder haben viele Namen: Kuh, Bulle, Ochse, Stier, Kalb, Färse. Schlage in einem Lexikon nach und erkläre, was hinter diesen Bezeichnungen steckt.

❸ Erkundige dich bei einem Landwirt, wie viele Liter Milch eine Milchkuh am Tag liefert.

❹ Was kann aus Milch alles hergestellt werden?

❺ Worauf würdest du als Rinderzüchter besonderen Wert legen?

❻ Warum ist es wichtig, dass eine Kuh jedes Jahr ein Kälbchen zur Welt bringt?

❼ Wie wär's mit einer kleinen Ausstellung zum Thema „Nützliches vom Rind"? Für die leicht verderblichen Produkte müssten natürlich Abbildungen, zum Beispiel aus Zeitschriften, ausgeschnitten werden.

Abstammung der Hausrinder

Auf einem alten ägyptischen Grabrelief, das um 2050 v. Chr. von einem Künstler in Stein gehauen wurde, sind eine Kuh, ihr Kälbchen und ein Mensch zu sehen. Das Kälbchen ist am Vorderbein der Mutter angebunden. Anstelle des Kälbchens holt sich jedoch der Melker die köstliche Milch, worauf die Kuh eine dicke Träne vergießt.

Dieses Bild zeigt nicht nur, dass die Menschen schon sehr früh Haustiere hielten. Es zeigt zugleich, dass man sich damals bereits Gedanken über das Lebensrecht dieser Tiere gemacht hatte. Im Gegensatz zu den heutigen Rinderrassen gaben die Kühe ursprünglich ja nur dann Milch, wenn sie ein Kälbchen hatten und dieses gesäugt werden musste.

Von alten Höhlenzeichnungen wissen wir außerdem, dass Auerochsen [9] vor 10–12000 Jahren eine begehrte Jagdbeute des Menschen waren. Vor etwa 8000 Jahren begann der Mensch sesshaft zu werden und Ackerbau zu betreiben. In dieser Zeit wurden die ersten Wildrinderkälbchen aufgezogen und gezähmt. So entstand aus dem Auerochsen das Hausrind.

[9] *Ganz ähnlich muss man sich den Auerochsen vorstellen.*

Wildschwein und Hausschwein

Das Hausschwein ist vor allem wegen seines Fleisches ein wichtiges Nutztier. Es stammt vom Wildschwein ab und ist wie dieses ein Allesfresser.

[1] *Wildschweine sind an ein Leben im Wald angepasst. Mit ihrem schlanken Körper und ihrer kräftigen Muskulatur sind sie sehr wendig.*

[2] *Äußerlich unterscheidet sich das Hausschwein deutlich vom Wildschwein. Hausschweine haben eine helle, kaum behaarte Haut.*

[3] *In der Suhle fühlt sich jedes Schwein sauwohl.*

Sie lieben es im Schlamm zu suhlen, reiben sich den Pelz an kräftigen Bäumen, stecken ihre tellerförmige Nase in jeden Acker, der ihnen Nahrhaftes verspricht und verursachen zeitweise große Schäden in der Landwirtschaft. Die Rede ist von Wildschweinen, der Wildform unserer Hausschweine.

Wildschweine sind Allesfresser

Die Rotte wird von einem großen Keiler, dem männlichen Tier, angeführt. Ihm folgt die Bache mit ihren 4 bis 12 hell-dunkel gestreiften Frischlingen [6]. Das gestreifte Borstenfell der Jungtiere hebt sich kaum gegen den Waldboden ab. Auch Keiler und Bache sind durch ihre schwarzbraune Färbung gut getarnt. Ihr schmaler, kräftiger Körper und der keilförmige Kopf lassen diese Waldläufer überall durchkommen. Ein auffallendes Kennzeichen der Schweine ist die lange, rüsselartige Schnauze [1] mit der tastempfindlichen Nasenscheibe. Mit ihrem feinen Geruchsinn nehmen sie auch Nahrung im Boden wahr. Laubschicht und Waldboden, Wiese und Acker werden dann mit den langen Eckzähnen, den Hauern, aufgebrochen und durchwühlt. Wildschweine ertasten ihre Nahrung: Wurzeln, Eicheln, Bucheckern, Kastanien, Pilze, Würmer, Käfer, Schnecken und sogar Mäuse. Wildschweine sind demnach **Allesfresser**.

Oft halten sich die Tiere an feuchten, morastigen Stellen auf und suhlen sich im Schlamm [3]. Danach scheuern sich die Tiere an der Rinde von Bäumen. Dabei reiben sie nicht nur den angetrockneten Schlamm ab, sondern gleichzeitig auch lästige Insekten.

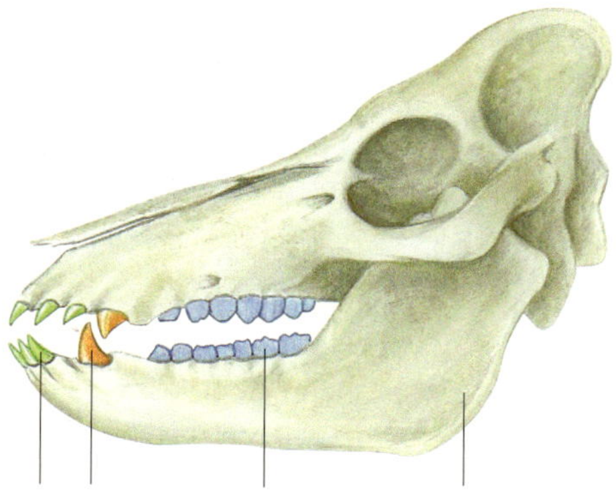

[4] *Das Gebiss der Schweine ist ein typisches Allesfressergebiss.*

Freilandhaltung – Schwein gehabt

Bei der **Freilandhaltung** von Hausschweinen zeigen diese Tiere Verhaltensweisen, die denen ihrer wilden Vorfahren sehr ähnlich sind. Im Freigehege können sich die Tiere ausgiebig bewegen. Schon kurz nach der Geburt krabbeln die Ferkel an die Schnauze der Mutter und nehmen schnüffelnd Geruchskontakt auf. Dann wird gesäugt, was die Zitzen hergeben. Die Ferkel haben von Anfang an Auslauf, können weiden, den Boden durchwühlen und ihrem Spieltrieb nachgehen. Beim Herumtollen und in der Suhle [3] fühlen sich die Tiere sichtlich wohl. Sie wachsen langsamer als die Schweine in fabrikähnlichen Mastanlagen und erreichen ihr Schlachtgewicht erst nach einem Jahr.

Im Schweinestall

Auf kleinem Raum eine große Zahl von Tieren zu halten, spart Kosten. Um preiswertes Schweinefleisch, wie es von den Kunden gefordert wird, produzieren zu können, ist nach Meinung vieler Landwirte eine **Massentierhaltung** [5] erforderlich. Dabei leben meist mehrere Tiere dicht gedrängt in Boxen mit einem Spaltboden. Durch diesen drücken die Tiere beim Laufen den Kot. Der Harn fließt von allein ab. Den Gestank ihrer Ausscheidungen haben die geruchsempfindlichen Schweine ständig in der Nase. Die schmerzunempfindliche Spitze des Kringelschwänzchens wird kurz nach der Geburt abgeschnitten. Damit wird verhindert, dass sich die gelangweilten Tiere gegenseitig in die wippenden Schwänzchen beißen und somit Infektionen hervorrufen. Nach fünf bis sechs Monaten haben sich die Tiere durch Mast zur Schlachtreife gefressen. Ihr Gewicht beträgt dann etwa 100 kg.

[5] *Im engen Stall können sich die Schweine nicht frei bewegen. So kommt es schon einmal zu Beißereien.*

Merkmal

▶ Unsere Hausschweine stammen vom einheimischen Wildschwein ab.

▶ Wildschwein und Hausschwein sind Allesfresser. Ihr Gebiss ist ein Allesfressergebiss.

Denkmal

❶ Vergleiche Vor- und Nachteile bei der Freiland- und der Massentierhaltung von Hausschweinen.

❷ Welche gemeinsamen Verhaltensweisen und Eigenschaften haben Hausschwein und Wildschwein?

❸ Suhlen dient nichts anderem als der Reinlichkeit. Wie lässt sich dieser Widerspruch erklären?

❹ Lege dir im Heft eine Tabelle an und vergleiche die Merkmale von Wild- und Hausschwein miteinander.

❺ Vergleiche die Verwendung von Rind und Schwein.

Das Hausschwein stammt vom Wildschwein ab

Bereits vor über 8000 Jahren wurden die ersten Hausschweine aus Wildschweinen gezüchtet. Das Aussehen des Hausschweines hat sich seither immer mehr verändert. Aus dem hochbeinigen und schlanken Waldläufer [6] ist ein kurzbeiniger, langrückiger und dickbauchiger Fleischlieferant geworden. Trotzdem hat das Hausschwein viele Gemeinsamkeiten mit seinen wilden Vorfahren. Vom Wildschwein hat es zum Beispiel die Eigenschaft geerbt, alles Fressbare für die Ernährung zu nutzen. Der Mensch füttert es mit Rüben, Mais, Kartoffeln, Getreide, manchmal auch mit Küchenabfällen. Mit den Schneidezähnen erfasst das Hausschwein Grünfutter, Körner und Kartoffeln. Die gekrümmten Eckzähne ermöglichen das Wühlen im Boden. Mit Hilfe der scharfen vorderen Backenzähne zerreißen sie tierische Nahrung, mit den hinteren stumpfen Backenzähne zermahlen sie Pflanzenfutter.

[6] *Zwei Bachen mit Frischlingen. Die Betreuung der Frischlinge wird von den Bachen übernommen. Die Keiler sind Einzelgänger.*

Lieblingstier Pferd

Ihre Größe, Schönheit und Kraft sowie die Eleganz ihrer Bewegungen machen Pferde zu den beliebtesten Tieren.

Ein Urlaub auf einem Reiterhof zählt zu den größten Wünschen vieler Kinder und Jugendlicher. Da lernt man das Pflegen, das Füttern, natürlich auch das Reiten, und ist jeden Tag bei seinen Lieblingen.

Auf dem Reiterhof

Mit dem Bürsten und Striegeln wird schon am Morgen das Fell geglättet und gereinigt. Dadurch entsteht eine enge Bindung zum Pfleger, da sich Pferde auch in freier Wildbahn gegenseitig putzen.

Als Kraftfutter wird Hafer gefüttert, auch Heu, Stroh, Grünfutter und frisches Wasser. Dabei kann man beobachten, wie das Futter mit den wulstigen Lippen aufgenommen und mit den schräg gestellten Schneidezähnen abgerupft wird. Mit den Backenzähnen wird das Futter gut zermahlen. Pferde zerkauen die Pflanzen sehr gründlich. An der Abnutzung der Backenzähne kann man das Alter der Tiere erkennen. Ihr Magen [5] ist ziemlich klein. Ein langer Darm und ein großer Blinddarm ermöglichen die problemlose Verdauung der Pflanzennahrung. Pferde sind keine Wiederkäuer.

Pferde sehen und hören ausgezeichnet. Sie reagieren auf das Ansprechen genauso wie auf die Bewegungen der Zügel oder der Beine beim Reiten. Änderungen der Laufrichtung, der Gangart und sogar das Überspringen kleiner Hindernisse können dadurch beim Reiten veranlasst werden.

[1] *Ein Hufschmied beschlägt ein Pferd.*

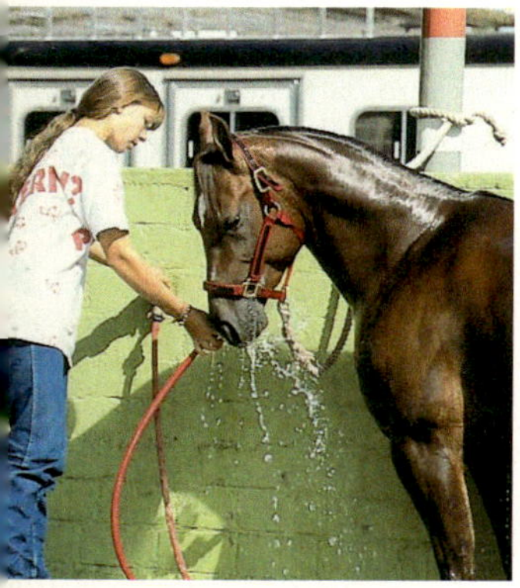

[2] *Pferde brauchen eine gute Pflege.*

[3] *Die Blesse und die Mähne gibt jedem Pferdegesicht ein unverwechselbares Aussehen.*

Pferdepflege

Pferde treten nur mit der Spitze der mittleren Zehe auf und werden deshalb als **Zehenspitzengänger** bezeichnet. Diese eine Zehe ist durch einen Huf aus Horn [9] gegen Abnützung geschützt. Daher nennt man sie auch **Unpaarhufer**. Die Hufe müssen alle 8 bis 10 Wochen gereinigt und nachgeschnitten werden. Pferde, die auch auf Straßen laufen, erhalten beim Hufschmied [1] zusätzlich Hufeisen. Diese „Eisenschuhe" schützen die Hufe vor zu starker Abnutzung. Nach dem Reiten schwitzt das Pferd. Dann wird das nasse Fell mit Tüchern gründlich trocken gerieben. So werden Unterkühlungen des Tieres vermieden. Den Stall muss man regelmäßig ausmisten. Das ist eine schwere, aber notwendige Arbeit. Schließlich sollen sich die Tiere ja wohl fühlen.

Pferdeabstammung

Das Pferd wurde erst vor etwa 7000 Jahren zum Begleiter des Menschen. Es stammt von verschiedenen Wildpferdearten ab, wobei man deren Zahl allerdings nicht genau kennt. Noch im Jahr 1968 konnte in der Mongolischen Steppe die letzte Herde frei lebender Wildpferde beobachtet werden. Dieses so genannte **Przewalski-Pferd [6]** ist einer der Urahnen unserer heutigen Hauspferderassen. Die letzten Tiere leben heute noch in einigen zoologischen Gärten.

In der offenen Grassteppe führt ein Leithengst die Herde an. Sobald ein Tier etwas Ungewöhnliches bemerkt, werden alle anderen durch lautes Schnauben gewarnt. Die Herde bringt sich sofort durch schnellen Galopp [4] in Sicherheit. So ist auch zu erklären, warum ein Pferd schon einmal „durchgehen" kann.

[4] *Eine Herde Wildpferde im Galopp*

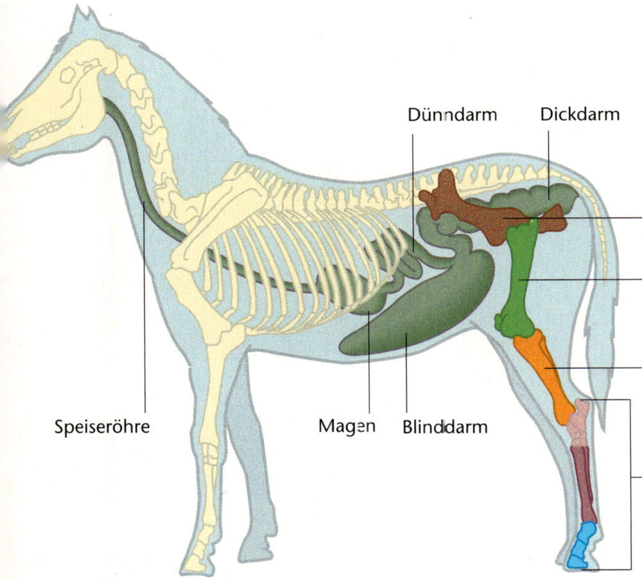

[5] *Pferdeskelett mit eingezeichneten Verdauungsorganen.*

Pferderassen

Als Ergebnis der **Zucht** entstanden in den letzten Jahrhunderten verschiedene Rassen, die sich in Größe, Gewicht, Färbung und vor allem im Temperament unterscheiden.

Rennpferde sind leicht, schnell und empfindsam. Ihrem Temperament entsprechend bezeichnet man solche Pferde als **Vollblutpferde. Kaltblutpferde** sind schwere, kräftige und ruhige Tiere. Sie konnten vor allem als Zugpferde eingesetzt werden. Zu den **Warmblutpferden** zählen einige mittelschwere Rassen, die sich sowohl als Reit- als auch als Zugtiere eignen. Ausgesprochen kleine Pferderassen nennt man Pony. Diese Pferde sind ausdauernd und genügsam. Sie dienen als Reittier und zum Lastentransport. Bei kleinen Kindern sind diese Pferderassen besonders beliebt.

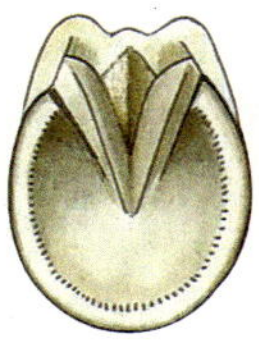

[7] *Huf von unten ohne Eisen*

[8] *Huf von unten mit Eisen*

[9] *Huf von der Seite*

Merkmal

- ▶ Pferde sind Pflanzenfresser und dennoch keine Wiederkäuer. Sie verdauen die pflanzliche Nahrung in einem langen Dünndarm und einem riesigen Blinddarm.
- ▶ Pferde sind Herdentiere. Ursprünglich lebten sie in großen Herden wild zusammen.
- ▶ Sie laufen nur auf einer Zehe. Deshalb bezeichnet man sie als Zehenspitzengänger und als Unpaarhufer.
- ▶ Im Laufe der Zeit hat man verschiedene Rassen gezüchtet, die für unterschiedliche Aufgaben geeignet waren.
- ▶ Man unterscheidet Pferde nach ihrem Temperament in Vollblüter, Warmblüter, Kaltblüter.

Denkmal

❶ Bei Pferderassen spricht man auch von Vollblut, Kaltblut und Warmblut. Ordne dem jeweiligen Temperament zu: Zugpferd, Kutschpferd, Rennpferd, Rückepferd, Dressurpferd. Lies dazu auch die folgende Doppelseite.

❷ Erkläre den Ausdruck „Zehenspitzengänger".

❸ Vergleiche Nahrungsaufnahme und Verdauung von Rind und Pferd. Lege dazu eine Tabelle an und stelle die Unterschiede und Gemeinsamkeiten gegenüber.

❹ Zähle verschiedene Pferderassen und ihre Besonderheiten auf. Schlage dazu in Zeitschriften und Bücher über Pferde nach oder informiere dich im Internet.

❺ Welcher Teil unserer Hand entspricht dem Huf eines Pferdes?

[6] *Przewalski-Pferde im Zoo*

[10] *Die Gangarten des Pferdes*

Pferdegeschichten

Das Pferd ist als Fleischlieferant und Arbeitstier nicht mehr gefragt. Heute ist es ein geschätzter Feizeitpartner.

[2] *Angesichts der Bedeutung des Pferdes wird deutlich, warum kaiserliche und päpstliche Verordnungen den Verzehr von Pferdefleisch streng verboten haben.*

Auf Höhlenzeichnungen [1] sind neben vielen anderen Tieren oft auch Pferde dargestellt. Diese frühen Kunstwerke sind immerhin zwischen 15 000 und 20 000 Jahre alt. Die Zeichnungen beweisen, dass bereits Steinzeitmenschen das Pferd gekannt haben. Allerdings wurden Pferde damals wie andere Tiere auch nur wegen ihres Fleisches gejagt.

[1] *15 000 Jahre alte Pferdezeichnung in einer Höhle in Südwestfrankreich.*

Vom Fleischlieferanten zum Zugtier

Wie es dem Menschen vor etwa 7 000 Jahren dann schließlich gelungen ist, die schnellen und starken Wildpferde zu zähmen, kann man sich genau vorstellen, obwohl es keine schriftlichen Überlieferungen aus dieser Zeit gibt. So geht man davon aus, dass zunächst nur Jungtiere aufgezogen und gezähmt wurden. Auch verletzte Tiere, die der Mensch gesund pflegt, werden oft zahm. Werden dann in der Gefangenschaft die ersten Jungtiere geboren, ist der Weg zum Haustier nicht mehr weit. Als Trag- und Zugtier leistete das Pferd von Anfang an unersetzliche Dienste.

Viele Jahrhunderte lang war eine Land- [5] und Waldwirtschaft [6] ohne den Einsatz von Pferden undenkbar. Zur Bearbeitung und Bestellung des Ackers waren sie unentbehrlich. Das Pferd hatte seinen angestammten Platz vor dem Pflug, der Egge oder vor anderen Geräten. Das Einfahren der beladenen Erntewagen wäre ohne Pferde sicher nicht so einfach gewesen.

Das Pferd als Zeichen der Macht

Seit die Menschen vor etwa 5 000 Jahren das Pferd als Reittier entdeckt hatten, bekam es eine noch größere Bedeutung. Seither schreibt man ihm nur gute Eigenschaften zu. Pferde seien klug und edel, und man bescheinigt ihnen Schönheit und Eleganz. Das Pferd galt fortan als Zeichen von Reichtum und Macht [2]. Besichtigt man heute eine Burg aus dem Mittelalter, so fallen die riesigen Stallungen auf. Eine große Anzahl von

[5] *Das Pferd war nicht nur Kriegsgerät, es war vor allem Arbeitstier.*

[6] *Kaltblutpferde werden heute wieder bei Waldarbeiten als Rückepferde eingesetzt. Sie ziehen gefällte Baumstämme auf breitere Wege. Man nennt das Bäume rücken.*

[7] *Als Renn- und Reitpferde gewinnen die Pferde im Sport und für die Freizeitgestaltung zunehmend an Bedeutung. Bei Pferderennen setzt man vor allem kleinere Warmblutpferde ein.*

[3] *Die Postkutsche war lange Zeit die einzige Möglichkeit, auf Reisen zügig voranzukommen. Später sah man auch Straßenbahnen, die von Pferden gezogen wurden.*

[4] *„Wer reitet, ist ein Herr, und wer zu Fuß geht, ist ein Knecht."*

Pferden musste untergebracht und versorgt werden. Sie dienten den Rittern als Reitpferde zum Überwinden großer Entfernungen und waren unerlässlich bei den Reiterspielen [4]. Als Kampfpferde trugen sie selbst eine Rüstung sowie den bewaffneten Ritter. Dessen Rüstung allein war schon 60 kg schwer.

Pferde heute

Die Nutzung der Pferde hat sich in den meisten Ländern gewandelt. Mit der Erfindung des Motors wurde das Pferd innerhalb kürzester Zeit vom Arbeitstier zum angesehenen Freizeitpartner. Die Zahl der Pferde hat deshalb weltweit abgenommen.

Merkmal

▶ Das Pferd hatte im Laufe seiner Geschichte verschiedene Aufgaben: es war Zugmaschine und Lastenträger, es war Statussymbol, Kriegs- und Sportgerät. Viele Aufgaben des Pferdes wurden von den neu entwickelten Motoren übernommen.

Denkmal

❶ Zähle in der zeitlichen Reihenfolge die Verwendung des Pferdes auf.

❷ Erläutere, was sich hinter der Angabe „PS" bei einem Auto verbirgt.

[8] *In der Mongolei ist das Pferd auch heute noch ein häufiges Fortbewegungs- und Transportmittel. Schon die Kinder lernen reiten, oft ohne Sattel und Zaumzeug.*

[9] *Zu jedem Wildwestfilm gehören verwegene Reiter. Das Führen eines Pferdes durch Schenkeldruck hält die Hand frei für andere Tätigkeiten.*

Säugetiere sind sie alle

Die Säugetiere sind weltweit mit mehr als 4 500 Arten verbreitet. In ihrem Aussehen und in ihrer Lebensweise zeigen sie recht große Unterschiede. Trotzdem haben sie alle gemeinsame Merkmale.

Schimpansen [1]
Schimpansen sind uns Menschen unter allen Tieren am ähnlichsten. Sie sind in Afrika heimisch, wo sie im Regenwald und den angrenzenden Regionen in Großfamilien leben. Diese Menschenaffen können zwar auf zwei Beinen stehen, aber nur kurze Strecken so laufen. Die meiste Zeit verbringen Schimpansen auf Bäumen und ernähren sich von Blättern, Früchten und Sprossen. Sie schlafen auf den Bäumen, wo sie sich aus Blättern und Zweigen einfache Schlafnester bauen.

[1]

Fledermäuse [2]
Fledermäuse haben umgestaltete Vorderbeine mit sehr langen Fingern. Zwischen ihnen und den Hinterbeinen ist die Flughaut ausgespannt. Mit ihr fliegen sie nicht nur, sondern können damit auch ihre Beute auffangen. Fledermäuse sind nachtaktiv und spüren mit Ultraschalllauten, die wir nicht hören können, fliegende Insekten auf. Tagsüber verbergen sie sich in Höhlen,

[2]

hohlen Bäumen oder auch auf alten Dachböden. Den Winter verbringen die Fledermäuse im Winterschlaf in Höhlen. Mit „Mäusen" sind sie nicht verwandt.

Delfine [3]
Delfine leben gesellig in „Schulen", wie man ihre Verbände nennt, und sind sehr verspielt. Sie suchen deshalb auch oft die Nähe von Menschen. Delfine leben im Meer und gehören zu den Zahnwalen. Ihre Beute, die aus Fischen besteht, spüren sie mit Ultraschall auf. Im Maul haben sie viele gleichförmige, kegelförmige Zähne. Von ihren vier Beinen sind nur die Arme als paddelartige Flossen erhalten geblieben. Im Gegensatz zu den Fischen liegt die Schwanzflosse, die „Fluke", horizontal. Zum Atmen müssen sie von Zeit zu Zeit an die Oberfläche kommen. Es gibt rund 60 verschiedene Delfinarten.

[3]

Zwergmaus [4]
Die nur 6 g schwere Zwergmaus ist eine echte Maus. Wegen ihres geringen Körpergewichts kann sie sich mühelos sogar auf Gräsern und auf Getreidehalmen tummeln. Dabei benutzt sie ihren langen Schwanz als Greiforgan. Ihr kugeliges Nest baut sie zwischen kräftigen Halmen, mit denen sie es kunstvoll verwebt. Dort kommen auch die Jungen zur Welt. Wie alle Mäuse lebt die Zwergmaus von Pflanzen und frisst Körner.

[4]

Känguru [5]
Wildlebend kommen Kängurus nur in Australien vor. Mit ihren langen Hinterbeinen können sie große Sprünge machen. Den kräftigen Schwanz benutzen sie beim Sitzen als Stütze. Das neugeborene Junge ist winzig klein und völlig hilflos. Es krabbelt selbstständig in eine beutelartige Falte auf der Bauchseite des Weibchens. Dort bleibt es ein Jahr, festgesaugt an der Milch gebenden Zitze. Kängurus, von denen es mehrere Arten gibt, gehören zu den Beuteltieren. Sie waren die einzigen Gras fressenden Tiere des fünften Kontinents und bevölkerten in großen Rudeln das Steppen ähnliche Innere Australiens.

[5]

[7]

Schnabeltier [6]
Das etwa 60 cm große Schnabeltier lebt in Gewässern Australiens. Es hat ein kurzes, braunes Fell und Schwimmhäute zwischen den Zehen. Das Weibchen legt meist zwei kleine weichschalige Eier, die es in einer unterirdischen Bruthöhle 7 bis 10 Tage lang bebrütet. Die nur 4 bis 5 cm großen Jungen lecken die Milch von der Bauchseite der Mutter, denn das Schnabeltier hat keine Zitzen. Männliche Schnabeltiere tragen am Hinterbein einen Giftstachel, dessen Gift auch für den Menschen gefährlich sein kann. Mit ihrem Hornschnabel gründeln sie nach Kleintieren im Wasser.

[6]

Braunbär [7]
Der Braunbär kommt in vielen Unterarten in waldreichen Gegenden Europas, Asiens und Nordamerikas vor. Auch der große Grizzly ist ein Braunbär und ganz nahe mit unserem kleineren europäischen Bären verwandt. Obwohl Bären zu den Raubtieren gehören, ernähren sie sich aber auch von Beeren, Wurzeln und Honig. Ein Bär erbeutet aber auch kleinere Tiere und frisst Aas. Bären sind nachtaktiv. Sie halten eine Winterruhe, an deren Ende das Weibchen ein bis zwei Junge zur Welt bringt.

Merkmale der Säugetiere

- Säugetiere bringen lebende Junge zur Welt.
- Die Jungen werden von der Mutter nach der Geburt mit Milch aus Milchdrüsen gesäugt.
- Alle Säugetiere atmen durch Lungen.
- Die Haut ist fast immer behaart. Das Fell besteht meistens aus den längeren Grannenhaaren und den kürzeren Wollhaaren.
- Säugetiere haben eine gleichwarme Körpertemperatur. Ein Absinken der Körpertemperatur erfolgt nur bei Winterschläfern, wie zum Beispiel beim Igel oder beim Feldhamster.
- Das Gebiss der Säugetiere besteht aus Schneide-, Eck- und Backenzähnen. Ein Zahnwechsel vom Milchgebiss zum Dauergebiss findet bei den meisten Säugetieren statt.

Denkmal

1. Zähle die Lebensräume auf, die von Säugetieren bewohnt werden können und nenne Beispiele. Lege dazu eine Tabelle an und ordne die Tiere den verschiedenen Lebensräumen zu.
2. Was unterscheiden Kängurus und Schnabeltiere von den übrigen Säugetieren?
3. Als man das Schnabeltier entdeckte, waren sich die Forscher nicht einig, ob es ein Säugetier ist. Was meinst du dazu?
4. Schlage in einem Tierlexikon nach, wie viele Fledermaus-Arten es in Mitteleuropa gibt; schreibe dir die Namen von sechs Arten auf.
5. Was bedeutet die Bezeichnung „Zahnwal"? Suche nach weiteren Vertretern dieser Tiergruppe.
6. Was bedeutet „Ultraschall"? Erkundige dich, wo die technischen Ultraschallgeräte eingesetzt werden.
7. Schimpansen zählt man zu den Menschenaffen. Suche nach weiteren Vertretern dieser Gruppe.
8. Ergänze den folgenden Satz: Der Körperbau und die Sinnesleistungen der wildlebenden Säugetiere sind so eingerichtet, dass …

[8] *Das Rind – ein Säugetier*

Fleißig wie die Bienen

Die Bienen sind unsere einzigen Nutztiere unter den Insekten. Der Mensch verwendet ihre Produkte Honig und Wachs schon seit Jahrtausenden.

[1] *Ein ausgeschwärmtes Volk möchte der Imker nicht verlieren und fängt es mit einem Holzkasten wieder ein.*

Goldgelb rinnt der Honig auf das Frühstücksbrötchen. Fast nicht zu glauben: Jeder kleine Löffel voll ist ungefähr das Lebenswerk einer einzigen Honigbiene.

Ein Imker erzählt

Ende März verlassen die ersten Bienen ihre Wohnung, die man auch Bienenstock nennt. Schon während der ersten wärmeren Tage fliegen sie eifrig auf Blüten – zu den Krokussen in den Vorgärten oder auf die Weidenkätzchen am Waldrand. Hier sammeln sie entweder Nektar oder Pollen, je nachdem, was die Blüten so zu bieten haben. Die frische Nahrung kräftigt die Bienen, die ja während des Winters nichts eintragen konnten und vom Vorrat leben mussten. So beginnen sie jetzt nach der Winterruhe auch mit der Vermehrung. Bis zum Frühsommer ist das Bienenvolk wieder stark angewachsen.

Bienenhonig und Bienenwachs

Mit prächtigen Farben und süßen Düften locken viele Blütenpflanzen die Bienen an, damit sie ihnen bei der Bestäubung helfen. Hierzu scheiden die Blüten einen zuckerhaltigen Saft, den Nektar aus. Die Bienen schlecken ihn mit ihrem Saugrüssel begierig auf und wandeln ihn in ihrem Honigmagen in Honig um. Den fertigen Honig lagern die Bienen im Stock in den Waben ein und verdeckeln diese anschließend mit einem dünnen Wachsplättchen. Bienen sammeln in den Blüten auch Pollen. Mit Honig vermischt dient der Pollen als Nahrung für die Brut. Wenn der Imker den Honig ernten will, hängt er die geöffneten Waben in eine Honigschleuder und schleudert ihn heraus. Die leeren Waben bestehen aus Bienenwachs. Daraus stellt man Wachskerzen her.

Bienenschwärme im Sommer

Große Bienenvölker, die nicht von einem Imker betreut werden, verlassen im Sommer ihren Stock und schwärmen aus **[1]**. Dabei teilen sie sich und bilden neue Völker mit jungen Königinnen, die sich eine neue Bleibe suchen. Wenn der Imker merkt, dass sein Bienenvolk ausschwärmen möchte und ihm eventuell verloren geht, hängt er neue Waben in den Stock. Die Sammelbienen haben dann wieder genügend Raum, um Pollen und Honig für die Nachkommenschaft einzutragen, und geraten dann nicht so leicht ins Schwärmen.

Insektenmerkmale

Die lästige Stubenfliege, der bunte Schmetterling, die brummende Hummel und auch die Honigbiene haben einen auffällig gegliederten Körper **[2]**: Der kleine **Kopf** sitzt auf einem deutlich abgesetzten und etwas größeren Abschnitt der **Brust**, und dieser geht über einen schmalen Einschnitt in den schlanken **Hinterleib** über. Wegen der Gliederung ihres Körpers nennt man diese Tiere **Kerbtiere** oder **Insekten.** Weitere typische Insektenmerkmale sind die vier Flügel auf dem Rücken und die drei Beinpaare auf der Bauchseite des Brustabschnitts. Wenn man diese Merkmale bei einem Tier feststellen kann, dann spricht man von einem Insekt.

[2] *Die Honigbiene zeigt alle typischen Insektenmerkmale.*

[3] *Bevor diese Honigbiene mit vollem Höschen in ihren Stock zurückkehrt, nimmt sie noch eine letzte Portion Nektar mit auf den Weg.*

Bienen überwintern im Stock

Im Frühherbst bereitet der Imker seine Bienenvölker wieder auf den Winter vor. Als Winterfutter erhalten sie jetzt Zuckerwasser, weil ihnen ja der meiste im Sommer eingetragene Vorratshonig gleich wabenweise für unsere Frühstücksbrötchen weggenommen wurde. Auch wenn es richtig kalt wird, benötigen die Bienen keinen zusätzlichen Schutz. Sie regeln die „Stockwärme" selbst.

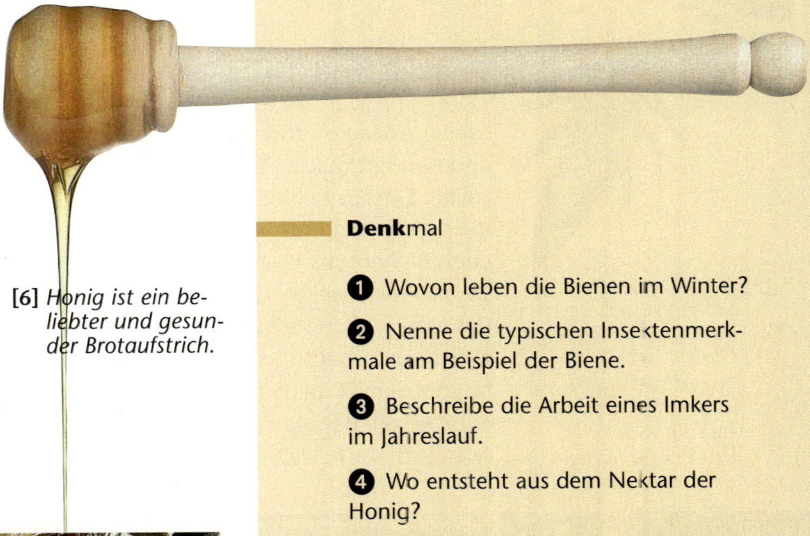

[6] *Honig ist ein beliebter und gesunder Brotaufstrich.*

[4] *Mit den Borsten am Hinterbein, dem Sammelbein, kämmt sich die Biene den aufgesammelten Pollen aus dem „Pelz".*

[5] *Emsiges Gewimmel herrscht beim Hausputz auf der Wabe.*

Merkmal

▶ Ein Insekt erkennt man an der Dreigliederung seines Körpers in Kopf, Brust und Hinterleib.

▶ Die meisten Insekten tragen am Brustabschnitt zwei Paar Flügel und sechs Beine.

▶ Bienen sammeln in den Blüten Nektar und Pollen. Den Nektar wandeln sie in Honig um und nutzen ihn als Wintervorrat. Mit Nektar und Pollen ernähren sie ihre Brut.

Denkmal

❶ Wovon leben die Bienen im Winter?

❷ Nenne die typischen Insektenmerkmale am Beispiel der Biene.

❸ Beschreibe die Arbeit eines Imkers im Jahreslauf.

❹ Wo entsteht aus dem Nektar der Honig?

❺ Erkläre, warum die Bienen im Sommer schwärmen.

❻ Wie gewinnt der Imker aus den Waben den fertigen Honig?

❼ Erkläre, warum man im Frühjahr am Waldrand oder in der Flur keine Weidenkätzchen als Blumenschmuck schneiden darf.

❽ Für Bienen sind die Blüten Selbstbedienungsläden. Sie bezahlen mit der Blütenbestäubung. Erkläre.

Haus der tausend Töchter

Alle 40 000 bis 80 000 Mitglieder eines Bienenvolkes sind die Kinder nur einer Mutter. Die weitaus meisten davon sind weiblich.

Im Winter sind im Bienenstock etliche Bienen eingegangen. Um die Verluste auszugleichen legt die Bienenkönigin ab dem Frühjahr wieder Eier – jeweils eines in jede leere Wabenzelle und an einem Tag bis zu 2 400 Stück.

Ammen versorgen die Brut

Aus den Eiern schlüpfen **Larven**, die man bei den Insekten **Maden** nennt, weil sie keine Beine haben. Die im Stock tätigen Bienen füttern sie als **Ammen** zunächst mit einem besonderen Futtersaft. Nur die älteren Larven erhalten von diesen Ammen Honig und Pollen.

Drohnen sind falsche Brüder

Manche Maden sind etwas größer als die anderen und haben auch größere Wabenzellen. Daraus entwickeln sich im Frühjahr die rundlichen und großäugigen männlichen Bienen, die man **Drohnen** nennt. Da sie als erwachsene Tiere keinen Saugrüssel besitzen, werden sie zeitlebens von **Ammenbienen** gefüttert. Ihre Lebenserwartung beträgt nur 20 bis 50 Tage. Ihre einzige Aufgabe ist die Begattung der Prinzessinnen während der Hochzeitsflüge.

[1] *Die verschiedenen Mitglieder des Bienenvolkes sind nach Gestalt und Größe zu unterscheiden. Man nennt sie v.o.n.u. Arbeiterin, Drohn und Königin.*

Von der Prinzessin zur Königin

Prinzessinnen entwickeln sich nicht in gewöhnlichen Wabenkammern, sondern in besonders großen Weiselzellen, die oft am Rande einer Wabe liegen. Etwa zehn Tage nach dem Schlüpfen verlässt die Prinzessin den Bienenstock [3] zum Hochzeitsflug, um sich mit Drohnen von anderen Völkern zu paaren. Als begattete Königin kehrt sie in den Stock zurück. Sie kann über fünf Jahre alt werden.

Von der Stockbiene zur Sammelbiene

Die als Stockbienen tätigen Arbeiterinnen [4], [5] sind unentwickelte Weibchen – sie können sich nicht paaren oder Eier legen. Als Putzbienen halten sie die Brutwaben sauber, als Ammenbienen versorgen sie die Brut mit Nahrung und Wärme, und als Baubienen erweitern sie die Waben.

Ab dem 16. Lebenstag unternehmen die jungen Arbeiterinnen erste Orientierungsflüge. Außerdem arbeiten sie jetzt auf den Waben als Pollenstampferinnen und Honigmacherinnen. Manchmal müssen sie in der sommerlichen Hitze auch den Stock kühlen – durch heftiges Fächeln mit ihren Flügeln lassen sie kühlende Luft über die Waben streichen.

[2] *Ein Imker entnimmt – stichfest gekleidet – eine volle Wabe einem kastenförmigen Bienenstock.*

[3] *Im Bienenstock hängen die Waben tragenden Holzrahmen dicht nebeneinander.*

[4] *Arbeiterinnen reinigen die Brutzellen – für zahlreiche Nachkommen.*

[5] *Die Königin ist von ihrem Hofstaat umgeben und lässt sich von ihm füttern.*

Bei etwa 20 Tagen alten Arbeiterinnen ist der Stechapparat voll entwickelt. Sie halten am Einflugloch des Stockes Wache und verhindern, dass Wespen oder andere Räuber eindringen. Die eigenen Stockgenossinnen erkennen sie am Geruch.

Ab dem 21. Lebenstag sind die Arbeiterinnen schließlich als Sammelbienen unterwegs. Das sind die Bienen, die du in deinem Garten sehen kannst. Sie besuchen bei einem einzigen Ausflug etwa 100 Blüten. Bei der Rückkehr in den Stock übergeben sie den Arbeiterinnen Nektar und Pollen. Außerdem verständigen sie andere Sammelbienen über besonders lohnende Ausflugsziele in der Stockumgebung.

Lebenslauf einer Biene	
Stockbiene	1.–10. Tag (nach dem Schlüpfen) 1.– 2. Tag Zellen säubern 3.– 5. Tag ältere Larven mit Pollen und Honig füttern 6.–10. Tag Junglarven und Königin mit Futtersaft füttern
Stockbiene	(Übergang zur Sammelbiene) 11.–17. Tag: Waben und Zellen aus Wachs bauen 18.–20. Tag: Flugloch bewachen, fremde Bienen und Wespen abwehren
Sammelbiene	ab dem 21. bis etwa zum 66. Tag Nektar, Pollen und Wasser beschaffen

[6]

Merkmal

▶ Zu einem Bienenvolk gehören die Königin, mehrere tausend Arbeiterinnen und ein paar hundert Bienenmännchen, die man Drohnen nennt.

▶ Nur die Bienen-Königin kann Eier legen und somit für Nachwuchs sorgen. Sie wurde von einem Drohn auf dem Hochzeitsflug begattet.

▶ Die jungen Arbeiterinnen übernehmen als Stockbienen je nach Lebensalter unterschiedliche Aufgaben im Bienenstock. Erst ab ihrem 21. Lebenstag fliegen sie als Sammelbiene zum Eintragen von Nektar und Pollen aus.

Denkmal

❶ Wie nennt man die Bienenmännchen?

❷ Sind die Stock- und Sammelbienen männlich oder weiblich?

❸ Was unterscheidet Stockbienen von Sammelbienen?

❹ Wie alt ist eine Biene mindestens, die du in deinem Garten siehst?

❺ Welche Tätigkeiten verrichten die Stockbienen?

❻ Wie viele Eier legt eine Königin in einem Bienensommer, also von April bis Juli?

❼ Erkläre, warum die Winterbienen viel älter werden als die Sommerbienen.

❽ Warum kann man einen Bienenstock das „Haus der tausend Töchter" nennen?

❾ Lass eine Arbeiterin ihre eigene Lebensgeschichte erzählen. Verwende dazu die Tabelle [6].

Insekten schützen

Für viele Menschen sind Insekten nur lästige Störenfriede, die man am besten so schnell wie möglich erledigt. Aber nicht alle Insekten in Haus und Garten sind Schädlinge. Viele von ihnen helfen uns auch, Schädlinge zu bekämpfen oder bestäuben unsere Obstbäume. Man bezeichnet sie deshalb als Nützlinge.

Verstecke für die Blattlausjäger
Erst in der Dämmerung geht die **Florfliege** [1] auf Beutefang. Sie ernährt sich hauptsächlich von Blattläusen und sollte deshalb besonders geschützt werden. Hierzu hängt man Tonröhren an Äste von Sträuchern oder Bäumen, die den Florfliegen als Schlafröhren dienen.

[1] *Die ausgewachsene Florfliege lebt in Gärten, Parks und Wäldern. Wegen ihrer goldglänzenden Augen wird sie häufig Goldauge genannt.*

Die Florfliegenlarve saugt in ihrer dreiwöchigen Entwicklung etwa 500 Blattläuse aus. Sie kann deshalb gut zur Bekämpfung von Blattläusen eingesetzt werden.

[2] *Viele Menschen glauben noch, dass der Ohrwurm mit seiner Zange in unser Ohr zwicken möchte. Das ist falsch.*

Die nachtaktiven **Ohrwürmer** [2] fressen in einer Nacht bis zu 100 Blattläuse und sind deshalb für die biologische Schädlingsbekämpfung besonders geeignet. Um sie anzulocken, hängt man im zeitigen Frühjahr in Bäumen und Sträuchern mit Holzwolle gefüllte Blumentöpfe als Schlafstellen auf. Darin verkriechen sich die scheuen Insekten bei Tag. Die Töpfe müssen so aufgehängt werden, dass sie einen Ast berühren, da die Ohrwürmer sonst nicht hineinkrabbeln können.
Die großen Zangen am Hinterleib helfen dem Ohrwurm, seine großen häutigen Flügel zusammenzulegen.

[3] *Eine Ohrwurm-Nisthilfe kannst du mit einem Blumentopf, Drahtgitter und Holzwolle selbst herstellen. Befestige ihn mit einem Draht und einem Hölzchen in einem Baum.*

Wohnquartier für Blütengäste
Im Gegensatz zu den Honigbienen leben **Mauerbienen** [4] allein und nicht in einem Bienenvolk. Sie legen ihre Eier in Löcher und Spalten von alten Bäumen oder Häuserwänden. Manche Arten legen ihre Eier sogar in leere Schneckenhäuser. Als Baumaterial dient ihnen häufig Lehm, der mit Speichel geschmeidig gemacht wird. Ist das Nest gebaut, wird es mit Nektar und Pollen ge-

[4] *Mauerbienen sind nahe Verwandte der Honigbienen. Sie sind überall häufig zu beobachten, ob in Gärten oder im freien Gelände.*

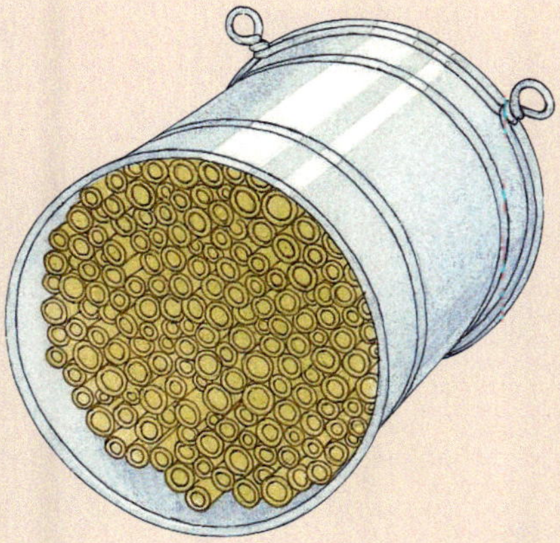

[5] *Einfach herzustellen sind Nisthilfen für Mauerbienen aus Blechdosen mit Strohhalmen oder Nisthölzer aus unbehandeltem Holz mit eingebohrten Löchern.*

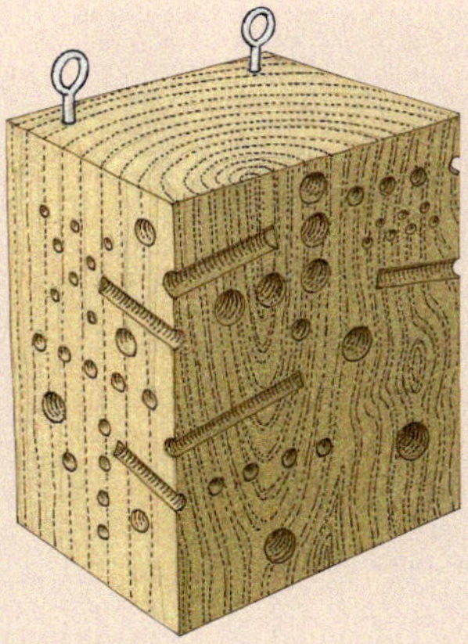

[7] *Bohre mit einem Holzbohrer unterschiedliche tiefe und breite Gänge in einen Holzblock. Verwende dazu verschiedene große Holzbohrer. Steckst du in einzelne Bohrgänge Glasröhren, so kannst du darin die heranwachsende Brut beobachten.*

[9] *Die Lehmwespe schiebt eine Raupe durch die Öffnung in ihre Brutzelle.*

füllt, so dass die schlüpfende Larve ausreichend Nahrung hat. Nach der Eiablage verschließt das Weibchen die Brutzelle zum Schutz mit Lehm.

Gartenhummeln [6] sind in unseren Gärten gern gesehen, da sie täglich ungefähr dreimal so viele Blüten wie die Honigbienen besuchen. Das Volk, das aus maximal 150 Hummeln besteht, lebt in einem unterirdischen Nest. Im Frühjahr fliegen die überwinterten Königinnen aus und suchen sich einen geeigneten Nistplatz. Häufig besiedeln sie Mäusenester oder Maulwurfsgänge. Sie legen dann Ei für Ei ab, bis sie einen ausreichenden Hofstaat gebildet haben. Nur die letzten Weibchen, die im September geboren werden, paaren sich mit männlichen Hummeln und überstehen den Winter. Die Altkönigin und die Arbeiterinnen sterben.

Nützliche Räuberhöhlen

Räuberisch lebende Nützlinge ernähren sich von Schadinsekten und deren Larven. Wie der Name schon sagt, benötigt die **Lehmwespe** [9] zum Bau ihrer Nester Lehm, am besten ganze Lehmwände.

Mit ihren Kiefern schabt sie den Lehm ab, den sie zuvor mit Speichel aufgeweicht hat. Anschließend formt sie daraus kugelige Nester. In jedes Nest legt sie ein Ei und füllt es mit Spannerraupen, damit die schlüpfende Larve mit ausreichend Nahrung versorgt ist.

[6] *Gartenhummeln bauen ihre Zellen aus einem Gemisch von Pollen, Wachs und Harz.*

[8] *Nisthilfe für Gartenhummeln.*

Insekten – bunt und seltsam

Weit über die Hälfte aller Tiere sind Insekten. Die zahlreichen Insektenarten unterscheiden sich enorm in Aussehen und Lebensweise: Stabheuschrecken können bis zu 33 cm lang werden, bis zu 800 000 Rote Waldameisen leben in einem Volk zusammen, und eine Bremse kann bis zu 50 km/h schnell fliegen.

Ritter
Wie die Ritter im Mittelalter tragen viele Käfer eine schillernde und harte Rüstung zu ihrem Schutz.

[1] *Sandlaufkäfer findet man auf Sand- und Lehmböden.*

An warmen Sommertagen lauert der grünmetallisch glänzende **Sandlaufkäfer** [1], gut getarnt im Boden eingegraben, auf seine Beute. Blitzschnell ergreift er mit seinen scharfen Kieferzangen seine bevorzugten Beutetiere: Insektenlarven, Spinnen oder Milben.

Im alten Rom wurden die Larven des **Hirschkäfers** [3] als Delikatesse serviert. Die riesigen Kiefer der Männchen dienten als Zaubermittel gegen Kinderkrankheiten. Das Weibchen mit seinen kleineren, aber sehr kräftigen Kiefern erweitert häufig blutende Stellen an Eichen, damit das Männchen mit seiner Zunge den austretenden Baumsaft auflecken kann. Seine riesigen Zangen dienen ausschließlich zum Kämpfen mit anderen Männchen.

[2] *Das auffällige Muster und die grellen Farben geben ein eindeutiges Zeichen: Vorsicht! Ich bin eine gefährliche und übel schmeckende Streifenwanze.*

Giftige oder übelschmeckende Insekten zeigen häufig eine kräftige Färbung, um ihre Feinde vor ihrem Verzehr zu warnen: schwarzgelb wie beim Kartoffelkäfer oder schwarzrot wie z. B. die **Streifenwanze** [2].

[3] *Der größte und wohl bekannteste Käfer Europas ist der Hirschkäfer.*

[4] *Schwebfliegen legen ihre Flügel, im Gegensatz zu den Bienen, in Ruhestellung nicht zusammen. Daran kann man sie gut unterscheiden.*

Gaukler
Einige eigentlich wehrlose Insekten ahmen im Aussehen giftige oder gefährliche Arten nach. Sie gaukeln ihren Feinden etwas vor.

Jeder weiß, dass Wespen- und Bienenstiche weh tun. Fliegende Insekten mit schwarzgelber Zeichnung versucht man daher zu meiden. Die harmlose **Schwebfliege** [4] zum Beispiel macht sich das zu Nutze und kann deshalb unbehelligt von einer Blüte zur anderen fliegen.

Andere Insekten ahmen Dinge aus ihrer Umwelt täuschend ähnlich nach und tarnen sich dadurch hervorragend.

Die Raupen des **Zweifleckigen Baumspanners** [5] sehen aus wie Zweige oder kleine Äste und werden deshalb von ihren Fressfeinden nicht erkannt.

[5] *Die Raupe des Zweifleckigen Baumspanners lässt sich nicht von seiner Unterlage, dem Ast, unterscheiden – solange er sich nicht bewegt.*

Schönheiten

Falter zählen zu den attraktivsten Lebewesen. Ihre Vielfalt in Form, Farbe und Größe ist unübertroffen. Überall auf der Erde sind sie zu finden, wobei in den Tropen die farbenreichsten und größten Exemplare leben.

Bei vielen Schmetterlingen befinden sich auf den Flügeln Flecken, die wie richtige Augen größerer Tiere aussehen. Durch diesen Bluff werden die Fressfeinde zumindest für einen kurzen Augenblick so irritiert, dass der Schmetterling eine gute Chance hat zu entkommen.

Der **Schwalbenschwanz** [6] hat in Ruhestellung seine Flügel zusammengeklappt. Dadurch sind die leuchtenden Augenflecken verdeckt, und der Schmetterling ist gut getarnt. Nähert sich ihm aber ein Fressfeind, klappt er seine Flügel auf, so dass die leuchtenden Augen plötzlich sichtbar werden. Der getäuschte Feind erschrickt, und der Falter kann entkommen.

Mit bis zu 13 cm Spannweite ist das **Nachtpfauenauge** [7] der größte europäische Schmetterling. Sieht man ihn abends um eine Straßenlaterne fliegen, erinnert er eher an einen kleinen Vogel als an einen Nachtfalter. Als ausgewachsenes Insekt nimmt er keine Nahrung mehr zu sich und lebt deshalb nur so lange, bis er sich fortgepflanzt und seine Reserven aufgebraucht hat. Die gelbgrüne Raupe dagegen frisst die Blätter unserer Obstbäume.

[7] *Nachtpfauenauge – vier „Augen" warnen mehr als zwei. Die männlichen Falter tragen grauweiße Schuppen, die Weibchen bräunliche.*

Weinschwärmer [8] saugen mit ihrem langen Rüssel Nektar aus den Blütenkelchen. Ebenso interessant ist seine Raupe. Sie besitzt zwei auffallend große Augenflecken und am Hinterende ein kurzes Horn.

[6] *Der Schwalbenschwanz ist einer unserer schönsten europäischen Schmetterlinge.*

[8] *An warmen Maiabenden kann man in der Dämmerung den Weinschwärmer beobachten.*

Insekten sind sie alle

[2] *Der bis 2 cm lange Scarabaeus aus Nordafrika, der bei den alten Ägyptern als „Heiliger Pillendreher“ ein Glücksymbol war, stellt aus Dung Futter- und Brutpillen her, die größer sein können als er selbst.*

Das Wort Insekt ist lateinischen Ursprungs und bedeutet „eingeschnitten“. Gemeint ist damit die auffällige Gliederung des Insektenkörpers in die drei gut erkennbaren Ab„schnitte“ Kopf, Brust und Hinterleib.

Kerbtiere

Vor allem Brust und Hinterleib sind bei allen Insekten durch besonders tiefe Einschnitte oder Kerben voneinander abgesetzt („Wespentaille“), wovon sich die Bezeichnung Kerbtiere (oder Kerfe) ableitet.

Ein anderes wichtiges Bauplanmerkmal der **Insekten** sind ihre schlanken, wiederum in mehrere Abschnitte gegliederten 6 Beine und Füße. Allerdings kommen auch an den anderen Körperabschnitten gegliederte Anhänge vor. Am Kopf fallen beispielsweise die manchmal sehr langen Fühler oder Antennen auf. Die übrigen Anhänge der vorderen Kopfabschnitte sind zu komplizierten Mundwerkzeugen mit besonderen Aufgaben umgestaltet. Kauende Mundwerkzeuge findet man beispielsweise bei den Schaben, Heuschrecken, Käfern und Wespen. Röhrenförmige Mundwerkzeuge, die zur Aufnahme flüssiger Nahrung dienen, besitzen z. B. die leckenden Fliegen, die stechenden Mücken oder die schlürfenden Schmetterlinge.

Fliegen

Nicht nur Fliegen können fliegen. In den verschiedenen Insektengruppen sehen die Flügel recht unterschiedlich aus. Schmetterlingsflügel tragen dachziegelartig angeordnete, sehr kleine Schuppen, die hübsche Farbmuster ergeben. Außerdem sind die Vorderflügel größer und anders gestaltet als die Hinterflügel. Bei den Käfern sind die Vorderflügel als starre Decken, die Hinterflügel dagegen häutig als Flugorgan ausgebildet. Bei den Fliegen sieht man nur die großen häutigen Vorderflügel, die Hinterflügel sind zurückgebildet.

Viele Schmetterlinge erreichen etwa 10 Flügelschläge pro Sekunde, Stechmücken, Stubenfliegen und Hummeln bis zu 300. Sie erlangen damit Fluggeschwindigkeiten zwischen 12 km/h beim Kohlweißling und 30 km/h bei der Libelle.

Nur die sehr einfachen Urinsekten haben keine Flügel. Dazu gehören die Springschwänze und das ungefähr 1 cm lange und matt silbrig beschuppte **Silberfischchen**, das bei uns nur im Badezimmer und in der Küche vorkommt.

[1] *Wiesen-Ameisen entwickeln zum Schwärmen Flügel.*

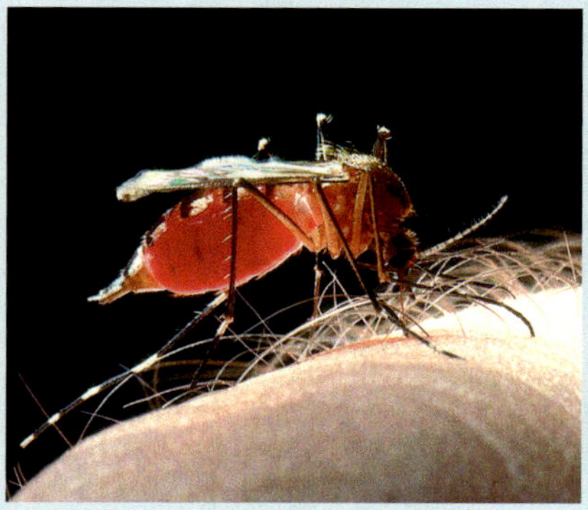

[3] *Bei den Stechmücken stechen nur die Weibchen.*

[4] *Das Silberfischchen ist ein Urinsekt, es besitzt keine Flügel.*

Verwandlung

Bei Blattläusen und Heuschrecken sind die Jungtiere in ihrem Aussehen den voll entwickelten Insekten sehr ähnlich. Dagegen verändern Schmetterlinge ihr Aussehen vom Ei bis zum fertigen Falter gleich vier Mal. Auch Bienen, Mücken und Käfer sind richtige Verwandlungskünstler.

Aus dem gut getarnten oder versteckten Ei schlüpft eine wurmförmige Larve, die **Raupe**. Diese wächst in Schüben. Immer wenn die Raupe keinen Platz mehr in ihrer Hülle hat, häutet sie sich – und das bis zu zehn Mal. Schließlich zieht sich die Raupe an einen geschützten Ort zurück und verwandelt sich in eine fast unbewegliche **Puppe**.

Viele Insekten überwintern in diesem Zustand im Boden, in der Laubstreu, hinter Baumrinden oder in Mauerwinkeln.

In der Puppe erfolgt ein kompletter Umbau zum typischen, fortpflanzungsfähigen **Vollinsekt** mit Beinen und Flügeln – dem Schmetterling. Beim Schlüpfvorgang reißt die Puppenhülle an der Rückenseite auf. Der Falter zwängt sich mit noch eng anliegenden und sehr weichen Flügeln mühsam heraus. Erst nach Stunden sind die Flügel voll entfaltet und so weit ausgehärtet, dass sie Luft unter sich nehmen und den Schmetterling davontragen können.

[5] *Tagpfauenaugen entwickeln sich auf Brennnesseln.*

Merkmal

- Typisch für alle Insekten ist die Dreigliederung des Körpers in Kopf, Brustteil und Hinterleib.
- Insekten besitzen ein stabiles, stützendes Außenskelett aus Chitin, das weichhäutig sein kann wie bei Raupen, aber auch sehr starr wie bei Käferflügeln.
- Nur an der Bauchseite der drei Brustringe sitzt je ein Beinpaar. Der mittlere und der hintere Ring des Brustabschnitts kann je ein Flügelpaar tragen.

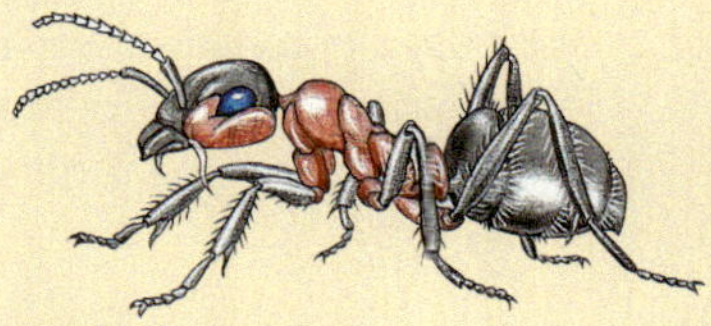

[6] *Insekt Ameise*

- Ein Insektenbein kann man in Fuß, Schiene, Schenkel, Schenkelring und Hüfte unterteilen. Der Fuß besteht aus fünf Gliedern.
- Je nach Ernährung besitzen die Insekten unterschiedlich gebaute und meist stark spezialisierte Mundwerkzeuge zum Beißen, Kauen, Stechen oder Saugen.
- Insekten durchlaufen vom Ei bis zum fertigen Vollinsekt einen stationenreichen Entwicklungsweg, entweder mit verschiedenen Häutungen oder mit einer vollkommener Verwandlung.

Denkmal

1. Erkläre, warum man Insekten auch Kerbtiere nennt.
2. Welche Arten der Verwandlung bei Insekten kennst du? Suche dazu einige Besipiele in Insektenbüchern oder im Internet.
3. Lies dir den Text zu „Verwandlung“ genau durch und beschreibe in eigenen Worten den Lebenslauf eines Schmetterlings.
4. Die Flügel von Insekten sind nicht alle gleich gestaltet. Beschreibe die Unterschiede und nenne Beispiele.

Nutztiere

1 Besuch im Hofladen

Viele Landwirte verkaufen inzwischen einen Teil ihrer Erzeugnisse selbst in einem so genannten Hofladen. Wenn ihr in eurer Nähe einen Hofladen habt, dann besucht ihn doch einmal. Der Landwirt führt euch sicher auf seinem Hof herum. Schreibe alle Tiere auf, die euer Landwirt hält und erkundige dich, weshalb sie gehalten werden.

Werden die Tiere deiner Meinung nach artgerecht gehalten?

2 Mein Wochenspeiseplan

Im Laufe einer Woche gibt es recht abwechslungsreiche Gerichte. Das beginnt mit dem Frühstück und reicht bis zum Abendessen. Da ist auch vieles dabei, was von Tieren stammt.

Schreibe einmal eine Woche lang alle Nahrungsmittel auf, die in deinem Essen von Tieren stammen und ordne sie einer Tierart zu. Halte auch die Mengen fest.

3 Wildschwein, Hausschwein

Das Hausschwein stammt zwar vom Wildschein ab, aber ihr Äußeres und ihr Verhalten zeigen so klare Unterschiede, dass man sie mit wenigen Strichen darstellen kann.

Stelle die Eigenschaften von Wild- und Hausschwein, die man allein aus den Skizzen herauslesen kann, einander gegenüber.

Zum Schluss zeichne noch den Umriss eines Sparschweins.

4 Zurück in die Steinzeit

Alle unsere Haustiere stammen von Wildtieren ab.

Zeichnet auf ein breites Plakat einen Zeitstrahl. Darüber tragt ihr die Zeit ein, wann unsere Haustiere ungefähr entstanden. Tragt den Namen ihrer Stammform ein. Sucht nach Bildern der Wildtiere und klebt sie dazu.

Schlagt dazu auch im Kapitel 3 „Tiere um uns“ nach und bezieht

Hund, Katze, Meerschweinchen und die übrigen Heimtiere mit ein.

Formuliert jeweils einen oder zwei Sätze darunter, warum wir die Wildform zum Haustier machten.

5 Kleidsames von Tieren

Unsere Kleidung ist ganz unterschiedlicher Herkunft: Pflanzenfasern, Kunststoffe, aber auch tierische Materialien sind dabei. Überlege, welche deiner Kleidungsstücke aus Materialien sind, die von Tieren stammen?

Ein Tipp: Sollte man es dem Material nicht direkt ansehen, kann man es vielleicht auf einem Etikett im Kleidungsstück finden.

6 Ordnung bei Insekten

In diesem Buch hast du viele Insekten kennen gelernt. Schreibe sie heraus und versuche sie zu ordnen.

Überlege, welche Eigenschaften du dazu heranziehen kannst. Eine große Hilfe dabei ist ein Bestimmungsbuch für Insekten.

Pflanzen begleiten uns buchstäblich auf Schritt und Tritt. Pflanzen sind aber nicht nur grüne oder blühende Schmuckstücke unserer Umwelt, sondern erfüllen viel wichtigere Aufgaben – sie sind für uns lebenswichtig. Von vielen Pflanzen essen wir Stängel und Blätter als Gemüse und Salat oder die Früchte als Obst. Aber auch Pizza, Brot und Kuchen bestehen aus Grundstoffen, die man von Pflanzen gewinnt. Der cremige Jogurt, das leckere Schokoladeeis oder der süße Vanillepudding sind letztlich nur umgewandelte Pflanzenmasse. Außer der Nahrung bekommen

6 Nutzpflan

wir von den Pflanzen auch Gewürze und Duftstoffe. Wir nutzen sie als Heilkräuter, als Getränke wie Cola und Tee oder als Genussmittel. Pflanzen versorgen uns mit wertvollen Werkstoffen wie die Fasern für die Kleidung oder das Holz für unsere Möbel. Vom Zahnstocher bis zum Dachbalken haben wir ständig mit Pflanzenprodukten zu tun. Selbst das Papier dieser Buchseite war einmal Stängel oder Stamm einer Blütenpflanze. Pflanzen sind einfach unentbehrlich. Das pflanzen wir jetzt einmal in unseren Kopf.

zen

Wie Boden entsteht

Boden ist nicht gleich Boden. Er hat eine lange Entstehungsgeschichte. Von ihm hängt ab, was darauf wachsen kann.

[1] *Im Wald ist die Bodendecke besonders mächtig.*

Der Boden ist das, worauf wir laufen und in dem die Wurzeln der Pflanzen stecken. So denkt mancher. Aber Boden ist viel mehr. Er ist die Grundlage des Pflanzenlebens auf der Erde. Und davon hängen wiederum die Tiere und wir Menschen ab.

Böden sind geschichtet

Solange der Boden an einer bestimmten Stelle noch nicht durch Bauarbeiten zerwühlt wurde, herrscht darin eine klare Ordnung. Besonders gut kann man das sehen, wenn die Baugrube für ein Haus ausgehoben wird oder sich eine neue Straße durch einen Hügel frisst. Dann kann man an den frischen Böschungen [5] die einzelnen Bodenschichten unterscheiden: Ganz unten liegt meist eine mächtige Schicht aus Gestein, das Ausgangsgestein. Ganz oben ist der Oberboden feinkrümelig und dunkelbraun, manchmal sogar schwarz. Der Unterboden liegt zwischen beiden Schichten, er bildet einen Übergangsbereich mit Gesteinsbrocken. Man nennt die Abfolge der Bodenschichten **Bodenprofil**.

Versuche

1 Ist der Boden locker?
Stich mit einem kleinen, spitzen Messer *(Vorsicht!)* an verschiedenen Stellen in den Boden. Probiere es vielleicht auf und neben einem Trampelpfad. Beschreibe, was du feststellen kannst.

2 Ist der Boden dicht?
Trenne den Boden von einer leeren Konservendose ab. Drücke die Blechröhre an verschiedenen Stellen in die Erde, gieße immer die gleiche Menge Wasser (Messbecher) hinein und stoppe die Zeit, die es zum Versickern braucht. Vergleiche deine Messergebnisse und erkläre sie.

3 ⚠ Enthält der Boden Kalk?
Ob ein Boden Kalk enthält oder nicht, lässt sich mit Säure feststellen.

Tropfe auf eine kleine Bodenprobe ein paar Spritzer verdünnte Salzsäure *(Vorsicht! Nicht auf die Haut oder die Kleidung bringen)*. Schäumt die Probe, enthält der Boden Kalk. Je stärker sie aufbraust, desto mehr Kalk ist enthalten. So kannst du auch Steine überprüfen. Nicht alle Pflanzen vertragen Kalk.

[2]

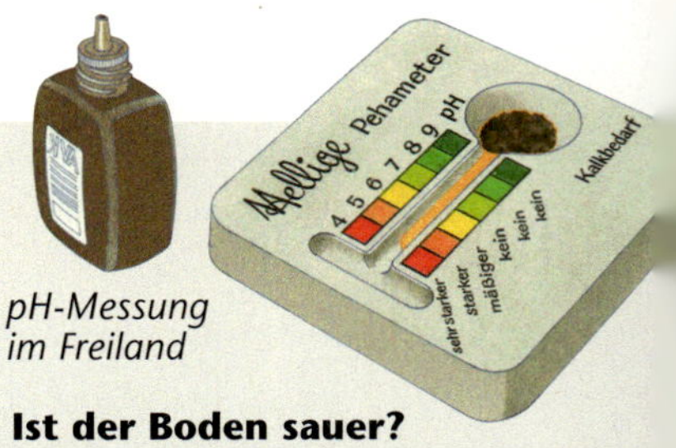

[3] *pH-Messung im Freiland*

4 Ist der Boden sauer?
Entnimm mit einem kleinen Löffelchen etwas Boden und gib ihn in die Vertiefung des abgebildeten Gerätes. Träufle etwas von der mitgelieferten Flüssigkeit auf die Bodenprobe und warte 30 Sekunden. Dann kippe das Gerät vorsichtig so, dass die Flüssigkeit in die Rinne läuft. Am Farbton kannst du ablesen, ob ein Boden sauer ist. „Er hat einen niedrigen pH-Wert", sagen die Fachleute dazu. Boden ohne Kalk reagiert meist sauer. Auf saurem Boden können nur bestimmte Pflanzen wachsen.

Merkmal

▶ Böden haben eine lange Entwicklungsgeschichte. Sie entstanden in Mitteleuropa erst nach der letzten Eiszeit.

▶ Böden bilden sich durch Verwitterung von Gestein.

▶ Bei den meisten Böden kann man zwei Schichten unterscheiden, nämlich den dunklen Oberboden und den helleren Unterboden. Darunter liegt das feste Ausgangsgestein.

[4] *Blanker Fels und nacktes Gestein zerfallen unter dem Einfluss von Wind, Regen und Eis allmählich in kleinere Brocken. Dazwischen siedeln sich erste Pflanzen an. Die Baumwurzeln reichen bis in die Gesteinsschicht. Sie zwängen sich in Gesteinsspalten und können diese weiter auflockern. Auf diese Weise entstehen immer feinere Bodenteilchen, und allmählich entsteht die Schichtung mit Ober- und Unterboden über dem Ausgangsgestein.*

Wir leben von 30 cm Boden

Vor allem die oberste Schicht, der Oberboden [5], ist von vielen feinen Wurzeln durchzogen. Mit den Wurzeln verankert sich die Pflanze nicht nur im Boden, sondern entnimmt ihm damit auch das lebenswichtige Wasser und darin gelöste Mineralsalze. Deshalb ist der Boden für alles, was darauf wächst, enorm wichtig. Meist ist dieser Oberboden nicht viel dicker als diese Buchseite hoch ist. Jedoch spielt sich darin fast das gesamte Bodenleben ab. Vielleicht entdeckst du hier die Wohngänge von Würmern oder anderen kleinen Bodentieren.

Eine fast unendliche Geschichte

Vor rund 12000 Jahren waren weite Teile unseres Landes unter einer mächtigen Eisdecke vergraben. Nachdem das Eis geschmolzen war, es wärmer wurde und die ersten Pflanzen aufkamen, konnte sich aus den Steinen Boden bilden. Allmählich siedelten sich Regenwürmer und andere kleine Bodentiere an. Sie beschleunigten die Bodenbildung enorm. Bis die heutige Bodendecke entstand, brauchte es Jahrtausende. Da im Untergrund unterschiedliche Gesteine anstehen, bildeten sich auch verschiedene Böden aus. Für das Pflanzenwachstum ist vor allem bedeutsam, ob der Boden aus Kalk oder einem anderen Gestein entstanden ist.

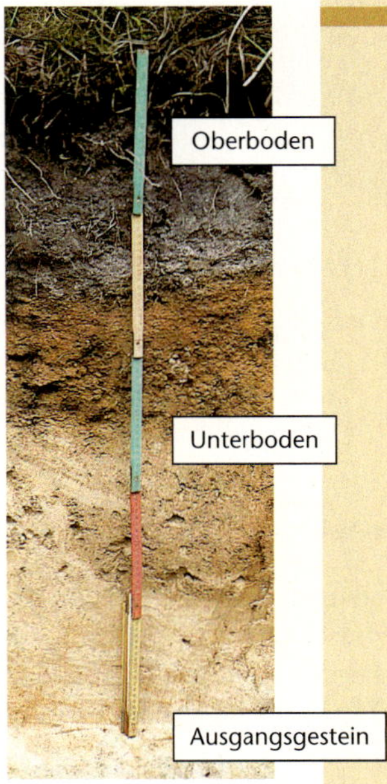

[5] *Die Schichtenfolge im Boden von oben nach unten nennt man Bodenprofil.*

Denkmal

❶ Welche Schichten kann man in einem Bodenprofil unterscheiden?

❷ Aus welcher Bodenschicht entnehmen die Pflanzen Wasser und Mineralsalze?

❸ Was besagt der pH-Wert einer Bodenprobe?

❹ Erkläre, wie aus festem Gestein ein lockerer Boden entsteht.

❺ Warum unterscheiden sich die Böden in verschiedenen Gegenden?

❻ Wie kann man den Kalkgehalt im Boden nachweisen?

❼ Erkläre, warum wir von den obersten 30 cm eines Bodens leben.

Nützliche Bodenbewohner

Nach starken Regengüssen verlassen auffallend viele Regenwürmer eher unfreiwillig ihr Gangsystem. Wegen diesem Verhalten erhielten sie ihren Namen.

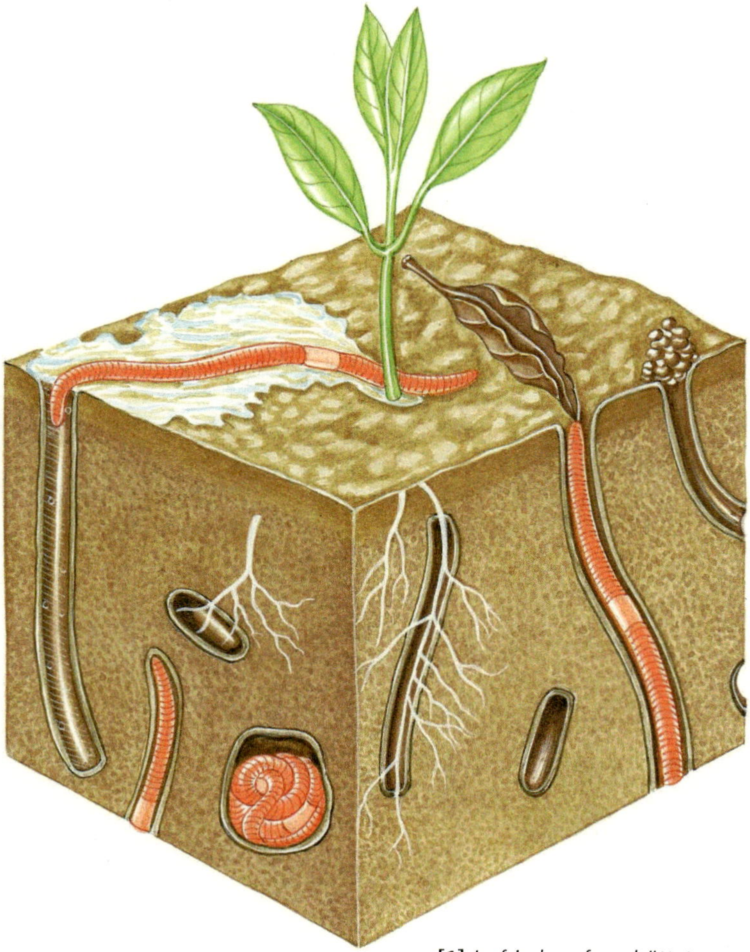

[1] *In frisch aufgeschütteten Boden fressen sich Regenwürmer im Jahr etwa 3 bis 5 m hinein. Ihre Gänge sind die Belüftungsschächte des Bodens.*

Ein Blick in die Röhre

Regenwürmer ernähren sich buchstäblich von Dreck, genauer von den Mikroorganismen zwischen den Bodenteilchen und wenig zersetzten Pflanzenresten. Die großen Regenwurm-Arten legen 2 bis 3 m tiefe bleistiftdicke, meist senkrecht nach unten führende Röhren an, von denen erst tiefer im Boden waagerechte Gänge abzweigen. Mit dieser Grabtätigkeit lockern sie den Boden auf, verbessern die so wichtige Bodendurchlüftung und sorgen gleichzeitig für einen guten Durchfluss des Niederschlagswassers. Alle Regenwurmgänge werden mit Schleim ausgekleidet, der die Bodenkrümel verklebt [1] und die kleinen Schachtanlagen stabilisiert. Auch Pflanzenwurzeln nutzen diese vorgefertigten Regenwurmkanäle gerne zum raschen Vorwärtskommen.

Humusbildner

In der sicheren Dunkelheit der Nacht steigen die Würmer in ihren Röhren auf, um auch die nächste Umgebung nach halb verrotteten Blättern abzusuchen. Unter einer dickeren Laubstreu in der dunklen Gartenecke kann man sogar hören, wie der Regenwurm sich Blattstücke reinzieht. Was dabei herauskommt, ist bestimmt nicht der letzte Dreck, denn der Wurmkot enthält wertvolle Mineralstoffe. Erdhäufchen aus Wurmkot [1] zeigen die Grabtätigkeit der Würmer. Graben, Wühlen, Fressen, Durchmischen und Ausscheiden der Bodenbestandteile sind wichtige Beiträge zur **Humusbildung**.

Projekt-Tipp: Regenwurm im Farmbetrieb

Regenwürmer arbeiten nicht nur im Garten- oder Waldboden, man kann sie auch in einer speziellen Wurmfarm im Kasten halten und direkt bei der Arbeit beobachten.

Schneide dazu die in der Zeichnung dargestellten Holzteile auf die angegebenen Maße zu. In den Boden bohrst du einige große Abzugslöcher, denn Regenwürmer mögen keine Staunässe. Damit die Würmer nicht entkommen, solltest du die Löcher mit einem feinmaschigen Drahtgeflecht abdichten. Die Seitenwände bestehen aus zwei Plexiglasscheiben im Format 30x30 cm. Es sind die Schaufenster zum Regenwurm-Bergwerk. Eine Abdeckhaube aus festem Karton oder Sperrholz sorgt für die nötige Dunkelheit. Nimm sie nur zeitweise weg, um den Würmern bei der Arbeit zuzusehen. Lagenweise gibst du nun dunkle, krümelige, leicht feuchte Gartenerde und helleren Sand in den Kasten. Obenauf kommt etwas Falllaub oder Pflanzenhäcksel. Fünf Regenwürmer, die du beim Umgraben oder abends im Schein der Taschenlampe auf den Beeten findest, bilden die Startbesatzung. Nun geht es los: Die Farm in einem kühlen Raum oder draußen aufstellen, Boden leicht feucht halten, alle paar Tage welke Blätter verschiedener Pflanzen zugeben, und zum

[2] *Der auffällige Ring im vorderen Körperteil wird bei der Eiablage abgestreift.*

[3] *Im dunklen, krümeligen Garten- oder Ackerboden finden die Regenwürmer reichlich Nahrung. Durch ihre Wühlarbeit geht es im Boden auch weiterhin locker zu.*

Wenn der Lichtschutz fehlt: Lichttod

Der Aufenthalt außerhalb ihrer dunklen Unterwelt ist jedoch ziemlich gefährlich. Nicht nur hungrige Drosseln, auch das grelle Tageslicht ist für Regenwürmer sehr schädlich. Ihre Haut schützt sie nicht vor den gefährlichen UV-Strahlen. Wenn sie nicht rasch genug in ihr dunkles Zuhause zurückfinden, sterben sie den Lichttod.

Mehr als 100 Würmer betätigen sich unter jedem Quadratmeter gesunden Gartenbodens als wühlende Bergleute. Äcker weisen etwa 1 bis 3 t Regenwürmer je Hektar (100 m · 100 m) auf. Das ist mehr als doppelt so viel wie die Masse aller anderen Bodentiere zusammen.

Regenwürmer sind Ringelwürmer

Bei allen Regenwürmern fällt die regelmäßige Gliederung ihres Körpers in Rumpfringe auf. Wegen dieser Ringe zählt der Regenwurm zu den **Ringelwürmern**. Bei der größten heimischen Art, dem Gewöhnlichen Regenwurm, sind es bis 180. An den Flanken und an der Bauchseite jedes Rumpfrings sitzen paarweise acht kurze Borsten. Übrigens: Regenwürmer sind schmerzempfindlich, und sie wachsen auch nicht wieder zusammen, wenn der Spaten sie zerschneidet. Bei winterlicher Kälte und sommerlicher Trockenheit ziehen sie sich tief in schleimverkleidete Hohlräume zurück rollen sich ein und fallen in einen Starrezustand [1].

Merkmal

- ▶ Regenwürmer durchtunneln den Boden mit ihren Wurmgängen und lockern damit den Boden auf.
- ▶ Sie ernähren sich von Mikroorganismen und wenig zersetzten Pflanzenteilen, die sie von oben in die Wohnröhren hineinziehen.
- ▶ Mit ihren Ausscheidungen tragen sie zur Humusbildung im Boden bei.
- ▶ Helles Tageslicht ist für Regenwürmer lebensgefährlich.
- ▶ Regenwürmer gehören zu den Ringelwürmern. Ihr Körper besteht aus zahlreichen ringförmigen Abschnitten.

Denkmal

❶ Warum ist der Name Regenwurm für diese Tiere besonders zutreffend?

❷ Wie legt der Regenwurm seine Wohngänge an und welche Vorteile hat das für die Pflanzen und den Boden?

❸ Wovon ernähren sich die Regenwürmer?

❹ Erkundige dich, was man unter einer Drainage versteht und erkläre, was sie mit den Wohnröhren der Regenwürmer gemeinsam haben.

❺ Warum meiden Regenwürmer normalerweise das helle Tageslicht?

❻ Wie überstehen die Würmer den Winter, wenn der Boden gefroren ist?

❼ Regenwürmer sind Ringelwürmer. Erkläre.

Vergleich auch einmal Zeitungspapierschnipsel, Wattestücke, Schaumstoffflöckchen und Alu-Streifen anbieten. Nach ungefähr zwei Wochen leerst du den Kasteninhalt im Garten aus.

Protokoll: Schreibe deine Beobachtungen in der Wurmfarm in ein Protokoll. Mit einigen Fotos, die du während der Wurmarbeit gemacht hast, kannst du das Protokoll anschaulich ergänzen.

[4] *Regenwurm-Farm*

Gartenarbeiten

Graben, hacken, säen, pflanzen, düngen, gießen – bevor man im Garten etwas ernten kann, ist vielerlei Bodenbearbeitung zu erledigen.

[1] *Besonders im Sommer ist Gießen und Bodenlockerung für das Pflanzenwachstum wichtig.*

[2] *Andere Gärten sehen dagegen eher aus wie ein Stück wilde Natur, vor allem wenn sie sich selbst überlassen bleiben.*

[3] *Gartengeräte von oben: Spaten, Grabgabel, Rechen, Grubber, Doppelhacke, Blumenkelle, Sauzahn, Pflanzer*

Eine der wichtigsten Arbeiten im Garten ist das Umgraben. Wenn der mit einem kräftigen Fußtritt in den Boden gedrückte Spaten die abgestochene Scholle mit Schwung wendet, ist für Tausende kleiner Bodentiere und etliche Pflanzenwurzeln nichts mehr, wie es vorher war. Ihre Welt steht jetzt auf dem Kopf. Die Bodentiere versuchen so schnell wie möglich wieder in das gewohnte Dunkel zu fliehen – 30 cm können da schon ganz schön weit sein.

[4] *Beim Mulchen, z. B. mit Grasschnitt, sind die Pflanzen im Frühjahr soweit verrottet, dass sie untergegraben werden können.*

Umgraben – die Welt auf den Kopf stellen

Beim Umgraben wird der Gartenboden gelockert. Luft und Wasser können dann besser in tiefere Schichten gelangen, und auch die zarten Wurzeln der keimenden Samen können besser eindringen. Den gleichen Zweck erfüllt das Pflügen der Felder. Eine für das Bodenleben des Gartens schonendere Methode ist die Bearbeitung mit einem so genannten Sauzahn **[3]** oder beim Acker mit einem Grubber.

Düngen – womit und wie?

Ohne Düngung ist kein ausreichendes Pflanzenwachstum möglich. Von Natur aus düngen die Bodenlebewesen mit ihren Ausscheidungen die Pflanzen. Im Gartenbau oder in der Landwirtschaft düngt man oft mit Mist. Er ist ein so genannter organischer **Dünger** und besteht aus abgestorbenen Pflanzenteilen, Tierresten und Kot. Für den Garten gibt es auch andere organische Dünger, beispielsweise Hornmehl oder Guano (Vogelkot). Kunstdünger ist ein Stoffgemisch aus der chemischen Fabrik. Ein besonderes Düngeverfahren ist das **Mulchen.** Hierbei bedeckt man den Boden mit abgemähtem Gras oder anderem Pflanzenabfall. Unter dieser schützenden Decke bleibt er länger locker, er kühlt nicht so schnell aus und bleibt gleichmäßig warm. Außerdem machen die Bodenlebewesen daraus jede Menge **Humus**, den die Pflanzen wiederum verwerten.

Bodenbestandteile

Jeder Garten hat seinen eigenen Boden. Das gilt auch für Äcker und Felder. Oftmals erkennt man die Bodenbeschaffenheit schon an der Farbe. Betrachtet man einen Boden ohne Steine, kann man meist drei Grundbestandteile erkennen, die sich in der Größe der Körner unterscheiden: Im Sand sind sie mit bloßem Auge einzeln zu erkennen. Im lockeren **Sandboden** versickert das Regenwasser sehr rasch. **Lehm** ist eine Mischung aus sehr feinen Sandkörnern und Ton. Im **Ton** sind die winzigen Teilchen selbst mit einer Lupe nicht zu unterscheiden. Ist Ton nass, bleiben diese Teilchen an den Händen kleben. In lehmigen und tonhaltigen Böden bleibt das Wasser lange stehen.

[5] ***Sand*** *enthält deutlich erkennbare einzelne Körnchen.*

[6] ***Lehm*** *ist eine Mischung aus Ton und Sand.*

[7] ***Ton*** *enthält nur ganz winzige Teilchen.*

Versuch: Schlämmprobe

Fülle ein hohes, schlankes Glasgefäß bis zu einem Drittel mit Boden, wobei dieser Steinchen, Sand, feinen Boden, aber auch abgestorbene Pflanzenteile enthalten soll. Gieße fast bis zum oberen Rand Wasser dazu. Jetzt schüttelst du das ganze kräftig durch, indem du das Glasgefäß mit dem Handteller der einen Hand fest verschließt. Danach lass es ruhig stehen und beobachte, wie sich die einzelnen Bodenbestandteile absetzen. Erkläre deine Beobachtung.

[8]

Merkmal

▶ Die Böden unterscheiden sich in der Zusammensetzung ihrer körnigen Bestandteile. Man unterscheidet Sand-, Lehm- und Tonböden.

▶ Zur Garten- und Feldarbeit gehört die häufige Bodenbearbeitung. Die einzelnen Arbeitsgänge sind graben oder pflügen, hacken, säen, pflanzen, düngen und gießen.

▶ Zum Düngen nimmt man organische Dünger oder Kunstdünger.

Denkmal

❶ Nenne die wichtigsten Bodenbestandteile. Welche davon kann man mit bloßem Auge unterscheiden?

❷ Erkundige dich, was man unter Brachland versteht.

❸ Gartengeräte wie Spaten, Crubber, Rechen, Sauzahn oder Pflanzer sind viel zu klein, um damit Felder zu bearbeiten. Wie heißen die entsprechenden Geräte in der Landwirtschaft? Lege eine Tabelle an, stelle die Geräte einander gegenüber und schreibe dazu, wozu man sie einsetzt.

❹ Landwirte unterscheiden organischen Dünger und Kunstdünger. Erkläre.

❺ Wieso steht nach dem Graben oder Pflügen im Boden die Welt auf dem Kopf?

❻ Erkläre die Vorteile von Mulchen.

❼ Wie kann man einen völlig aufgeräumten Garten in einen Naturgarten umwandeln?

[9] *Das Gartenbuch hilft dir bei der Planung des Gartens.*

Minigärten

[1] *In einem Hochbeet wachsen Kräuter, … … Salat … … oder Getreide.*

Auch auf kleinem Raum und inmitten von Asphalt oder Beton lässt sich in der Schule oder zu Hause die Welt zumindest stückweise verschönern.

Alte Kübel neu gefüllt

Am einfachsten lassen sich Minigärten in alten Kübeln einrichten [6]. In den Boden bohrt ihr ein paar große Löcher, damit das Wasser ablaufen kann. Darüber füllt ihr am besten eine Schicht Kies, auf die ihr dann die Erde schüttet.

Mit saurer Blumenerde für ein Moorbeet entsteht eine kleine Heidelandschaft, mit Heidekräutern, Heidelbeeren und ein paar Farnen. Ein eher sandiger Boden erwärmt sich leichter. Dann brauchst du Pflanzen, die Trockenheit gut vertragen, wie Mauerpfeffer oder Fette Henne.

Auch ein kleines „Gebirge" könnt ihr anlegen. Dazu kauft ihr allerdings Spezialpflanzen, die euren Steinen angepasst sind, wie Trauben-Steinbrech oder Hauswurz. Prüft zuvor mit verdünnter Salzsäure (⚠ *Vorsicht!*), ob ihr Kalksteine oder kalkfreie Steine habt. Natürlich könnt ihr auch Blumen und Gemüse in die Minibeete pflanzen. Allerdings müsst ihr hier mehr als bei einem Gartenbeet darauf achten, dass genügend gegossen wird. Denn wenig Boden kann auch nur wenig Wasser speichern.

Hochbeet

Aus einer großen Kiste oder ein paar Brettern lässt sich leicht ein Hochbeet [1] zimmern. An diesem Beet kannst du bequem arbeiten, weil du dich nicht so tief bücken musst. Auf ihm kannst du alles anpflanzen, was auch in ein übliches Gartenbeet kommt. Sogar Minifelder beispielsweise mit Roggen, Weizen, Gerste lassen sich so anlegen. Da die Pflanzen weiter oben wachsen, sind sie außerdem besser zu beobachten.

Hügelbeet

Etwas mehr Geschick braucht schon das Anlegen eines Hügelbeets [2], [3]. Es wird über einer Fläche von ungefähr 3 m x 1,50 m errichtet, kann aber auch größer sein. In die Mitte kommt ein Wall aus groben Pflanzenteilen, wie Ästen oder dicken Stängeln, darüber eine Lage

Der Grüne Tipp:

Pflanzen in Kübeln [5] sollten nur von unten gewässert werden. Dadurch bilden sich am Grunde des Pflanzgefäßes die Hauptmasse der Wurzeln, da dort die Erde am längsten feucht bleibt. Trocknet die Erde bei einer länger andauernden Trockenperiode von oben nach unten ab, so findet die Hauptmasse der Wurzeln immer noch ausreichend Wasser. Gießt man die Pflanzkübel immer nur von oben, so bilden sich die meisten Wurzeln dicht unter der Bodendecke. Das Gleiche gilt natürlich auch für die Zimmerpflanzen.

[4] *In größeren Tongefäßen kannst du auch Kürbis, Tomaten oder Zucchini ziehen.*

[5] *Hier blüht dir was in Töpfen und Kübeln.*

[2] *Eine Hügelbeetanlage im Schnitt.*

[3] *Ein Hügelbeet ist nicht nur eine kunstvolle Anlage, es vergrößert auch die Anbaufläche.*

aus Grassoden. Die nächste Lage ist Laub. Es folgt grober Kompost und oben eine Schicht gute Gartenerde. Damit das Ganze nicht sofort verrutscht, wird es außen von großen Ästen, dünnen Stämmen oder auch Steinen eingefasst. Auf dieses tonnenförmige Beet kann nun Gemüse aller Art gepflanzt werden. Allerdings muss man mit dem Gießen anfangs etwas vorsichtig sein, damit die Erde nicht herab geschwemmt wird. Sobald die Wurzeln stärker sind, halten sie den Boden besser fest.

Trockenmauer

Vor eine hässliche Betonmauer kann man eine Trockenmauer [7] setzen. „Trocken" heißt die Mauer deshalb, weil kein Mörtel verwendet wird. Dafür können in die Fugen auch Pflanzen eingesetzt werden. Wenig Erde zwischen den Steinen reicht den „Mauerblümchen". Eine Mauer bietet ihren Bewohnern ganz unterschiedliche Bedingungen. Je nach der Himmelsrichtung, wird es wärmer oder es bleibt feuchter. Natürlich spielt bei einer Mauer auch die Art der Steine eine Rolle.

Eine Trockenmauer bietet für viele verschiedene Pflanzen und Tiere Platz: Dem lila blühenden Zimbelkraut, dem großen Schöllkraut, das einen orangefarbenen Saft im Stängel enthält, verschiedenen Mauerpfefferarten, den Farnen Mauerraute und Braunstieliger Streifenfarn und vielen Moosen, um nur einige zu nennen. Bei sonniger Lage stellen sich vielleicht auch Eidechsen ein.

Unterschiedliche Böden testen

Fülle Blumentöpfe mit unterschiedlichen Böden. Versuche es mit Blumenerde, grobem Sand, lehmiger Erde oder Erde vom Komposthaufen.

Säe in alle Töpfe die gleiche Pflanze und etwa die gleiche Menge aus, z. B. Gartenkresse. Beschreibe und erkläre die Wachstumsergebnisse.

[6] *Verschiedene Schichten in einem Pflanzgefäß verhindern Staunässe, und die Pflanzen bekommen keine nassen Füße.*

Denkmal

❶ Ordne die folgenden Pflanzen den Pflanzen in der Trockenmauer [7] zu: Mauerraute, Weg-Malve, Zimbelkraut, Mauerpfeffer, Hauswurz, Streifenfarn

❷ Welche Vorteile hat das Hügelbeet gegenüber dem „normalen" Beet?

❸ Was unterscheidet das Hochbeet vom Hügelbeet?

❹ Welche Wachstumsbedingungen müssen bei dem Versuch „Böden testen" gleich bleiben? Wie viele Bedingungen darf man ändern, um die beobachtbaren Änderungen erklären zu können?

[7] *Trockenmauer*

Blüten wie Schmetterlinge

Mit etwas Fantasie sehen die Blüten mancher Pflanzen aus wie bunte Schmetterlinge. Sie geben der Familie der Schmetterlingsblüter den Namen.

Im Frühjahr säen wir nach sorgfältiger Vorbereitung eines Beetes oder eines großen Pflanzkübels Stangenbohnen [1], Buschbohnen und Erbsen aus. Auf den Samentüten steht die genaue Anleitung. Bald schauen die ersten Triebe aus dem Boden. Die ersten Pflanzenteile, die den Boden durchdringen sind nach oben gebogene Schlingen, die Keimhaken. Kurz danach entfalten sich weitere Blättchen.

Stangenbohnen sind Kletterpflanzen

Die ausgesäten Sorten sind unterschiedlich standfest. Die Buschbohnen können sich noch einigermaßen selbst aufrecht halten. Aber die Stangenbohnen sind doch recht anlehnungsbedürftig. Die Spitze ihres Triebes windet sich um alles, was in ihrer Nähe steht und ihr den Weg nach oben ermöglicht. Deshalb muss schon vor dem Aussäen neben jede Pflanze eine Stange gesteckt werden, die ungefähr zwei Meter hoch ist. Sie darf nicht zu glatt sein, da sonst die Triebe abrutschen. Nun kann man jeden Tag erleben, wie die Bohne Stück für Stück den Stamm höher hinaufklettert.

Erbsen sind Rankpflanzen

Erbsen schlingen nicht die Spitze ihres Stängels um die Kletterhilfe. Sie haben raffiniert gebaute Fiederblätter. An deren Spitze bilden sich an Stelle von Blattfiedern dünne

[1] *Der lange Weg der Stangenbohne beginnt in der Erde. Um Platz zu sparen, kannst du um jede Stange etwa 5–7 Samen legen.*

Ranken [3] aus, die sich mehrfach um die Äste wickeln und so dem Spross Halt geben.

Von der Schmetterlingsblüte zur Frucht

Bald erscheinen die Blüten. Sie können ganz unterschiedlich gefärbt sein: weiß, bläulich oder knallrot wie bei der Feuerbohne. Wenn sie voll entwickelt sind, nehmen wir uns eine etwas genauer vor und fertigen ein Legebild an [5]. Nach der Seite erstrecken sich zwei Flügel, nach oben eine Fahne, und den

[2] *Die Luzerne ist eine wichtige Futterpflanze für unsere Nutztiere.*

[3] *Die Erbsen brauchen eine Rankhilfe. Hier reichen Reiser oder die Äste eines alten Baumes.*

[4] *Auch der prächtig blühende Goldregen ist ein Schmetterlingsblüter. Vorsicht! Alle Teile sind giftig.*

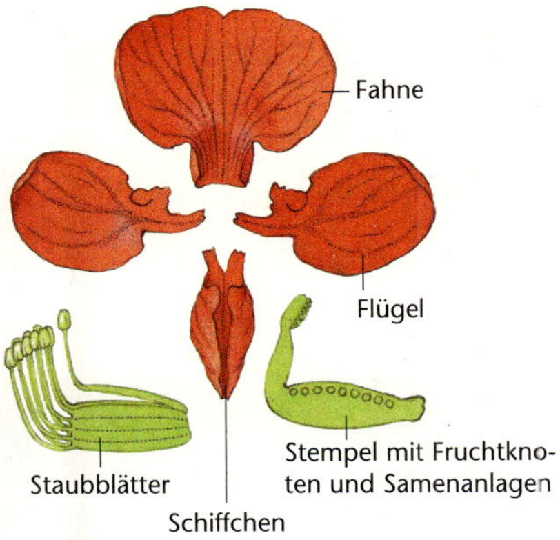

[5] *Das Legebild der Schmetterlingsblüte zeigt die Ähnlichkeit mit einem Schmetterling.*

[6] *Am Längsschnitt durch eine Schmetterlingsblüte erkennt man im Fruchtknoten die Samenanlagen.*

„Hinterleib des Schmetterlings" bildet das Schiffchen. Im Innern liegen zehn Staubblätter und der Stempel. Neun der zehn Staubblätter sind zu einer Röhre verwachsen. Sie umgibt den ganz innen liegenden Stempel. Die Kelchblätter außen sind klein und zipfelförmig. Diese unverwechselbare Blütenform weisen Bohnen, Erbsen, Wicken, Goldregen, die Kleearten und noch viele weitere Pflanzen auf. Man fasst sie daher zur Familie der **Schmetterlingsblüter** zusammen.

Nach der Bestäubung und der Befruchtung wächst aus dem länglichen Fruchtknoten die **Hülse**, die die Samen enthält.

Wurzelknöllchenbakterien fördern das Wachstum

An den Wurzeln entwickeln sich bei den Schmetterlingsblütern knotige Verdickungen [7], die man Wurzelknöllchen nennt. Darin leben große Mengen Bakterien, die den Stickstoff aus der Luft im Boden binden und ihn für die Pflanze verwertbar machen. Das verhilft den Schmetterlingsblütern zu gutem Wachstum ohne viel Dünger.

[7] *An den Wurzeln lassen sich die Wurzelknöllchen gut erkennen.*

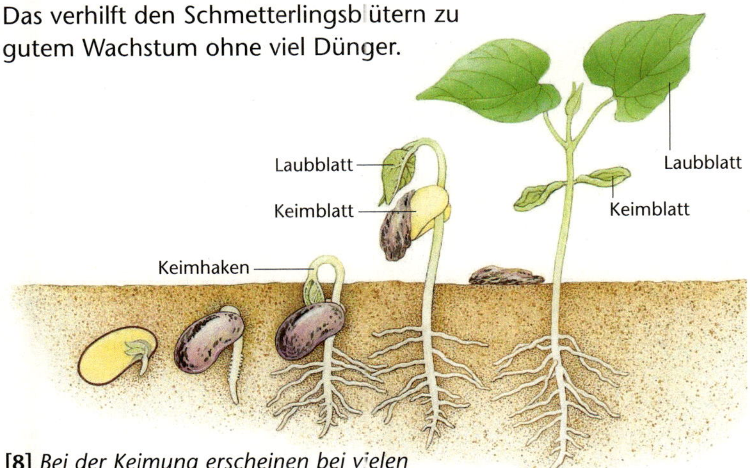

[8] *Bei der Keimung erscheinen bei vielen Bohnen als erstes die dicken Keimblätter. Die Keimblätter sehen völlig anders aus als die Laubblätter.*

Merkmal

- Die fünf Kronblätter einer Schmetterlingsblüte tragen besondere Namen: Unter der Fahne befinden sich die beiden Flügel und das aus zwei Kronblättern verwachsene Schiffchen.
- Pflanzen mit einer typischen Schmetterlingsblüte fasst man zur Familie der Schmetterlingsblüter zusammen.
- Aus dem Fruchtknoten der Schmetterlingsblüte entwickelt sich zur Reifezeit die Frucht, eine Hülse.
- In den Wurzelknöllchen der Schmetterlingsblüter befinden sich Wurzelknöllchenbakterien. Diese können den Stickstoff aus der Luft im Boden in ein verwertbares Nährsalz umwandeln.

Denkmal

1. Benenne die Teile einer typischen Schmetterlingsblüte. Wie sind die Staubblätter in dieser Blüte angeordnet?
2. Schreibe Beispiele auf aus der Familie der Schmetterlingsblüter. Unterstreiche die Nutzpflanzen.
3. Wie schaffen es Bohnen- und Erbsenpflanzen „bei der Stange zu bleiben?"
4. Schlage im Lexikon oder in einem Kochbuch unter dem Stichwort „Hülsenfrüchte" nach. Suche einige nationale und internationale Rezepte heraus.
5. Vergleiche den Keimvorgang bei einer Buschbohne und bei einer Stangenbohne. Beschreibe deine Beobachtung.
6. Fertige einen Steckbrief einer Bohnen- oder Erbsenpflanze an.
7. Beim Wachsen in der Wiese kriegt der Klee ein Knöllchen. Erkläre.

Auf die Blüte folgt die Frucht

Kirschen können nur heranreifen, wenn Insekten die Blüten zuvor bestäubt haben. Erst danach findet die Befruchtung statt.

[1] *Kirschbaumblüte*

[2] *Blütenbesucher*

[3] *Heranreifende …*

[4] *und reife Kirschen*

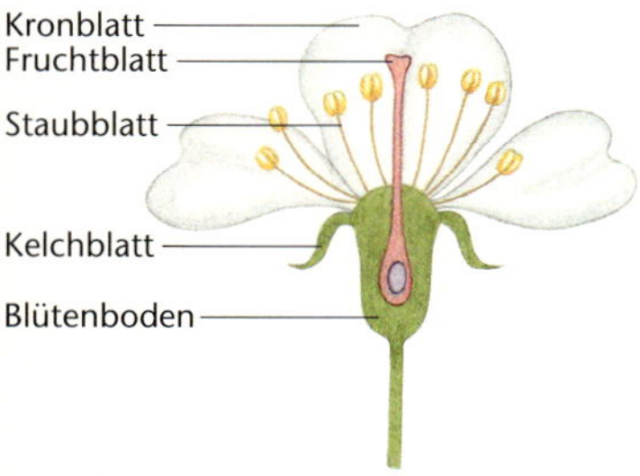

[5] *Kirschblüte*

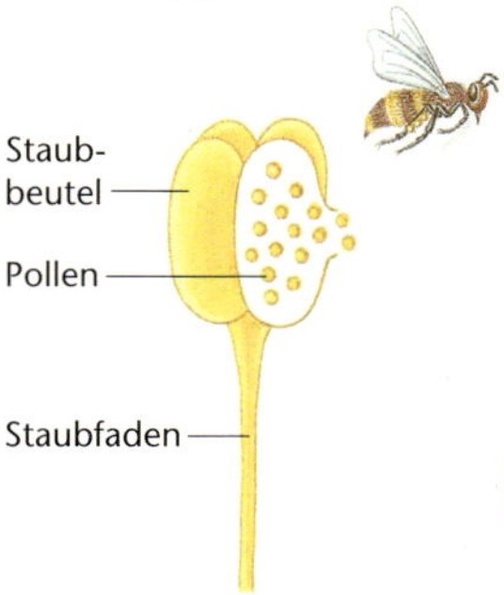

[6] *Staubblatt*

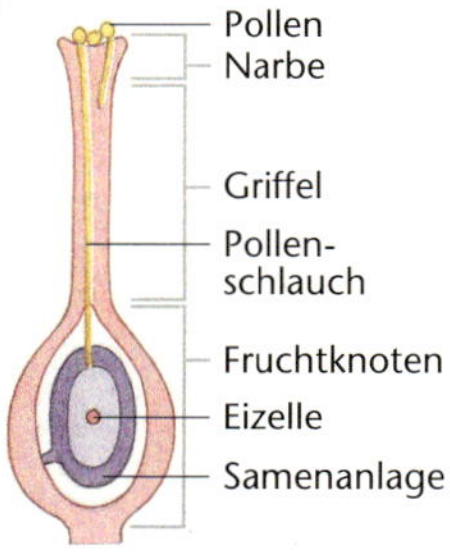

[7] *Stempel*

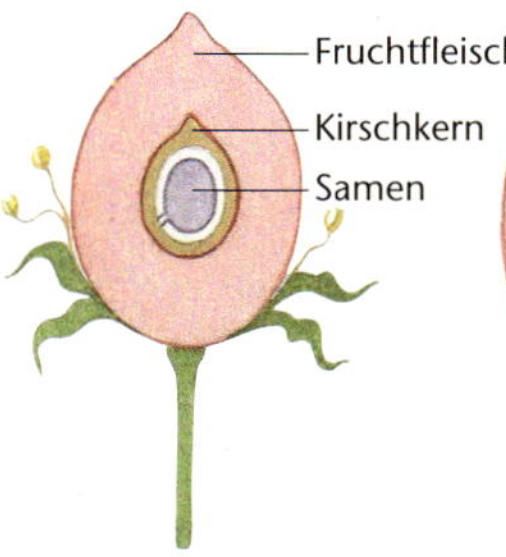

[8] *Heranreifende Kirsche*

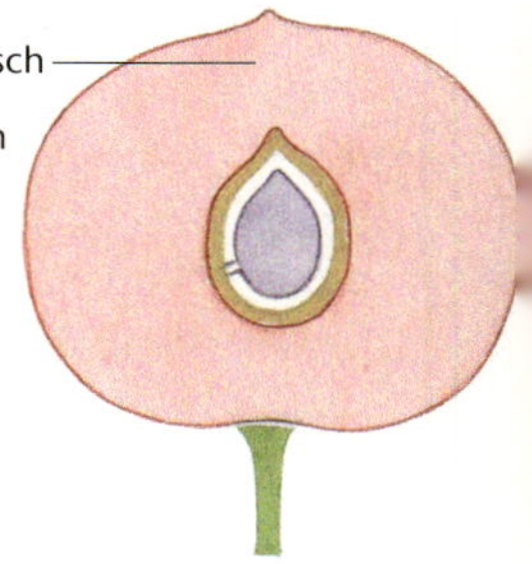

[9] *Reife Kirsche*

Das Kelchblatt ist zum Schutz gemacht,
das Kronblatt lockt mit seiner Pracht,
das Staubblatt macht den Pollen,
den Bienen gerne wollen.
Die Narbe nimmt den Pollen auf,
im Griffel nimmt er seinen Lauf
und wandert froh und munter
zum Fruchtknoten hinunter.

MELANIE ZIMMERMANN

Während der Kirschbaumblüte [1] im Frühjahr sind alle Zweige dicht mit weißen Blüten besetzt. Mit der Luft verströmt das weiße Blütenmeer einen feinen zarten Duft. In den Bäumen hört man ein feines Summen. Dutzende bis Hunderte von Bienen [2] machen sich in den Blüten zu schaffen. Wer schon zur Blütezeit von den süßen Kirschen träumt, muss wissen, dass er diese nur dem perfekten Zusammenspiel von Blüte und Insekt verdankt.

Blüten locken Bienen an

Die fünf auffallend großen und blütenweißen Kronblätter [5] locken die Bienen an. Sie signalisieren, dass es hier eine Menge Nahrung zu holen gibt. Schlitzt man eine Kirschblüte mit dem Fingernagel der Länge nach auf, legt man den im Blütenboden sitzenden Fruchtknoten mit der Samenanlage frei. Nach oben verlängert sich der Fruchtknoten in einen schlanken Griffel. Auf dessen Spitze sitzt die glänzende und leicht klebrige Narbe. Fruchtknoten und Griffel mit Narbe nennt man auch Stempel. Der Blütenboden scheidet eine zuckerige Flüssigkeit aus, den Nektar. Für die Bienen ist er eine wertvolle Nahrung. Daher saugen sie ihn begierig auf. Außerdem sammeln sie den nahrhaften Blütenstaub, der aus winzigen gelben Pollenkörnern besteht.

Bienen bestäuben Blüten

Bei der Nahrungssuche in der Blüte berührt die Biene immer wieder die reifen und aufgeplatzten Staubbeutel. In ihrem Haarpelz bleiben deshalb größere Mengen der Pollenkörner hängen. Wenn die mit Blütenstaub eingepuderte Biene nun eine andere Blüte anfliegt [2], berührt sie unvermeidlich die Narbe auf der Griffelspitze. Hier bleiben einige der mitgebrachten Pollenkörner kleben. Diesen Vorgang, bei dem Pollen aus einer anderen Blüte auf die Narbe übertragen wird, nennt man **Bestäubung.** Die Bienen dienen hier als Bestäuber.

[10] *Ohne diese Blütenbesucher wird es keine Kirschen geben.*

Die Blüte wird befruchtet

Mit der Lupe kann man die Pollenkörner auf der Narbe [7] gerade noch erkennen. Alle weiteren Vorgänge im Inneren des Fruchtknotens sind nur noch im Mikroskop erkennbar. Jedes Pollenkorn beginnt zu keimen und treibt einen kleinen Schlauch, den Pollenschlauch, aus, der innen durch den Griffel zur Samenanlage im bauchigen Fruchtknoten wächst. In der Samenanlage befindet sich eine Eizelle. Der erste hier ankommende Pollenschlauch platzt auf. Ein Teil des Schlauchinhalts und die Eizelle verschmelzen miteinander. Diesen Vorgang nennt man **Befruchtung.** Die Samenanlage der befruchteten Kirschblüte entwickelt sich nun zum Samen.

Von der Blüte zur Frucht

Bald ist auch äußerlich zu erkennen, dass die Kirschblüte befruchtet wurde. Die Kronblätter welken und fallen ebenso ab wie die Staubblätter. Der Fruchtknoten vergrößert sich schließlich zu einem kleinen grünlich gelben Früchtchen [3]. Dieses wächst zur reifen, roten **Steinfrucht** [4], Kirsche heran. Das saftige Fruchtfleisch und die harte Schale des Kirschkerns sind dabei aus der Wand des Fruchtknotens hervorgegangen. Der Samen im Inneren des Kirschkerns entwickelte sich dagegen aus der Samenanlage. Pflanzt man ihn ein, keimt daraus ein neuer Kirschbaum.

[11] *Reife Kirschen*

Merkmal

▶ Bienen und andere Insekten übertragen Pollenkörner von Blüte zu Blüte. Diesen Vorgang nennt man Bestäubung.

▶ Jedes Pollenkorn treibt einen Pollenschlauch zum Fruchtknoten und verschmilzt hier mit der Eizelle. Diesen Vorgang nennt man Befruchtung.

▶ Nur nach erfolgreicher Befruchtung kann sich der Fruchtknoten zur reifen Frucht entwickeln. Die Samenanlage reift dabei zum keimfähigen Samen.

Denkmal

❶ Aus einem zarten Fruchtknoten entwickelt sich ein harter Kirschkern und saftiges Fruchtfleisch. Aus welchen Teilen der Blüte geht der Kirschkern und das Fruchtfleisch hervor?

❷ Wie werden die Kirschblüten bestäubt und welche Aufgabe haben dabei die großen Kronblätter?

❸ Welche Blütenteile einer Blütenpflanze sind die männlichen Fortpflanzungsorgane und welche die weiblichen?

❹ Wo sitzt in der frisch entfalteten Blüte die Samenanlage und wozu hat sie sich in der Steinfrucht entwickelt?

❺ Erkläre den Unterschied zwischen Bestäubung und Befruchtung.

❻ Manche Imker stellen ihre Bienenvölker in blühende Obstplantagen. Sie bekommen dafür vom Obstbauern Geld. Erkläre, warum sich dieser Aufwand lohnt?

❼ Zerlege mit einer Pinzette eine Kirschblüte und erstelle ein Legebild. Fetige eine Zeichung davon an und beschrifte die verschiedenen Blütenteile.

❽ Wie ist es möglich, dass Äpfel mehrere Samen enthalten, die Kirsche dagen nur einen?

Blüten-Lexikon

Der Fruchtknoten mit der Eizelle in der Samenanlage ist das weibliche Fortpflanzungsorgan einer Blütenpflanze, das Pollen produzierende Staubblatt das männliche. In der Kirschblüte kommen beide dicht nebeneinander vor – sie ist also **zwittrig**.

Andere Pflanzenarten tragen rein weibliche und rein männliche Blüten. Befinden sie sich auf der gleichen Pflanze wie beim Hasel, ist die Art **einhäusig**. Weiden sind dagegen **zweihäusig**, weil männliche und weibliche Blüten auf zwei verschiedenen Pflanzen sitzen.

Nicht bei allen Blütenpflanzen sind Bienen oder andere Insekten als Pollenkuriere und somit als Bestäuber beschäftigt. Manche Arten verbreiten ihren Blütenstaub mit dem Wind. Sie sind **windblütig**, wie etwa Birke und Erle. Bei empfindlichen Menschen lösen die fliegenden Pollenkörner heftige Allergien aus.

Rund um die Kartoffel

Zur Vermehrung einer Pflanze gehört eigentlich das volle Programm mit Blüte, Frucht und Samenreifung. Fortpflanzen geht bei manchen Nutzpflanzen aber auch auf Nebenwegen.

[1]

Wer im Sommer Kartoffeln ernten möchten, der legt im Frühjahr in gleichmäßigen Abständen junge „Setzkartoffeln" in den Boden. Alle anderen Feldfrüchte werden dagegen ausgesät.

Kartoffeln vermehren sich geschlechtlich und ungeschlechtlich

Kartoffeln können natürlich wie andere Blütenpflanzen blühen, daran anschließend fruchten und zur Reifezeit Samen bilden. Da sie sehr frostempfindlich sind, pflanzt der Landwirt sie im Frühjahr als Knolle. Jede einzelne Setzkartoffel entwickelt im Laufe des Sommers viele unterirdische Triebe, so genannte Erdsprosse [1], an denen sich neue Kartoffelknollen bilden. Für die erfolgreiche Fortpflanzung verwendet die Kartoffelpflanze außer der Frucht- und Samenbildung also auch einen anderen Weg.

Dieses Verfahren, bei dem eine Mutterpflanze als Nachkommenschaft zahlreiche Tochterknollen bildet, nennt man **ungeschlechtliche** oder **vegetative Vermehrung**.

Die Kartoffelknolle ist eine Sprossknolle

Beim Schälen sieht man auf der Kartoffelknolle die so genannten Augen [3]. Es sind die Narben frühzeitig abgefallener Schuppenblätter und die in deren Achsel neu entwickelten Knospen. An den Kartoffelaugen erkennt man, dass die Kartoffel eine

Kartoffel-Geschichte

Im Jahre 1526 drangen spanische Seefahrer bis in die Anden vor und lernten bei den dortigen Inkas seltsame essbare Knollen kennen. Um 1555 kamen diese erstmals nach Spanien und verbreiteten sich von hier über ganz Europa. In Italien nannte man sie tartuffoli, in Deutschland wurde daraus der Name Kartoffel. Über fast 200 Jahre hielt man sie allerdings nur als Zierpflanze in Gärten. Da alle grünen Teile der Pflanze giftig sind, wagte man nicht, sie zu essen. Seit 1750 wurde die Kartoffel jedoch als Nahrungsmittel angebaut. In Preußen setzte FRIEDRICH DER GROSSE den Anbau wegen großer Hungersnot gegen den Widerstand der Bauern durch.

Zum wichtigen Grundnahrungsmittel wurde die Kartoffel erst im 19. Jahrhundert. In Bolivien und Peru kommen heute noch ihre Wildformen vor.

[2] *Heute pflanzt man über 300 verschieden Kartoffelsorten an.*

[3] *Die halbkreisförmige Erhebung an der Kartoffelknolle ist die Blattnarbe. In der Vertiefung sitzt die Knospe.*

[4] *Die Blättchen junger Kartoffeltriebe sind noch schuppenförmig.*

Sprossknolle ist, denn an Wurzeln wachsen niemals Blätter. Kartoffeln sind daher keine verdickten Wurzeln, sondern Teile des Sprosses. Lagert man Kartoffeln längere Zeit zu warm, entwickeln sich die Knospen im Dunkeln zu langen, bleichen Trieben, die ebenfalls bleiche Schuppenblätter [4] tragen. Erst wenn sie ans Licht kommen, ergrünen sie und strecken sich zu den bekannten Fiederblättern.

Vom Kartoffelkäfer

Um 1874 wurde der aus dem südlichen Nordamerika stammende Coloradokäfer nach Europa eingeschleppt, wo er sich insbesondere über die Kartoffelpflanzen hermachte und seither **Kartoffelkäfer** [6] heißt. Die ziegelroten, dicklichen Larven schaben zunächst nur die Blattflächen an, fressen dann aber vom Rand her die Blätter ganz. Sie verpuppen sich im Boden und überwintern hier als fertige Käfer, meist in 1 m Tiefe.

[5] *Kartoffel-Chips und Pommes frites sind die beliebtesten Kartoffelprodukte.*

Merkmal

▶ Kartoffeln pflanzen sich auch ohne Samen fort. Die Bildung neuer Sprossknollen an Erdsprossen ist eine besondere Form der ungeschlechtlichen Vermehrung.

▶ Der aus Nordamerika eingeschleppte Kartoffelkäfer wurde im vergangenen Jahrhundert zu einem besonders lästigen Kartoffelschädling.

Denkmal

❶ Obwohl die Kartoffel unter der Erde wächst, ist sie kein Wurzelgemüse. Erkläre.

❷ Warum hatte die Kartoffel in Europa einen schlechten Start?

❸ Die Kartoffel bezeichnet man auch als Hackfrucht. Erkläre.

❹ Welchen Sinn hat es, dass die langen Triebe bleich sind und nur Schuppenblätter tragen?

❺ Trage verschiedene Kartoffelrezepte zusammen und erstellt gemeinsam ein Kartoffelbuch.

❻ Träufle auf die frische Schnittfläche einer Kartoffel etwas Lugol'sche Lösung. Erkläre deine Beobachtung.

❼ Die irischen Bauern wurden gezwungen, jahrelang auf ein- und demselben Acker Kartoffeln anzubauen. Das war eine weitere Ursache für die aufgetretene Hungersnot. Überlege, welche Wachstumsbedingungen Pflanzen haben und erkläre damit die Hungersnot.

❽ Kann auch aus einer halben Kartoffelknolle, die man in den Boden legt, eine neue Kartoffelpflanze wachsen? Formuliere dazu eine Vermutung und überprüfe diese in einem Experiment.

[6] *Kartoffelkäfer und ihre Larven sind heute gefürchtete Kartoffelschädlinge.*

[7] *Auf dem Kartoffelfeld muss sich heute niemand mehr bücken. Die Ernte erfolgt vollautomatisch.*

Vom Gras zum Getreide

Schon vor Jahrtausenden erzielte der Mensch aus Wildgräsern durch Auslese einen höheren Körnerertrag. Als Kulturpflanzen kennen wir sie unter dem Namen Getreide.

[1] *Von oben nach unten: Hafer, Weizen, Roggen, Gerste.*

Vor vielleicht 10 000 Jahren entdeckten die Menschen in den westasiatischen Steppen, dass sie sich von den Körnern bestimmter Wildgräser ernähren konnten. Dazu suchten sie wohl vor allem Graspflanzen mit besonders großen und mehlreichen Körnern aus. Irgendwann begannen sie, die übrig gebliebenen Körner auszusäen, um in der Nähe ihrer Lagerplätze bequemer ernten zu können. Die ständige Auslese immer ertragreicherer Pflanzen und deren gezielter Anbau veränderte die Wildgräser allmählich – sie wandelten sich zu Nutzpflanzen. Die Gerste ist die älteste Kulturpflanze der Menschheit.

[2] *Wildkräuter im Getreidefeld – schön, aber nicht gerne gesehen*

Eine Frage der Ähre

Bei den Wildgräsern zerfällt die Ähre [4] bei der Reife in einzelne Teile. Das ist für die Verbreitung vorteilhaft. Für die Ernte ist eine solche zerbrechliche Ähre allerdings unpraktisch, weil dadurch viele Körner verloren gehen. Mit dem Wandel zum **Kulturgras** wurde die Ähre bruchfest. Bevor man die Körner nutzen kann, müssen sie durch Dreschen aus dem Fruchtstand Ähre befreit werden. Solche Pflanzen nennt man **Getreide.**

Für Weiß-, Grau- und Schwarzbrot

Der **Saatweizen [1]** ist heute weltweit die wichtigste Getreideart. Die Ährchen tragen jeweils nur sehr kurze Grannen. Unreif ist die Weizenpflanze an ihrer dunkelgrünen Farbe zu erkennen. Winterweizen wird schon im Herbst des Vorjahres ausgesät, Sommerweizen erst im Frühjahr. Die reifen Weizenkörner sind rundlich und tragen an der Spitze eine Bürstenfrisur aus kurzen Härchen [3]. Aus ihnen gewinnt man das weiße Weizenmehl, zum Backen von hellem Brot, Brötchen und Kuchen.

Unser Hauptbrotgetreide ist jedoch der **Roggen [1]**, den man auch einfach Korn nennt. Die Ährchen tragen Grannen, die fast halb so lang sind wie die Ähre. Vor der Reife sind Roggenpflanzen hell bläulich-grün. Das Mehl ist dunkler als beim Weizen. Die daraus gebackenen Roggenbrote heißen daher in manchen Gegenden auch Graubrot. Roggen verwendet man auch für die dunklen Vollkorn- oder Schwarzbrote.

Mahlgut

Stellt der Müller das Mahlwerk seiner Mühle so ein, dass vom Korn nur das helle Mehl gewonnen wird und die Schalenanteile, Kleie genannt, zurückbleiben, erhält er ein so genanntes Auszugsmehl. Auf der Weizenmehltüte steht zusätzlich die Angabe „Type 405" – sie benennt den Anteil der Mineralstoffe. In diesem Fall 4,05 Gramm in 1 Kilogramm Mehl. Dunklere Mehle haben einen höheren Mineralstoffanteil. Beim Roggenmehl der Type 1150 sind es in einem Kilogramm Mehl 11,50 g.

Außer zu staubfeinem Mehl kann man die Getreidekörner auch gröber vermahlen. Je nach Körnung unterscheidet man feinen Gries, gröbere Graupen und geschrotete Grütze. Grünkern gewinnt man aus einer besonderen Weizenart, dem **Dinkelweizen.**

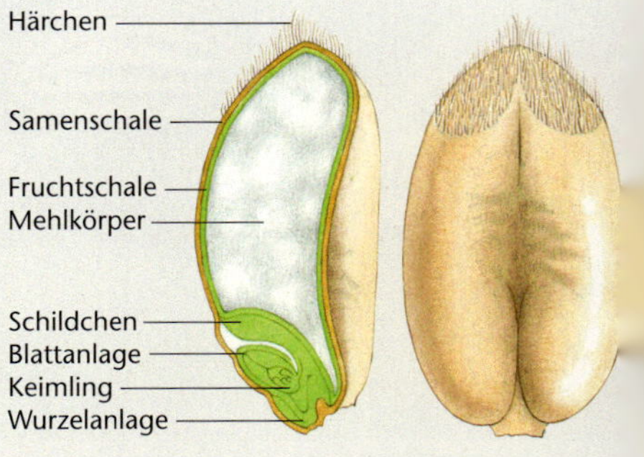

[3] *Getreidekorn: Frucht- und Samenschale sind miteinander verwachsen.*

[4] *Eine Ähre setzt sich aus zahlreichen Ährchen zusammen.*

Für Gerstensaft und Haferbrei

Die **Gerste** [1] erkennt man vor der Reife an ihrer gelbgrünen Farbe. Ihre Grannen sind länger als die Ähre. Als Futtergerste verfüttert man sie an das Vieh, oder man verwendet sie als Braugerste zum Bierbrauen.

Hafer [1] trägt als einziges heimisches Getreide keine Ähre, sondern Rispen [199.7]. Seine Körnerfrüchte werden geschält und zu Haferflocken platt gewalzt. Man isst sie z. B. im Müsli oder als Haferbrei.

Andere Länder, andere Körner

In den wärmeren Ländern der Erde gedeihen Weizen und Roggen nicht, in Asien dafür aber die Sumpfpflanze **Reis** [8], [9] und in Afrika die an Trockenheit angepasste **Hirse** [7]. **Mais** [6] stammt ursprünglich aus Mittelamerika. Er wird auch in Deutschland angebaut, erreicht aber nicht die volle Reife. Man verwendet ihn unreif zur Winterfütterung der Rinder und lagert ihn dazu in großen Silos als Silage-Mais. Import-Mais aus den USA ist der Rohstoff für Popcorn und Speisestärke.

[5] *Fruchtstand Ähre*

Cerealien

Nach der griechischen Göttin Ceres, die für das Wachstum der Feldfrüchte zuständig war, nennt man die Getreide auch Cerealien.

[6]–[8] *Mais, Hirse und Reis (v. l. n. r.) sind wichtige fremdländische Getreide.*

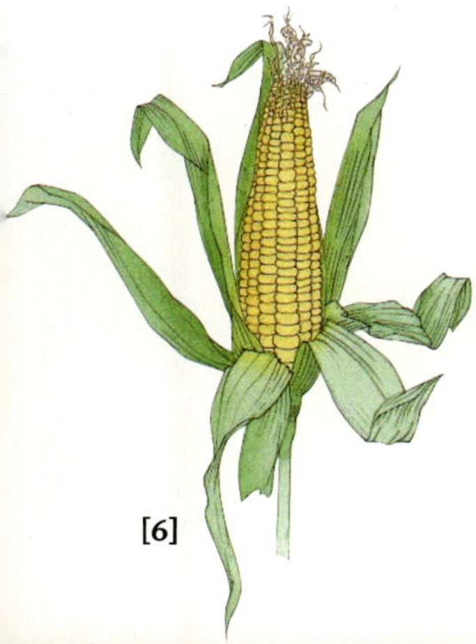

[6]

[7]

[8]

Merkmal

▶ Getreidearten, die mehlhaltige Körnerfrüchte liefern, sind Nutzgräser. Sie entstanden vor ungefähr 10 000 Jahren durch Auslese immer ertragreicherer Pflanzen aus westasiatischen Steppengräsern.

▶ Wildpflanzen, die der Mensch durch gezielte Auslese verändert hat und für seine Ernährung nutzt, nennt man Kulturpflanzen.

▶ Wichtige in Mitteleuropa angebaute Getreidearten sind Weizen, Roggen, Gerste und Hafer.

[9] *In Südostasien baut man Reis in gefluteten Hangterrassen an.*

Denkmal

❶ Nenne wichtige Getreidearten mit Ähren und solche mit Rispen.

❷ Erkläre die Begriffe Ähre, Ährchen, Granne und Halm sowie Samen und Frucht an einer Getreidepflanze.

❸ Grasblüten sind unscheinbar und nicht auffällig bunt. Welche Aufgaben haben die Kronblätter und warum können Gräser darauf verzichten?

❹ Eine zerbrechliche Ähre ist für das Wildgras vorteilhaft, bei der Kulturform Getreide aber nicht. Erkläre.

❺ Erkläre den Unterschied zwischen Sommer- und Wintergetreide.

❻ Informiere dich, aus welchem Mehl man Pizza, Polenta, Ciabatta, Fladenbrot und Baguette zubereitet.

❼ Welches Getreide liefert das Mehl für Lassagne, Spaghetti oder Tortellini?

❽ Ermittle mithilfe eines Lexikons, woraus man Gries herstellt.

❾ Braumalz gewinnt man aus Braugerste. Informiere dich.

Quer durch den Garten

[2] *Die Zutaten aus dem Gemüsegarten machen den Big-Schmeck erst so richtig gesund.*

Die Wilde Möhre [1] ist eine häufige heimische Pflanze an Wegrändern und auf Brachland. Zerreibt man ihre fein gefiederten Blätter, versteht man sofort, warum sie so heißt. Gräbt man sie aus, sind die Ähnlichkeiten zur Garten-Möhre schon weniger deutlich. Anstelle einer saftigen Karotte findet man nur eine spindeldürre und blasse Wurzel. Obwohl der Mensch erst vor wenigen Jahrtausenden damit begann, aus den vorgefundenen Wildpflanzenarten Kulturpflanzen zu züchten, hat er deren Merkmale stark verändert und seinen Bedürfnissen angepasst.

Ohne ertragreiche Nutzpflanzen könnten die Menschen gar nicht überleben. In Europa ernähren sie sich schon lange nicht mehr nur von Arten, die von Natur aus hier zu Hause sind, sondern überwiegend von Pflanzen aus anderen Kontinenten. Ein Gang durch den Gemüsegarten ist daher wie ein Ausflug in andere Erdteile.

[1] *Wilde Möhre. Typisches Merkmal ist die Mohren-Blüte in der Mitte ihrer Blütendolde.*

Aus aller Herren Länder

Die Salatgurken stammen aus Nordindien, die Küchen-Zwiebel aus Afghanistan, der Spinat aus dem Kaukasus. Die Tomaten kommen aus Mittelamerika – sie tragen bis heute noch den Namen, den ihnen die Azteken gaben. Die schlanken Zucchinis, die übrigens von der gleichen Wildpflanze abstammen wie die dicksten Halloween-Kürbisse, kommen ebenfalls aus dem tropischen Amerika. Die Erbse ist ebenso im Mittelmeergebiet beheimatet wie der Kopfsalat.

Ungleiche Verwandtschaft

Überaus erstaunlich ist, wie sich durch Züchtung außer dem Geschmack auch das Aussehen nutzbarer Wildpflanzen verändert hat. Gewöhnlich wurde dabei ein bestimmtes Grundorgan der Pflanze stark vergrößert. Der weiße oder schwarze Garten-Rettich, in Bayern Radi genannt, und das kugelige, hochrote Radieschen gehen auf die gleiche Stammform zurück. Auch die Rote Bete und der spinatgrüne Mangold stammen von der gleichen Wildform, der Wilden Rübe [3], ab. Zur gleichen Art gehören noch zwei wichtige Nutzpflanzen, nämlich Futterrübe und Zuckerrübe.

Da haben wir den Salat

Von vielen Pflanzen werden die Blätter roh als Salat gegessen. Vom heute weltweit verbreiteten **Kopfsalat**, der so bereits im Ägypten der Pharaonen angebaut wurde, gibt es zahlreiche Sorten wie Romana, Eichblattsalat oder Lollo Rosso. Die **Endivie** gehört dagegen zu einer anderen Art. Sie stammt aus Südasien und ist nahe verwandt mit Salatzichorie bzw. Chicorée und Radicchio. **Ackersalat** oder Rapunzel ist eine der wenigen heimischen Arten unter den Salatpflanzen.

[3] *Wilde Rübe*

[4] *Bauerngarten*

[5] *Durch Züchtung entstanden aus dem Wildkohl zahlreiche Kohlsorten mit auffällig veränderten Blütenständen, Knospen, Blättern und Stängeln.*

Alles Kohl? Alles Kohl!
Besonders beeindruckend ist die Formenvielfalt bei den Kohlgemüsen [5], die sich alle vom Wildkohl ableiten. Die roten und weißen Kopfkohl-Sorten wie Blaukraut, Wirsing oder Filderkraut sind gigantische Superknospen. Blumenkohl und Brokkoli sind stark gewucherte Blütenanlagen. Beim Rosenkohl sind lediglich die Seitenknospen verändert, und der Grünkohl entwickelt völlig zerknautschte Blätter.

Denkmal

❶ Suche eine Wilde Möhre und vergleiche die Pflanze mit einer ganzen Karottenpflanze.

❷ Erkläre den Unterschied zwischen Gemüse, Salat und Obst.

❸ Wie unterscheiden sich die Kulturpflanzen von den Wildpflanzen?

❹ Ordne die Gemüsearten nach den jeweils verwendeten Pflanzenorganen in Wurzel-, Stängel- und Blattgemüse.

❺ Die meisten Gemüse stammen nicht aus Europa, sondern kamen aus anderen Kontinenten zu uns. Schreibe die Angaben auf dieser Seite heraus und informiere dich auch in einem Erdkundebuch oder im Internet. Du kannst dir mit Mitschülern die Arbeit aufteilen und auf einer selbst gezeichneten Weltkarte die Herkunft anschaulich darstellen.

❻ Aus welchen Pflanzenteilen entwickeln sich Zucchini, Tomaten, Paprika?

❼ Außer den Blättern der eigentlichen Salatpflanzen bereitet man auch bestimmte Gemüsepflanzen als Salat zu. Nenne einige Beispiele.

Projekt-Tipp: Klasse(n)-Kochbuch

Aus fast jeder Gemüseart kann man ein typisches Gericht zubereiten. Auch viele National- und Regionalgerichte enthalten als Zutaten ein besonderes Gemüse. Erstellt in eurer Klasse ein Klassen-Kochbuch („Klasse Kochbuch"), zu dem jeder einen Beitrag liefert. Ergänzt die Kochrezepte durch einen Steckbrief der verwendeten Gemüse.

[6]

Nutzpflanzen

1 Liebesäpfel, Paradeiser oder einfach Tomaten

Schneide eine Tomate längs durch.

a) Fertige eine Zeichnung an und beschrifte sie.
b) Aus welchen Teilen der Blüte stammen die grünen Blättchen, die du am Fruchtansatz siehst?
c) Welche Gemeinsamkeiten zeigen Kartoffel und Tomate?
d) Schlage den Begriff Nachtschattengewächse nach und finde heraus, wie es zu diesem Namen kam.
e) Suche in einem Bestimmungsbuch einheimische Verwandte dieser Pflanzenfamilie.

2 Was sind Früchte?

Für den Gemüsegärtner ist die Gurke eine Frucht.

a) Erkläre den Begriff Frucht aus der Sicht des Gemüsegärtners und aus der Sicht des Käufers.
b) Handelt es sich beim Kohlrabi, beim Mangold oder dem Blumenkohl auch um Früchte? Begründe deine Meinung.

3 Viele Blüten zusammen

Die Wilde Möhre ist eine häufig vorkommende heimische Pflanze an Wegrändern und auf Brachland.

a) Erstelle einen Steckbrief über die Wilde Möhre.
b) Betrachte die Blüten der Wilden Möhre und suche in einem Bestimmungsbuch nach der Pflanzenfamilie.
c) Zu dieser Familie gehören viele Gewürzpflanzen. Finde fünf weitere Gewürzpflanzen und beschreibe ihre Verwendung.

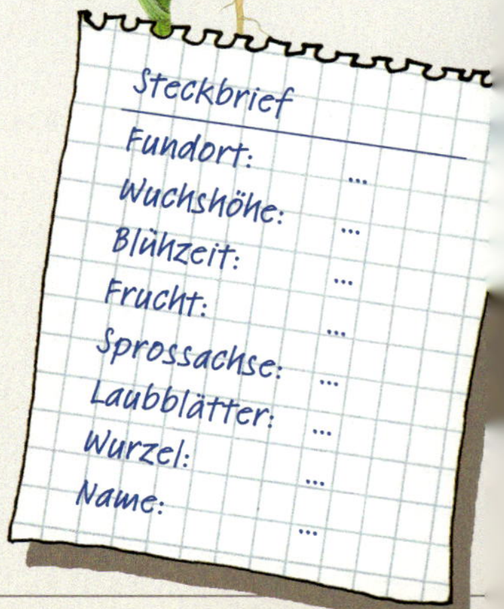

4 Kräuter-Quiz

Um welche Gewürzpflanze handelt es sich bei den folgenden Beschreibungen? Die abgebildeten Blätter helfen dir dabei.

a) Die Blätter sind eiförmig. Häufig isst man sie in Verbindung mit Spaghetti und Tomaten.
b) Die Blätter sind hohl und rund, die Blüten sind rosa. Als Gewürz findet man sie im Kräuterquark, in Salaten und Suppen.
c) Viele kleine Blätter zieren den Stängel. Sie fehlt auf keiner Pizza.
d) Gehört nicht richtig zu den Kräutern, aber erschreckt Vampire. Schmeckt gut im Kräuterquark.
e) Wollig weiche Blätter weisen auf einen sonnigen Standort hin. Hilft bei Halsschmerzen, ist in Pastillen und wird für den Lammbraten gebraucht.
f) Die Blätter sind länglich und erinnern entfernt an Tannennadeln. Mit diesem Kraut schmeckt alles ein bisschen mehr nach Urlaub im Süden.

5 Feinschmecker-Kräuterquark

Bereitet in eurer Gruppe einen Kräuterquark zu. Hierfür braucht ihr als wichtigste Zutaten 500 g Quark, etwas Milch, Salz und Pfeffer. Wählt fünf Küchenkräuter aus, die euch schmecken. Wascht die Kräuter gründlich, schneidet sie klein und mischt sie unter euren Quark. Seit zu Beginn etwas vorsichtig mit der Dosierung der Kräuter. Auf frischem Brot schmeckt euer Kräuterquark besonders lecker.

7 Wärme

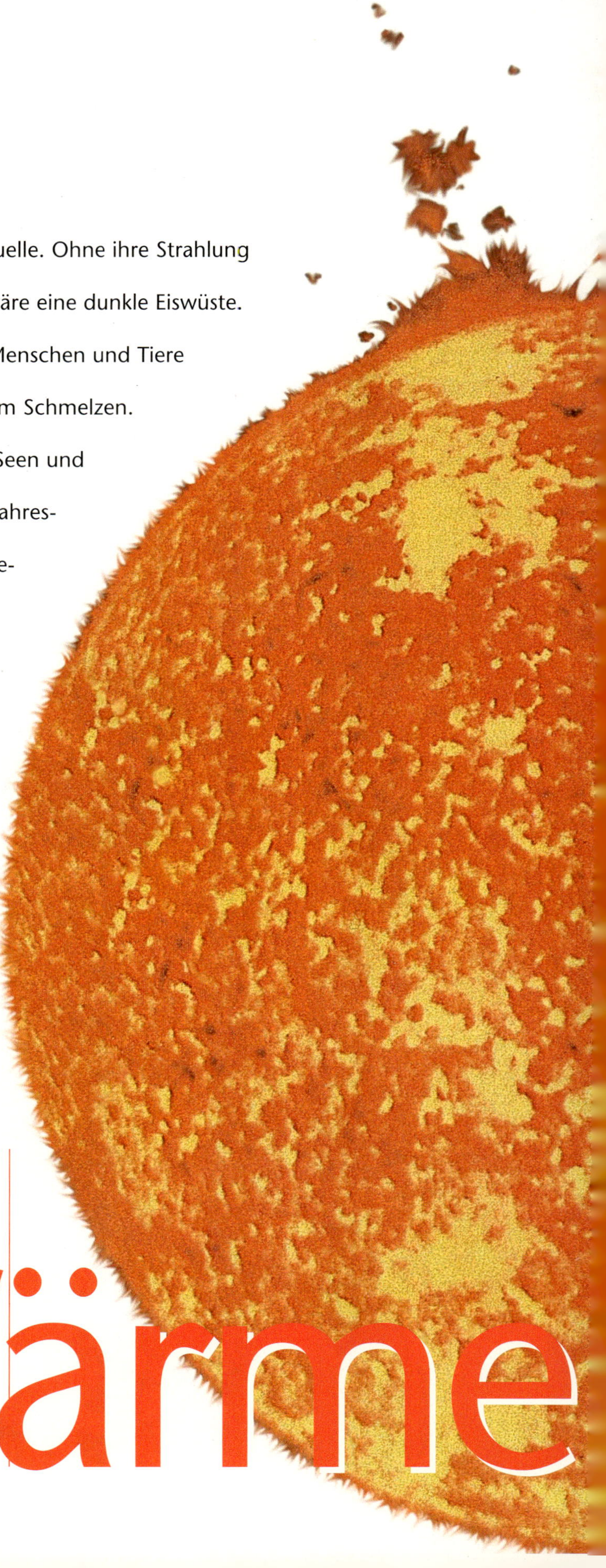

Die Sonne ist unsere wichtigste Wärmequelle. Ohne ihre Strahlung gäbe es kein Leben auf der Erde, unser Planet wäre eine dunkle Eiswüste. Pflanzen können ohne Wärme nicht wachsen, Menschen und Tiere nicht leben. Die Wärme der Sonne bringt Eis zum Schmelzen. Sie erhöht die Temperatur des Wassers unserer Seen und Meere, sodass wir darin baden können. In den Jahreszeiten, in denen die Sonnenwärme für eine angenehme Temperatur nicht ausreicht, muss der Mensch nach anderen Wärmespendern suchen.

Im ewigen Eis überleben nur wenige sehr spezialisierte Tierarten wie Eisbär, Wale und Pinguine. Wir Menschen trotzen

der Kälte durch eine wärmende zweite Haut, unsere Kleidung. In manchen Gegenden auf unserer Erde ist es allerdings so warm, dass sich die Menschen, die dort leben, vor den Folgen der extrem hohen Temperaturen schützen müssen. Gegenstände verändern sich, wenn sie über einen längeren Zeitraum erwärmt werden. Der Teer auf den Straßen bekommt kleine Bläschen und wird zu einer zähen, klebrigen Masse. Starke Temperaturschwankungen belasten unsere Bauwerke. Deshalb müssen sie so konstruiert sein, dass sie das andauernde Hitze-Kälte-Spiel aushalten.

verändert

Die Sonne macht Leben möglich

Die Sonne bildet den Mittelpunkt unseres Sonnensystems. Von allen Planeten, die sie umkreisen, hat die Erde die günstigste Entfernung.

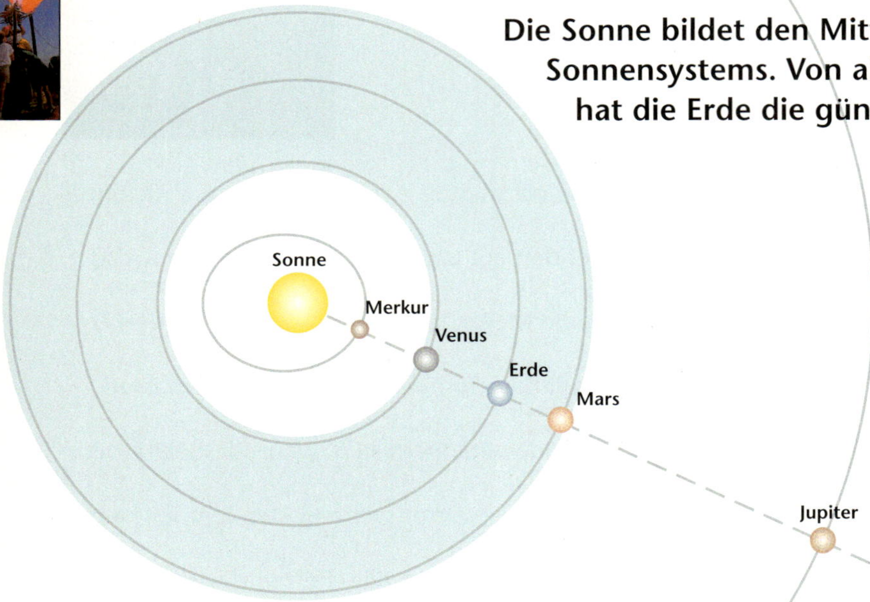

[1] *Nur in dem blau eingezeichneten Bereich um die Sonne ist Leben möglich. Weiter innen ist es zu heiß, weiter außen zu kalt.*

[2] *Ähnlich wie diese Galaxie sieht auch unsere Milchstraße aus.*

Unsere Sonne ist einer von hundert Milliarden Sternen, die eine riesige, flache Spirale bilden [2]. Eine solche Sternenfamilie nennt man Galaxie. Alle Sterne, die wir am Nachthimmel sehen können, gehören zu unserer Galaxie, der Milchstraße. Im Weltall gibt es mindestens 30 Millionen weitere Galaxien.

Unser Sonnensystem

Die Sonne ist ein relativ kleiner Stern am Rande der Milchstraße. Um sie ziehen einige Planeten ihre Bahn, wie zum Beispiel die Erde [1]. Die meisten dieser Planeten werden ihrerseits von kleineren Monden umkreist.

Das Kraftwerk Sonne

Die Sonne erzeugt in ihrem Inneren Energie, deshalb leuchtet sie. Planeten leuchten nicht selbst, wir sehen sie nur, weil sie von der Sonne bestrahlt werden.

Die Sonne gibt gewaltige Energiemengen in den Weltraum ab. Sie liefert Licht und Wärme, aber auch Strahlen, die schädlich sind. Alle Öl-, Gas-, Kohle- und Holzvorräte, die die Menschheit von Beginn ihrer Existenz an verfeuert hat, erreichen bei weitem nicht die Energiemenge, die die Sonne in nur einer einzigen Sekunde abstrahlt.

[3]

[4]

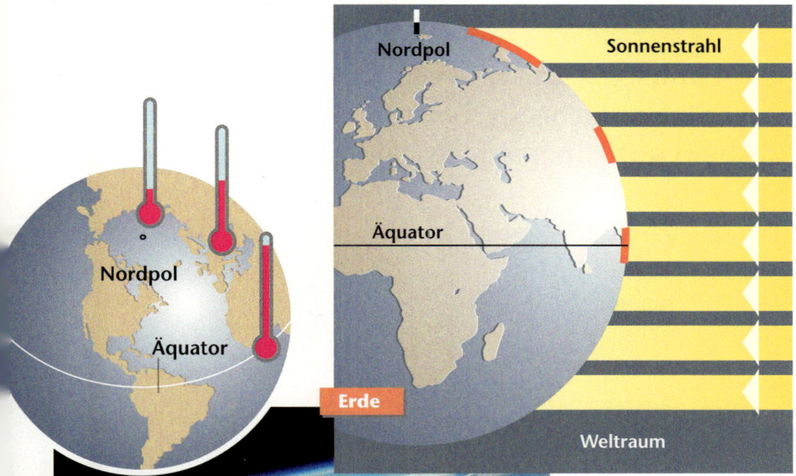

[7] *Die Sonnenstrahlung auf der Erde ist nicht überall gleich stark. Je weiter man zum Nord- bzw. Südpol kommt, desto schräger fallen die Strahlen auf die Erde. Wenn diese schräg einfallen, verteilen sie sich auf eine größere Fläche. Sie sind dann nicht mehr so wirkungsvoll.*

Deshalb ist es in der Nähe des Äquators besonders heiß und in der Nähe der Pole besonders kalt.

[6] *Gemessen an ihrer Größe ist die Erde von einer nur hauchdünnen Lufthülle umgeben – der Erdatmosphäre.*

Die Erde hat einen Schutzschild

Die Erde ist von einer Lufthülle, der **Atmosphäre,** umgeben. Die Atmosphäre lässt nur einen Teil der Sonnenstrahlung bis zur Erdoberfläche durch und wirkt deshalb wie ein Filter. Ohne diese Lufthülle wäre die Sonnenstrahlung für uns tödlich.

Die hauchdünne Atmosphäre um unsere Erde ermöglicht das Leben und zugleich schützt sie es.

[5]

[3]–[5] *Zwischen ewigem Eis und glühendem Wüstensand liegen die Zonen, in denen die Temperaturen für Pflanzen, Tiere und Menschen besonders günstig sind.*

Merkmal

▶ Die Sonne bildet den Mittelpunkt unseres Sonnensystems.

▶ Die Erde hat eine für das Leben günstige Entfernung zur Sonne.

▶ Die Erdatmosphäre wirkt als Schutzschild vor gefährlicher Strahlung, da sie nur einen Teil der Sonnenstrahlung bis zur Erdoberfläche durchlässt.

Die Sonne – ein Fall für große Zahlen	
Entfernung Erde – Sonne ca.	150 000 000 km
Entfernung Erde – Mond ca.	384 000 km
Durchmesser der Sonne ca.	1 392 000 km
Durchmesser der Erde ca.	12 750 km
Temperatur an der Sonnenoberfläche ca.	6 000 °C
Temperatur im Sonneninneren ca.	15 000 000 °C
In der Sonne hätten 1,3 Millionen Kugeln von der Größe der Erde Platz. Sie ist etwa 330 000-mal schwerer als die Erde und 4,5 Milliarden Jahre alt.	

[8]

Denkmal

❶ Die Sonne ist nur einer von ungefähr 100 Milliarden Sternen der Milchstraße. Schreibe diese Zahl einmal auf.

❷ Wie lange würde eine Autofahrt von der Erde zur Sonne dauern, wenn man ununterbrochen mit einer Geschwindigkeit von 100 Kilometern pro Stunde unterwegs wäre?

❸ Wie viel Mal müsste die Erde wie auf einer Perlenschnur aneinander gereiht sein, um den Durchmesser der Sonne zu erhalten?

Uranus

Wärmequellen

Die Sonne ist unsere wichtigste natürliche Wärmequelle. Zum Leben in kälteren Regionen der Erde reicht die Wärme der Sonne jedoch nicht aus. Wir sind deshalb auf künstliche Wärmequellen angewiesen.

[1] *Meerechsen auf der „Sonnentankstelle"*

Die Sonne strahlt unablässig, und das schon seit viereinhalb Milliarden Jahren, Licht und Wärme in den Weltraum hinaus. Sie ist unsere wichtigste natürliche Licht- und **Wärmequelle.**

Kein Leben ohne Sonne

Ohne die Sonne ist das Leben auf der Erde nicht denkbar. Pflanzen spielen dabei eine besondere Rolle. Sie nehmen Sonnenenergie auf und speichern sie in Pflanzenstoffen. Rinder fressen Gras. Diese Nahrung liefert ihnen die Energie, um sich zu bewegen, zu wachsen oder kurz: um zu leben. Im Grunde genommen sind alle Lebewesen von der Sonne abhängig.

Holz enthält gespeicherte Sonnenenergie. Bei der Verbrennung wird diese umgewandelt. Wir spüren sie als Wärme und sehen sie als Licht.

[5] *Das Feuer war die erste künstliche Wärmequelle der Menschen.*

Feuer – die erste künstliche Wärmequelle

Mit der Entdeckung des Feuers ist es den Menschen gelungen, die in Holz, Gras und anderen Pflanzenteilen eingefangene Energie der Sonne nutzbar zu machen. Das Feuer als „künstliche Sonne" hat den Menschen der Frühzeit genauso wie uns heute von dem schwankenden Energieangebot der Sonne unabhängiger gemacht.

[2] *Die Glut im Innern unseres Planeten heizt das Wasser der Thermalquellen auf.*

Stell dir doch bloß einmal vor, bei uns würden im Winter alle Heizmöglichkeiten ausfallen. Selbst warme Kleidung könnte uns vor jämmerlichem Frieren nicht auf Dauer schützen. Ohne die Nutzung der Wärme des Feuers wäre es den Menschen gar nicht möglich gewesen, in den kälteren Regionen der Erde zu siedeln.

Wärme zum Kochen

Auch in warmen Regionen benötigen Menschen die Wärme des Feuers, vor allem für die Zubereitung ihrer Nahrung. Während für uns heute das Entzünden eines Feuers ganz einfach ist, waren die Menschen der Frühzeit darauf angewiesen, durch Blitzeinschlag oder Selbstentzündung entstandene Feuer sorgfältig zu bewahren.

Gespeicherte Sonnenenergie

Vor 300 Millionen Jahren bestimmten ausgedehnte Sumpfwälder mit baumhohen Farnen das Landschaftsbild. Aus dem absterbenden Pflanzenmaterial dieser Sumpfwälder entstanden mächtige Torfablagerungen. Der zunehmende Druck darüber liegender Erdschichten verwandelte den Torf zunächst in Braunkohle, später in Steinkohle. Erdöl und Erdgas sind auf ganz ähnliche Weise entstanden.

[6] *Holz*

[7] *Kohle*

[8] *Erdöl*

Steinkohle, Erdgas und Erdöl sind heute unsere wichtigsten Brennstoffe. Ihr Energiegehalt ist auf Lebewesen zurückzuführen, die vor Jahrmillionen Sonnenenergie gespeichert haben. Über Jahrtausende wurde vorwiegend mit Holz geheizt und gekocht. Heute beheizen wir unsere Wohnräume mit Heizöl, Erdgas oder Kohle. Wenn wir genauer darüber nachdenken, wird klar, dass wir die mollige Wärme der Sonne verdanken.

[3] *Bei einem Vulkanausbruch zeigt sich, dass die Erde im Inneren heiß und flüssig ist.*

[4] *Ein Geysir spuckt kochendes Wasser und Dampf in gewaltigen Fontänen aus.*

Um unsere Nahrung zuzubereiten, brauchen wir auch künstliche Wärmequellen. Auf den Platten des elektrischen Herdes kann man kochen und braten, im Backofen Kuchen backen. Neben dem elektrischen Strom ist das Erdgas eine wichtige Wärmequelle für die Zubereitung von Speisen.

Auch die Erde ist eine natürliche Wärmequelle

Vulkanausbrüche und warme Quellen [2]–[4] galten schon immer als Beweis dafür, dass es im Inneren der Erde heiß ist. Heute weiß man, dass die Erde im Mittelpunkt eine Temperatur von fast 5 000 °C hat. Die etwa 100 Kilometer dicke Erdkruste ist aus Platten zusammengesetzt, die auf einer glühenden, zähflüssigen Masse „schwimmen".

Merkmal

▶ Wärme ist eine Voraussetzung für die Entwicklung des Lebens auf der Erde.

▶ Sonne und Erde sind natürliche Wärmequellen.

▶ Der Mensch hat sich neben dem Feuer andere künstliche Wärmequellen erschlossen. Dadurch ist es ihm möglich, überall auf der Erde zu leben.

Denkmal

❶ Der Mensch hat sich künstliche Wärmequellen erschlossen. Welche kennst du?

❷ Feuer war die erste künstliche Wärmequelle. Mit welchen Stoffen kannst du Feuer unterhalten?

❸ Wo und wie wird die Wärmeenergie der Erde sichtbar?

❹ Die Wärmeenergie der Sonne wird heute in vielfältiger Weise genutzt. Was weißt du darüber?

❺ Petra behauptet: „Die Energie der Sonne ist in Pflanzen und Tieren gespeichert." Was meinst du dazu?

❻ Die Wärmeenergie der Erde wird zunehmend von den Menschen genutzt. Du kannst mit ihrer Hilfe sogar dein Haus heizen [9]. Erkläre!

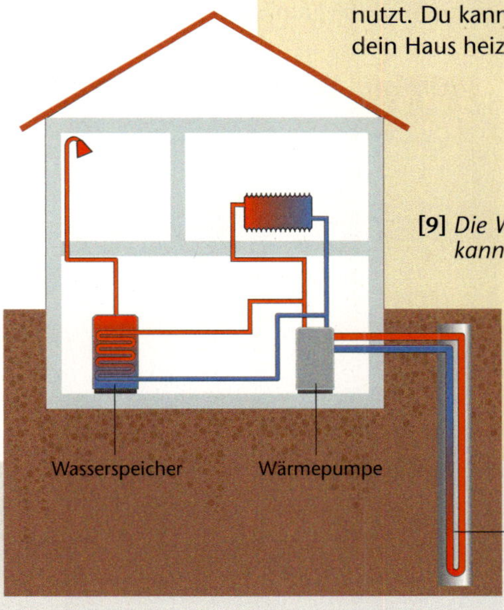

[9] *Die Wärmeenergie der Erde kann ein Haus heizen.*

Was eigentlich ist Energie?

Das Wort Energie begegnet uns täglich, z. B. wenn wir aufgefordert werden, sparsam mit Energie umzugehen, oder wenn von einer geballten Ladung Energie, die in irgendeinem Schokoriegel steckt, die Rede ist.

Das Wort Energie kommt aus dem Griechischen und heißt dort „Energeia". Übersetzt bedeutet das so viel wie „Wirkkraft". Demnach kann man sagen, dass Energie etwas bewirkt. Die Energie der Sonne bewirkt, dass Schnee schmilzt, Eis zu flüssigem Wasser wird und die Luft angenehme Temperaturen erreicht. Sie kann aber auch Wüstensand glühend heiß werden lassen oder Lufttemperaturen von über 50 °C bewirken.

Beim Erwärmen wird Energie übertragen. Die Sonne überträgt tagsüber Energie in Form von Wärme und Licht auf die Erde. Nachts wird die Wärme wieder in den Weltraum zurückgestrahlt.

Sonne auf unserer Haut

So sehr wir die Sonne zum Leben brauchen, schadet zu viel Sonnenstrahlung unserer Haut. Menschen mit heller Haut sind davon besonders stark betroffen.

[1] *Sommer – Sonne – Wasser. Wer denkt da schon daran, dass die Sonnenstrahlen in südlichen Ländern und am Wasser viel stärker sind?*

Wer genießt sie nicht – die ersten wärmenden Sonnenstrahlen? Dass wir bei sonnigem Wetter besser gelaunt sind, ist kein Zufall. Man weiß heute, dass unser Wohlbefinden ganz entscheidend vom Sonnenlicht bestimmt wird. Schon der Gedanke an immer währende Dunkelheit ist ja unerträglich.

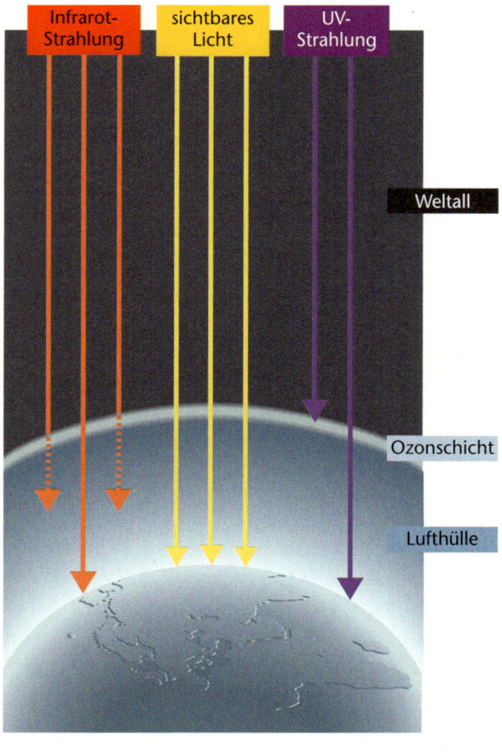

[2] *Die Ozonschicht filtert wie eine Sonnenbrille die gefährlichste UV-Strahlung aus dem Sonnenlicht heraus. Auch die unsichtbare Infrarot-Strahlung gelangt nur teilweise bis zur Erdoberfläche. Das sichtbare Licht kommt fast ungehindert durch die Luft, wenn der Himmel wolkenlos ist.*

Sonne ist mehr als Licht

Von der Sonne gelangen ganz unterschiedliche Strahlen zur Erde [2]. **Infrarot-Strahlung** können wir nicht sehen, wir nehmen sie aber als Wärme wahr. Durch das sichtbare Sonnenlicht wird unsere Welt hell und farbig. **Ultraviolette Strahlung** (UV-Strahlung) können wir mit unserem Auge nicht wahrnehmen. Mithilfe der UV-Strahlung wird in unserer Haut Vitamin D gebildet. Dieses Vitamin bewirkt, dass unsere Knochen kräftig und stabil sind. Um Vitamin D zu bilden, müssen wir allerdings nicht stundenlang in der Sonne liegen.

Würde die gesamte UV-Strahlung bis zur Erdoberfläche gelangen, wäre dies für Pflanzen, Tiere und Menschen tödlich. Vor der UV-Strahlung schützt uns eine Gashülle, die **Ozonschicht**. Sie umgibt in etwa 20–40 km Höhe unsere Erde wie ein Schutzschild.

Dunkle Haut – helle Haut

Menschen mit dunkelbrauner oder schwarzer Hautfarbe bekommen nicht so leicht einen Sonnenbrand [3]. Ihre Haut hat viel mehr Pigmente als die hellhäutiger Menschen. Pigmente sind Farbstoffe in der Haut, die vor der gefährlichen UV-Strahlung schützen. Sie wirken wie ein Filter, der die Sonnenstrahlen daran hindert, tiefer in die Haut einzudringen und dort Schäden hervorzurufen, die nicht wieder gutzumachen sind.

Hellhäutige Menschen müssen ihre Haut langsam an die Sonnenstrahlen gewöhnen [1]. Wenn wir der Haut genügend Zeit lassen und sie nicht überfordern, kann sie sich selbst eine Schutzschicht mit Pigmenten bilden, sie wird braun. Wer seine Haut behutsam an das Sonnenlicht gewöhnt, baut einen natürlichen Schutzschild gegen die schädlichen ultravioletten Strahlen der Sonne auf. Trotzdem ist das kein Freifahrschein für unbegrenztes Sonnenbaden.

[3] *Menschen mit dunkler Hautfarbe sind vor den gefährlichen UV-Strahlen der Sonne besser geschützt als hellhäutige. Auch Kleidung ist ein Sonnenschutz.*

Bräune um jeden Preis?

„Lieber blass und schön als braun und faltig." – „Lieber weniger Sonne als weniger Zukunft." Solche Aussagen hört man immer öfter, und sie geben zu denken.

Wer sich übertrieben lange in der Sonne schmoren lässt, nur weil er knackig braun sein möchte oder mit dem Toben im Wasser nicht aufhören will, lebt gefährlich. Die UV-Strahlung ist am Wasser besonders stark, weil hier die Strahlung nicht nur von oben kommt, sondern auch noch vom Wasser zurückgeworfen wird.

Vor allem bei hellhäutigen Menschen verursacht die UV-Strahlung Verbrennungen, die sich als Rötung oder gar als Sonnenbrand äußern. Das ist nicht nur äußerst schmerzhaft. Auf lange Sicht kann die Haut so sehr geschädigt werden, dass sich Hautkrebs bildet.

[4] *Braune Haut gilt für viele Menschen immer noch als gesund und schön. Zu viel Sommersonne fördert aber nur eines: das Risiko gefährliche Hautschäden davonzutragen.*

Merkmal

▶ Von der Sonne gelangen unterschiedliche Strahlen zur Erde: Infrarot-Strahlung, die wir als Wärme wahrnehmen, sichtbares Licht und unsichtbare UV-Strahlung.

▶ Die Ozonschicht umgibt die Erde wie ein Schutzschild und filtert einen Teil der UV-Strahlung heraus.

▶ Zu langes Schmoren in der Sonne führt zu schmerzhaften Verbrennungen und Veränderungen der Haut durch die UV-Strahlung.

▶ UV-Strahlung ist in geringen Mengen notwendig, damit in der Haut Vitamin D gebildet werden kann. Es sorgt für die Stabilität unserer Knochen.

▶ Pigmente sind Farbstoffe in unserer Haut, die vor der gefährlichen UV-Strahlung schützen.

Denkmal

❶ Nenne zwei Erkrankungen, die durch zu starke Sonneneinstrahlung auf die Haut entstehen können.

❷ Nenne drei verschiedene Arten von Strahlen, die von der Sonne auf die Erde gelangen und deren Auswirkungen auf unseren Körper.

❸ Kleidung und Schatten sind der einfachste Sonnenschutz. Begründe diese Behauptung.

❹ Die Märzsonne ist für unsere Haut besonders gefährlich. Erkläre!

❺ Zu viel Sonne schadet nicht nur unserer Haut, sondern kann auch zu anderen schweren Beeinträchtigungen führen. Besonders gefährdet ist der unbedeckte Kopf, wenn er zu lange der Sonne ausgesetzt ist. Informiere dich im Internet, in Lexika oder bei deinem Arzt über weitere Schädigungen unseres Körpers, die durch zu langes Sonnenbaden hervorgerufen werden können.

❻ Verfasst in kleinen Gruppen ein Faltblatt mit Tipps zum richtigen Verhalten im Sommer. Mit Zeichnungen und Fotos wird euer Faltblatt sicher besonders interessant.

Eine Hülle, die es in sich hat

Die Haut grenzt uns zur Außenwelt ab. Gleichzeitig nehmen wir mit ihr Temperaturen, Berührungen, Druck und Schmerz wahr. Außerdem schützt sie uns vor Überhitzung.

Bei ausgelassener und anstrengender Bewegung, wie zum Beispiel beim Sport, produziert unser Körper Wärme. Diese muss, wenn der Körper nicht überhitzt werden soll, nach außen abgegeben werden.

Die Haut regelt die Körpertemperatur

Unsere Haut stellt den Kontakt nach außen her. Sie schützt uns nicht nur vor schädlichen Einflüssen, mit ihr haben wir auch Kontakt zur Umwelt. Die große Oberfläche der Haut eignet sich auch bestens dazu, Wärme nach außen abzuführen. In der **Lederhaut** [1] erweitert sich das Geflecht feinster Blutgefäße. Das zusätzliche Blut in den erweiterten Blutgefäßen erwärmt die Haut, die nun viel Wärme nach außen abgeben kann. Die Haut erscheint jetzt rot.

In der Haut liegen außerdem zahlreiche wie Wollknäuel aufgewickelte **Schweißdrüsen**. Bei hohen Lufttemperaturen oder bei übermäßig anstrengender Betätigung sondern sie durch winzige **Poren** salzhaltigen Schweiß ab [4]. Dieser verdunstet mit Hilfe der Wärme, die von der Haut bereits abgegeben wird. Die zur Verdunstung des Schweißes benötigte Wärme fehlt nun dem

Oberhaut

- Sie besteht aus der Hornschicht 1 und der Keimschicht 2 sowie der Farbstoff bildenden Pigmentschicht 3 mit Pigmentbildnern 11.
- Sie bestimmt, ob wir helle oder dunkle Haut haben oder ob wir Sommersprossen im Gesicht tragen.
- Aus ihr wachsen blonde, braune oder schwarze Haare 4, die glatt oder gelockt sein können.
- Sie prägt unser Aussehen.
- Freie Nervenenden 5 reagieren auf übermäßige Hitze, Kälte, starken Druck und Verletzungen.

Lederhaut

- Hier liegen die Blutgefäße 12 und Nervenbahnen 23 dicht an dicht.
- Verschiedene Sinneskörperchen für Druck 16, Wärme 22 und Kälte 19 nehmen die Signale der Außenwelt auf.

Unterhaut

- Sie schützt mit einer Schicht aus Fettzellen 17 vor Wärmeverlust und dient als Stoßdämpfer.
- Sie verbindet die Oberhaut über die Muskelhaut 21 mit den Muskeln 20, Knochen und Organen des Körpers.

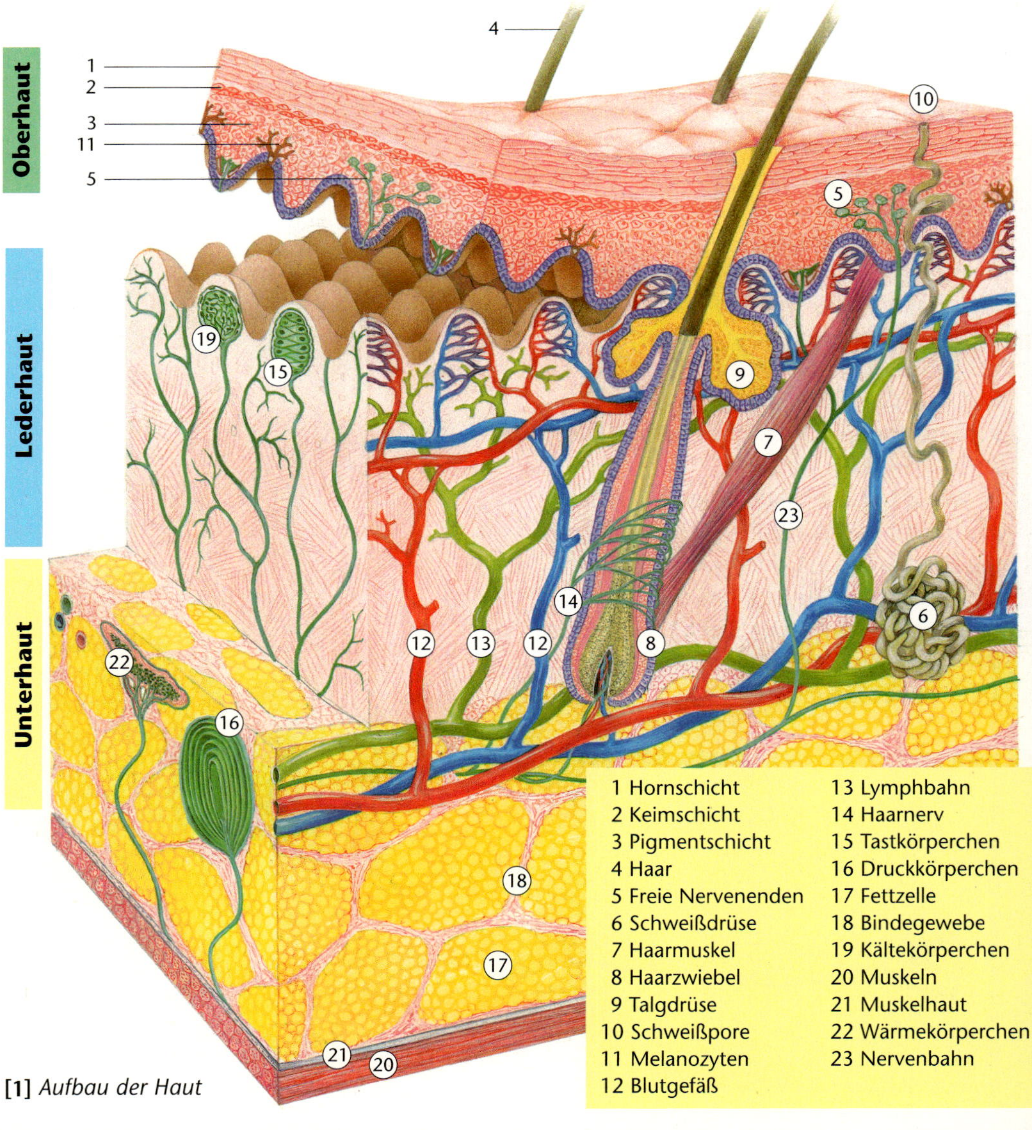

1 Hornschicht	13 Lymphbahn
2 Keimschicht	14 Haarnerv
3 Pigmentschicht	15 Tastkörperchen
4 Haar	16 Druckkörperchen
5 Freie Nervenenden	17 Fettzelle
6 Schweißdrüse	18 Bindegewebe
7 Haarmuskel	19 Kältekörperchen
8 Haarzwiebel	20 Muskeln
9 Talgdrüse	21 Muskelhaut
10 Schweißpore	22 Wärmekörperchen
11 Melanozyten	23 Nervenbahn
12 Blutgefäß	

[1] *Aufbau der Haut*

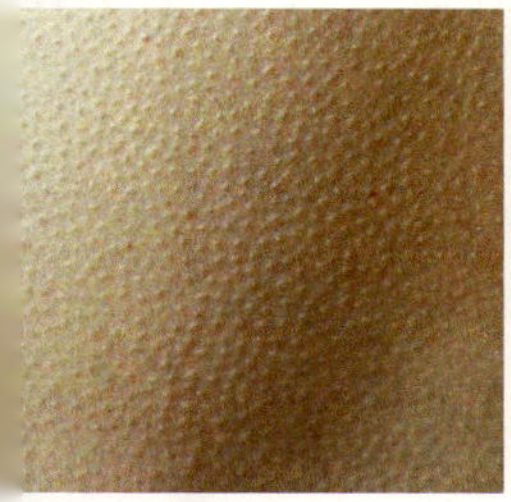

[2] *Gänsehaut und Zitterbewegungen sind ein Zeichen dafür, dass wir Kälte empfinden.*

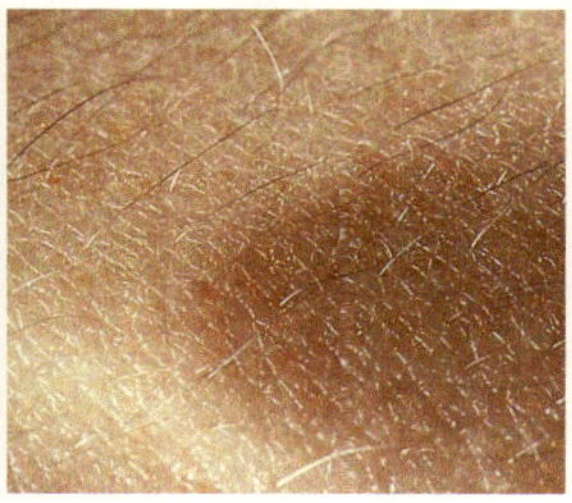

[3] *Haare übertragen jede noch so kleine Veränderung ihrer Lage auf Nerven. Wir nehmen das dann als sanfte Berührung wahr.*

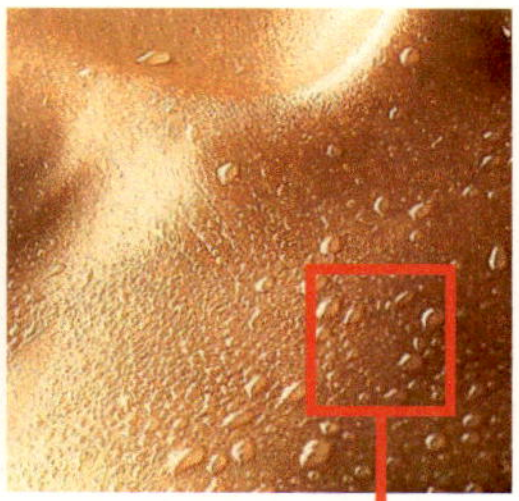

[4] *Bei der Verdunstung von Schweiß kühlt der erhitzte Körper ab.*

Körper. Man sagt auch, durch die **Verdunstung** wird dem Körper Wärme entzogen. Anders ausgedrückt könnte man auch sagen, durch die Verdunstung der Flüssigkeit auf der Haut wird der Körper abgekühlt. Mit einem Schluck Wasser stillen wir unseren Durst und gleichen damit den Verlust an Flüssigkeit, der durch das Schwitzen entstanden ist, wieder aus.

Gänsehaut kriegt man nicht nur vom Gruseln

Gänsehaut [2] bekommt man nicht nur, wenn es einem eiskalt den Rücken hinunterläuft oder wenn man sich erschreckt. Gänsehaut ist ein deutliches Zeichen dafür, dass man friert. Zudem beginnt man auch zu zittern, und die Haut sieht eher blass aus. Bei Kälte muss der Körper möglichst viel Wärme behalten. Die Blutgefäße in der Haut verengen sich und schützen so den Körper vor unnötigem Wärmeverlust. An jedem Haar in der Haut sitzt ein winziger Haarmuskel [1]. Zieht sich dieser Muskel zusammen, richtet sich das Haar auf, und man bekommt eine Gänsehaut. Beim Zittern fangen die Haarmuskeln an zu arbeiten und erzeugen auf diese Weise Wärme.

Merkmal

▶ Die Haut grenzt uns zur Außenwelt ab. Gleichzeitig nehmen unterschiedliche Empfänger Temperatur-, Berührungs-, Druck und Schmerzreize auf.

▶ Die Haut besteht aus drei Schichten: Oberhaut, Lederhaut und Unterhaut. Ein dichtes Netz von Blutgefäßen sowie zahlreichen Schweißdrüsen schützt bei übermäßiger Wärmeproduktion den Körper vor Überhitzung.

Unter einem Quadratzentimeter Haut befinden sich:

1–2 m	Blutgefäße
4–8 m	Nervenbahnen
10–20	Kältekörperchen
2–4	Wärmekörperchen
200	Schmerzpunkte
100–400	Tast- und Druckpunkte
300	Haare (auf dem Kopf)
55	Schweißdrüsen (auf dem Rücken)
155	Schweißdrüsen (auf Brust und Bauch)
400	Schweißdrüsen (auf den Handflächen und Fußsohlen)
15	Talgdrüsen

[5]

[6] *Die Linien und Furchen des Fingerabdrucks sind ein ganz persönliches Merkmal jedes Menschen.*

Denkmal

❶ Erkläre wie Gänsehaut entsteht.

❷ Nenne die vier Aufgaben der Haut.

❸ Erkläre, was mit den folgenden Sprichwörtern gemeint ist: Ich könnte aus der Haut fahren. Der hat aber eine dünne Haut. Ich möchte nicht in deiner Haut stecken. Sie fühlt sich wohl in ihrer Haut. Ich habe mich mit Haut und Haaren verliebt.

Versuche

1 Stecke die Hand einige Minuten in einen durchsichtigen Plastikbeutel, der am Handgelenk leicht zugebunden wird. Beobachte die Innenseite der Tüte. Entferne sie sodann und befühle die Hand. Welche Erklärung gibt es für deine Beobachtungen?

2 Befeuchte deinen Unterarm zuerst mit Wasser und beim zweiten Durchgang mit Spiritus. Blase jedesmal über die befeuchtete Fläche. Welche Empfindung kannst du feststellen?

3 Reibe den Unterarm mit einem schwarzen Tuch kräftig ab. Untersuche es sodann mit einer Lupe.

4 Reibe mit einem Stück Schreibpapier sehr kräftig an deiner Stirn. Versuche nun, mit einem Füller oder Kugelschreiber an dieser Stelle zu schreiben. Welche Eigenschaft der Haut verdeutlicht dieser Versuch?

5 Stelle mit Hilfe eines Stempelkissens einen Fingerabdruck her und vergleiche ihn mit den Abdrücken deiner Nachbarn.

Haut

[2] Hauttyp 1

Christian ist ein hellhäutiger, blonder Junge. Für ihn ist der erste Freibadbesuch ganz genau der Tag, an dem der Sommer beginnt.

Spät am Nachmittag ist von dem Spaß an den übermütigen und ausgelassenen Spielen „zu Wasser und zu Lande" nicht mehr viel übrig geblieben. Christians Rücken, seine Arme und Beine sind krebsrot verfärbt und schmerzen fürchterlich. Er hat sich einen heftigen Sonnenbrand eingehandelt.

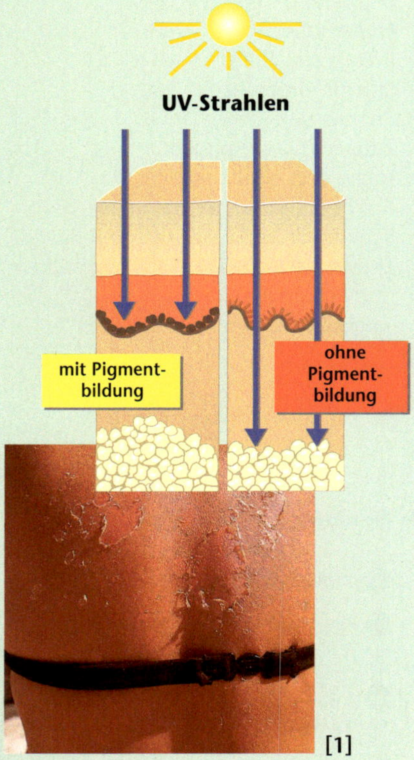

[1]

Lieber weniger Sonne ...

Wie viel Sonne jeder Einzelne vertragen kann, entscheidet allein der **Hauttyp** [2]–[6], dem man angehört. Menschen mit heller Haut, blonden Haaren, blauen oder grünen Augen bekommen im Sommer schon nach weniger als zehn Minuten einen Sonnenbrand. Die **Eigenschutzzeit** ihrer Haut ist sehr kurz. Hochwirksame Sonnenschutzmittel verlängern diese Zeitspanne, weil sie das UV-Licht für einige Zeit zurückhalten können.

Der so genannte **Lichtschutzfaktor** (LSF) [6] gibt an, um wie viel länger man sich in der Sonne aufhalten kann, ohne Schaden zu nehmen. Wer sich ungeschützt zehn Minuten in der Sonne aufhalten kann und sich zum Beispiel mit dem Lichtschutzfaktor 6 eincremt, der darf das Sonnenbad auf 6 x 10 Minuten ausdehnen.

Hautpflege muss sein

Die Haut braucht täglich Pflege. Das beste Reinigungsmittel ist warmes Wasser. Bei der Verwendung von Seife ist auf die Eigenschaften der Haut zu achten. Normale Haut ist unempfindlich. Man wäscht sie am besten mit einer milden Seife. Trockene Haut dagegen ist fett- und wasserarm. Sie ist deshalb empfindlicher und neigt zu Schuppenbildung. Man pflegt trockene Haut mit einer seifenfreien Waschlotion oder cremt sie nach dem Waschen ein. Fettige Haut hat ihre Ursache in der starken Produktion der Talgdrüsen. Mit einer entsprechend ausgewählten Reinigungsemulsion werden die Öffnungen der Talgdrüsen gründlich gesäubert. So wird verhindert, dass die Poren der Talgdrüsen verstopfen und es zu Entzündungen kommt.

Sonnenbrand und die Folgen

Die Ozonschicht über uns ist dünner geworden und lässt die gefährlichen UV-Strahlen vermehrt durch – gerade im Sommer. Die gefährlichen UV-Strahlen der Sonne führen schneller zu einem **Sonnenbrand** [1], als man denkt. Wenn die Haut bereits gerötet erscheint, leicht anschwillt, juckt und kleine Bläschen bildet, ist es schon passiert. Kleine Äderchen in der Haut haben sich geweitet und lassen die Haut zuerst krebsrot erscheinen.

Tritt man den Rückzug in den Schatten nicht sofort an, kann dies zu Verbrennungen und damit zur völligen Zerstörung der oberen Hautschichten führen. Großflächiger Sonnenbrand ist sehr schmerzhaft und mit Fieber, Schüttelfrost und Kopfschmerzen verbunden. Nach einigen Tagen wird die Haut in Fetzen abgestoßen. Rein oberflächlich erholt sich die Haut vom Bad in der Sonne und die Verbrennungen heilen ab. Tief in der Haut hat sich jede Schädigung durch die Sonne jedoch unwiderruflich und fest eingebrannt. Häufige Sonnenbestrahlung bewirkt außerdem, dass die Haut frühzeitig faltig wird, weil elastische Fasern der Lederhaut geschädigt werden.

Die Entstehung von **Hautkrebs** hängt mit der Dauer der Sonneneinstrahlung und der Anzahl der Sonnenbrände zusammen. Hautkrebs entsteht häufig in der Hautschicht, in der die Hautpigmente gebildet werden [160.1]. Diese bewirken jedoch nicht nur die Bräunung der Haut. Sie sind auch die Ursache für Sommersprossen, Leberflecke und Muttermale. Die UV-Strahlung richtet in dieser Schicht Schäden an. Es kommt zu Wucherungen, die man als Veränderungen dieser Farbmale auf der Haut wahrnehmen kann.

[3] Hauttyp 2

[4] Hauttyp 3

[5] Hauttyp 4

Merkmal

▶ Der Hauttyp entscheidet, wie viel Sonne jeder Einzelne vertragen kann.

▶ Der Lichtschutzfaktor (LSF) gibt an, um wie viel länger man sich in der Sonne aufhalten kann.

Welcher Hauttyp bin ich?

Hauttyp 1	Hauttyp 2	Hauttyp 3	Hauttyp 4
Sehr helle Haut, blonde oder rötliche Haare, blaue oder grüne Augen, häufig Sommersprossen. Immer Sonnenbrand, niemals Bräunung. Eigenschutzzeit höchstens 10 Minuten. LSF mindestens 15, und zwar dauernd.	Helle Haut, blonde Haare, blaue oder grüne Augen. Immer Sonnenbrand, schwache Bräunung. Eigenschutzzeit höchstens 20 Minuten. LSF in den ersten Tagen mindestens 14, später LSF 9–14.	Dunkelblonde oder dunkle Haare, braune Augen. Leichter Sonnenbrand, gute Bräunung. Eigenschutzzeit höchstens 30 Minuten. LSF in den ersten Tagen mindestens 8, später LSF 5–8.	Von Natur aus dunkle Haut, dunkle oder schwarze Haare, braune Augen. Nie Sonnenbrand, immer Bräunung. Eigenschutzzeit höchstens 45 Minuten. LSF in den ersten Tagen mindestens 4, später LSF 2–4.

[6]

- Auch ein hoher Lichtschutzfaktor darf dich nicht dazu verleiten, besonders lange in der Sonne zu bleiben.
- Vermeide Sonnenbäder während der Mittagszeit.
- Der Sonnenschutz verhindert nicht das Braunwerden, sondern das Verbrennen.
- Verwende Sonnenschutzcremes mit einem möglichst hohen Lichtschutzfaktor.
- Auch wer bislang keine Probleme mit dem Sonnenbrand hatte, sollte aufpassen. Die Sonne strahlt stärker.
- Die Sonnencreme muss gleichmäßig auf der Haut verteilt werden.
- Beim Baden wasserfeste Sonnenschutzmittel verwenden.
- Das Beste ist: eingecremt im Schatten zu bräunen.
- Vermeide jede Rötung deiner Haut. Deine Haut nimmt es dir mit der Zeit übel.
- Der Sonnenschutz wird durch mehrfaches Cremen nicht erhöht.
- Sonnenschutzmittel schon 30 Minuten vor dem Sonnenbad auftragen.

[7]

Rezept für 100 g Pflegecreme

- 10 g Lanette N (aus der Apotheke)
- 20–25 g Pflanzenöl, z.B. Sonnenblumen-, Jojoba- oder Mandelöl
- einige Tropfen Duftöl: je nach Wunsch Orangen-, Lavendel-, Rosenholzöl oder ein anderes Duftöl
- 65–70 ml destilliertes Wasser
- 1 bis 2 hübsche Cremetöpfchen

Lanette N in ein Gefäß geben und im Wasserbad erwärmen, bis die Lanette schmilzt. Sodann das Pflanzenöl gut darin verteilen. Das Wasser auf etwa 50 bis 60 °C erwärmen, und in kleinen Portionen unterrühren. Das Ganze muss eine gleichmäßige Masse ergeben, die aber noch flüssig ist. Die Creme wird nun aus dem Wasserbad entnommen und weitergerührt. Wenn die Creme handwarm ist, werden einige Tropfen Duftöl hinzugegeben. Die fertige Creme wird weitergerührt, bis sie auf Zimmertemperatur abgekühlt ist. Erst dann kann sie in die bereitgestellten Cremetöpfchen umgefüllt werden. Das Produkt braucht nun noch einen passenden Namen.

Die Creme ist nur begrenzt haltbar, bewahre sie deshalb kühl auf.

Wärme fühlen, Temperatur messen

Es fällt uns leicht, warm und kalt zu unterscheiden. Zur genauen Bestimmung der Temperatur benötigt man jedoch ein Thermometer.

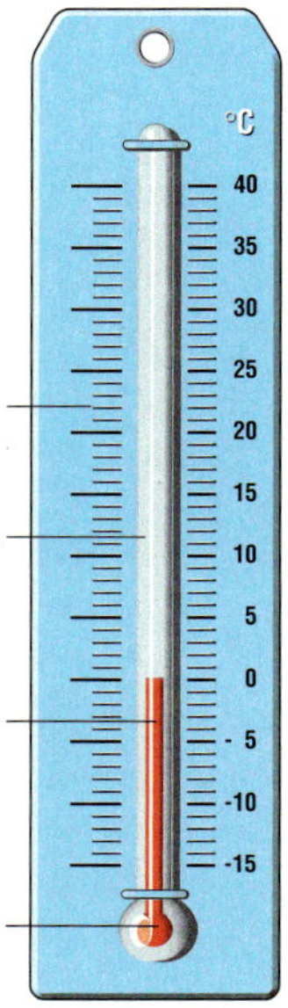

[1] *Flüssigkeitsthermometer*

Nach einer ausgiebigen heißen Dusche im Hallenbad duscht sich Lisa noch kurz kalt ab, bevor sie ins Wasser springt. Alena verzichtet darauf, weil sie es für unnötig hält. Wenig später schimpft sie ziemlich heftig, weil das Wasser niemals 23°C warm sein könne. Lisa findet das Wasser herrlich warm.

Das Thermometer – ein Messinstrument für Temperatur

Wollen wir eine **Temperatur** genau bestimmen, brauchen wir ein zuverlässiges Messinstrument: ein **Thermometer.**

Ein Flüssigkeitsthermometer [1] besteht aus einem meist rundlichen Gefäß, dem sehr engen Steigrohr und einer Mess-Skala. In dem Gefäß und teilweise auch im Steigrohr befindet sich eine Flüssigkeit. Wird die Thermometerflüssigkeit in dem Gefäß erwärmt, dann steigt der Flüssigkeitsfaden nach oben. Beim Abkühlen sinkt er entsprechend.

[2]

Neben Flüssigkeitsthermometern verwendet man auch elektronische Thermometer [8] mit digitaler Ziffernanzeige. Bei Flüssigkristallthermometern [6] wird die Temperatur durch Farbänderungen angezeigt.

Vor allem in der Technik nutzt man die Eigenschaft einiger Stoffe aus, bei Temperaturänderungen ihre Farbe zu verändern. Thermochromstifte [7] sind Farbstifte, die bei einer bestimmten Temperatur die Farbe wechseln.

[3]

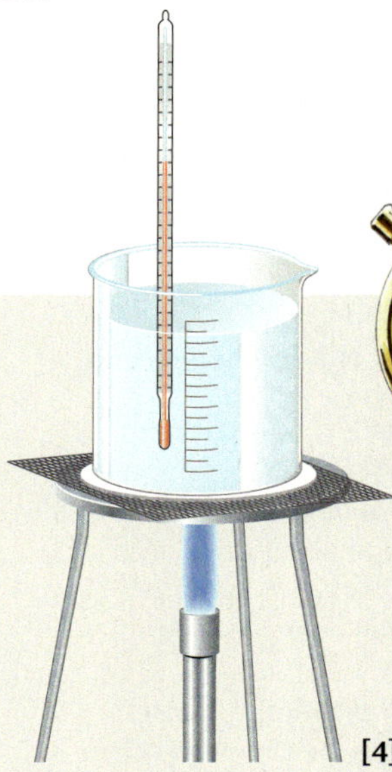

[4]

[5]

Versuche

1 Heiß oder kalt?

Lisa und Alena empfinden die Temperatur des Wassers ganz unterschiedlich. Wer von den beiden nun Recht hat, kannst du nach dem folgenden Versuch selbst entscheiden.

Stelle drei Gefäße auf den Tisch. In das linke gießt du kaltes Wasser, in das rechte sehr warmes Wasser, in das mittlere lauwarmes Wasser [3]. Halte für einige Zeit die eine Hand in das kalte und die andere in das heiße Wasser. Tauche dann beide Hände gleichzeitig in das lauwarme Wasser. Beschreibe genau, was du feststellen kannst.

2 ⚠ Wasser kochen im Team

Bereitet den Versuch so vor, wie er in der Abbildung [4] dargestellt ist. Untersucht nun, wie sich die Temperatur des Wassers beim Erwärmen ändert. *(Achtung: Verbrühungsgefahr!)* Tragt eure Messergebnisse in eine Tabelle [10] ein.

Übertragt das Schaubild [11] zweimal unter eure Tabelle. Zeichnet die Werte aus eurer Tabelle in das erste Schaubild als senkrechte Linien ein. Achtet dabei darauf, dass 20 °C bzw. 30 Sekunden 2 cm entsprechen.

Markiert im zweiten Schaubild [12] nur die Spitzen der Linien als Punkte.

Verbindet die einzelnen Punkte miteinander – und fertig ist die Temperaturkurve. Welche Vorteile hat diese Kurve im Vergleich zu der Darstellung in senkrechten Linien?

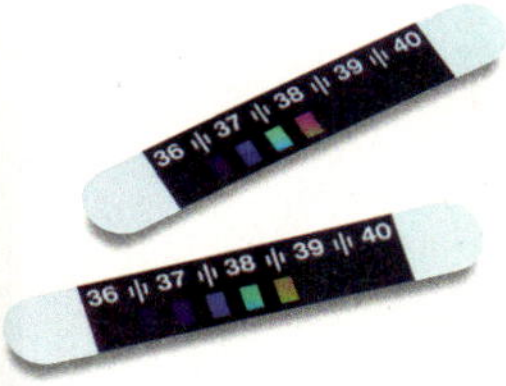

[6] *Flüssigkristallthermometer*

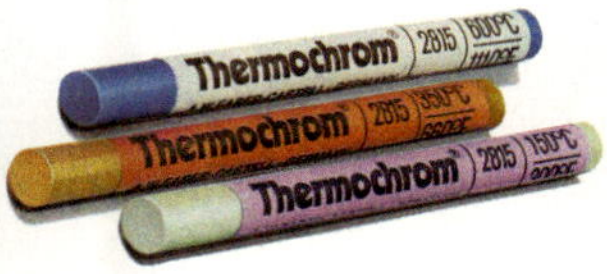

[7] *Thermochromstifte*

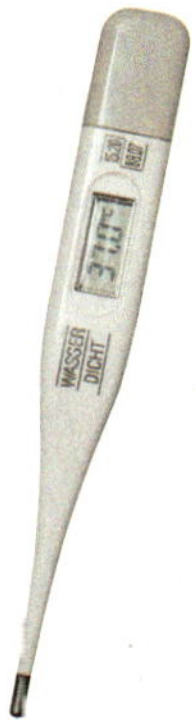

[8] *Digitalthermometer*

Temperatur misst man in Grad Celsius

Auf der Skala eines Thermometers können wir die Temperatur in **Grad Celsius** ablesen. Für Grad Celsius schreibt man °C. Diese Temperaturskala ist nach ihrem Erfinder ANDERS CELSIUS benannt. Bei der Einteilung seiner Skala richtete er sich nach dem Wasser, das für das Leben auf der Erde besonders wichtig ist. Die Gefriertemperatur des Wassers wird mit 0 °C festgelegt, die Siedetemperatur mit 100 °C [9].

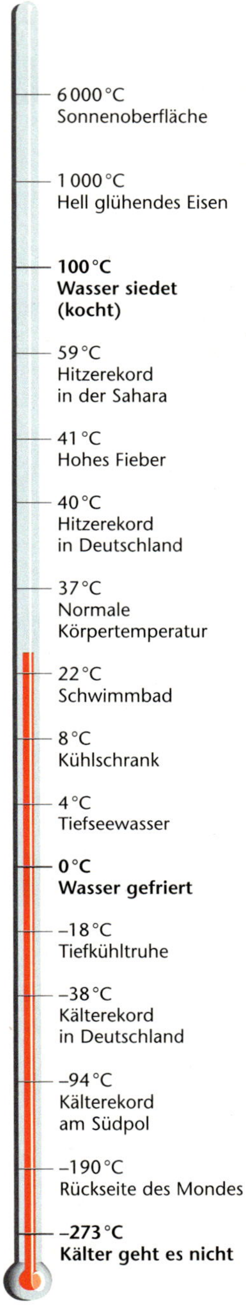

[9]

Merkmal

▶ Mit unseren Sinnen können wir warm und kalt unterscheiden.

▶ Zur genauen Temperaturbestimmung benötigen wir ein zuverlässiges Messinstrument: ein Thermometer.

▶ In der Regel benutzen wir Flüssigkeits- oder Digitalthermometer. Manchmal bestimmen wir die Temperatur mithilfe des Farbwechsels, z. B. bei Thermochromstiften.

Denkmal

❶ Um Temperaturen zu bestimmen, benutzen wir Messinstrumente. Mit welchen Geräten kannst du Temperaturen messen?

❷ Temperaturen werden in einer festgelegten Einheit angegeben. Welche Einheit ist bei uns üblich? Wird diese in allen Ländern unserer Erde benutzt?

❸ Hast du dir schon einmal überlegt, welche Temperaturen um dich herum herrschen? Welche Temperatur
- hat das Mineralwasser, das du trinkst?
- hat dein Mittagessen?
- haben die Zimmer bei dir zu Hause?
- hat der Heizkörper in deinem Zimmer?
- hat dein Duschwasser?
- hat dein Körper?

Projekt-Tipp

Miss bei dir zu Hause an mehreren Tagen hintereinander die Temperatur am selben Platz. Trage die Messergebnisse in eine Tabelle ein. Zeichne aus deinen Messwerten eine Temperaturkurve.

[10]

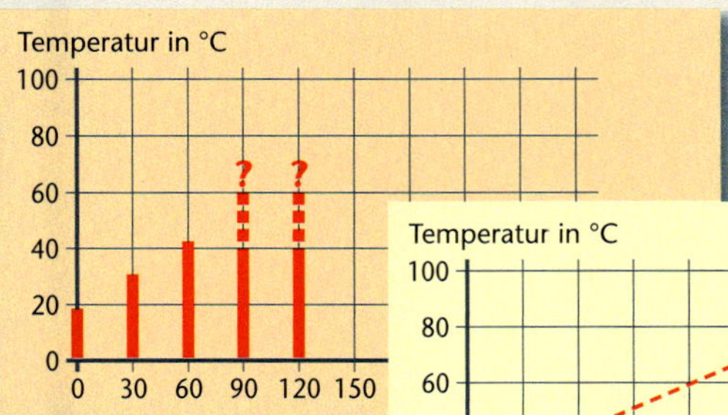

[11]

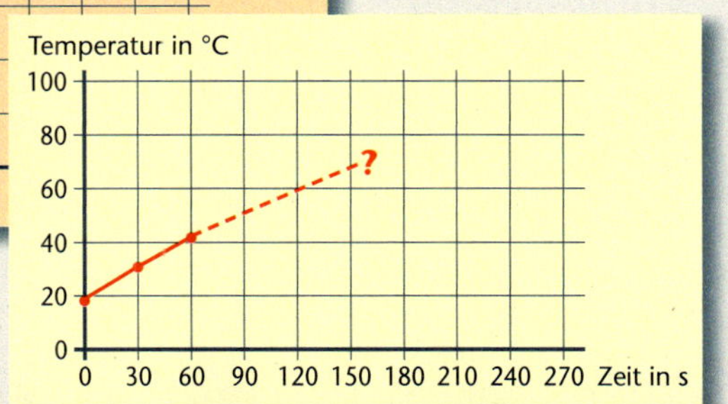

[12]

Thermometer-Tipps
- Beim Messen der Wassertemperatur muss das Sammelgefäß des Thermometers vollständig vom Wasser umgeben sein.
- Das Thermometer darf nicht Wand oder Boden des Wassergefäßes berühren.
- Die Temperatur darf erst abgelesen werden, wenn sich der Flüssigkeitsfaden im Steigrohr nicht mehr bewegt.
- Beim Ablesen muss man senkrecht auf die Mess-Skala schauen.
- Das Thermometer darf zum Ablesen nicht aus dem Wasser herausgenommen werden.

Wärme dehnt Brücken

Wären die Brücken nicht auf Rollen gelagert, reichte ein einziger heißer Sommertag aus, um sie einstürzen zu lassen.

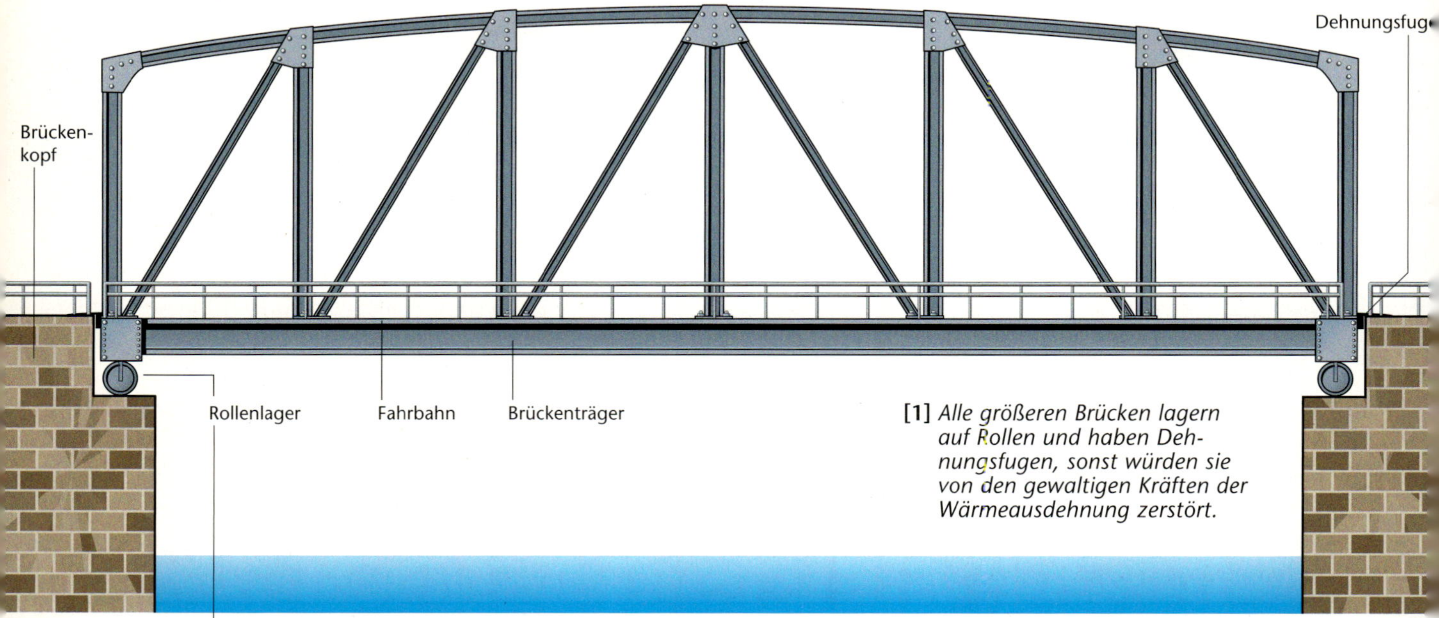

[1] *Alle größeren Brücken lagern auf Rollen und haben Dehnungsfugen, sonst würden sie von den gewaltigen Kräften der Wärmeausdehnung zerstört.*

[2] *Rollenlager unter einer Brücke*

Das kurze Klacken beim Befahren einer längeren Brücke ist dir vielleicht schon einmal aufgefallen. Ursache dafür sind die eigenartigen Verzahnungen [4], die die Fahrbahn mit der Brücke verbinden.

Noch viel rätselhafter aber sind die Rollen [2], auf denen die Stahlbetonbrücke lagert. Auf ihnen kann sich sich die ganze Brücke hin und her bewegen.

Warum Brücken auf Rollen lagern

Beton und Stahl dehnen sich bei Erwärmung aus. Erwärmt sich eine 200 m lange Brücke von 10 °C auf 30 °C, ist sie immerhin etwa 5 cm länger. Im Winter, wenn das Thermometer auf -10 °C sinkt, ist die gleiche Brücke im Vergleich zu einem heißen Sommertag etwa 10 cm kürzer. Beim Ausdehnen und

Versuche

1 Wärme bringt Stäbe ganz schön auf Trab

Die Abbildung [3] zeigt dir einen Versuch, mit dessen Hilfe du die Wirkung von Wärme auf Stäbe untersuchen kannst. Erstelle aufgrund der Abbildung eine Materialliste.

Baue den Versuch wie in der Abbildung auf und erwärme einen dünnen Kupferstab. Notiere, um wie viele Stricheinheiten sich der Zeiger bewegt hat. In welche Richtung muss sich der Zeiger bewegen, wenn der Kupferstab länger wird?

Wiederhole den Versuch mit gleich langen Stäben aus Eisen, Aluminium, Messing oder einem anderen Metall.

Fertige ein Protokoll an und fasse die Ergebnisse in einem Merksatz zusammen.

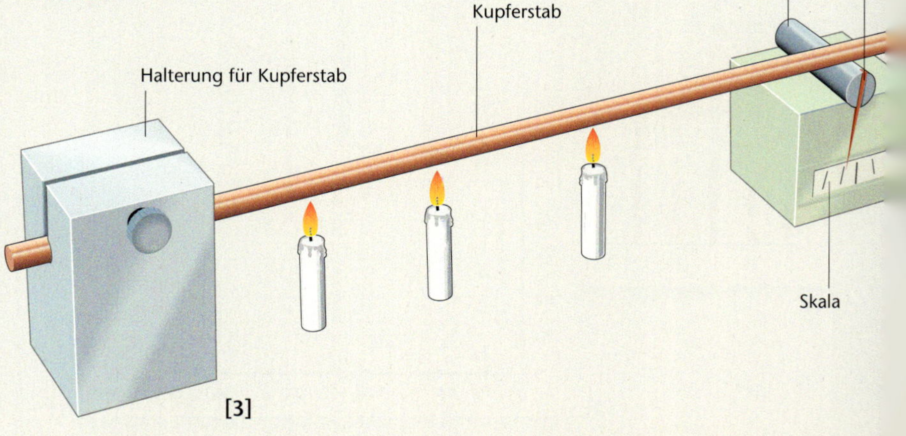

[3]

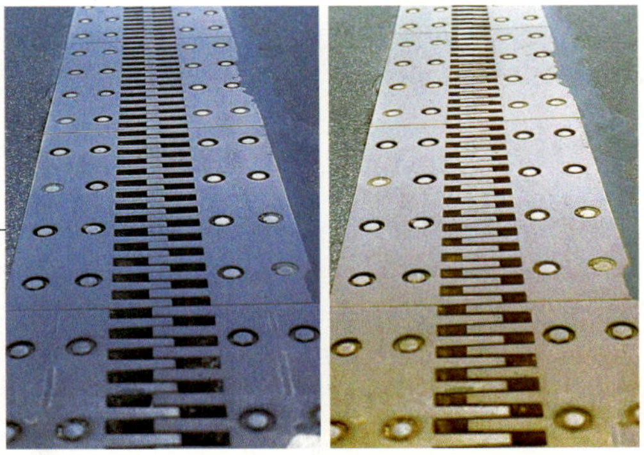

[4] *Dehnungsfuge im Winter und im Sommer*

[5] *Schwere Betonscheiben spannen die Fahrdrähte.*

Zusammenziehen treten gewaltige Kräfte auf, obwohl es sich nur um wenige Zentimeter handelt. Ohne Rollenlagerung [2] und Dehnungsfugen [4] würden die Brücke und der Brückenkopf zerstört.

Festkörper werden beim Erwärmen größer

Alle Stoffe bestehen aus kleinsten Teilchen. Bei festen Stoffen wie Eisen sind diese gitterförmig angeordnet [6], aber trotzdem in einem gewissen Bereich beweglich. Steigt die Temperatur, nimmt die Bewegung der Teilchen zu. Dadurch vergrößert sich ihr Abstand [7] und der Stoff nimmt einen größeren Raum ein. Feste Stoffe dehnen sich beim Erwärmen nach allen Richtungen aus. Bei länglich geformten Gegenständen wie Stäben und Drähten wirkt sich die Ausdehnung vor allem in der Länge aus. Trotz des größeren Raumbedarfs werden sie nicht schwerer.

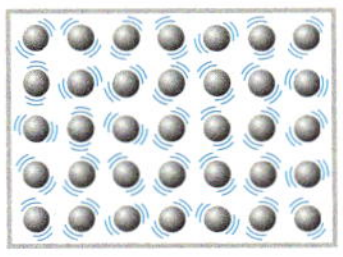

[6] *Kalter Festkörper*

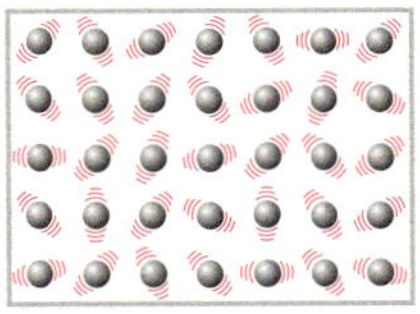

[7] *Heißer Festkörper*

2 Vom Dicker- und Dünnerwerden

Eine Eisenkugel passt bei Zimmertemperatur gerade noch durch eine runde Öffnung [8]. Erhitze die Kugel. Passt die erhitzte Kugel durch die Öffnung?

Falls die erhitzte Kugel nicht durch die runde Öffnung passt, lasse sie einige Zeit über der Öffnung liegen. Was passiert? Erkläre das Ergebnis.

[8]

Merkmal

▶ Feste Stoffe dehnen sich beim Erwärmen aus, beim Abkühlen ziehen sie sich zusammen.

▶ Die Stärke der Ausdehnung ist abhängig vom Temperaturunterschied, vom Material und von der Größe des Körpers.

Denkmal

❶ Betrachte die Dehnungsfugen einer Straßenbrücke im Sommer und im Winter [4]. Wie unterscheiden sie sich? Kannst du das erklären?

❷ Die Fahrdrähte der Bahn werden durch schwere Betonscheiben gespannt [5]. Manchmal hängen die Scheiben höher und manchmal tiefer. Woran liegt das?

❸ Erwärmen wir unterschiedliche Stoffe um 1 °C, so dehnen sie sich unterschiedlich stark aus [9].

Material	Länge vor dem Erwärmen	Länge nach dem Erwärmen um 1 °C
Glas	1,00 m	1,000 090 m
Beton	1,00 m	1,000 012 m
Eisen	1,00 m	1,000 012 m
Kupfer	1,00 m	1,000 017 m
Aluminium	1,00 m	1,000 024 m

[9]

a) Welches Metall dehnt sich am stärksten aus?
b) Weshalb legt man in Betondecken Eisenstangen und keine Aluminiumstäbe?

❹ Stäbe sind lang und Kugeln sind rund. Obwohl Stäbe und Kugeln ganz unterschiedliche Formen haben, dehnen sie sich bei Erwärmung aus. Wie muss nun ein Merksatz formuliert werden, wenn es um die Erwärmung einer Kugel geht?

❺ Erhitzt man eine Eisenkugel, so vergrößert sich ihr Durchmesser. Ist die erhitzte Eisenkugel mit dem nun größeren Volumen schwerer als die kalte Kugel? Beantworte die Frage mithilfe des Teilchenmodells.

Wärme lässt Tanks überlaufen

Flüssigkeiten dehnen sich bei Erwärmung aus. Beim Abkühlen ziehen sie sich wieder zusammen.

Bei großer Hitze

Auto nicht voll tanken

Karlsruhe. Bei der sommerlichen Hitze sollten Autofahrer ihren Wagen nicht ganz voll tanken. Wenn das Fahrzeug mit vollem Tank in der prallen Sonne steht, entweicht der wärmer werdende Sprit durch den Tankdeckel oder das Entlüftungsrohr. Schäden am Lack und Unterbodenschutz oder gar die Entzündung des feuergefährlichen Benzins können die Folge sein. An der Tankstelle wird der Kraftstoff in unterirdischen Tanks bei plus fünf bis zehn Grad gelagert. Der Unterschied zu der hochsommerlichen Außentemperatur ist enorm. Nach dem Tanken heizt sich der Sprit in der Sonne auf und

[1] *Solche Warnungen sind zu Beginn des Sommers immer wieder in der Zeitung zu lesen.*

Auf unseren Straßen transportieren täglich Tanklastwagen gefährliche Flüssigkeiten wie Heizöl oder Benzin. Die Behälter der Fahrzeuge dürfen nicht bis zum Rand gefüllt werden. Beim Transport erwärmt sich die Flüssigkeit vor allem im Sommer und dehnt sich aus. Bei einem völlig gefüllten Tank würden die durch die Wärmeausdehnung auftretenden Kräfte den Tank zerstören. Austretende Flüssigkeiten können zu Brand- oder Umweltkatastrophen führen.

Wärme und **Wärmeenergie** bedeuten dasselbe. **Temperatur** ist aber etwas anderes: In 1 Liter Wasser mit der Temperatur 50 °C steckt eine bestimmte Menge Wärmeenergie. In 2 Liter Wasser mit der Temperatur 50 °C steckt die doppelte Menge Wärmeenergie, aber die Temperatur ist dieselbe.

Auch das Wasser in der Heizung dehnt sich aus

In einer Heizungsanlage fließt das Wasser in einem geschlossenen Kreislauf [3]. Weil sich das Wasser beim Erwärmen jedoch ausdehnt, wird in das Rohrsystem ein Ausdehnungsgefäß eingebaut. Wenn 50 Liter Wasser in der Heizung zirkulieren und die Temperatur um 50 °C erhöht wird, dann dehnt sich dieses Wasser um etwa 0,5 Liter aus. Dieser halbe Liter Wasser wird in das Ausdehnungsgefäß hineingedrückt. Er presst dabei die Luft hinter einer Gummimembran zusammen. Im Ausdehnungsgefäß muss immer ein genügend großes Luftpolster sein, sonst kann der Druck in den Leitungen so groß werden, dass die Rohre platzen. Wird der Druck trotzdem einmal aufgrund einer Brennerstörung zu hoch, öffnet sich ein Sicherheitsventil und lässt Wasser aus dem Heizungssystem ablaufen.

Temperatur und Energie

Wird Wasser erwärmt, klettert die Thermometerflüssigkeit nach oben und zeigt eine höhere Temperatur an. Beim Erwärmen des Wassers wird Energie übertragen. Heißes Wasser hat also mehr Energie als kaltes. Man sagt auch, erwärmtes Wasser ist ein **Energieträger**. Es kann die Energie wieder abgeben und andere Stoffe erwärmen, zum Beispiel einen Heizkörper. Allerdings kühlt es selbst dabei ab. Die Energie, mit der Wasser erwärmt wird, kann aus ganz unterschiedlichen Wärmequellen stammen. Energie ist somit auch die Fähigkeit, etwas erwärmen zu können. Wir sprechen dann von **Wärmeenergie.** Sie bewirkt die Erhöhung der Temperatur von Stoffen und deren Ausdehnung.

Versuche

1 ⚠ Eine Getränkedose als Modell

Erhitze Wasser in einem normalen Kochtopf zum Sieden und nimm ihn anschließend vorsichtig vom Herd. *(Achtung: Verbrühungsgefahr!)* Fülle eine Getränkedose randvoll mit Wasser und stelle sie in den Topf hinein. Beobachte die Oberfläche der Dose.

Überlege, was dieser Versuch mit dem Benzintank eines Autos zu tun hat. Welche Gemeinsamkeiten gibt es? Welche Unterschiede kannst du feststellen?

[2]

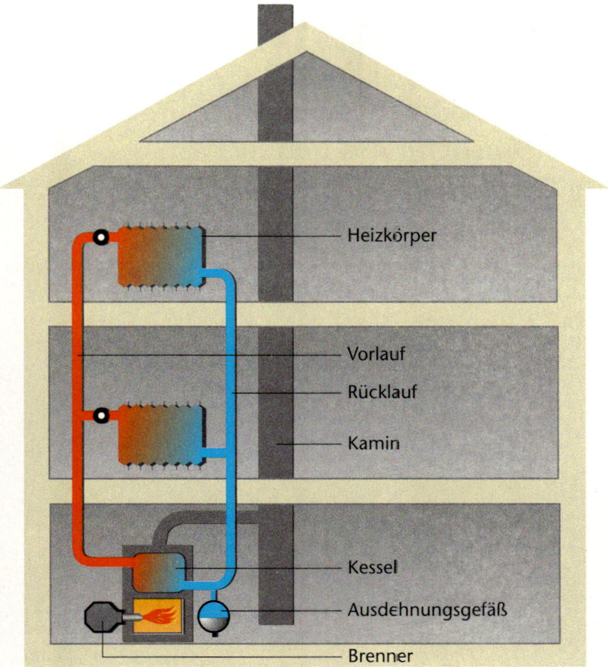

[3] *Ohne das Ausdehnungsgefäß würden die Rohre der Heizungsanlage platzen.*

Flüssigkeiten dehnen sich beim Erwärmen aus

Alle Flüssigkeiten bestehen aus kleinsten Teilchen. Diese sind nicht fest angeordnet [4], es besteht jedoch ein Zusammenhalt. Bei steigender Temperatur wird die Bewegung der Teilchen schneller, sie wechseln ihre Plätze. Flüssigkeiten dehnen sich beim Erwärmen nach allen Richtungen aus. Sie nehmen dabei die Form des Gefäßes an. Trotz des größeren Raumbedarfs werden sie nicht schwerer.

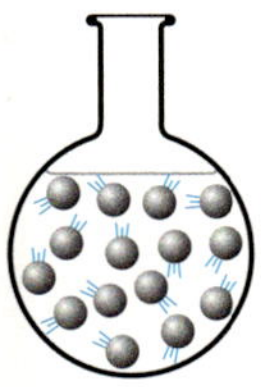

[4] *Kalte Flüssigkeit*

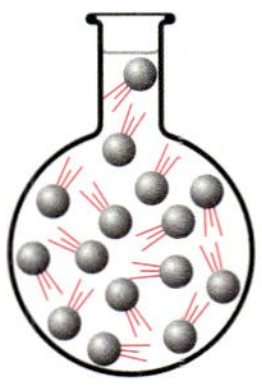

[5] *Heiße Flüssigkeit*

Merkmal

▶ Flüssigkeiten dehnen sich bei Erwärmung aus. Sie nehmen bei höheren Temperaturen ein größeres Volumen ein als bei niedrigeren Temperaturen.

▶ Um die Temperatur von Stoffen zu erhöhen, muss Wärmeenergie zugeführt werden.

▶ Ein Stoff, der Wärmeenergie aufgenommen hat, kann seine Wärmeenergie an andere Stoffe abgeben.

Denkmal

❶ Ergänze den unvollständigen Zeitungsartikel. Erkläre den Lesern, warum sie den Ratschlag unbedingt beachten sollten.

❷ Der Fahrer des Tankwagens weigert sich, die Heizöltanks im Keller bis an den Rand zu füllen. Wie begründet er seine Weigerung?

❸ Frau Maier sagt: „Ich tanke immer möglichst kaltes Benzin. Das ist billiger.“ Hat sie Recht?

❹ Wasser dehnt sich bei Erwärmung aus. Es braucht mehr Platz und hat dadurch ein größeres Volumen. Wird es dadurch aber auch schwerer? Überlege dir einen Versuch, mit dem du diese Frage beantworten kannst, und führe ihn durch.

❺ In einem Autokühler sind ungefähr 5 l Kühlwasser. Um wie viel dehnt es sich aus, wenn es beim Starten am Morgen von 10 °C während der Fahrt auf die Betriebstemperatur von 80 °C erwärmt wird? Ein Liter Wasser dehnt sich bei einer Erwärmung um 10 °C um 2 ml (Milliliter) aus.

❻ Getränkeflaschen werden nie bis zum Deckel gefüllt. Kannst du dir das erklären?

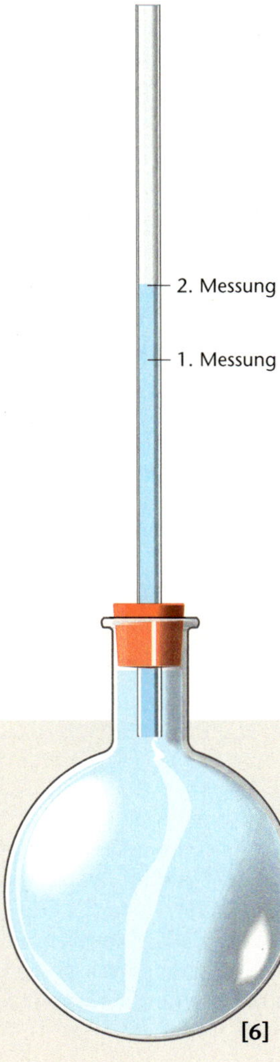

[6]

2 ⚠ Dem Geheimnis auf der Spur

Fülle einen Rundkolben randvoll mit Wasser. Verschließe ihn mit einem durchbohrten Stopfen, in dem ein Glasrohr steckt. Markiere den Wasserstand im Glasrohr mit einem Filzstift. Erwärme das Wasser und markiere wieder. Tauche nun das erwärmte Gefäß vorsichtig in kaltes Wasser. *(Achtung: Glasbruchgefahr!)* Markiere erneut. Notiere deine Beobachtungen und formuliere einen Merksatz.

Hinweis: Die Abbildung [6] zeigt nur den Rundkolben mit Glasrohr, zum Aufbau brauchst du weiteres Material. Besprich deinen Lösungsvorschlag mit dem Lehrer.

Wärme bewegt Maschinen

Gase dehnen sich beim Erwärmen besonders stark aus. Werden sie durch ein Gefäß an der Ausdehnung gehindert, so baut sich ein starker Druck im Gefäß auf.

[1]

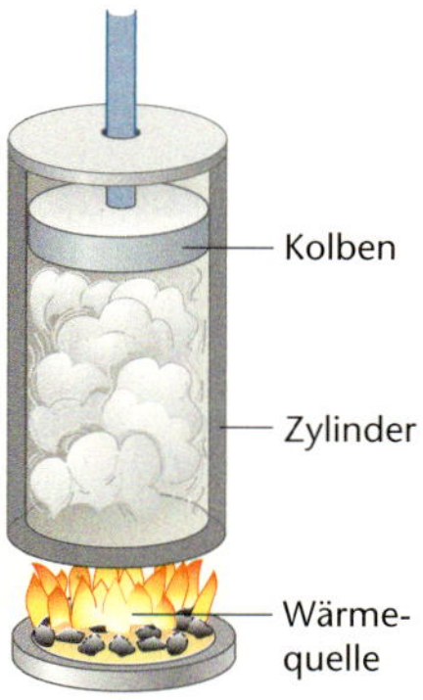

[2] *Die Dampfmaschine von* DENIS PAPIN

Der Fanzose DENIS PAPIN baute vor fast 300 Jahren die erste Dampfmaschine [2]. In einem Zylinder wurde Wasser verdampft. Der Wasserdampf drückte einen Kolben im Zylinder hoch. War der Kolben oben, nahm Papin das Feuer weg. Dadurch kühlte der Dampf ab, und der Kolben senkte sich wieder nach unten.

Dampfmaschinen sind Alleskönner

Einige Jahre später entwickelten die Engländer THOMAS NEWCOMEN und JAMES WATT Dampfmaschinen, in denen sich der Kolben automatisch auf und ab bewegte. Zuerst setzte man diese Maschinen zum Abpumpen des Wassers in Bergwerken ein, später auch in Lokomotiven [1], Schiffen und Fabriken.

Alles Geschichte – oder?

Benzin- und Dieselmotoren haben die Dampfmaschinen längst abgelöst. In Vergessenheit sind sie aber nicht geraten. Findige Tüftler arbeiten an den Dampfmaschinen der Zukunft. Dies sind keine Rauch und Ruß speienden Ungeheuer mehr, sondern leise laufende Triebwerke, die mit bis zu 900 °C heißem Wasserdampf arbeiten [6]. Sie laufen so leise wie der Lüfter eines Computers und brauchen keinen Katalysator und Rußfilter.

Versuche

[3]

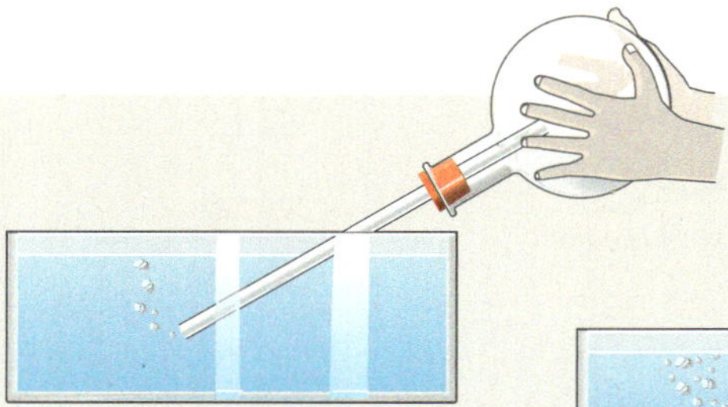

[4]

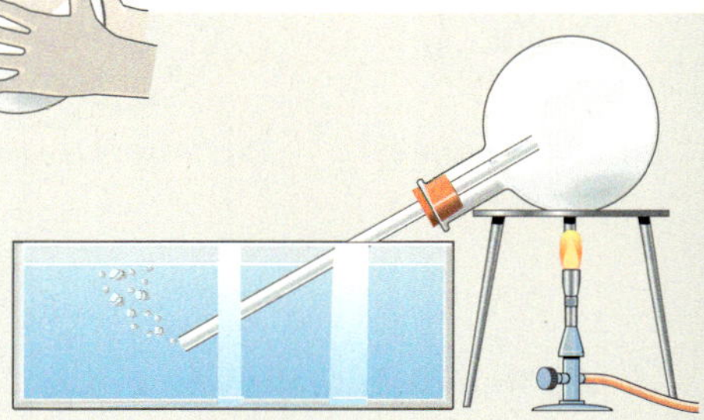

[5]

1 Eine der beiden Flaschen [3] wurde mit heißem Wasser ausgespült. Dann wurden über die Flaschenhälse leicht aufgeblasene Luftballons gezogen. Der eine der Ballons hat sich „scheu" zurückgezogen. Welche Flasche wurde mit heißen Wasser ausgespült? Erkläre.

2 Verschließe einen kleinen Rundkolben mit einem Stopfen, in dem sich ein Glasrohr befindet. Halte das Ende des Glasrohrs in ein Wasserbecken, und nimm den Glaskolben fest in die Hand [4]. Was beobachtest du schon nach kurzer Zeit?

3 ⚠ Wiederhole den Versuch 2 mit einem größeren Rundkolben, der auf einem Dreibein liegt [5]. Erwärme ihn vorsichtig mit einem Brenner. Entferne nach kurzer Zeit die Flamme und lasse den Kolben langsam abkühlen. *(Achtung: Splittergefahr!)*

Erwärmte Gase brauchen Platz

Beim Verdampfen geht Wasser vom flüssigen in den gasförmigen Zustand über. Weil der gasförmige Wasserdampf ein viel größeres Volumen beansprucht als flüssiges Wasser, kann er die Kolben von Dampfmaschinen bewegen. Erhitzt man Wasserdampf auf höhere Temperaturen, dehnt er sich weiter aus.

Bei Gasen haben die einzelnen Teilchen keinen Zusammenhalt [7]. Sie nehmen den ganzen Raum ein, der ihnen zur Verfügung steht. Die Abstände zwischen den einzelnen Teilchen sind groß. Die Geschwindigkeit der Gasteilchen nimmt beim Erwärmen zu, Gase dehnen sich bedeutend stärker aus als Flüssigkeiten oder feste Körper [8]. Nach dem Abkühlen nehmen sie wieder ihr ursprüngliches Volumen ein. Alle Gase dehnen sich bei gleicher Temperaturerhöhung gleich stark aus.

Da Gase oft in Gefäße wie Autoreifen, Spraydosen oder Luftmatratzen eingesperrt sind, können sie beim Erwärmen ihr Volumen nicht vergrößern. Dadurch steigt der Gasdruck in den Gefäßen.

[6] *Umweltfreundliche Kraftpakete – Dampfmaschinen der Zukunft*

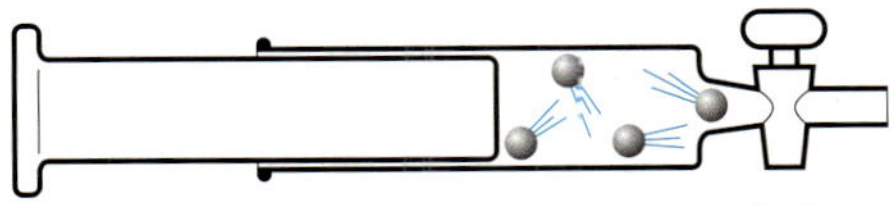

[7] *Kaltes Gas*

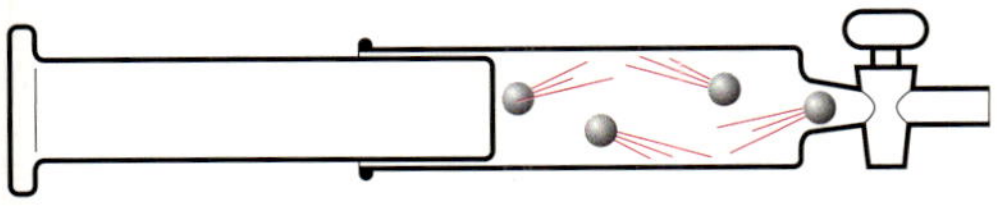

[8] *Heißes Gas*

Merkmal

▶ Ein Stoff nimmt im gasförmigen Zustand ein viel größeres Volumen ein als im flüssigen und festen Zustand.

▶ Erwärmen sich Gase, so nehmen sie besonders viel Raum ein. Beim Abkühlen ziehen sie sich wieder auf ihr ursprüngliches Volumen zusammen.

Denkmal

❶ Stoffe dehnen sich beim Verdampfen aus. Können sie sich nicht ausdehnen, so erhöht sich der Druck in den Gefäßen. Dies nutzt man in Dampfmaschinen aus. Erkläre die Funktionsweise einer Dampfmaschine.

❷ Dampfmaschinen übernehmen seit etwa 300 Jahren viele Aufgaben in unserer technisierten Welt. Welche sind das?

❸ Suche dir Bilder von Maschinen und Geräten, in denen Dampfmaschinen eingebaut waren.

❹ Weshalb sollte man eine Propangasflasche nicht in der prallen Sonne stehen lassen?

❺ Heike hat in der Mittagshitze ihre Luftmatratze aufgepumpt. Als sie sich abends schlafen legt, ist diese schlapp. Ob die Luftmatratze wohl ein Loch hat?

❻ Lässt sich ein etwas eingedrückter Tischtennisball wieder glätten?

Projekt-Tipp: Dampfantriebe

1 ⚠ Die Kraft des Wasserdampfes kannst du an einem Eierboot erkennen. Zum Bau des Bootes benötigst du ein bootsähnliches Gebilde aus Styropor oder Holz, Schaschlikspieße oder Rundhölzer, Draht, ein ausgeblasenes Ei, ca. 5 ml Wasser, Knetmasse zum Abdichten des Lochs am stumpfen Ende des Eis und ein Teelicht. Die Grundidee des Eierbootes erkennst du in der Abbildung [9]. Lass deiner Fantasie beim Bau des Bootes freien Lauf. Teste die Fahreigenschaften und den Antrieb deines Bootes und verbessere sie. *(Achtung: Verbrühungsgefahr!)*

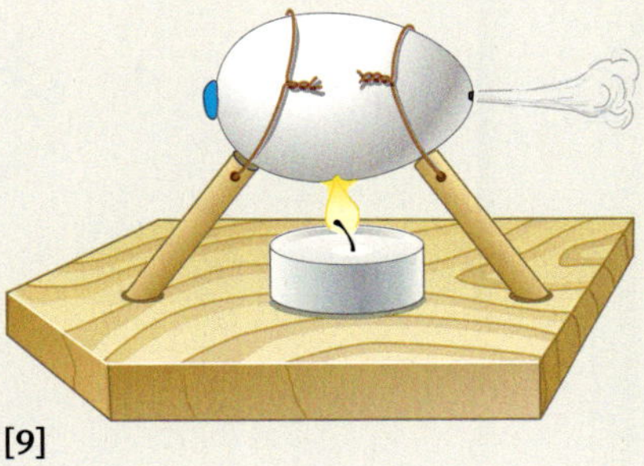

[9]

2 ⚠ Mit Wasserdampf kannst du ein Windrad antreiben. *(Achtung: Verbrühungsgefahr!)* Wie es gemacht wird, siehst du in der Abbildung [10].

[10]

Eine kühle Sache

Wir sprechen von Eis, Schnee, Wasser, Nebel, Dampf und mehr, meinen aber immer denselben Stoff, nämlich Wasser. Stoffeigenschaften und Temperatur bestimmen die Erscheinungsform von Stoffen.

1 Kältemischungen zum Abkühlen

Zum Abkühlen stehen dir verschiedene Möglichkeiten zur Verfügung. Kühlschrank und Gefriertruhe liefern niedrige Temperaturen, sind jedoch für Versuchszwecke nicht gut geeignet. Mischungen aus Eis und Salz, so genannte **Kältemischungen,** können Temperaturen von bis zu -21 °C erreichen. Wie du eine Kältemischung herstellen kannst, siehst du in der Abbildung [1].

2 Eine starke Sache

Wie stark Kältemischungen sein können, zeigt folgender Versuch: Befestige ein Streichholz an einem dünnen Bindfaden und feuchte es mit Wasser an. Lege das feuchte Streichholz auf einen Eiswürfel und streue Kochsalz darüber [2]. Lasse das Streichholz kurz auf dem Eis liegen.

3 Mischungen gefrieren später

Dem Kühlwasser und Scheibenwaschwasser von Fahrzeugen wird im Winter ein Zusatzstoff beigemischt. Dieser soll verhindern, dass das Wasser gefriert. Welche Stoffe dafür verwendet werden, kannst du auf den Etiketten ablesen.

Während Wasser bei 0 °C zu Eis wird, liegt die Gefriertemperatur von Mischungen mit Wasser tiefer. Dies ist ganz einfach auszuprobieren. Du benötigst dazu ein Becherglas, zwei Reagenzgläser, Spiritus und Wasser, eine Kältemischung und eventuell ein Thermometer.

In ein Reagenzglas gibst du Wasser, in das andere je zur Hälfte Spiritus und Wasser. Mische die Flüssigkeiten gut. Stecke beide Reagenzgläser einige Zeit in die Kältemischung im Becherglas. Mit einem Thermometer kannst du die Temperatur messen. Ziehe nach einigen Minuten die Reagenzgläser zur Beobachtung wieder heraus [3]. *(⚠ Achtung! Die Mischung wird sehr kalt. Handschuhe tragen.)* Erkläre deine Beobachtung.

4 Wasser verhält sich anders

Du hast gesehen, dass Stoffe bei niedrigeren Temperaturen ein kleineres Volumen einnehmen als bei höheren Temperaturen. Wasser verhält sich anders.

Fülle eine kleine Kunststoffflasche randvoll mit Wasser und eine andere mit Spiritus. Verschließe beide Flaschen gut. Stelle sie in einer Plastikwanne über Nacht in die Gefriertruhe. Im Winter kannst du die Wanne in einer frostigen Nacht auch ins Freie stellen. Was passiert?

5 Eis schwimmt, Wachs versinkt

Lege vorsichtig in einer mit Wasser gefüllten Wanne ein Eisstück auf die Wasseroberfläche. Beobachte! Zum Vergleich gib einige Kerzenwachsflocken in ein Reagenzglas und bringe sie im Wasserbad zum Schmelzen [4]. Lege nun vorsichtig eine Kerzenwachskugel auf die Schmelze. Beobachte! Kannst du das unterschiedliche Verhalten erklären?

Wasser zeigt bei Temperaturänderungen ein anderes Verhalten als die meisten Stoffe. Man bezeichnet

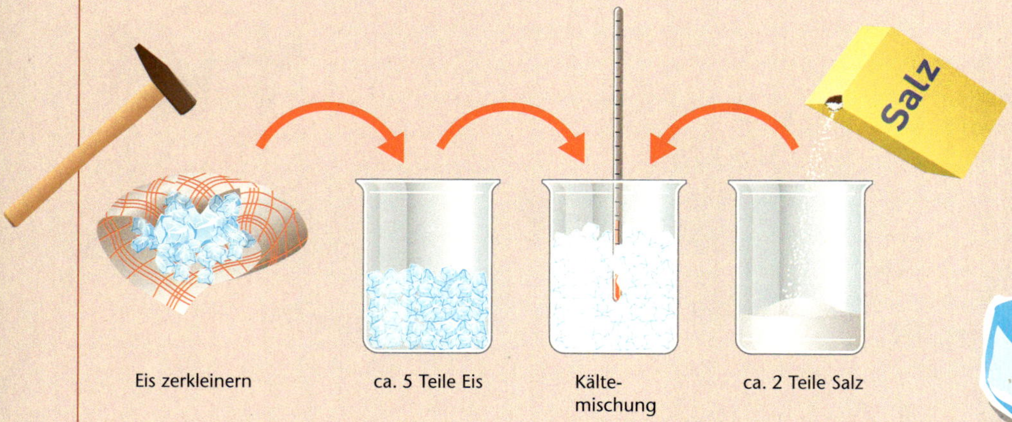

[1] *Herstellung einer Kältemischung*

[2] *Kannst du den Eiswürfel am Bindfaden hochheben?*

[3] *In welchen Reagenzglas ist Wasser und in welchem eine Mischng aus Spiritus und Wasser?*

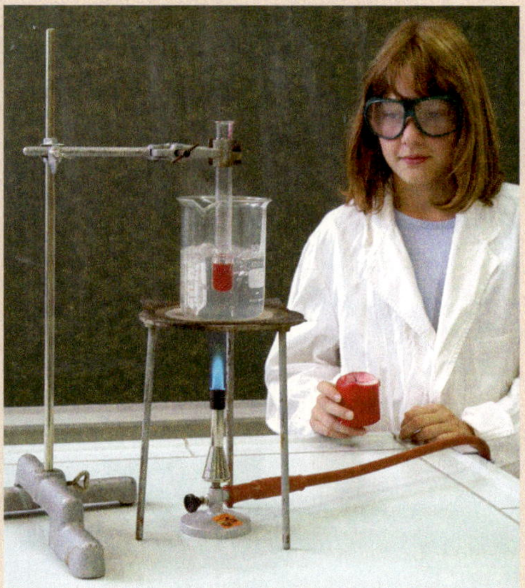

[4] *Eis schwimmt auf Wasser. Wird auch festes Kerzenwachs auf flüssigem Kerzenwachs schwimmen?*

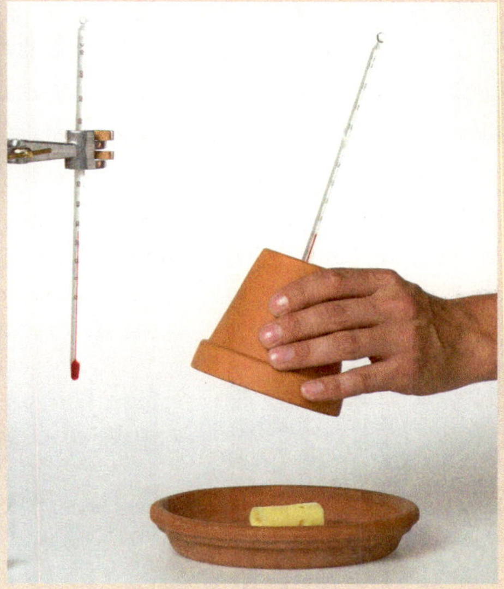

[5] *Wenn das Wasser verdunstet, wird es im Topf kühl.*

dies als **Anomalie** des Wassers. Wasser hat bei +4 °C ein kleineres Volumen als Wasser bei 0 °C oder +10 °C. Eis ist leichter als Wasser.

6 Verdunsten macht kalt

Lies auf einem Flüssigkeitsthermometer die Temperatur ab. Befestige nun um das Vorratsgefäß des Thermometers einen Wattebausch. Benutze dazu ein Gummiband. Achte darauf, dass die Watte das Vorratsgefäß fest umschließt. Befeuchte die Watte mit Spiritus. Lies die Temperatur ab. Schwenke das Thermometer einige Zeit hin und her. Lies immer wieder die Temperatur ab. Was kannst du feststellen? Erkläre!

7 Kühlschränke selbst gebaut

Wenn Flüssigkeiten verdunsten, wird es kühler. Befestige ein Thermometer mit Knetmasse im Bodenloch eines Blumentopfes. Stelle in einen Teller ein kleines Gefäß aus Glas oder Kunststoff. Lege darauf ein Stück in Aluminiumfolie verpackte Butter oder Käse [5]. Gieße etwas Wasser in den Teller und stelle den Blumentopf kopfüber über die Butter auf den Teller. Miss mit einem zweiten Thermometer die Zimmertemperatur. Vergleiche nach einiger Zeit die Temperatur innerhalb und außerhalb des Blumentopfes. Was kannst du nach einiger Zeit auf der Aluminiumfolie erkennen?

Nun kannst du auch erklären, weshalb Spargelbauern ihren frisch gestochenen Spargel in feuchte Tücher einschlagen. Manche Leute umwickeln an heißen Sommertagen ihre Getränkeflaschen mit nassen Handtüchern und stellen sie in den Schatten.

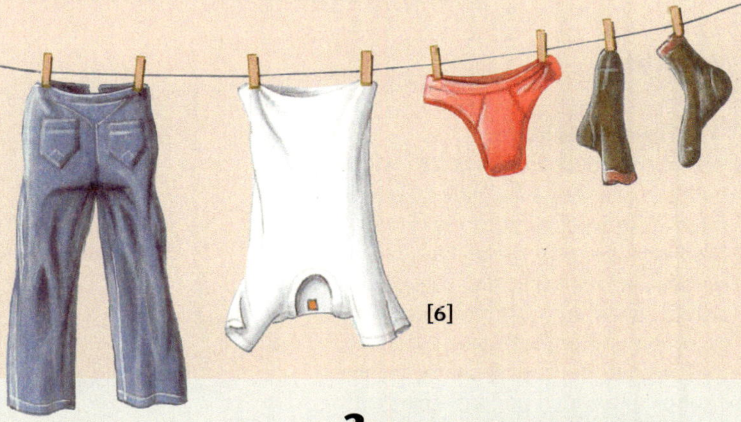

[6]

Projekt-Tipp: Wäschetrocknen

Wer kennt das nicht: Der Lieblingspulli hängt noch nass auf der Wäscheleine. Die Socken sind bereits trocken. Von unseren Wäschewaschexperten zu Hause können wir einiges über das Wäschetrocknen erfahren.

1 Plane geeignete Versuche, mit denen du die Trockentipps der Wäschewaschexperten überprüfen kannst.

2 Führe die Versuche durch und erstelle ein Versuchsprotokoll. Finde für die Trockentipps geeignete Überschriften.

Wärmeleiter und Isolatoren

Wärme breitet sich in verschiedenen Stoffen unterschiedlich schnell aus. Diese Tatsache nutzt die Natur, und wir Menschen wenden sie auf unterschiedliche Weise an.

[1] *Ein Topflappen oder Schutzhandschuh schützt die Hand vor Hitze.*

[2] *Ein Kochlöffel muss ein guter Isolator sein.*

Neugierige Topfgucker verbrennen sich schnell die Finger. Wer einmal ohne Topflappen den heißen Metalldeckel eines Kochtopfes angefasst hat, weiß das.

Das Tempo bestimmt der Stoff: gute und schlechte Wärmeleiter

Von dem Material eines Topfes erwartet man, dass es die Hitze der Kochplatte oder der Gasflamme gut ins Innere weiterleitet. Das Metall, aus dem die Kochtöpfe hergestellt werden, leitet Wärme schnell weiter. Metalle sind gute **Wärmeleiter.** Allerdings wird nicht nur der Boden des Topfes heiß. Die Wärme wird weitergeleitet, sodass schon nach kurzer Zeit der ganze Topf durch und durch heiß ist.

Kunststoff- oder Holzgriffe leiten die Wärme nur langsam weiter und werden deshalb nicht heiß. Sie sind schlechte Wärmeleiter, so genannte **Isolatoren**. Auch Luft und Wasser leiten die Wärme nur langsam weiter. Deshalb sind Gegenstände, die viel Luft enthalten, wie Topflappen oder Schaumstoff, besonders gute Isolatoren.

Wärme behalten – aber wie?

Der Mensch und alle gleichwarmen Tiere produzieren ständig Wärme, um ihre gleich bleibende Körpertemperatur halten zu können. In einer kalten Umgebung ist dies manchmal gar nicht so einfach. Sich vor Kälte schützen, bedeutet nichts anderes, als möglichst wenig Wärme zu verlieren.

Es gibt verschiedene Möglichkeiten, sich vor Wärmeverlust zu schützen. Eine wärmeisolierende Schicht zwischen dem warmen Körper und der kalten Umgebung ist dazu aber immer nötig.

[3] *Die Winterjacke schützt vor Wärmeverlust. Auch die verschränkten Arme helfen dabei, weil die Fläche, die die kalte Luft berührt, kleiner ist.*

Versuche

1 Wärmedetektive

Wer als Wärmedetektiv arbeiten will, hat eine schwierige Aufgabe zu bewältigen. Wärme ist nämlich kein Stoff. Man kann sie nicht sehen. Nur das, was sie bewirkt, zeigt uns, dass sie vorhanden ist. Außerdem hat man eine Menge Arbeit und braucht ganz schön viel Zeit. Am besten ist es deshalb, kleinere Gruppen zu bilden und die Arbeit zu verteilen.

Besorgt euch zuerst alle Materialien und bereitet den Versuchsaufbau wie in der Abbildung **[8]** vor. Überlegt zunächst, was der Versuch zeigen soll. Schreibt eure Vermutungen auf.

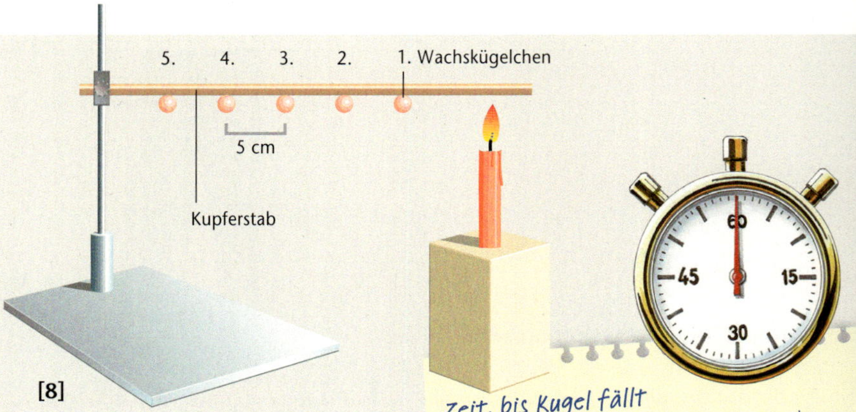

[8]

Notiert alle Beobachtungen, die ihr während des Versuchs macht. Formuliert das Versuchsergebnis als Merksatz.

Zeit, bis Kugel fällt

Material \ Kugel	1.	2.	3.	4.	5.
Kupfer	5 s	12 s	30 s		
Eisen					
Glas					

[4] *Pinguine sind durch ihr dichtes Federkleid an das Leben im ewigen Eis angepasst. Oft rücken sie eng zusammen, so schützen sie sich zusätzlich gegen Wärmeverlust.*

[5] *Um seine überschüssige Wärme an die Luft abzugeben, hat der Elefant eine „Ohrenkühlung".*

Kühl halten geht genauso wie warm halten

Gekühlte Lebensmittel bleiben länger frisch, viele Getränke schmecken kühl einfach besser. Man kann solche Dinge mit einer Kühltasche davor schützen, dass sie Wärme aufnehmen. Auch bei Kühlschränken verhindert eine wärmeisolierende Schicht, dass die Wärme aus der Umgebung eindringt.

2 Wider Erwarten schlechte Leitung

Lege in ein mit Luft gefülltes Reagenzglas eine Wachskugel. Lege in ein zweites Reagenzglas ein mit einer Büroklammer beschwertes Eisstück und fülle das Reagenzglas mit Wasser auf.

Erhitze beide Reagenzgläser am oberen Ende über einer Brennerflamme **[9]**. Beobachte! Entsprechen deine Beobachtungen deinen bisherigen Erfahrungen? Wie beurteilst du Luft, Wasser und Glas als Wärmeleiter?

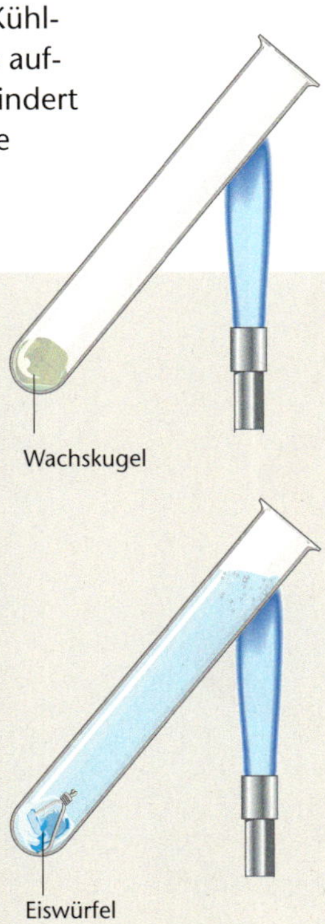

[9]

Merkmal

- ▶ Wärme kann sich in Stoffen ausbreiten, je nach Stoff unterschiedlich schnell.
- ▶ Breitet sich in einem Stoff die Wärme rasch aus, so sprechen wir von einem guten Wärmeleiter.
- ▶ Stoffe, die die Wärme langsam weiterleiten, nennen wir schlechte Wärmeleiter oder Isolatoren.
- ▶ Metalle sind gute Wärmeleiter. Kunststoffe, Holz, Luft und Wasser sind schlechte Wärmeleiter.

[6] *Ein Motor hat Kühlrippen mit großer Fläche, damit er die Wärme an den schlechten Wärmeleiter Luft abgeben kann.*

[7] *Heizungsrohre werden mit Schaumstoff isoliert.*

Denkmal

❶ Für Stoffe, die die Wärme schlecht leiten, gibt es einen speziellen Fachausdruck. Hast du ihn dir gemerkt?

❷ Weshalb helfen verschränkte Arme, wie in der Abbildung **[3]** zu sehen, vor Wärmeverlust?

❸ Teile die folgenden Stoffe in gute und schlechte Wärmeleiter ein: Silber, Glas, Wasser, Kupfer, Kunststoff, Gold, Stahl, Wolle, Messing, Kork, Luft.

❹ Ein Topf mit einem unebenen Boden ist für einen Elektroherd ungeeignet. Begründe das.

❺ „Meine Mutter wickelt kalte Getränke in eine Wolldecke, damit sie im heißen Auto schön kühl bleiben", erzählt Melanie und Niko lacht sie dafür aus. Was meinst du dazu?

❻ „Ich habe eine Blechdose, die kann man absolut luftdicht verschließen", meint Sabine. „Da kommt die Wärme niemals raus." Ist das richtig?

Heizen durch Wärmeströmung

**Wärme kann von Flüssigkeiten und Gasen mitgeführt werden.
Das bezeichnet man als Wärmeströmung.**

[1]

Im Winter ist ein Ameisenbau bis in die untersten Etagen ausgekühlt. Aber schon im zeitigen Frühjahr, wenn die Sonnenstrahlen etwas steiler auf den Hügel treffen, beendet das Ameisenvolk seine Winterruhe. Dicht an dicht gedrängt sind die Tiere nun auf der Sonnenseite ihres Hügels anzutreffen.

Wie Ameisen ihren Hügel heizen

Sobald die wechselwarmen Tiere genügend Sonne getankt haben und ihre Körpertemperatur dadurch angestiegen ist, setzen sie sich in Bewegung und transportieren die Wärme ins Innere ihres Baues.

Im unteren Bereich des Ameisenhügels halten die von der Sonne aufgewärmten Ameisen wieder inne. Nun wird die herantransportierte Wärme an die noch kalte Umgebung abgegeben. Die erwärmte Luft strömt nach oben, dadurch gelangt die Wärme durch die weit verzweigten Gänge und Kammern des Ameisenbaus bis in die obersten Etagen. Wenn die Körpertemperatur der Ameisen wieder gesunken ist, weil die Wärme nun mit der Luft in die Gänge des Hügels transportiert wurde, beginnt das Spiel von neuem.

Auf diese Weise wird der Ameisenhügel schon sehr früh im Jahr auf eine Temperatur von 25 °C bis 30 °C aufgeheizt.

Wärmeströmung in den Heizungsrohren

Der Brenner einer Heizungsanlage verbrennt Öl und erzeugt dadurch Wärme. Im ganzen Haus ist es behaglich und gleichmäßig warm, wenn wir nur den Heizkörper aufdrehen. Auf welche Weise wird nun die im Keller erzeugte Wärme in alle Räume eines Hauses transportiert?

Das im Heizkessel erwärmte Wasser dehnt sich aus, wird leichter und strömt in den Heizungsrohren mit der Wärme nach oben in die Heizkörper. Dort wird die Wärme an die kühlere Raumluft abgegeben. Das nun abgekühlte Wasser wird schwerer und fließt nach unten zurück in den Heizkessel. Dort wird es erneut erwärmt. Das hin- und zurückströmende Wasser transportiert also Wärme vom Heizkessel im Keller zum Heizkörper in der Wohnung. Eine in das Rohrsystem eingebaute Pumpe unterstützt diesen Kreislauf.

[2]

[3]

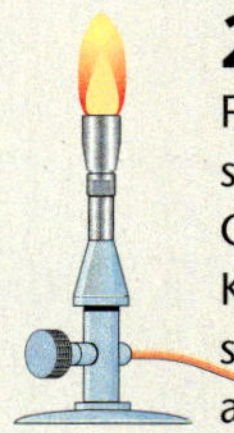

Versuche

1 Drehung nur mit Wärme

Übertrage die oben abgebildete Spirale auf ein Blatt Papier und schneide sie aus. Befestige einen Faden am Spiralenmittelpunkt. Halte die Spirale am Faden über eine Kerze, einen Heizkörper oder eine andere Wärmequelle. **Hinweis:** Halte die Papierspirale nicht zu dicht über die Kerzenflamme, sie könnte in Brand geraten!

Was kannst du beobachten? Erkläre!

2 Wärme lässt Schlieren wandern

Fülle ein rechteckiges Glasrohr mit Wasser und befestige es an einem Stativ. Gib in die Öffnung einige Körnchen Kaliumpermanganat oder feine Sägespäne. Erhitze das Glasrohr vorsichtig an einer der unteren Ecken.

[4], [5] *Großbritannien hat ein viel wärmeres Klima als Kanada, dies verdankt es dem Golfstrom.*

[6] *Ein Heißluftballon kurz vor dem Start*

Wärmeströmung im Zimmer

Die vom Heizkörper erwärmte Raumluft dehnt sich ebenfalls aus, wird leichter und steigt über dem Heizkörper nach oben [7]. Sie streicht an der Decke entlang und gibt dabei die mitgeführte Wärme an den Raum ab. Abgekühlt sinkt die nun schwerer gewordene Luft an der Innenwand des Zimmers nach unten. Sie strömt am Fußboden entlang und wird am Heizkörper erneut erwärmt. Es entsteht genauso wie beim Wasser in den Heizungsrohren ein Kreislauf.

Wärme kann Wasser und Luft in Bewegung versetzen, weil sich diese ausdehnen und leichter werden. Zusammen mit einem strömenden Stoff wird Wärme von einem Ort zum anderen transportiert.

[7] *Der Kreislauf der Luft im Zimmer*

Heizwasser für Europa

Die Küste Kanadas liegt genauso weit im Norden wie der Süden Englands. Während in Kanada monatelang Buchten und Häfen zugefroren sind, lässt eine warme Meeresströmung in England sogar Palmen wachsen [4], [5]. Die Meeresströmung bringt die Energie der Sonne, die das Wasser im Golf von Mexiko auf immerhin 27 °C erwärmt hat, über den Atlantik nach Nordeuropa. Auf seiner „Wanderung" gibt das Wasser laufend Wärme an die Luft ab. Ohne den Golfstrom [8] wären die Winter bei uns wesentlich strenger und die Sommer um einiges kühler.

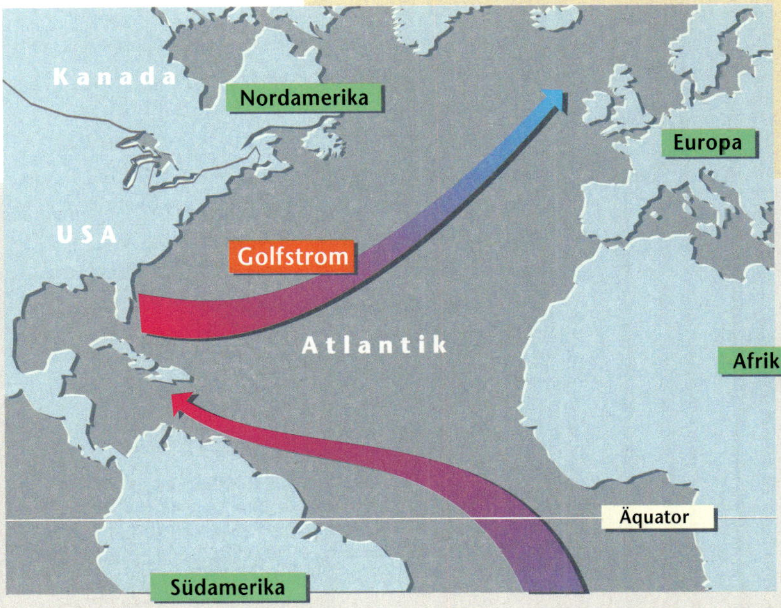

[8] *Durch den Golfstrom strömt Wärme von der Karibik nach Europa.*

Merkmal

▶ Zusammen mit einem strömenden Stoff wird Wärme von einem Ort zum anderen transportiert. Das bezeichnet man als Wärmeströmung.

▶ Wärme kann Wasser und Luft in Bewegung versetzen, weil sich diese ausdehnen und leichter werden.

▶ Warmes Wasser und warme Luft steigen nach oben. Kaltes Wasser und kalte Luft sinken nach unten.

Denkmal

❶ Wie gelangt die Wärme vom Brenner im Heizungskeller in dein Zimmer?

❷ Die Heizkörper in einem Zimmer befinden sich meist unter den Fenstern. Hat das einen bestimmten Grund?

❸ In Kühlschränken befindet sich das Gefrierfach immer oben. Weshalb ist das so?

❹ Hans ist erkältet. Er bereitet alles zum Inhalieren vor, aber ist sich nicht ganz sicher, ob er in die Schüssel mit den Kamillenblüten heißes oder kaltes Wasser geben soll. Was ist richtig?

❺ Erkläre, warum ein Heißluftballon [6] in die Luft steigen kann.

❻ Im Sommer sieht man entweder frühmorgens oder erst abends die Ballons [6] durch die Luft fahren. Welchen Grund mag es wohl hierfür geben?

Wärmestrahlung aus dem Weltall

Die Sonnenstrahlen gelangen durch den luftleeren Weltraum zu uns. Wärme kann sich demnach auch ohne einen Stoff ausbreiten. Man spricht dann von Wärmestrahlung.

Verlässt ein Raumschiff die Lufthülle der Erde, gelangt es ins luftleere Weltall. Die Sonne heizt ihm dort kräftig ein: Auf der sonnenzugewandten Seite beträgt die Temperatur +120 °C. Auf der Schattenseite des Raumschiffes herrscht bei –130 °C klirrende Kälte.

Wärmeübertragung im Weltall

Die Wärme der Sonne kann weder durch Wärmeleitung noch durch Wärmeströmung zu uns gelangen. Im luftleeren Weltraum fehlt ein Stoff, in dem sie sich ausbreiten oder mit dem sie zur Erde strömen könnte. Trotzdem überträgt die Sonne durch ihre **Strahlung** Wärme auf die Erde [1].

Sonnenstrahlen werden erst dann in Wärme umgewandelt, wenn sie auf einen Stoff auftreffen. Deutlich wird dies, wenn man bedenkt, welche Temperaturunterschiede ein Raumschiff aushalten muss. Für den Mond gilt dasselbe. Wie gut, dass die Lufthülle der Erde durch Wärmeströmung solche enormen Unterschiede abmildern kann.

Dunkler Asphalt wird besonders heiß

An heißen Sommertagen ist das Barfußlaufen auf hellen Plattenwegen viel angenehmer als auf dunklem Asphalt. Dieser nimmt so viel Sonnenstrahlung auf, dass er an manchen Stellen anfängt flüssig zu werden. Dunkle Oberflächen schlucken viel mehr Sonnenstrahlung als helle. Sie werden deshalb auch viel stärker erwärmt. Nachts strahlt der Asphalt die gespeicherte Wärme an die Umgebung ab.

[1]

[2] *Warum schmilzt hier der Schnee nicht?*

Lichtreflektoren Eis und Schnee

Sonnenbaden im Schnee ist schon etwas Ungewöhnliches [2]. Wie ist es nur möglich, dass der Schnee dabei nicht schmilzt? Die gleißende Schneedecke gibt selbst eine Antwort auf diese Frage. Sonnenstrahlen, die auf eine helle Fläche treffen, werden zurückgeworfen. Man sagt auch, sie werden **reflektiert**. Die Sonnenstrahlung kann den Schnee deshalb nicht so stark erwärmen, dass er schmilzt. Die Haut eines Menschen ist dunkler, reflektiert also nicht so viel Strahlung und wird stärker erwärmt. Deshalb kann man sich mitten im Schnee leicht bekleidet sonnen. Allerdings ist die Strahlung so stark, dass man schnell einen Sonnenbrand bekommt.

Entfernung Sonne – Erde: 150 000 000 km

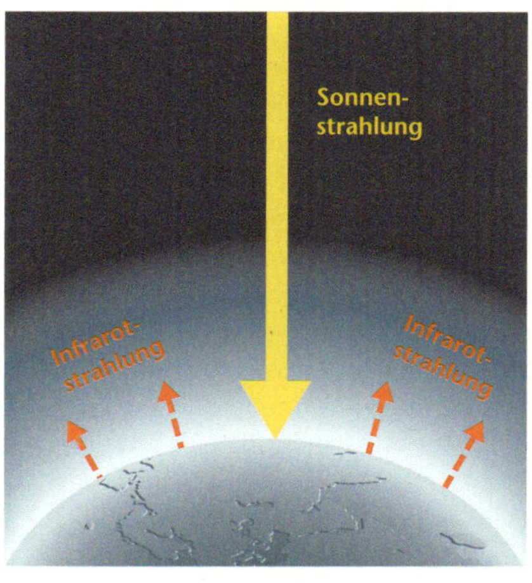

[5] *Die Sonnenstrahlung erwärmt die Erdoberfläche. Die Erdoberfläche strahlt Wärme in Form von Infrarotstrahlung ab. Diese Infrarotstrahlung wird von bestimmten Bestandteilen der Luft aufgenommen und erwärmt die Luft.*

[3] *Dunkel …*

[4] *… oder hell ist hier kein Zufall.*

Die Atmosphäre wärmt die Erde

Leben auf der Erde ist nur möglich, weil sie eine Lufthülle, die Erdatmosphäre, hat **[5]**. Die Wolken werfen einen Teil der Sonnenstrahlung ins Weltall zurück, die Luft schwächt einen Teil ab. Die Erdoberfläche nimmt die Hälfte der Sonnenstrahlung auf und erwärmt sich. Dadurch strahlt sie selbst Wärme in Form von Infrarotstrahlung ab. Ein Teil der Infrarotstrahlung wird von bestimmten Bestandteilen der Luft aufgenommen und erwärmt die Luft. Ohne diese Eigenschaft der Luft wäre es auf der Erde bitterkalt. Die Luft ist wie die Glasscheibe eines Treibhauses. Das Licht der Sonne kommt hindurch, die Infrarotstrahlung der Erde wird aber teilweise zurückgehalten.

Merkmal

▶ Die Sonne überträgt durch ihre Strahlung Wärme auf die Erde.

▶ Die Lufthülle der Erde schwächt einen Teil der Sonnenstrahlung ab, die Wolken werfen einen Teil ins Weltall zurück.

▶ Die Erde strahlt Wärme in Form von Infrarotstrahlung ab. Diese wird von bestimmten Luftteilchen aufgenommen und erwärmt so die Erdatmosphäre.

Denkmal

❶ Welche Auswirkungen hat die UV-Strahlung der Sonne auf die menschliche Haut? Informiere dich auf S. 158–159.

❷ Du hast sicher schon vom Treibhauseffekt gehört. Informiere dich! Welche Auswirkungen hat der Treibhauseffekt auf unsere Erde?

❸ Im Weltall haben wir eine Temperatur von ca. –270 °C. Welche Temperaturen herrschen auf der der Sonne zugewandten Seite des Erdmondes?

❹ Dunkle oder helle Häuser **[4]**, **[5]** – eine Modefrage oder eine Frage des Standorts? Erkläre!

❺ Im Frühjahr und im Herbst herrschen in der Sahara durchschnittliche Temperaturen von ca. 30 °C am Tag und ca. 10 °C in der Nacht. Erkläre!

❻ Du planst eine Reise durch die Sahara. Welche Kleidung nimmst du mit? Vor allem welche Kleiderfarben wählst du aus?

Versuche

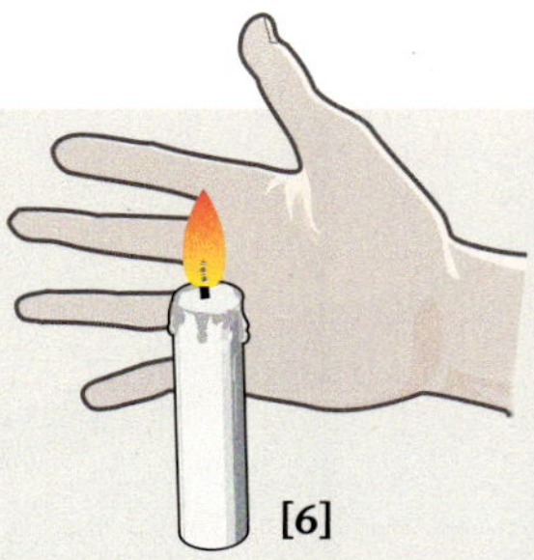

[6]

1 Halte deine Hand im Abstand von etwa 30 cm seitlich an eine brennende Kerze **[6]**. Du spürst Wärme. Erkläre, warum die Wärme weder durch Wärmeleitung noch durch Wärmeströmung auf deine Haut gelangen kann.

2 Halte deine Hand im Abstand von mindestens 60 cm vor eine Infrarotlampe. Bringe nacheinander ein undurchsichtiges Hindernis (z. B. Karton) und dann eine Glasscheibe zwischen die Infrarotlampe und die Hand. Notiere die Unterschiede und versuche, eine Erklärung dafür aufzuschreiben.

3 Umklebe jeweils eine Getränkedose mit Alufolie, glatt-weißem, rau-weißem und schwarzem Papier. Fülle die Dosen dann mit Wasser und stelle sie für etwa eine halbe Stunde in die pralle Sonne. Bei bedecktem Himmel kann auch eine Infrarotlampe die Aufgabe der Sonne übernehmen **[7]**. Miss nun die Temperaturen des Wassers und vergleiche die Messwerte miteinander. Notiere das Ergebnis und formuliere einen Merksatz.

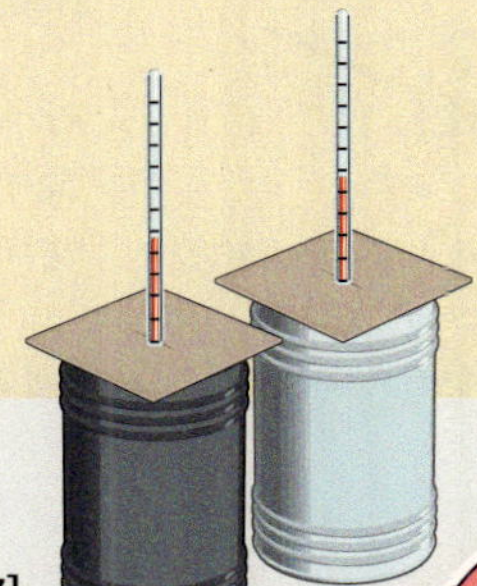

[7]

Flüchtige Wärme

Viele Energieträger, mit deren Hilfe man Wärme erzeugt, sind auf der Erde nur in begrenzter Menge vorhanden. Deshalb ist es wichtig, Wärme möglichst gut zu nutzen.

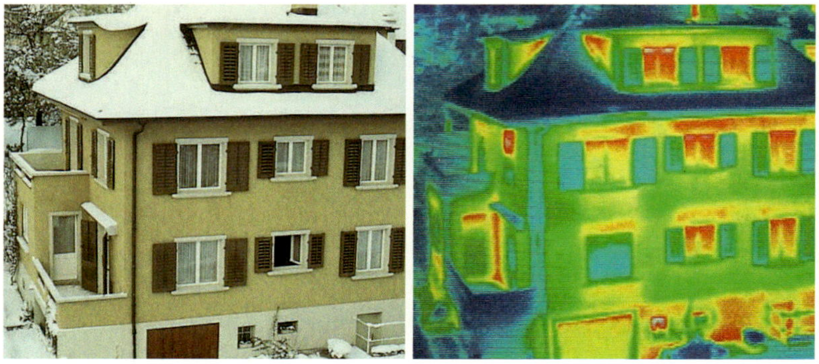

[5] *Das Thermobild aus einer Spezialkamera zeigt die Schwachstellen: Gelb und Rot bedeutet, dass hier viel Wärme entweicht, Grün und Blau heißt, dass wenig Wärme verloren geht.*

[1] *Mineralwolle mit Metallschicht*

[2] *Lochziegel*

[3] *Styroporplatte*

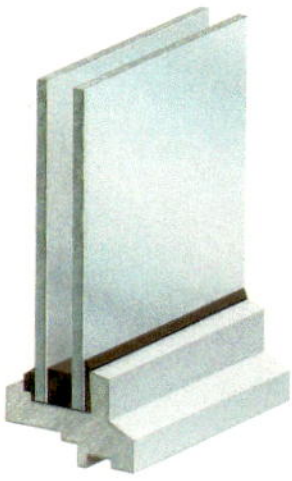

[4] *Isolierglasfenster*

Eigentlich müsste im Winter das Geld auf der Straße herumliegen. Millionen werden zum Fenster hinausgeworfen, weil Wärme, anstatt die Häuser zu heizen, nach außen entweicht. Und Wärme ist teuer.

Brennstoffe sparen ist wichtig

Den weitaus größten Teil der Energie, den ein Haushalt verbraucht, verschlingt die Heizung. Die Vorräte an Erdöl, Erdgas oder Kohle sind jedoch begrenzt. Daher ist es wichtig, möglichst wenig Energie zu verbrauchen und die gewonnene Wärme möglichst gut zu nutzen, denn die genannten Energieträger wachsen nicht nach.

Jedes Haus verliert Wärme

An kalten Tagen müssen wir ständig heizen, damit wir in den Wohnräumen eine angenehme Temperatur haben. Eigentlich müsste es ausreichen, die Heizung nur so lange aufzudrehen, bis die Wohnung warm ist. Schalten wir sie dann jedoch ab, so beobachten wir einen raschen Temperaturrückgang.

Jedes Haus besitzt eine Vielzahl von Schwachstellen, durch die Wärme nach außen gelangen kann [5]. Wände, Fensterrahmen und Türen leiten die Wärme direkt an die Außenflächen des Hauses weiter. Das Haus hat im Winter eine höhere Temperatur als die Umgebung. Die Außenwände, das Dach und die Fensterscheiben strahlen wie eine Heizsonne Wärme ab. Durch Ritzen und Fugen, aber auch durch geöffnete Fenster und Türen, strömt warme Luft nach draußen.

Wärmeflucht verhindern

Damit der Wärmeverlust möglichst gering bleibt, verwendet man beim Hausbau Baustoffe, die die Wärme besonders schlecht weitergeben. Mineralwolle [1], Lochziegel [2],

Ein Haus im Winter und im Sommer

Durch die Heizung wird die Luft im Haus erwärmt. Die warme Luft strömt nach oben. Durch Ritzen oder durch das unvermeidliche Lüften transportiert sie die Wärme schließlich nach draußen.

Im Winter steht die Sonne tief, mit den Sonnenstrahlen gelangt viel Wärme in das Haus. Das hilft, Heizenergie zu sparen. Im Sommer prallen die steiler auftreffenden Sonnenstrahlen von den Fensterscheiben ab oder treffen auf den Dachvorsprung. Dadurch heizt sich das Innere des Hauses nicht so stark auf.

[6]

[7] *Eisbären*
[8] *Küchenschelle*

Styropor [3] und Isolierglasfenster [4] verhindern das Strömen von Luft und damit den Austausch von Wärme. Dabei wird die isolierende Wirkung der Luft in den Hohlräumen genutzt. Manche **Isoliermaterialien** sind mit einer reflektierenden Metallschicht versehen, die Wärmestrahlung ins Haus zurückwirft.

Schwarze Eisbären und behaarte Küchenschellen

Auch Tiere und Pflanzen müssen mit der Wärme sparsam umgehen. Dafür gibt es in der Natur erstaunliche Tricks. Zwischen den Haaren des Eisbären [7] entsteht ein isolierendes Luftpolster. Außerdem leiten die hellen Haare die Sonnenstrahlung bis zur pechschwarzen Haut, dort wird die Strahlung in Wärme umgewandelt. Auch zwischen den feinen Härchen der Küchenschelle [8] bildet sich ein Luftpolster. Dies ist zur Blütezeit im März und April ein guter Schutz vor Frost.

Merkmal

▶ Die Energievorräte auf der Erde werden knapp. Deshalb ist es wichtig, möglichst wenig davon zu verschwenden.

▶ Um Energie zu sparen, verwendet man wärmedämmende Baustoffe, die die isolierende Wirkung unbewegter Luft nutzen.

▶ Große Fensterflächen fangen die Wärme der Sonnenstrahlen ein. Auch das kann man ausnutzen, um Energie zu sparen.

Denkmal

1. Nenne drei Energieträger, die langsam knapp werden, weil sie nicht nachwachsen.

2. In jedem Haus gibt es Schwachstellen, an denen Wärme verloren geht. Welche Stellen sind das vor allem? Welche isolierende Wirkung nutzen wärmedämmende Baustoffe aus?

3. Erkläre die Funktionsweise eines Lochziegels [2]. Weshalb isoliert er gut?

4. Kannst du dir erklären, weshalb Eisbären [7] eine schwarze Haut haben?

5. Hans überlegt sich, aus welchem Material er sein neues Haus baut. Was hältst du von massiven Granitsteinen als Baumaterial?

6. Peter hat Opas altes Gartenhaus geerbt. Es ist ganz aus massiven Holzbohlen gefertigt. Trotz eines Ofens ist es im Winter recht kalt. Wie kann er die Wärme besser im Blockhaus halten? Was kann er tun?

Versuch

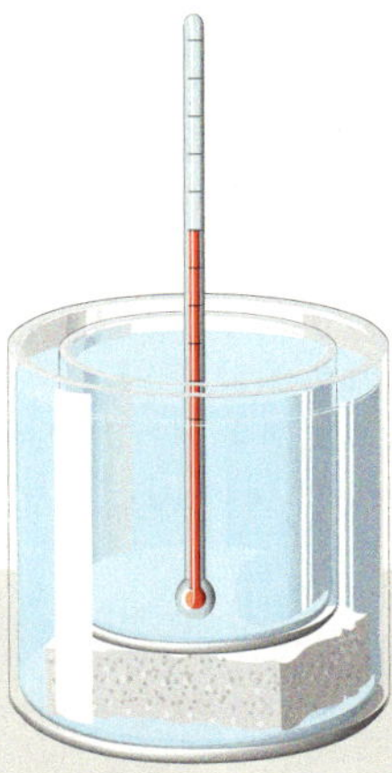

[9]

Wärmedämmstoffe im Test
Besorgt zwei verschieden große Gläser, die ineinander gestellt werden können. Das kleinere sollte einen 4 bis 6 cm kleineren Durchmesser haben als das größere. Schneidet etwas Styropor zurecht und legt es auf den Boden des größeren Gefäßes. Außerdem benötigt ihr einen Tauchsieder und ein Thermometer.

Füllt beide Gefäße mit gleich warmem Wasser. Erhitzt dann das Wasser im kleineren Gefäß mithilfe eines Tauchsieders auf 60 °C. Prüft im Abstand von 2 Minuten mit der Handfläche die Temperatur der Außenwand des großen Gefäßes. Messt die Temperatur im kleinen Gefäß und schreibt sie auf. Erstellt ein Schaubild.

Um herauszufinden, welches Material das Abkühlen des heißen Wassers am besten verhindert, muss der Versuch mit anderen Materialien wiederholt werden. Dazu ersetzt ihr das Wasser in dem größeren Gefäß durch folgende Materialien: Luft, Styroporstückchen, Watte, Papierschnipsel. Sicherlich interessieren euch noch andere Materialien, von denen ihr meint, dass sie Wärme dämmen können. Probiert sie einfach aus.

Damit die Ergebnisse vergleichbar sind, müsst ihr darauf achten, dass zu Beginn der Messungen die Temperatur im kleinen Gefäß immer gleich hoch ist und in gleichen Zeitabständen gemessen wird.

Wärme verändert Stoffe

Vor etwa 100 Jahren gelang es, neue Werkstoffe künstlich herzustellen – die so genannten **Kunststoffe.** Anfangs wurden diese aus Cellulose oder Latex hergestellt. Heute ist der wichtigste Rohstoff das Erdöl, es liefert die Grundbausteine der Kunststoffe.

Überall Kunststoffe
Heute sind Kunststoffe in allen Bereichen des täglichen Lebens zu finden. Im Haushalt triffst du auf viele Haushaltsgeräte aus Kunststoff. Eimer, Besteck, Teller, Tassen, Flaschen, Schüsseln werden heute aus Kunststoffen hergestellt. Beim Hausbau, in der Industrie, in Fahrzeugen, bei Freizeitgeräten ist der Kunststoff nicht mehr wegzudenken. Selbst in deiner Kleidung triffst du die Kunststoffe wieder.

[2] *Thermoplaste zersetzen sich in der Hitze. Man muss sie deshalb von Wärmequellen fern halten.*

Gegenstand	Aussehen vor dem Erwärmen	Aussehen nach dem Erwärmen
Jogurtbecher		
Steckdosenabdeckung		
...		

[3] *Untersuchung von Thermoplasten*

Besondere Kunststoffe – Thermoplaste
Die meisten Kunststoffe im Alltag sind **Thermoplaste** [1]. Bei Raumtemperatur sind sie meist hart oder sogar spröde. Erwärmt man sie mit Infrarotstrahlern, abgeschirmten Herdplatten, Heißluftgeräten oder speziellen Heizstäben, lassen sie sich leicht verformen. Ganz große Hitze kann ein Thermoplast allerdings nicht vertragen. Er zersetzt sich oder verbrennt [2].

Thermoplaste sind nicht gleich Thermoplaste. Die vier wichtigsten Thermoplaste in der Kunststoffproduktion sind Polyethylen (PE), Polypropylen (PP), Polystyrol (PS) und Polyvinylchlorid (PVC). Findest du Gegenstände in deiner Umgebung aus diesen Massenkunststoffen?

Thermoplaste untersuchen
Erwärme über einer Wärmequelle einige Kunststoffe, die du gefunden hast. Trage deine Beobachtungen in eine Tabelle [3] ein. (⚠ *Achtung: Schutzhandschuhe tragen! Überhitzung und direkten Kontakt mit der Wärmequelle vermeiden! Keine Gegenstände aus PVC verwenden!)*

Biege einen Winkel aus einem thermoplastischen Kunststoffstreifen. Erwärme dazu den Kunststoffstreifen über einer geeigneten Wärmequelle. Lege den gebogenen Thermoplaststreifen zur Seite, damit er langsam abkühlen kann. Wiederhole das Winkelbiegen mit einem zweiten Streifen und kühle ihn nach dem Biegen rasch in kaltem Wasser ab. Erwärme den Winkel wieder. Notiere deine Beobachtungen.

[1] *Viele Gebrauchsgegenstände und Verpackungen sind aus Thermoplasten hergestellt.*

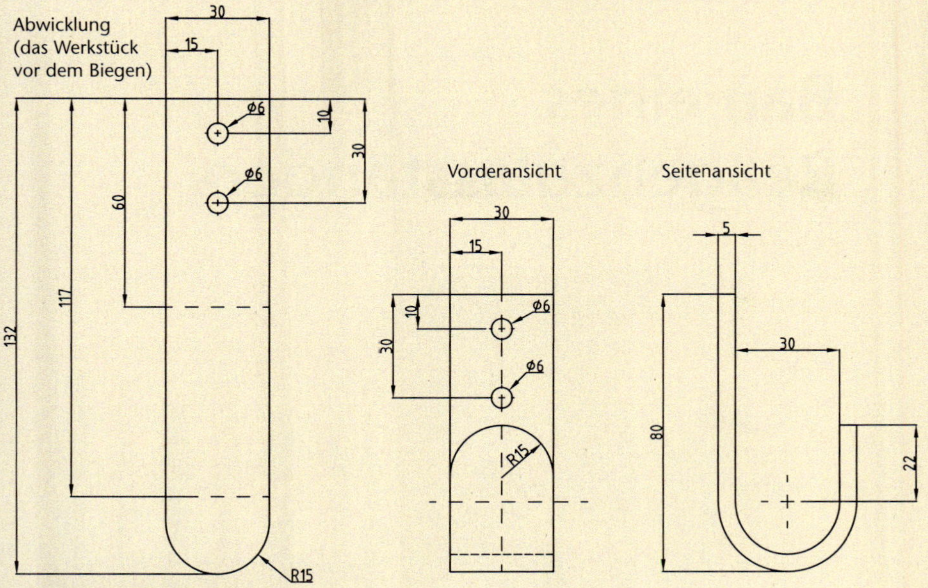

[4] *Fertigungszeichnung des Kleiderhakens*

[5] *So sieht der Kleiderhaken aus.*

Kleiderhaken aus Kunststoff

Viele Kunststoffe lassen sich ähnlich wie Metalle bearbeiten. Du kannst sie schneiden, sägen, feilen, hobeln und bohren **[185.4]**.

Die Schülerfirma deiner Klasse stellt Kleiderhaken **[4]**, **[5]** aus einem thermoplastischen Kunststoff her. Damit du es leichter hast, sind die Kunststoffstreifen bereits auf die passende Breite gesägt. Du musst den Thermoplaststreifen nur noch auf die entsprechende Länge zusägen, Bohrungen anbringen, die Kanten glätten und den Streifen in Form biegen.

Biegen

Biege den Thermoplaststreifen mithilfe einer Biegevorrichtung **[6]**. Diese hat dein Lehrer schon hergestellt. Da du eine Rundung biegen willst und die Bohrlöcher im Kunststoffstreifen zur Fixierung auf der Biegevorrichtung nutzen kannst, musst du keine Biegekante anzeichnen. Allerdings solltest du dir überlegen, welcher Bereich des Kunststoffstreifens zu erwärmen ist. Die nicht zu erwärmenden Zonen auf dem Kunststoffstreifen kannst du mit Aluminiumfolie einwickeln und so gegen die Wärme schützen.

Übe das Biegen zunächst an Abfallstreifen. (⚠ *Achtung: Verbrennungsgefahr! Unbedingt Schutzhandschuhe tragen!*) Achte beim Erwärmen des Werkstückes darauf, dass keine Blasen oder Verfärbungen entstehen. Der Kunststoff darf nicht direkt mit der Wärmequelle in Berührung kommen. Achte auf die notwendige Größe der zu erwärmenden Zone und darauf, wie lange du den Kunststoff erwärmen musst bzw. darfst. Nach dem Biegen kannst du dein Werkstück in einer Schüssel mit kaltem Wasser abkühlen.

[6] *Thermoplaststreifen lassen sich über einer Biegevorrichtung nach dem Erwärmen biegen.*

Bau eines Reagenzglasständers

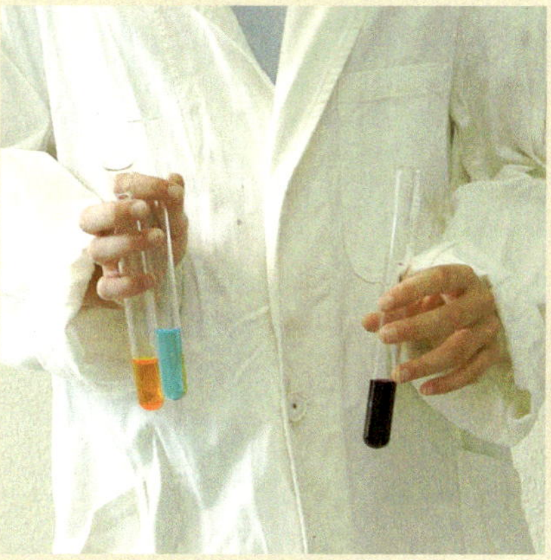

[1] *Wohin mit den vollen Reagenzgläsern?*

[2] *So sind die Reagenzgläser gut untergebracht.*

Bei vielen Versuchen untersuchst du Stoffe und füllst sie dazu in Reagenzgläser. Wo aber kannst du die gefüllten Reagenzgläser abstellen? Gut geeignet ist ein Reagenzglasständer (Reagenzglasgestell) [2]. Leider sind in der Schule nicht genügend Reagenzglasständer vorhanden, dass jeder Schüler einen bekommen könnte. Kannst du dir nicht einen eigenen bauen?

Mit dem Plan fängt alles an

Bevor du mit der Herstellung beginnen kannst, musst du planen. Wie viele und wie große Reagenzgläser soll der Reagenzglasständer fassen? Wie soll er aussehen? Aus welchen Werkstoffen wird er am besten gebaut? Welche Arbeitsschritte sind notwendig? Fragen über Fragen. Du musst sie klären, bevor du mit der Herstellung beginnen kannst.

Anforderungen klären

Soll dein Reagenzglasständer vier oder fünf oder mehr Reagenzgläser aufnehmen können? Dies solltest du nun entscheiden. Halte deine Entscheidungen schriftlich fest. Erstelle dazu einen Arbeitsplan [41.3]. Diesen Arbeitsplan kannst du während der Planungsphase ergänzen.

Von deinem Lehrer erhältst du ein Reagenzglas. Miss seinen Durchmesser und seine Länge. Halte die Maße im Arbeitsplan fest und fertige eine Skizze an.

In der naturwissenschaftlichen Sammlung der Schule findest du Reagenzglasständer [2]. Schau sie dir genau an. Wie verhinderst du bei deinem Reagenzglasständer, dass die Reagenzgläser umkippen oder herausfallen können?

Die Qual der Wahl – Werkstoffauswahl

Welche Werkstoffe eignen sich für die Herstellung eines Reagenzglasständers am besten? Holz, Metall oder Kunststoff – alle drei haben Vor- und Nachteile [3]. Denke bei der Materialauswahl daran, dass auch heiße Reagenzgläser abgestellt werden können. Vielleicht kannst du verschiedene Werkstoffe kombinieren.

[3] *Viele Werkstoffe sind geeignet:*

Thermoplaste, z. B. Acrylglas oder Polystyrol, …

… Metalle, z. B. Stahl oder Aluminium, …

… Holz, z. B. Schnittholz oder Sperrholz.

Modelle helfen weiter
Hast du dir überlegt, wie dein Reagenzglasständer aussehen soll? Damit du ihn dir genau vorstellen kannst, kannst du zuerst ein Modell aus Pappe oder Papier bauen. Ein Modell hilft dir, offene Fragen zu klären.

Werkzeichnung erstellen
Modelle nehmen Platz weg und sind nicht ganz leicht zu transportieren. Vor allem lassen sich die Maße nicht so ohne weiteres auf dem Modell erkennen. Deshalb solltest du eine Werkzeichnung (Fertigungszeichnung) des Reagenzglasständers erstellen. Zeichne ihn von vorn, von oben und von der Seite. Trage alle Bohrungen und Maße in die Zeichnung ein.

Erstelle nun eine Materialliste und besorge dir die notwendigen Werkstoffe.

Arbeitsschritte planen
Zur Herstellung des Reagenzglasständers musst du anreißen, sägen, feilen, glätten, bohren und biegen. Beim Bearbeiten von Thermoplasten hilft dir die Tabelle [4]. Lege in deinem Arbeitsplan fest, in welcher Reihenfolge du die einzelnen Arbeitsschritte ausführst. Erstelle eine Werkzeugliste.

Arbeitsplatz vorbereiten
Bereite nun deinen Arbeitsplatz vor. Die für den ersten Arbeitsschritt notwendigen Materialien und Werkzeuge sollen geordnet an deinem Platz liegen. Stelle deinen Reagenzglasständer her. Achte auf die Unfallverhütungsvorschriften und den sachgerechten Umgang mit Werkzeugen und Maschinen. Halte Ordnung an deinem Arbeitsplatz. Werkzeuge und Materialien, die im aktuellen Arbeitsschritt nicht gebraucht werden, haben am Arbeitsplatz nichts zu suchen.

Bearbeiten von Thermoplasten	
Anreißen	• Mit Bleistift oder wasserlöslichem Filzstift
Sägen	• Sägeblätter mit feiner Zahnung verwenden • Mit langen Sägestößen bzw. Sägezügen sägen
Feilen	• Je nach Material Metall- oder Holzfeilen, nicht zu grobe Raspeln oder Surformfeilen verwenden • Mit langen Bewegungen die Feile führen
Glätten	• Mit Ziehklinge und feinem Schleifpapier
Bohren	• Geeignet sind HSS-Bohrer, Bohrer aus CV-Stahl oder spezielle Kunststoffbohrer mit einem Spitzenwinkel von 60–90° • Niedrige Bohrgeschwindigkeit einstellen • Bohrlöcher durch wiederholtes Ausfahren öfter entleeren • Werkstück fixieren
Biegen	• Biegezone ausreichend lange erwärmen • Überhitzung vermeiden • Mit Wärmequelle nicht direkt in Berührung kommen • Schutzhandschuhe tragen

⚠ **Unfallverhütungsvorschriften beachten!**

[4]

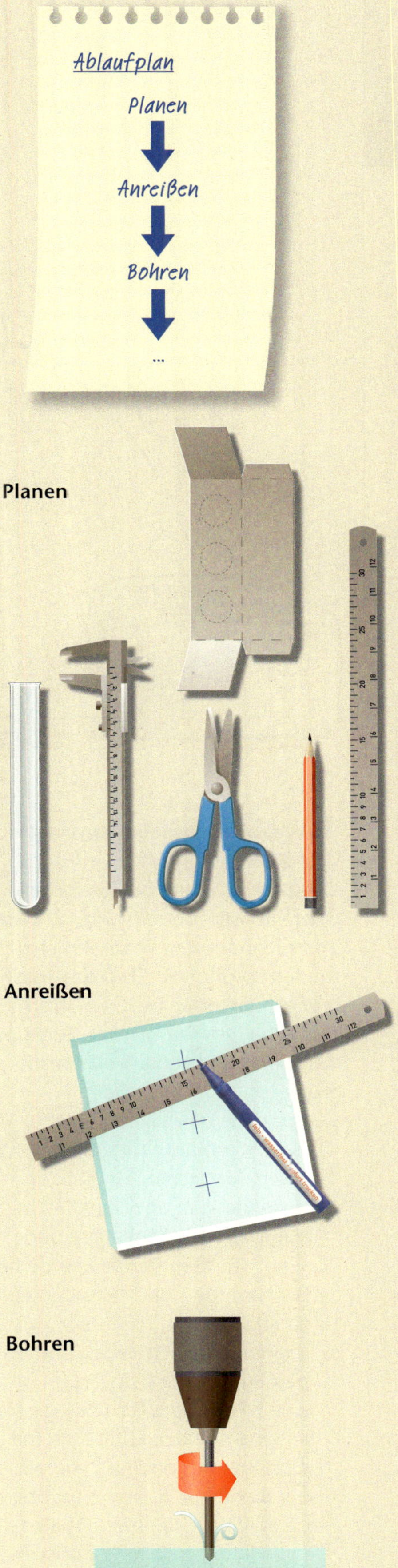

[5] *Arbeitsschritte*

Wärme verändert

1 Wärme schaltet: Bimetalle

Wer denkt schon beim Frühstück darüber nach, welche Technik in einem Toaster nötig ist, damit das Brot nicht anbrennt? Ein Bimetallstreifen sorgt dafür, dass das Toastbrot ausgeworfen und der Strom abgeschaltet wird. Wie das funktioniert, kannst du ganz einfach ausprobieren.

a) Schneide das „Silberpapier" einer Kaugummipackung zu einem länglichen Streifen. Erhitze ihn kurz über einer Flamme. Das Papier soll nicht angesengt werden. Beschreibe deine Beobachtung und versuche sie zu erklären.

b) Spanne einen Eisenstab und einen Kupferstab gemeinsam in eine Muffe ein und befestige sie an einem Stativ. Erhitze sie mit dem Brenner und lasse sie wieder abkühlen. Klemme nun beide Stäbe an mehreren Stellen mit Muffen zusammen und erhitze sie wieder. Wie erklärst du deine Beobachtungen?

Du kannst den Versuch verfeinern, indem du die Stäbe mit einem Zeiger aus Draht verlängerst und am Ende des Zeigers eine Skala aus Papier anbringst. Falls es in der Sammlung deiner Schule einen fertigen Bimetallstreifen gibt, kannst du deine Versuche auch damit durchführen.

c) Baue aus den zusammengeklemmten Stäben oder dem Bimetallstreifen einen Schalter, der bei Erwärmung den Stromkreis unterbricht.

d) Viele Elektrogeräte haben Bimetallschalter. Diese verhindern zum Beispiel, dass die Geräte zu heiß werden. Welche Geräte mit Bimetallschalter kennst du? In jedem dieser Geräte hat der Bimetallschalter eine ganz bestimmte Aufgabe. Beschreibe die Aufgabe des Bimetallschalters in einem Gerät.

2 Heiße oder kalte Schokolade?

Obwohl die Trinkschokolade aus dem selben Automaten kommt, kann es sein, dass sie nach kurzer Zeit in der einen Tasse die richtige Trinktemperatur hat und in der anderen zu heiß ist. Woher kommt das?

Besorge dir Tassen, die sich in der Höhe, im Durchmesser und im Material unterscheiden. Überlege dir einen passenden Versuch und führe ihn durch.

3 Sonnenbaden ohne Reue

Udo ist Mitarbeiter einer Krankenkasse. Er hat den Auftrag, pünktlich vor Sommerbeginn eine Informationsbroschüre „Sonnenbaden ohne Reue“ zu erstellen. Udo informiert sich ausführlich. Er besorgt sich Informationen im Internet und befragt einen Hautarzt.

Stell dir vor, du bist Udo. Informiere dich und erstelle die Broschüre „Sonnenbaden ohne Reue“. Du kannst deiner Broschüre natürlich auch einen anderen Titel geben.

4 Energiesparen

Informiere dich bei deinem Energieversorgungsunternehmen über Möglichkeiten des Energiesparens. Erstelle selbst eine Ratgeberbroschüre für deine Schule oder für die Haushalte in deiner Gemeinde.

Zu hohe Raumtemperaturen sind auf jeden Fall Energieverschwendung. Deine Ratgeberbroschüre soll deshalb auch die richtigen Temperaturen für verschiedene Räume in der Wohnung oder in der Schule enthalten.

Miss morgens, mittags und abends jeweils zur gleichen Zeit einen Monat lang die Temperaturen in drei verschiedenen Räumen. Erstelle ein Messprotokoll. Vergleiche dein Messprotokoll mit deiner Ratgeberbroschüre.

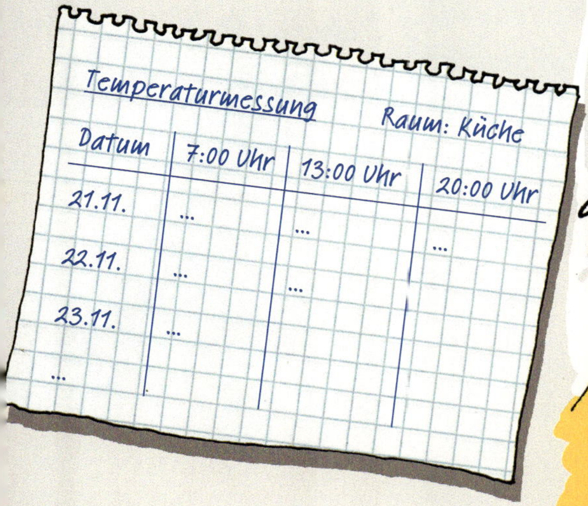

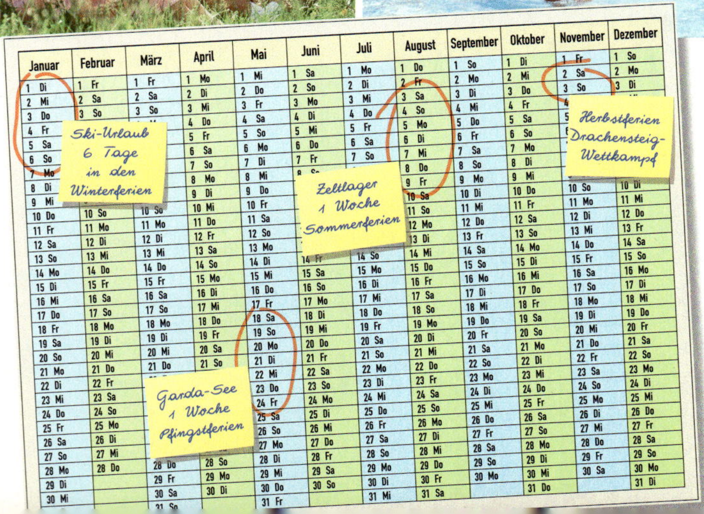
Januar
Februar
März
April
Mai
Juni
Juli
August
September
Oktober
November
Dezember
Ski-Urlaub 6 Tage in den Winterferien
Zeltlager 1 Woche Sommerferien
Herbstferien Drachensteig-Wettkampf
Garda-See 1 Woche Pfingstferien

8

Jah

Weiße Flocken fallen vom Himmel und überziehen die Landschaft mit einer wunderschönen Decke aus Schnee. Eis laufen, snowboarden, Schi und Schlitten fahren, es gibt so viele Möglichkeiten im Winter aktiv zu sein. Wenn es jedoch draußen dunkel und klirrend kalt wird, ist das Zusammensein bei Kerzenlicht im gemütlichen Zimmer sehr heimelig. Sobald die letzten Schneereste weggetaut sind und die Temperaturen steigen, beginnt die Natur wieder aufzuleben. Pflanzen zeigen die ersten farbenfrohen Blüten und auch die Tierwelt regt sich: Zwitschernde Vogelstimmen verkünden den Frühling. Aber nicht nur die Tiere erwachen aus dem Winterschlaf. Wenn die Tage wieder länger werden, fällt auch uns das Aufstehen am Morgen nicht mehr so schwer. Sommerzeit ist Ferienzeit! Baden gehen, am Abend grillen, Fahrrad und Inliner fahren, das macht bei angenehmen Temperaturen wieder richtig Spaß. Langsam aber unaufhaltsam beginnen sich die Blätter der Laubbäume wieder zu verfärben – ein untrügliches Zeichen dafür, dass der Herbst beginnt. Die Tage werden zunehmend kürzer und die Temperaturen können manchmal schon unter Null sinken.

reszeiten

Die Erde ist ständig auf Achse

Die Erde dreht sich einmal in 24 Stunden um ihre eigene Achse und verursacht dadurch den Wechsel von Tag und Nacht. Die Jahreszeiten werden durch die Neigung der Erdachse bestimmt.

[2]

[3]

[4]

[1] *Die Aufnahme des Wettersatelliten Meteosat zeigt die Tag-Nacht-Grenze aus 36 000 km Höhe.*

Jeder weiß aus eigenen Beobachtungen, dass die Sonne am Morgen im Osten aufgeht. Sie zieht dann ihre Bahn über dem Horizont und erreicht gegen Mittag ihren höchsten Stand. Am Abend geht sie im Westen wieder unter.

Tag und Nacht kommen von der Erddrehung

In Wirklichkeit geht die Sonne gar nicht auf oder unter. Uns kommt das nur so vor. Die Erde selbst ist es, die sich bewegt. In 24 Stunden dreht sie sich einmal um ihre eigene Achse **[6]**. Diese Achse ist natürlich nur eine gedachte Linie, die vom Nordpol bis zum Südpol reicht.

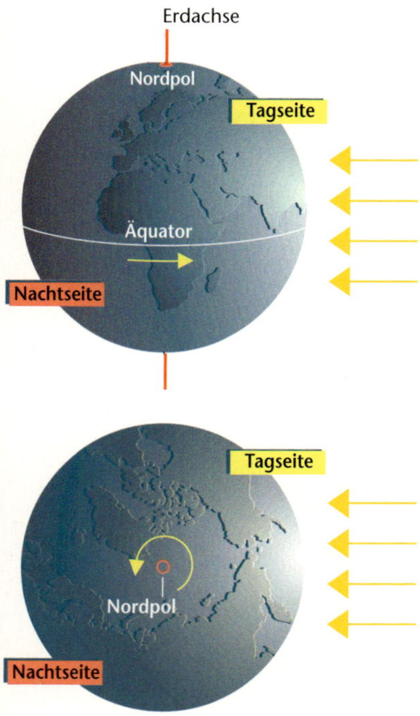

[6] *Eine Hälfte der Erde ist immer der Sonne zugewandt. Dort ist es dann Tag. Die andere Erdhälfte ist von der Sonne abgewandt, sie liegt im Schatten. Dort ist es dann Nacht.*

Was wir als Tag und Nacht erleben, ist nichts anderes als der immer während Wechsel von Licht und Schatten.

Weil sich die Erde von Westen nach Osten dreht, verschiebt sich die Grenze zwischen Tag und Nacht immer weiter nach Westen. Am frühen Morgen, wenn die Nacht zu Ende geht, drehen wir uns zur Sonne, bis sie schließlich am Horizont erscheint. Wir haben uns dann mit der Erde über die Grenze zwischen Tag und Nacht gedreht und erleben das als Sonnenaufgang.

Noch eine halbe Runde bis zum nächsten Sommer

Wenn bei uns der Winter Einzug gehalten hat, ist es in Ländern auf der südlichen Erdhalbkugel gerade Sommer geworden. Wie ungerecht, denkt mancher, und sehnt sich nach der warmen Jahreszeit. Unser Sommer lässt allerdings noch ein halbes Jahr lang auf sich warten. So lang dauert es, bis die Erde die halbe Runde auf ihrer Umlaufbahn um die Sonne zurückgelegt hat. Ein Jahr ist erst dann vorbei, wenn die Erde diese Runde ganz beendet hat.

Schieflage mit Folgen

Die Erdachse steht nicht senkrecht, sie ist etwas zur Seite geneigt **[7]**. Diese „Schieflage" behält unser Planet in immer gleicher Weise bei, wenn er auf seiner Umlaufbahn die Sonne umkreist **[8]**. Die Neigung der Erde bewirkt, dass wir das Jahr über unterschiedlich viel Sonne abbekommen. Dieses unterschiedliche Energieangebot macht sich für

[5]

[2]–[5] *So sieht die Welt gerade jetzt in verschiedenen Ländern aus.*

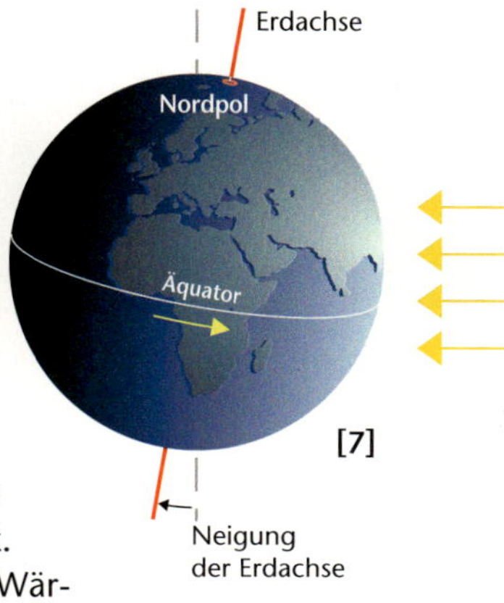

[7]

uns im Wechsel der Jahreszeiten bemerkbar. In unserem Sommer ist die Nordhalbkugel der Sonne zugeneigt. Wir bekommen dann viel Licht und Wärme, die Tage sind lang und die Sonne steht mittags hoch über dem Horizont. Die Sonnenstrahlen fallen ziemlich steil auf die Erdoberfläche. Auf der Südhalbkugel treffen die Strahlen zur gleichen Zeit viel flacher auf. Sie sind deshalb auch schwächer. Dort ist dann Winter. Nord- und Südhalbkugel erhalten zu jeder Jahreszeit unterschiedlich viel Sonnenenergie.

[7], [8] *Die Neigung der Erdachse erzeugt die unterschiedlichen Jahreszeiten.*

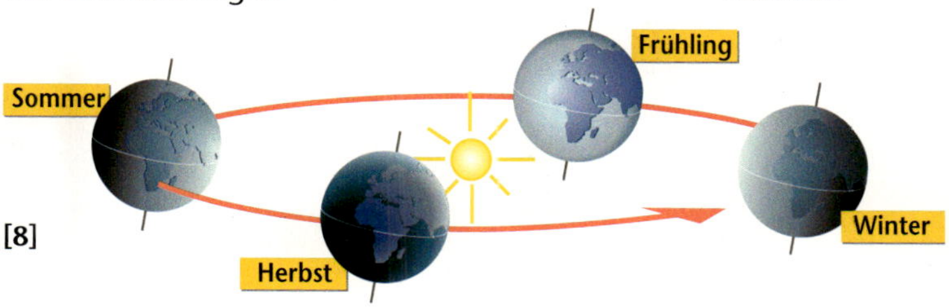

[8]

Merkmal

▶ In 24 Stunden (in einem Tag) dreht sich die Erde um die eigene Achse. Dadurch verursacht sie einen ständigen Wechsel von Tag und Nacht.

▶ Innerhalb eines Jahres wandert die Erde einmal um die Sonne.

▶ Die Erdachse behält ihre Neigung während der Wanderung um die Sonne bei. Dadurch entstehen die vier Jahreszeiten Frühling, Sommer, Herbst und Winter.

Denkmal

❶ Vervollständige den folgenden Satz: „Die Erde dreht sich …“ Gibt es verschiedene Möglichkeiten den Satz weiterzuführen?

❷ Frühling, Sommer, Herbst und Winter haben jeweils ihren eigenen Charme. Erkläre, weshalb wir auf der Erde diese vier Jahreszeiten durchlaufen.

❸ Petra hat eine Brieffreundin in Kapstadt. Sie berichtet ihr am 20. Dezember vom Schneewandertag ihrer Schule in Stuttgart. Könnte die Freundin in Kapstadt ebenfalls im Schnee tollen?

❹ Herr Müller ist erstaunt. Sein Geschäftspartner in New York klingt morgens um 9 Uhr am Telefon sehr verschlafen. Warum?

❺ Im Internet findest du weltweit die aktuellen Uhrzeiten. Erstelle eine Übersicht.

Versuche

1 Wie sich das mit Tag und Nacht verhält, kannst du selbst ganz leicht ausprobieren [9]. Du brauchst dazu eine Kerze oder Taschenlampe als Lichtquelle. Ein Tischtennisball, den du auf eine Stricknadel steckst, soll die Erde darstellen. Markiere mit einem Filzstift einen Punkt auf der „Nordhalbkugel“ des Balles. Drehe den Ball in einem verdunkelten Raum ganz langsam im Lichtkegel der Kerze oder der Taschenlampe von links nach rechts um seine eigene Achse. Beobachte dabei die Farbmarkierung.

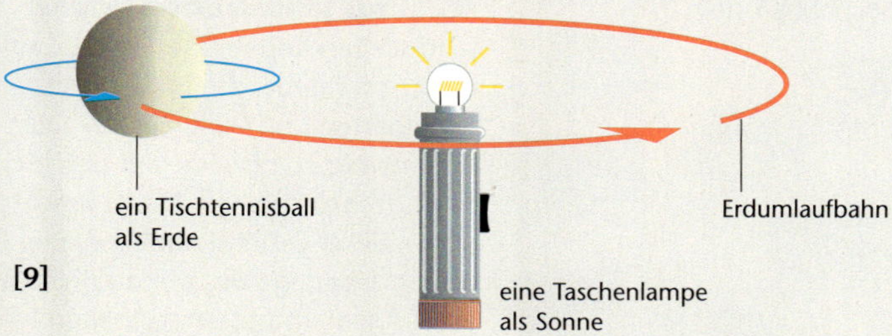

[9]

2 Ein viel besseres Modell unserer Erde ist der Globus. Benutze einen Dia-Projektor als Lichtquelle und baue beides so auf, dass in diesem Modell auf der nördlichen Halbkugel einmal Winter, Frühling, Sommer und einmal Herbst ist. Beobachte bei jeder Position die Gegend um den Nordpol.

Im Wechsel der Jahreszeiten

Das Jahr über ist es nicht immer gleich warm, und die Tage sind nicht immer gleich lang. Das unterschiedliche Energieangebot der Sonne verursacht die jahreszeitlichen Veränderungen in der Natur.

[1] *Winterfreuden*

[2] *Fastnacht*

[3] *Familienausflug*

[4] *Drachenzeit*

Alle Vorgänge in der Natur laufen erstaunlich regelmäßig ab und sind im Wechsel der Jahreszeiten immer wieder aufs Neue zu beobachten.

Die Sonne bestimmt den Jahresrhythmus

Die Sonne bestimmt die Tageslänge ebenso wie die steigenden oder sinkenden Temperaturen. Da sie überhaupt das gesamte Wettergeschehen bewirkt, hat sie ebenso Einfluss darauf, wie stark es bei uns regnet.

Pflanzen und Tiere reagieren auf diese Veränderungen. Unterschreitet die tägliche Dauer des Sonnenlichts eine bestimmte Länge, beginnen sich die ersten Zugvögel zu sammeln, um kurz darauf in den Süden zu fliegen. Das Wetter kann dabei durchaus noch sehr angenehm sein. Wenn es allmählich kälter wird, werfen die Laubbäume ihre Blätter ab [1]. Viele Tiere bereiten sich auf den Winter vor, obwohl noch

[5]

[6]

[7]

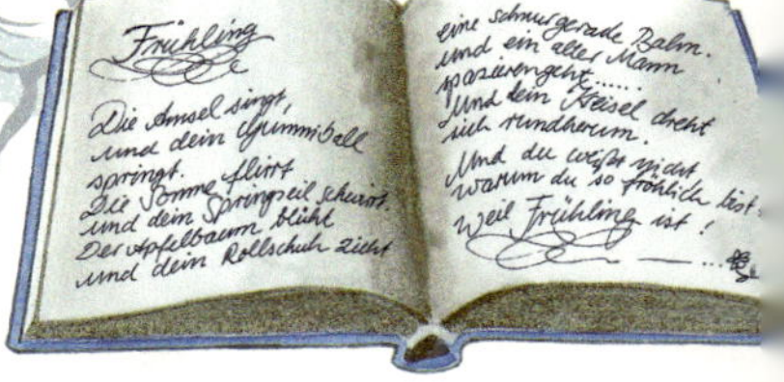

[8]

Projekt-Tipp

1 ... für Reporter

Befrage Menschen aus deinem Freundeskreis und aus deiner Verwandtschaft nach der schönsten Jahreszeit. Die Befragten dürfen jeweils nur eine Jahreszeit nennen und sollten ihre Entscheidung auch begründen. Welche Jahreszeit wird wohl am meisten bevorzugt?

2 ... für Rätselfreunde

Beim richtigen Sortieren der Kärtchen erhältst du vier Begriffe, die nicht im Kalender stehen. Dennoch bezeichnen sie ganz bestimmte Abschnitte des Jahres. Wie heißen diese Begriffe und welche Bedeutung haben sie?

Scha | Alt | Eis | so | er | fs | hei | nds | mm | ber | te | Hu | ge | ta | kal | ge | wei | li

3 ... für Bastler

Mit Fotos, Abbildungen, Geschichten, gesammelten und gepressten Pflanzen und Blättern, mit passenden Geschichten und Sprüchen kannst du das Jahr in einem **Kalender** darstellen.

4 ... für Jahreszeitenforscher

Jahreszeiten finden überall statt: auf dem Acker nebenan, in der Hecke, im Schulgarten und Park, auf der Obstbaumwiese ebenso wie auf dem Schulgelände, selbst in der Stadt. Beschreibe einen dieser Lebensräume zu jeder Jahreszeit. Überlege dir, wie du deine Beobachtungen am besten festhalten kannst.

gar kein Schnee liegt. Kaum gibt es im Frühling die ersten warmen Regentage, machen sich Erdkröten wie auf Kommando auf den Weg zu ihren Laichgebieten.

Die Wärme und das Licht der Sonne bestimmen ganz entscheidend das Leben der Pflanzen und Tiere **[9]**. Sie sind von den Jahreszeiten abhängig. Der Mensch hat sich im Laufe der Zeit viele technische Möglichkeiten ausgedacht, die Wärme und Licht liefern, wenn es draußen kalt oder schon früh dunkel ist. Trotzdem kann man nicht sagen, dass wir völlig unabhängig von den Jahreszeiten leben. Wir freuen uns, wenn es im Frühling wieder wärmer wird. Wir können es kaum erwarten, bis das Freibad seine Tore öffnet oder der Herbst mit seiner Farbenpracht die Landschaft verzaubert. In der Adventszeit, wenn es dann langsam auf den Winter zugeht, schafft das Licht brennender Kerzen eine ganz besondere Stimmung und sorgt für die Vorfreude auf Weihnachten. Die Fest- und Feiertage im Kalender beweisen, dass auch wir mit dem Wechsel der Jahreszeiten leben.

Merkmal

▶ Die Sonne bestimmt die jahreszeitlichen Temperaturen, die Tageslänge und das gesamte Wettergeschehen.

▶ Die unterschiedlichen Bedingungen zu den verschiedenen Jahreszeiten wirken sich auf Pflanzen, Tiere und Menschen aus.

Denkmal

❶ Die Jahreszeiten bestimmen das Leben von Pflanzen und Tieren. Beschreibe dein Lieblingstier und deine Lieblingspflanze im Frühjahr, Sommer, Herbst und Winter.

❷ Wir Menschen haben von den vier Jahreszeiten ganz besondere Vorstellungen. Schreibe auf, was du mit den einzelnen Jahreszeiten verbindest.

❸ Frühjahr, Sommer, Herbst und Winter sind mit bestimmten Festtagen verbunden. Erkundige dich und notiere deine Informationen.

[9] *Die Bahn der Sonne über dem Horizont macht es deutlich: Im Sommer erhält die Natur am meisten Licht und Wärme.*

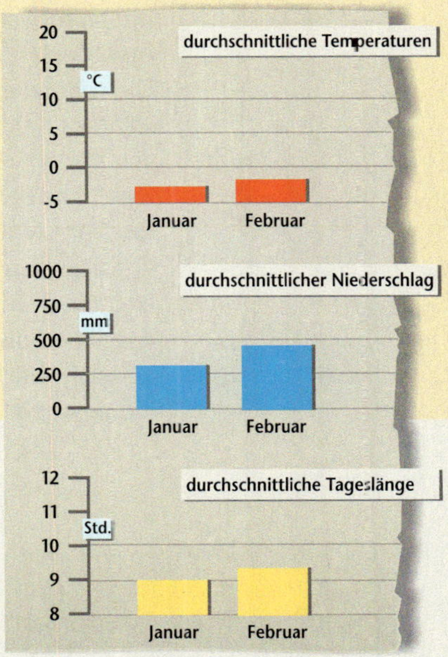

[10]

5 … für Wetterkundler

Wetterkundler messen 365-mal im Jahr die **Temperatur**, errechnen die **Tageslänge** und haben sonst noch eine ganze Menge zu tun. Bei 365 Temperatursäulen nebeneinander verliert man aber leicht den Überblick. Deshalb ist es sinnvoll, wenn man die Durchschnittstemperatur ermittelt. Hierzu werden alle Januartemperaturen zusammengezählt und durch die Anzahl der Tage geteilt. Wenn die durchschnittliche Januartemperatur –2,1 °C beträgt, heißt das aber noch lange nicht, dass die Temperaturen in diesem Monat nicht auch mal über den Gefrierpunkt geklettert sind. Erstelle einen Messkalender in den du für jeden Tag des Jahres die jeweilige Tagestemperatur und die **Schattenlänge** eines bestimmten Objektes eintragen kannst. Miss dazu an jedem Tag um die gleiche Uhrzeit die Außentemperatur und den Schatten eines von dir gewählten Objektes. Berechne jeweils die Durchschnittswerte für die einzelnen Monate.

Herbst – es wird kälter

Obwohl der Herbst anfangs noch recht sommerlich ist, lässt die Wirkung der wärmenden Sonnenstrahlen allmählich nach. Die Tage werden zunehmend kürzer.

[2] *Weithin sichtbares Zeichen des zu Ende gehenden Jahres ist die zunehmende Verfärbung der Laubblätter.*

[3] *Sobald im Herbst die Tage kürzer werden, bereitet sich der Igel auf den Winterschlaf vor. Er sucht dann ein trockenes Versteck und polstert es mit Laub und Gras aus.*

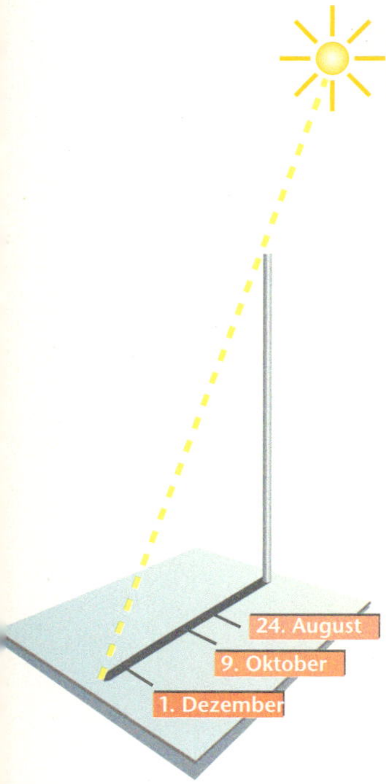

[1] *Schattenlänge messen*

Zum Glück steht es im Kalender: Der Herbst beginnt am 23. September und dauert bis zum 21. Dezember. Man muss die Natur schon genau beobachten, wenn man den Herbstanfang nicht verpassen will. Die nun länger werdenden Nächte sind ein sicheres Zeichen dafür, dass das Jahr allmählich seinem Ende entgegengeht. Die Sonne zieht ihre Bahn zunehmend tiefer über dem Horizont [195.9]. Ihre Strahlen treffen nun viel flacher auf die Erde, weshalb die Licht- und die Wärmeeinstrahlung schwächer werden. Die Sonne verliert in dieser Zeit bei uns an Kraft, und die Natur bereitet sich nun auf die bevorstehende kalte Jahreszeit vor.

Der Herbst hat viele Gesichter

Die ersten Herbsttage können durchaus noch recht sommerlich sein. Wer denkt da schon an die bevorstehenden kühleren und feuchteren Tage? Das Aussehen der Natur verändert sich jedoch unaufhaltsam. Das Angebot an Herbstfarben [2] reicht vom leuchtenden Rot und Gelb der zunehmend bunter werdenden Bäume und Sträucher bis zum neblig trüben und grau verhangenen Dezemberhimmel. Herbstzeit ist auch Ne-

Projekt-Tipp

Wer die Natur beobachten und erforschen will, braucht viel Zeit und Geduld. Es ist beinahe unmöglich, alle Aufgaben allein zu bewältigen. Am besten ist es, wenn ihr die Arbeit aufteilt und kleinere Gruppen bildet. Wenn der Herbst zu Ende geht, stellt jede Gruppe ihre Ergebnisse in der Klasse vor. Wie wär's mit einer kleinen **Ausstellung** zum Thema „Herbst" – etwa in der Eingangshalle der Schule?

1 Stellt einen 1,5 m langen Stab an einem Ort des Schulgeländes auf [1], der das ganze Jahr über von der Sonne beschienen wird. Die **Schattenlänge** dieses Stabes beträgt zu Beginn des Herbstes etwa 1,8 m. Beobachtet die Veränderungen der Schattenlänge den ganzen Herbst über und messt jeweils zur gleichen Zeit. Notiert die Werte in einer Tabelle. Wie sind die Veränderungen wohl zu erklären?

[4]

Datum	SA	SU	Tages-länge	Sommer-/ Winterzeit
23. September	7.10	19.10	12 Std.	Sommerzei
2. Oktober	6.23	17.59	11 Std. 36 Min.	Sommerzei
6. November	7.23	16.48	9 Std. 25 Min.	

2 In vielen Kalendern und in der Tageszeitung werden die Sonnenauf- und Sonnenuntergangszeiten angegeben. Stelle in einer Grafik [4] die Veränderungen übesichtlich dar. Mithilfe dieser Angaben gelingt es euch die **Tageslänge** zu berechnen.

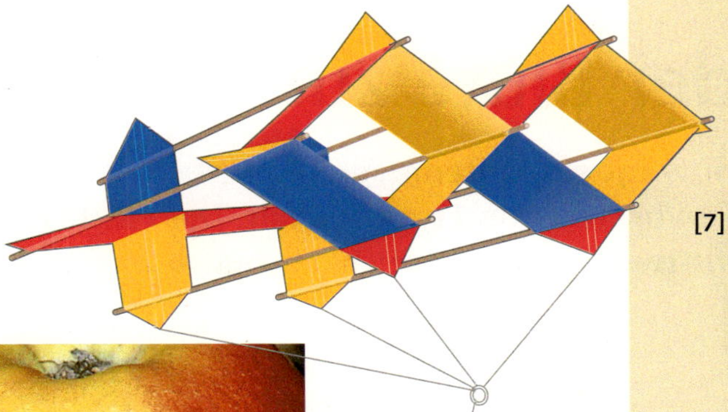

[7] *Herbstzeit ist auch Drachenzeit. Wir freuen uns, wenn es uns gelingt ist, sie mithilfe des Windes emporsteigen zu lassen und tanzend in der Luft zu halten.*

[5] *Wer hätte das gedacht, die Maus nutzt ihre eigene Speisekammer als Versteck. Wenn da nur kein Tier Appetit auf den Apfel bekommt.*

Merkmal

▶ Der Herbst beginnt am 23. September und endet am 21. Dezember. Die Sonne steht nicht mehr so hoch am Horizont und verliert bei uns an Kraft.

Denkmal

❶ Sollte man Allerheiligen und den Totensonntag nicht besser auf das Frühjahr verschieben und das Erntedankfest in die Kirschen- und Erdbeerzeit verlegen? Was meinst du dazu?

❷ Nenne Beispiele, wie sich die Natur auf die kalte Jahreszeit vorbereitet.

belzeit. Oft dauert es recht lange, bis die Sonne im Laufe des Vormittags den Nebelschleier durchdringt.

Die meisten Zugvögel haben sich bereits auf ihre große Reise begeben. Sie fliehen vor der bevorstehenden Kälte und dem knapper werdenden Nahrungsangebot in wärmere Gebiete des Südens. Im Winter können besonders die Vögel nicht bei uns leben, die sich von Insekten ernähren. Wenn die Blätter der meisten Laubbäume herabgefallen sind und die Temperaturen nicht mehr weit über den Gefrierpunkt klettern, geht der Herbst allmählich seinem Ende entgegen. In der Natur wird es Tag für Tag ruhiger.

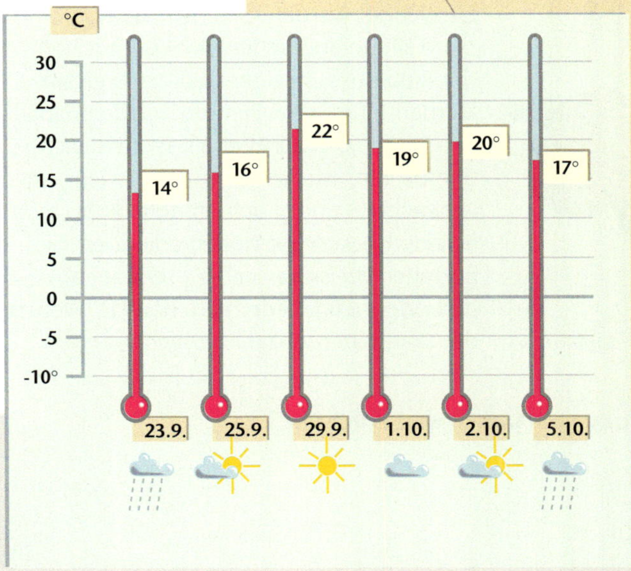

[6] *So könnt ihr eure Temperaturmessungen anschaulich darstellen.*

3 In jeder Schule ist an einem schattigen Platz ein Thermometer angebracht. Lest zwei- bis dreimal in der Woche immer zur gleichen Zeit, etwa in der großen Pause, die **Temperatur** ab und tragt sie in eine Tabelle ein. Mit einfachen Symbolen für Regen, Sonne oder die Bewölkung könnt ihr das Wetter noch genauer beschreiben.

4 Die Temperaturen bleiben im Verlaufe eines Tages nicht gleich. Besondere Thermometer zeigen die jeweils höchste und tiefste Temperatur eines Tages an. Man nennt sie deshalb auch **Minimum-Maximum-Thermometer**. Tragt auch diese Werte in eine Tabelle ein.

5 **Fotografiert** etwa alle zwei Wochen einen bestimmten Ausschnitt des Schulgartens oder des Schulgeländes. Achtet darauf, dass ihr immer von der gleichen Stelle aus fotografiert und den gleichen Bildausschnitt wählt.

Von der Blüte zur Frucht

Im Frühjahr wogt ein Blütenmeer, im Herbst ist dann die Vorratskammer gut gefüllt. Die Früchte der Heckensträucher bieten reichlich Nahrung.

[1] *Das Blatt – ein Fiederblatt der Heckenrose besteht aus mehreren Fiederblättchen.*

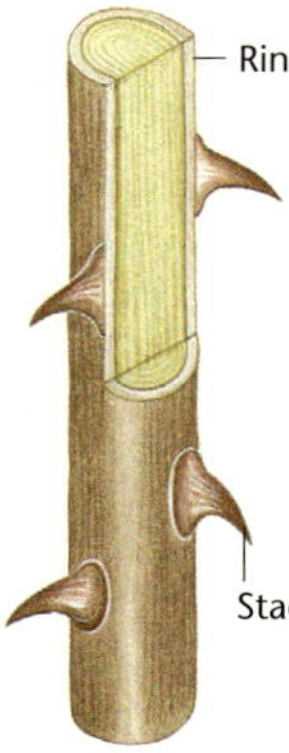

[2] *Der Ast trägt Stacheln*

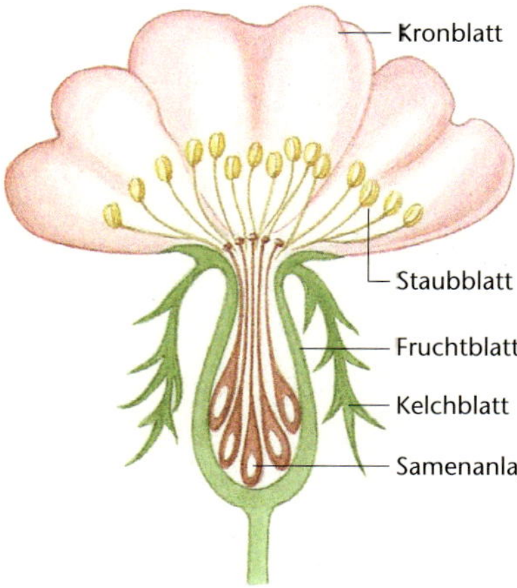

[3] *Die Blüte zeigt das Rosengewächs*

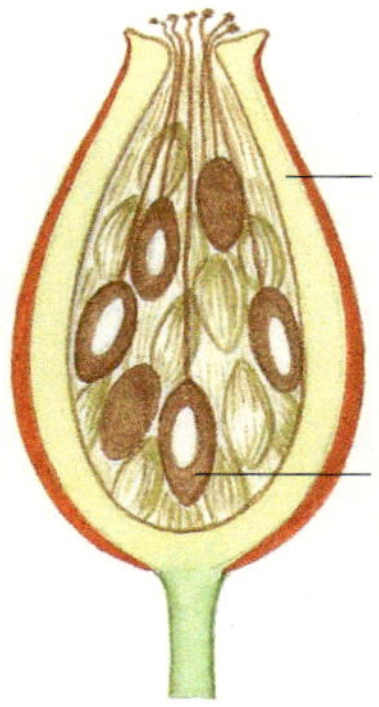

[4] *Die Hagebutte – eine Sammelfrucht*

[5] *Reife Hagebutte*

Erst Heckenrosen, dann Hagebutten

Heckenrosen haben gebogene Stacheln [2], die oftmals fälschlicherweise als „Dornen" bezeichnet werden. Stacheln lassen sich ohne Mühe abbrechen, weil sie nur von der Rinde des Zweiges gebildet werden. Dornen hingegen wachsen aus dem Holz. An einem Schlehenzweig lässt sich leicht überprüfen, wie fest Dornen mit dem Ast verwachsen sind. Auch an den Laubblättern ist eine Heckenrose gut zu erkennen. Sie bestehen meist aus sieben, seltener aus fünf oder neun Fiederblättchen [1]. Wegen der ungeraden Anzahl bezeichnet man dies auch als unpaarig gefiedert. Am Blattstiel wachsen kleine Nebenblätter [1]. Der Blattrand ist gesägt. Die Blüten [3] bestehen aus fünf eingekerbten Kronblättern, aus fünf grünen Kelchblättern, über einhundert Staubblättern und vielen Fruchtblättern. Verschiedene Insekten, besonders Bienen und Käfer, besuchen bei sonnigem Wetter die Blüten. Bis zum Herbst entwickeln sich die Früchte der Heckenrosen, die Hagebutten [4], [5]. Jede Hagebutte ist eine **Sammelfrucht** mit einer dicken Schicht aus vitaminreichem Fruchtfleisch. Im Inneren befinden sich viele Einzelfrüchte mit je einem Samen.

Verbreitung von Samen und Früchten

[9]

Viele Früchte und Samen haben ganz bestimmte Flugeinrichtungen. Mit diesen können sie durch die Luft schweben. Vom Wind werden sie oft über weite Strecken transportiert. Bekannt sind auch die **Schirmflieger** des Löwenzahns.

[10]

Bei Gleitfliegern wie den Früchten der Birke sind dünne Häute ausgebildet, die sie für einige Zeit durch die Luft tragen. Die Früchte der Birke sind mit kleinen fliegenden Untertassen vergleichbar. Wegen ihrer Form heißen sie **Scheibenflieger.**

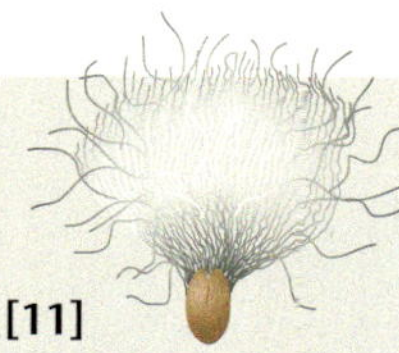

[11]

Schopfflieger heißen die Samen der Pappel. Sie sind von einem kleinen Haarschopf umgeben mit dem sie nur sehr langsam zu Boden sinken. An manchen Tagen im Juni und Juli sehen Straßen und Wege aus wie nach einem leichten Schneefall.

[12]

Bei Berührung einer reifen Kapsel des Springkrauts platzt diese auf. Die Samen werden dadurch bis zu 5 m weit geschleudert. Wegen der empfindlichen Reaktion auf eine Berührung nennt man diese Pflanze auch Rühr-mich-nicht-an, ihre Früchte **Schleuderfrüchte.**

[6] *Die Blüten der Heckenrose, auch Wilde Rose genannt, bieten den Bienen nur Blütenstaub, aber keinen Nektar.*

[7] *Eine Mönchsgrasmücke singt auf einer Heckenrose. Sie frisst gerne das Fruchtfleisch der Hagebutte und sorgt so für die Verbreitung der Samen.*

Hagebuttensirup selbst gemacht

Für etwa 3 Liter Sirup **[8]** benötigt ihr 4 kg Hagebutten, 1 bis 2 Liter Wasser, 2 in Scheiben geschnittene Zitronen und 1 kg Zucker. Die Hagebutten werden gewaschen und in grobe Scheiben geschnitten. Sodann werden diese mit den Zitronenscheiben in Wasser aufgekocht. Anschließend lässt man das Ganze 40 Minuten lang zugedeckt und bei kleiner Flamme ziehen. Danach gießt man die Flüssigkeit durch ein Leinentuch und lässt sie einige Stunden stehen. Nun wird der Saft mit Zucker vermischt, kurz aufgekocht und in vorgewärmte verschließbare Flaschen abgefüllt. Der Sirup schmeckt besonders gut zu Vanilleeis oder Jogurt.

[8] *Selbst Gemachtes schmeckt einfach besser. Oder?*

Merkmal

▶ Die Hagebutte ist eine Sammelfrucht. In ihrem Innern befinden sich viele Einzelfrüchte, die aus den Fruchtblättern der Blüte entstanden sind. Jede Einzelfrucht enthält einen Samen.

▶ Pflanzen verbreiten ihre Samen und Früchte auf unterschiedliche Art und Weise: mit Hilfe des Windes, durch Tiere oder über einen Schleuderapparat. Dazu sind jeweils besondere Einrichtungen wie „Schirme", „Segelflächen" oder auffällige Farben erforderlich.

Denkmal

❶ Nenne die jeweiligen Speicherorgane der Tulpe, des Busch-Windröschens und des Scharbockkrauts und beschreibe ihre Unterschiede.

❷ Was unterscheidet einen Samen von einer Frucht?

❸ Erkläre, was man unter Bestäubung und Befruchtung versteht.

❹ Nenne verschiedene Möglichkeiten, wie Pflanzen ihre Samen und Früchte verbreiten. Welche Formen der Verbreitung gibt es? Wie sind die Samen gebaut, um eine optimale Verbreitung zu gewährleisten?

❺ Sammelt im Team möglichst viele Samen und Früchte. Bestimmt sie mit Hilfe von Bestimmungsbüchern, beschriftet sie und gestaltet mit ihnen anschließend eine Ausstellung.

[13]

Ameisen sind auch an der Verbereitung von Früchten beteiligt. Die Früchte der Veilchen locken mit einem fetthaltigen Anhängsel am Samen die Ameisen bei ihrer Nahrungssuche an. Die Früchte der Veilchen nennt man daher auch **Ameisenfrüchte**.

[14]

Die Früchte des Ahorns entwickeln zwei abstehende Flügel. Fallen diese Flügel vom Baum, so bewegen sie sich wie Propeller durch die Luft. Diese so genannten **Schraubenflieger** fallen nur langsam zur Erde und werden von der Luft oft weit verbreitet.

[15]

Die Früchte der Eichen, die Eicheln, sind **Trockenfrüchte**. Sie dienen bespielsweise dem Eichhörnchen als Nahrung. Da diese Tiere auch Vorräte für den Winter anlegen, vergraben sie viele Eicheln. Einige davon werden sie nie wieder finden. Daraus wachsen dann neue Eichen.

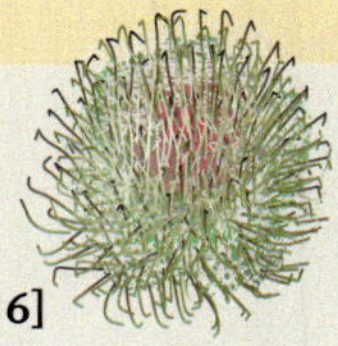

[16]

Klettfrüchte, so heißen die Früchte der Klette und des Klebkrauts, tragen kleine Häkchen, die im Fell der Säugetiere aber auch in Vogelfedern hängen bleiben. So werden die Früchte sehr weit verbereitet.

Vorbereitung auf den Winter

Mit dem Laubfall im Herbst bereiten sich viele Pflanzen auf den Winter vor. Die neuen Knospen für den Austrieb im Frühjahr sind schon längst angelegt.

[1] *Im Frühjahr ist die Rosskastanie an den leuchtenden Blütenkerzen zu erkennen.*

[2] *Im Herbst färben sich die Laubblätter gelb, rötlich und braun, ein Zeichen für den bevorstehenden Laubabfall.*

[3] *Kapselfrucht der Rosskastanie*

Deutlich hörbar fallen sie vom Baum, die grünen, stacheligen Kapselfrüchte [3] der Rosskastanie. Die rotbraun glänzenden Samen, die wir als **Kastanien** kennen, sind begehrtes Material für vielerlei Bastelarbeiten [6]. Kastanien sind genauso wie das farbenprächtige Laub des Baumes ein untrügliches Zeichen dafür, dass es Herbst geworden ist.

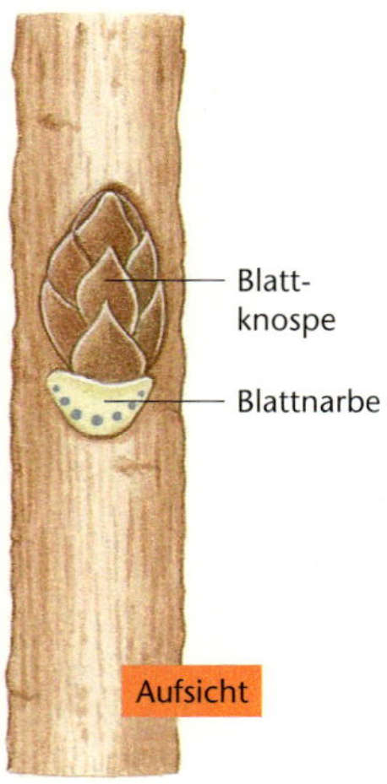

[4] *Blattknospe für das nächste Frühjahr*

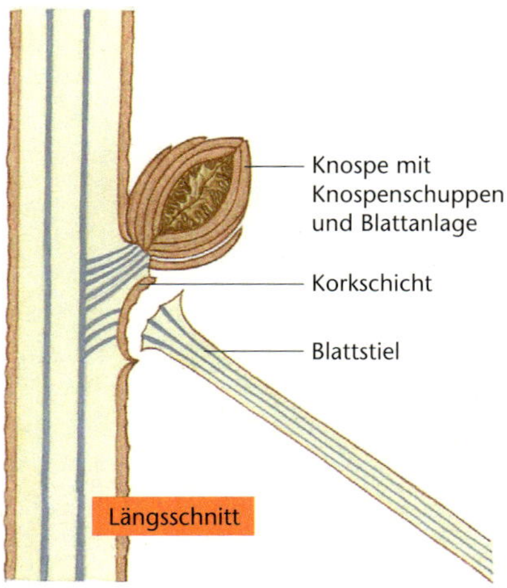

[5] *Das abfallende Blatt hinterlässt eine Narbe am Zweig.*

Eine Rosskastanie überwintert

Die Rosskastanie ist ein häufiger Laubbaum in Parks und an Straßen, manchmal findet man sie sogar auf Schulhöfen. Die meisten Laubbäume bauen im Herbst den grünen Blattfarbstoff in den Blättern nach und nach ab [2]. Er wird aus den Blättern abtransportiert und im Stamm und in den Zweigen gespeichert. Übrig bleiben gelbliche und rötlich-braune Farbstoffe, die vorher vom Grün der Blätter überdeckt wurden. Zwischen dem Blattstiel und dem Zweig bildet sich eine dünne Korkschicht [5]. Deshalb hat das Laubblatt am Zweig keinen Halt mehr. Es fällt ab und hinterlässt am kahlen Zweig eine sichtbare Blattnarbe [4]. In den Zweigen ist nun kaum noch Wasser vorhanden. Die Gefahr des Gefrierens ist dadurch gebannt. Da keine Blätter mehr vorhanden sind, verdunstet der Baum auch fast kein Wasser mehr. Bei den eisigen Temperaturen könnten die Wurzeln es sowieso nicht aus dem gefrorenen Boden ziehen. Schnee ist außerdem für die kahlen Äste eine viel geringere Belastung. Der Baum erscheint nun wie abgestorben. In Wirklichkeit befindet er sich im Winter aber in einem Ruhezustand.

[6]

Knospen haben es in sich

Obwohl es überhaupt nicht den Anschein hat, ist die Rosskastanie schon jetzt auf das nächste Frühjahr vorbereitet. Das kann man an den bereits vorhandenen **Knospen** **[4]**, **[10]** erkennen. Sie sitzen oberhalb jeder Blattnarbe und werden als Seitenknospen **[9]** bezeichnet. Auch am Zweigende sitzt immer eine große Knospe, die Endknospe **[9]**. Im Frühjahr entwickeln sich daraus Triebe mit Blättern und Blüten. Alle Knospen, besonders aber die Endknospen, sind mit dunklen, harten, schuppenförmigen Hüllblättern, den Knospenschuppen, umgeben. Sie liegen wie Dachziegel übereinander und sind durch eine Harzschicht miteinander verklebt. Die Hüllblätter verhindern sowohl das Eindringen von Feuchtigkeit als auch das Austrocknen der zarten Knospen. Die harzige Schicht schützt außerdem vor Tierfraß. Im Inneren der Knospen sind die Anlagen der Laubblätter und Blüten von einem dichten Filz aus Haaren vor Kälte geschützt.

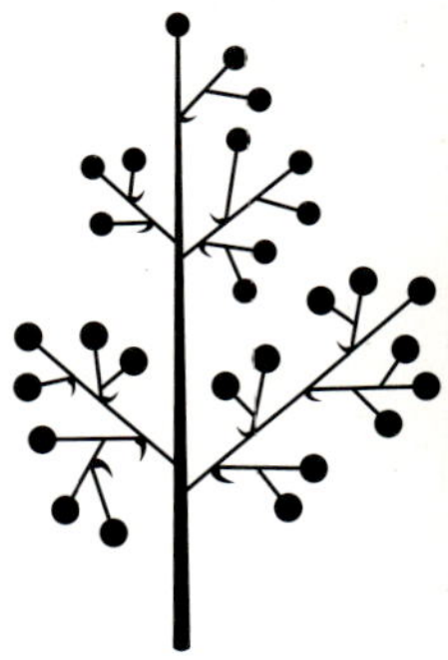

[7] *Blütenstand Rispe*

[8] *Im Frühjahr leuchten die weißen Blütenkerzen schon von Weitem. Der Blütenstand der Rosskastanie ist eine Rispe* **[7]**.

Wenn der Frühling kommt

Nachdem der Erdboden aufgetaut ist, versorgen die Wurzeln den Baum wieder mit Wasser. Dann beginnen die Knospen an den Zweigen zu schwellen und größer zu werden. Bald brechen sie auf, und die Hüllblätter fallen ab. Aus den Seitenknospen entwickeln sich die Laubblätter. An den Endknospen wächst der Blütenstand – eine Rispe **[7]**, **[8]**.

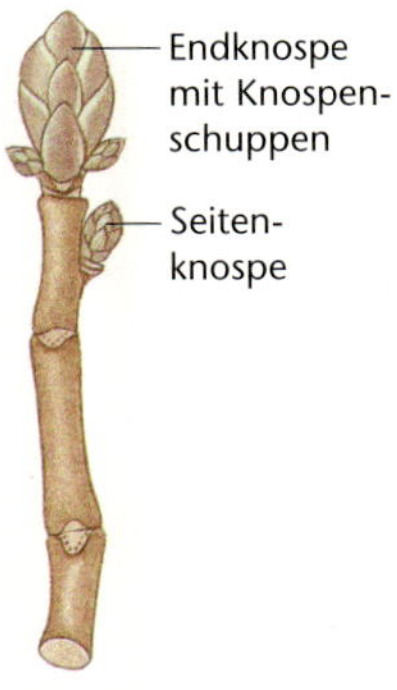

[9] *Endknospe und Seitenknospe im Winter*

[10] *Aufgeschnittene Endknospe mit Blüten- und Blattanlage*

[11] *Aufbrechende Endknospe im Frühjahr*

[12] *Das handförmig gefiederte Laubblatt der Rosskastanie ist auffallend groß.*

Merkmal

▶ Der Laubfall im Herbst ist eine Vorsorge gegen Frost und Schnee im Winter.

▶ Der grüne Blattfarbstoff wird aus den Blättern abtransportiert und im Stamm und in den Zweigen gespeichert. Gelbe und rote Farbstoffe werden sichtbar.

▶ Zwischen dem Blattstiel und dem Zweig bildet sich eine Korkschicht. Sie trennt das Laubblatt vom Ast und verschließt die Wunde durch die Blattnarbe.

▶ Die Knospen mit den Blättern und Blüten für das nächste Frühjahr werden schon im Herbst angelegt.

Denkmal

❶ Im Sommer schafft es der stärkste Gewittersturm nicht, das Blatt vom Baum zu lösen. Im Herbst reicht schon der leiseste Windhauch dazu aus. Wie erklärt sich so etwas?

❷ Betrachte mit einer Lupe verschiedene Blattnarben. Fertige hierzu eine Zeichnung an und beschrifte sie.

❸ Halbiere mehrere Seiten- und Endknospen der Rosskastanie. Zeichne und beschrifte die Schnittfläche. Worin bestehen die Unterschiede?

❹ Schneide im Winter einen Zweig der Rosskastanie ab. Stelle ihn in eine Vase und bewahre ihn im geheizten Zimmer auf. Beobachte das Entfalten der Knospen. Fotografiere die Entwicklung der Seiten- und Endknospen. Klebe die Fotos auf Zeichenkarton und beschrifte sie.

❺ Mit welchen Umstellungen breitet sich die Kastanie auf den Winter vor?

Winter – der Natur fehlt Wärme

Der Winter zeigt es deutlich: Weniger Wärme macht das Leben schwieriger. Tiere und Pflanzen richten sich ganz unterschiedlich auf den Winter ein.

[1] *Einem blattlosen Baum können die Reifkristalle nicht schaden.*

[2] *Nach einer längeren Ruhepause sucht das Eichhörnchen seine im Herbst versteckten Vorräte.*

[3] *Die Körpertemperatur des Igels im Winterschlaf sinkt nicht unter +5 °C.*

Ab dem 22. Dezember, wenn der Kalender den Winteranfang verkündet, beginnen die Tage bereits wieder länger zu werden. Von einer Erwärmung merkt man jedoch noch lange nichts. Im Gegenteil: Die tiefsten Temperaturen des Jahres können wir meistens in der zweiten Januarhälfte messen. Die Sonne steht noch sehr tief und wirft lange Schatten. Es dauert noch einige Monate, bis sie die Erde allmählich wieder erwärmt und die Natur ihre Ruhepause beendet.

[5] *Auch der Winter hat seine schönen Seiten.*

Wie der Igel überwintert

Der Igel [3] lebt die meiste Zeit des Jahres über als Einzelgänger. Sein Revier sind Hecken, kleine Gehölze, Waldränder oder aber vielfältig bewachsene Gärten und Wiesen. Auf dem Speiseplan des in der Dämmerung und nachts aktiven Tieres stehen Würmer, Insekten, Schnecken, aber auch junge Mäuse, Eidechsen, Schlangen oder reifes Obst. Das in den warmen Jahreszeiten reichhaltige Nahrungsangebot sorgt auch dafür, dass alle Lebensvorgänge des Tieres in Gang gehalten werden. Die Energie, die in der Nahrung steckt, ermöglicht die Atmung, den Herzschlag und die Aufrechterhaltung der Körpertemperatur von etwa 35 °C. Während der kalten Jahreszeit, wenn es für den Igel keine Nahrung mehr gibt, dient ihm sein zuvor angefressenes Fettpolster als Energiereserve. Zudem ist dann seine Körpertemperatur [6] herabgesetzt. Die Atmung ist verlangsamt und die Zahl der Herzschläge pro Minute stark verringert. Der **Winterschlaf** ist somit eine „Spareinrichtung", die es dem Igel ermöglicht, mit dem

Projekt-Tipp

1 ... für Wetterkundler

Die Kälte sollte euch nicht daran hindern euer **Wettertagebuch** weiterzuführen. Es ist sicherlich spannend, die winterlichen **Temperaturen**, die sich ständig verändernde **Tageslänge** und vor allem die **Schattenlänge** des Stabes [194.1] weiter zu verfolgen. Ihr könnt euch die Arbeit teilen, indem ihr euch beim Messen und Aufschreiben der Werte abwechselt.

2 ... für Pflanzenliebhaber

Im Herbst tragen Bäume und Sträucher bereits Blatt- und Blütenknospen für das kommende Jahr. Anfang Dezember geschnittene Zweige von Kirsche oder Forsythie treiben im warmen Raum Blüten. Probier's doch einfach aus. Im Volksmund nennt man solche Zweige auch „**Barbarazweige**". Wer die Herkunft dieses Namens verstehen möchte, schaut sich das Kalenderblatt zum 4. Dezember genauer an.

3 ... für Bücherwürmer

Wer gerne in Büchern stöbert, kann sicherlich schon bald Auskunft darüber geben, wie die unten genannten Tiere im Winter leben. Wähle ein oder zwei Tiere aus und erstelle einen **Steckbrief**, auf dem du alles Wissenswerte notierst. Dieser hilft dir dabei, deine Ergebnisse in der Klasse vorzustellen. Siebenschläfer, Blindschleiche, Haussperling, Feldhamster, Murmeltier, Fledermaus, Braunbär, Schnecken, Reh, Fuchs, ...

[4] *Wechselwarme Tiere können den Kältetod sterben, wenn die Bodentemperaturen um sie herum unter den Gefrierpunkt sinken.*

im Sommer und im Herbst zugelegten Fettpolster über den Winter zu kommen.

Winterstarre und Winterruhe

Eidechsen [4], Kröten, Frösche, Molche, Schlangen, viele Fische und Insekten sind **wechselwarme Tiere**. Ihre Körpertemperatur sinkt mit der Außentemperatur. Bei warmem Wetter bewegen sie sich recht lebhaft. Ist es jedoch kalt, dann werden sie träge. In der kalten Jahreszeit erstarren sie völlig. Man sagt, dass sie in **Winterstarre** gefallen sind.

Winterruher, wie das Eichhörnchen [2], der Dachs oder der Bär, verändern ihre Körpertemperatur kaum. Sie schlafen bevorzugt bei ungünstiger Witterung. Wachen die Tiere nach den durchaus auch längeren Ruhepausen wieder auf, gehen sie auf Nahrungssuche.

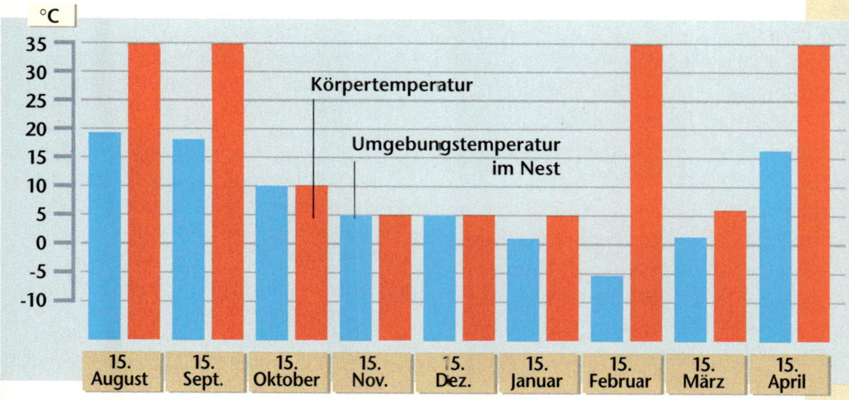

[6] *Fällt die Umgebungstemperatur weit unter 0 °C, dann wacht der Igel auf.*

Merkmal

▶ Ab dem 21. Dezember, dem Winteranfang, beginnen die Tage wieder länger zu werden.

▶ Tiere und Pflanzen richten sich ganz unterschiedlich auf den Winter ein: Winterschläfer, wie der Igel, verlangsamen die Atmung und senken ihre Körpertemperatur ab.

▶ **Winterruher**, wie das Eichhörnchen, verändern ihre Körpertemperatur kaum. Sie schlafen, wachen aber nach einer längeren Ruhepause wieder auf und gehen auf Nahrungssuche.

▶ Bei wechselwarmen Tieren, wie den Eidechsen, erstarrt der Körper völlig, sie fallen in Winterstarre.

Denkmal

❶ Nenne drei Möglichkeiten, wie sich Tiere auf den Winter einrichten und erkläre diese.

❷ Betrachte die Abbildung [6] mit den Temperatursäulen. Finde heraus, wie hoch die Körpertemperatur bzw. die Umgebungstemperatur ist, wenn
a) der Igel sein Lager verlässt, um auf Nahrungssuche zu gehen,
b) er zu einer Kugel zusammengerollt ist und tief schläft.

❸ Sieh dir in der Abbildung [6] die Veränderungen der Umgebungs- und der Körpertemperatur des Igels für die angegebenen Monate genau an. Beschreibe die Veränderungen. Finde eine Erklärung, warum der Igel mitten im Winterschlaf aufwacht und dabei seine Körpertemperatur ansteigt [6].

❹ Begründe, warum der Igel einen Winterschlaf halten muss.

❺ Die Natur ruht und der Mensch nutzt die kalte Jahreszeit für besondere Aktivitäten. Wie stellt ihr euch auf den Winter ein? Was unternehmt ihr in der kalten Jahreszeit? Erstellt eine Liste, in die ihr euere Aktivitäten eintragt, die ihr nur im Winter oder eher im Winter als im Sommer zeigt.

Wie Tiere überwintern

[1] *Die Kälte erschwert das Überleben vieler Tiere. Dennoch finden viele einen schützenden Unterschlupf für die Überwinterung.*

Im Winter trifft man bei uns nur Tiere an, die mit der Kälte ganz gut zurecht kommen. Wer nicht wie die Zugvögel vor der Kälte fliehen kann, muss sich entsprechend vor ihr schützen.

Im Winter aktiv

Heimische Säugetiere wechseln zum Schutz vor Kälte ihr Sommerfell in das dichtere **Winterfell**. Bei manchen Tiere wie beim Schneehasen und Hermelin [13] ist dieses weiß. Dadurch können sie im Schnee von Raub- und Beutetieren nicht so gut entdeckt werden.

Die dicht stehenden Wollhaare [69.8] wirken wie eine Isolierschicht. Die zwischen den Haaren des Winterfells befindliche Luft bewegt sich nicht und schützt so die Tiere vor allzu großem Wärmeverlust.

Mäuse und Ratten [12] suchen vor allem in der kalten Jahreszeit in Häusern und Ställen Unterschlupf und Nahrung. In der Nähe der Menschen sind sie vor zu großer Kälte geschützt. Als Kulturfolger kommen sie mit menschlichen Behausungen gut zurecht.

Nicht alle Vögel sind Zugvögel

Amseln, Meisen und Finken verbringen den Winter bei uns. Sie finden auch in der kalten Jahreszeit noch ausreichend Nahrung. Da sie das ganze Jahr in ihrem Brutgebiet bleiben, nennt man sie **Standvögel**. Auch sie wechseln ihr Sommerkleid in ein dichteres Winterkleid. Einige Vogelarten wie Bergfinken [5], die ihre Brutplätze im Sommer weit im Norden oder Osten Europas haben, besuchen uns im Winter als **Wintergäste**.

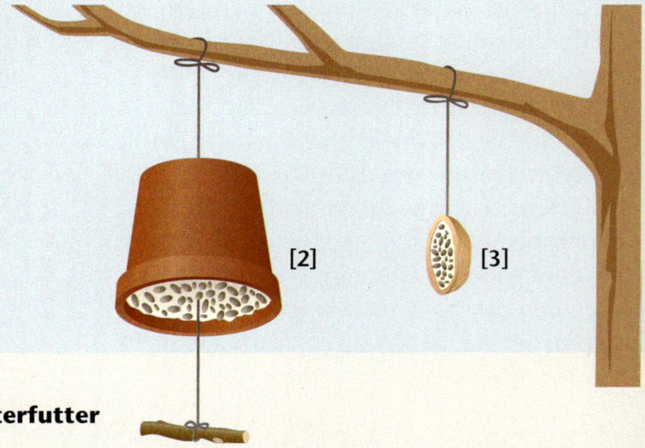

Projekt-Tipp: Winterfütterung

1 Winterfutter für Vögel

Richtet in der Nähe der Schule und wenn möglich bei euch zu Hause Futterstellen für die Winterfütterung von Vögeln ein.

Folgende Regeln solltet ihr dabei beachten:

1. Füttert die Vögel nur bei Frost und Schnee regelmäßig.
2. Richtet die Futterstellen katzensicher ein.
3. Reinigt die Futterstellen regelmäßig.
4. Die Vögel brauchen im Winter kein Wasser.

2 Rezept für Winterfutter

Material:

- 2 kg gemischtes Vogelfutter (am besten aus der Zoohandlung)
- 3 kg Fett (ausgelassener Rindertalg oder ungesalzenes Schweinefett)

Herstellung:

Erhitze das Fett vorsichtig auf der Herdplatte in einem kleinen Topf. Gib das Vogelfutter in das Fett und rühre kurz um. Aus dem Futtergemisch kannst du nun verschiedene Futterstellen [2], [3] herstellen.

[2] *Stecke eine Schnur durch das Loch im Boden des Tontopfes und befestige ein Stück Karton mit einem Holzstück auf dem Boden der Innenseite. Fülle das noch weiche Futtergemisch in den Blumentopf. Ist das Futter erkaltet, so kannst du die Futterglocke aufhängen. Binde an das untere Ende der Schnur noch einen Zweig.*

[3] *Bohre in eine Walnussschalenhälfte ein kleines Loch und ziehe eine Schnur hindurch. Streiche das noch weiche Futter in die Nussschale und hänge die „Futternuss" auf.*

[5]

[6]

[7]

[8]

[9]

[4]

[14]

[13]

[10]

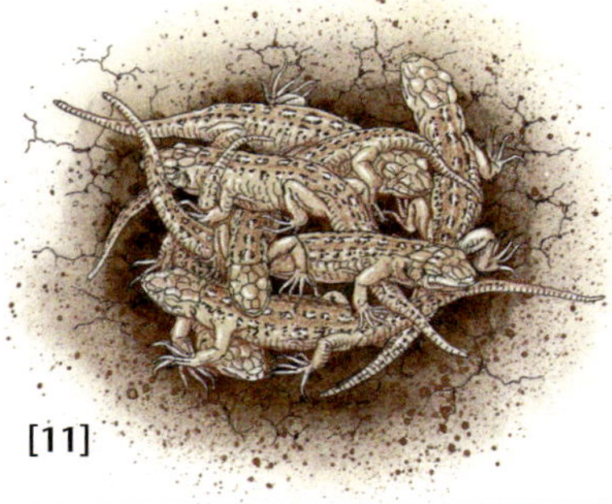
[11]

[12]

In Winterstarre fallen
Kriechtiere wie die Eidechsen **[11]** fallen in Winterstarre. Ihre Körpertemperatur entspricht der Außentemperatur, sie sind also wechselwarm. Auch die zu den Insekten gehörenden Marienkäfer und Florfliegen sind wechselwarm.

Im Spätherbst beginnen Marienkäfer **[8]**, sich einen geeigneten Überwinterungsplatz in Stein- und Laubhaufen oder knorrigen Bäumen zu suchen. Dort verbringen sie dann in **Winterstarre** die kalte Jahreszeit.

Florfliegen **[6]** und Tagpfauenaugen **[7]** überwintern auf Dachböden, in Garagen oder hinter Gardinen. Draußen bevorzugen sie dann Laubhaufen oder Baumrinden. Zu viel Kälte vertragen sie allerdings nicht.

Echte Winterschläfer
Fledermäuse **[14]** gehören wie die Igel **[10]** zu den Säugetieren, die einen **Winterschlaf** halten. So überdauern sie die insektenarme Zeit des Jahres. Während des Schlafes ist der Stoffwechsel fast ausgeschaltet. Auf diese Weise verbrauchen die Fledermäuse nur sehr wenig Energie und können von ihren Fettreserven leben. Es handelt sich hierbei jedoch nicht um einen echten Schlaf. Die Fledermäuse registrieren alles, was in ihrer Umgebung passiert. Der Winterschlaf wird regelmäßig unterbrochen, um die Temperatur im Quartier zu überprüfen.

Die meisten Fledermausarten beziehen geschützte Höhlen, alte Stollen und andere unterirdische Verstecke zur Überwinterung. Einige Arten überwintern auch in ausgefaulten Baumhöhlen oder in Dachstühlen alter Bauernhäuser oder Kirchen.

Winterruher
Winterruher wie die Eichhörnchen **[9]** wachen von Zeit zu Zeit auf, um sich in ihren Vorratslagern zu bedienen.

[15] *Der Feldhase bleibt auch im Winter aktiv, dank seines dichten Winterfells.*

Frühling – es wird wieder wärmer

Die zunehmende Kraft der Sonne macht den Frühling zu der Jahreszeit, in der das Wachstum der Pflanzen am stärksten ist. Auch viele Tiere ziehen jetzt ihre Jungen auf.

[1] *Der Schnee ist noch nicht geschmolzen, wenn Krokusse als Frühlingsboten ihre zarten Blüten öffnen. Im Herbst werden die Knollen in den Boden gesteckt, damit man sich im Vorfrühling an ihren Farben erfreuen kann.*

[2] *Die Sonnenstrahlen gelangen durch die noch kahlen Baumwipfel der Wälder ungehindert bis auf den Boden, den sie im Windschutz der Bäume erwärmen. Wie ein Teppich bedecken Busch-Windröschen nun große Flächen des Waldbodens.*

[3] *Im Laufe des Aprils schmücken sich nach und nach die Obstbäume mit ihrer Blütenpracht. Viele blühen, bevor sich ihre Blätter entfalten. Wenn die Obstbaumblüte beginnt, ist der Frühling in vollem Gange. Keine andere Jahreszeit erwarten wir so ungeduldig.*

Am 21. März, wenn der Tag und die Nacht gleich lang sind, beginnt der Frühling. So jedenfalls steht es im Kalender. Der Frühling selbst jedoch kümmert sich nur wenig um dieses Datum.

Wärmende Sonnenstrahlen bringen die Natur in Bewegung

Obwohl die Tage wieder länger und die Sonnenstrahlen wärmer werden, bleibt das Frühlingswetter recht unzuverlässig. Die Erwärmung kommt nur langsam voran und wird durch immer wiederkehrende Nachtfröste unterbrochen. Der Zeitpunkt, zu dem man draußen die ersten Anzeichen für den Frühling beobachten kann, richtet sich demnach nicht so sehr nach dem Kalender als vielmehr nach den Temperaturen. Und diese können jedes Jahr und in den einzelnen Teilen des Landes ganz unterschiedlich sein.

Wärmende Sonnenstrahlen und die zunehmenden Temperaturen sind es schließlich, die die Natur aus ihrer Winterruhe wecken und in Schwung bringen. Zarte

Projekt-Tipp

1 Das Wetter ist im Frühling oftmals launisch wie der sprichwörtlich bekannte Monat April. Ergänzt euer **Wetter-Tagebuch [6]** und stellt weiterhin jeden Messwert als Säule dar. Die höchsten und tiefsten Temperaturen des Tages sind jetzt besonders interessant.

[6]

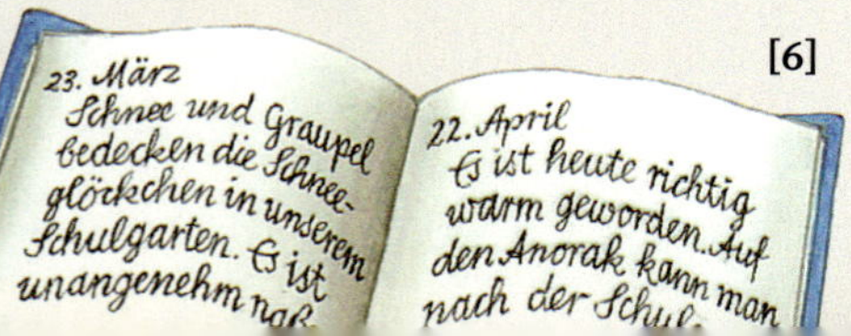

2 Welche Frühblüher kommen in eurer Umgebung vor? Erstellt eine Liste und notiert den Zeitraum, in dem diese Pflanzen blühen. Auf diese Weise erhaltet ihr einen **Blühkalender**.

3 Schnee schmilzt nicht überall gleichzeitig. Beschreibt solche Stellen, an denen er zuerst schmilzt, und solche, an denen er sich besonders lange hält. Wie lässt sich so etwas erklären?

4 Auch wenn der Frühling recht sprunghaft sein mag, die **Tages-** und die **Schattenlängen** verändern sich sehr zuverlässig. Notiert diese Veränderungen so, wie ihr das bereits im Herbst und im Winter getan habt.

5 Keine Jahreszeit wird so ungeduldig erwartet wie der Frühling. Selbst Tageszeitungen und viele Zeitschriften schreiben über ihn. Schneidet solche

[4] *Im Mai oder Juni werden 3 bis 7 Igeljunge geboren. Sie sind noch blind und völlig hilflos. Ihre Stacheln sind anfangs noch weich. Das Stachelkleid eines ausgewachsenen Igels besteht aus nahezu 16 000 Stacheln.*

[5] *Überall lassen sich nun Vögel wie diese Buchfinken beobachten, die mit dem Nestbau oder gar schon mit der Aufzucht der Jungen beschäftigt sind. Das Vogelkonzert in den frühen Morgen- und Abendstunden ist der wohlklingende Beweis für den Frühling.*

Schneeglöckchen, prächtige Narzissen und bunte Krokusse [1] machen uns klar: Der Frühling ist wieder im Land. Mit den ersten Vorboten in einer oftmals noch recht winterlichen Landschaft beginnt der Frühling in der immer gleichen Reihenfolge mit seinem Werk. Er ist erst beendet, wenn die Wiesen wieder in voller Blütenpracht stehen, das Blätterdach in den Wäldern dicht geschlossen ist und viele Vogeljunge [5] schon flügge geworden sind. Deutliches Zeichen für den zu Ende gehenden Frühling ist etwa ein blühender Holunderstrauch.

Merkmal

▶ Im Frühling gewinnt die Sonne zunehmend an Kraft. Die Temperaturen steigen und die Tage werden länger. In dieser Jahreszeit wachsen Pflanzen am stärksten und viele Tiere ziehen ihre Jungen auf.

Denkmal

❶ Man sagt, der Frühling sei die Kinderstube vieler Tierarten. Erklärt, warum das gerade auf diese Jahreszeit zutrifft.

❷ Viele Menschen klagen im Frühjahr über „Frühjahrsmüdigkeit". Was wollen sie damit ausdrücken?

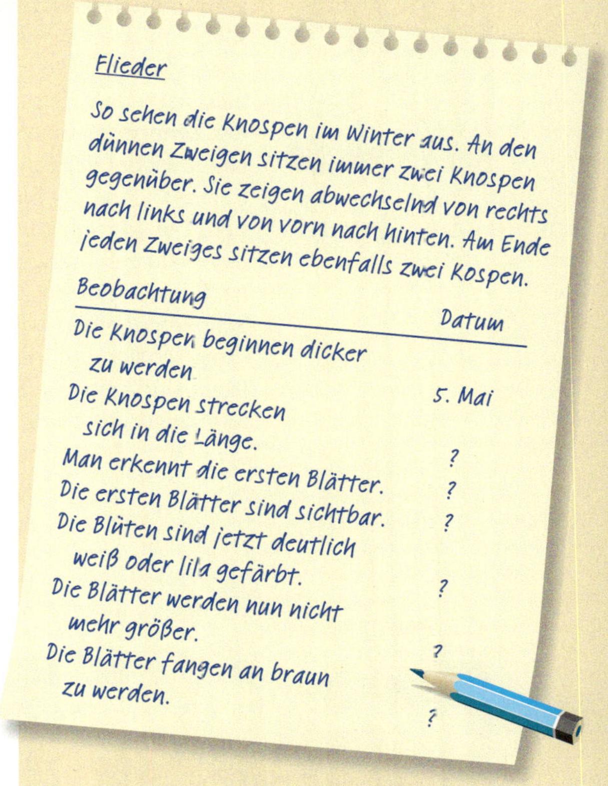

[7] *Beobachtungsprotokoll*

Artikel aus und gestaltet damit ein **Poster.** Über welche frühlingshaften Besonderheiten wird berichtet?

6 **Fotografiert** über die ganze Jahreszeit hinweg immer wieder einmal solche Motive, von denen ihr meint, dass sie typische Merkmale des Frühlings zeigen. Wie wäre es mit Frühblühern wie Krokusse, Schneeglöckchen oder Weidekätzchen?

7 Wer den Einzug des Frühlings genau verfolgen will, führt ein Tagebuch und notiert einmal oder zweimal in der Woche jede Veränderung, die er beobachten kann. Die Beobachtungen müssen sich allerdings nicht nur auf Tiere und Pflanzen beziehen.

Geschmückt mit einigen Fotos entsteht auf diese Weise ein **Frühlingsalbum**.

8 Verfolgt an einem Strauch oder Baum eurer Wahl das Aufbrechen der Knospen. Beobachtet genau und notiert jede Veränderung. Schreibt das Datum zu den Notizen. Auf diese Weise erstellt ihr ein **Beobachtungsprotokoll** [7]. Als geschickte Fotografen fällt es euch sicherlich leicht, diesen Vorgang auf einigen Fotos festzuhalten.

Frühblüher leben vom Vorrat

Frühblüher speichern in Zwiebeln, Knollen oder in einem Erdspross Vorratsstoffe. Nur mit diesen Speicherorganen gelingt ihnen der frühe Start in den Frühling.

Noch überzieht eine dünne Schneedecke den Boden, und Nachtfröste lassen das Erdreich an der Oberfläche gefrieren. Tagsüber wird der Boden dagegen von den nun kräftiger werdenden Sonnenstrahlen erwärmt, und das Schmelzwasser kann versickern. Dies ist die Zeit, in der die Schneeglöckchen [1] als erste Frühlingsboten blühen.

[1] *Schneeglöckchen*

Lebenslauf eines Schneeglöckchens

Wenn im Frühjahr Schneeglöckchen blühen sollen, müssen im Herbst die Schneeglöckchenzwiebeln [8] gepflanzt werden. Schon bald nach dem Einpflanzen bilden sich an der **Zwiebel** kleine Wurzeln. Schneidet man eine Zwiebel der Länge nach auf, so ist im Inneren schon die junge Pflanze zu erkennen. Die winzige Blütenknospe sitzt auf einem kurzen Stängel. Er verbreitert sich nach unten hin zur Zwiebelscheibe. Die Schneeglöckchenzwiebel wird von mehreren schalenförmigen Blättern gebildet. Diese sind saftig und dienen als Speicher für Nährstoffe. Die Zwiebel kann man mit einem Spross vergleichen, der stark gestaucht ist.

Noch vor Beginn des Winters schiebt sich der Spross mit der jungen Blüte als kleine weiße Spitze aus der Zwiebel und schaut aus dem Boden heraus. Im zeitigen Frühjahr beginnt der Spross dann zu wachsen. Zunächst ist die Zwiebelspitze noch von einem weißlichen, dünnen Hüllblatt eingeschlossen. Dann schieben sich zwei längliche grüne Laubblätter hervor. Geschützt zwischen den Laubblättern wächst der Stängel mit der Blütenknospe. Hat der Blütenstiel eine Länge von etwa 12 bis 15 cm erreicht, öffnen sich die Laubblätter, und die weiße, glockenförmige Blüte kommt zum Vorschein. Von den sechs Blütenblättern sind drei große nach außen gerichtet, während drei kleine im Inneren eine Röhre bilden.

Bienen besuchen die Blüten. Pollen und Nektar der Schneeglöckchenblüten bieten ihnen im Frühjahr die erste Nahrung.

Bis zum Sommer reifen in einer Kapsel die Samen heran. Diese werden gern von Ameisen gefressen, da sie ein nährstoffreiches Anhängsel tragen. Auf diese Weise

[2] *Erdspross*

[3] *Die Speicherorgane der Busch-Windröschen sind waagrecht im Boden verlaufende Erdsprosse, aus denen die oberirdischen Teile der Pflanzen emporwachsen.*

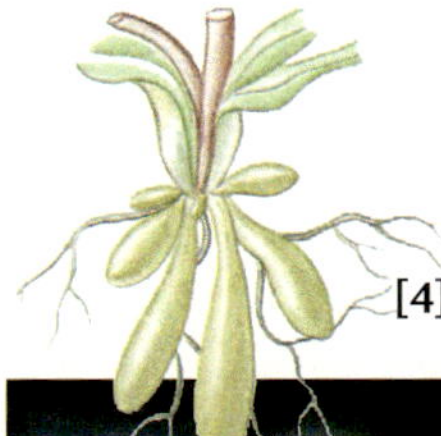

[4] *Wurzelknolle*

[5] *Das Scharbockskraut speichert Vorratsstoffe in verdickten Wurzelabschnitten, den Wurzelknollen.*

[6] *Zwiebel*

[7] *Gartentulpen wachsen wie die Schneeglöckchen aus einer Zwiebel.*

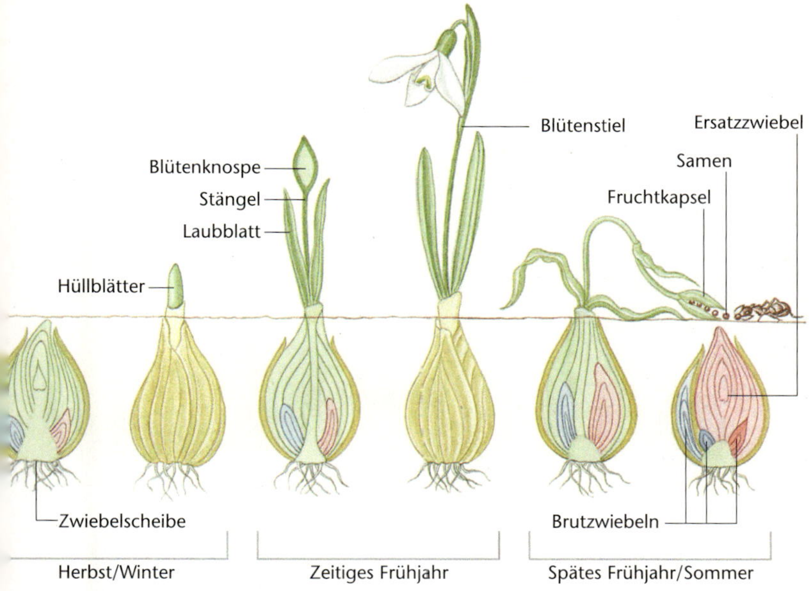

[8] *Entwicklung einer Schneeglöckchenzwiebel*

werden die Samen ganz nebenbei verschleppt und somit verbreitet. Im Sommer trocknen die gelben Laubblätter vollkommen ein. Unter der Erde befindet sich nun eine neue Zwiebel. Sie ist aus einer Ersatzzwiebel entstanden und enthält neue Vorratsstoffe für das Austreiben im nächsten Frühjahr. Oft befinden sich an der Schneeglöckchenzwiebel im Herbst eine oder mehrere Brutzwiebeln. Auch sie können im Frühjahr austreiben.

[9] *Sprossknolle eines Krokusses*

Merkmal

▶ Pflanzen, die im zeitigen Frühjahr heranwachsen und blühen, nennt man Frühblüher.

▶ Frühblüher speichern schon im Vorjahr Vorratstoffe für Wachstum und Entwicklung in verdickten unterirdischen Organen, den Speicherorganen.

▶ Speicherorgane der Frühblüher sind Zwiebeln, Erdsprosse und Wurzelknollen.

Denkmal

❶ Nenne die jeweiligen Speicherorgane der Tulpe, des Busch-Windröschens und des Scharbockskrauts.

❷ Schneeglöckchen verbreiten sich selbst. Oft helfen auch Ameisen dabei. Wie ist beides möglich?

❸ Busch-Windröschen blühen schon, bevor die Bäume ein fast geschlossenes Laubdach gebildet haben. Welchen Vorteil haben sie davon?

❹ Schon zur Weihnachtszeit können verschiedene Frühblüher im Blumentopf zur Blüte gebracht werden. Wie musst du vorgehen?

❺ Zwiebeln und Knollen sind äußerlich leicht zu verwechseln. Schneide deshalb vorsichtig eine Tulpenzwiebel [6] und eine Krokusknolle [9] der Länge nach durch. Woran kann man ganz klar die Unterschiede erkennen?

Im Frühbeet ist der Frühling schneller

In Gärtnereien oder auch daheim im Garten werden schon im zeitigen Frühjahr **Frühbeete** [7] eingerichtet. Dort treiben bereits Jungpflanzen oder Frühgemüse, obwohl es draußen selbst noch empfindlich kalt sein kann. Der dunkle Gartenboden und die Luft im Frühbeet erwärmen sich durch die einfallenden Sonnenstrahlen recht schnell. Die Glasscheiben lassen das Sonnenlicht ungehindert hindurchscheinen. Die Wärmestrahlen bleiben jedoch in dem kleinen Treibhaus gefangen und sorgen deshalb für deutlich höhere Temperaturen. Gurken, Radieschen oder Salate können so schon früh unter idealen Bedingungen heranwachsen. Bei starker Sonneneinstrahlung muss allerdings gelüftet werden, da die Pflanzen sonst „verbrennen".

[10]

Sommer – Sonne – Wärme

Im Sommer erreicht die Sonne ihren höchsten Stand. Wir erleben in dieser Jahreszeit die heißesten Tage. Selbst nachts sinkt die Lufttemperatur nur wenig.

[1] *Besonders an heißen Hochsommertagen genießen wir den Badespaß.*

[2] *Sommerzeit ist Reifezeit. Mit Hilfe der Sonne reifen die Früchte auf den Feldern und in den Gärten heran.*

[3] *In der Nacht und in der Dämmerung verlässt der Igel sein Versteck und geht auf Nahrungssuche.*

Ganz gleich, wie warm das Wetter wirklich ist, der Sommer beginnt pünktlich am 21. Juni, dem längsten Tag und der kürzesten Nacht. Wenn im Laufe des Juli und Anfang August die Temperaturen schließlich auf 30 °C und darüber klettern und wir schon morgens in der Schule mit unseren Gedanken im Freibad sind, dann hat sich der Sommer so richtig in Szene gesetzt.

Die Natur im Sommer

Bald schon nach der Zeit der längsten Tage verstummt das Konzert vieler gefiederter Sänger. Die Fortpflanzungszeit dieser Vogelarten ist jetzt bereits beendet. Die Wiesen zeigen sich in voller Blütenpracht und locken ein Heer der verschiedensten Insekten an. Insekten sind wärmeabhängige Tiere. Sie kommen jetzt am häufigsten vor. Die erste Heuernte setzt schon bald der Blütenpracht ein vorläufiges Ende. Bei sengender Sonne und hochsommerlichen Temperaturen reift das Getreide [2] auf den Äckern. Die ersten Himbeeren im Garten werden reif und die Getreideernte wird eingefahren. Ende August oder Anfang September werden die Wiesen ein zweites Mal gemäht. Sommerblumen, vor allem Dahlien, prägen das Bild in den Gärten. Überall reifen Früchte heran. Die ersten Zugvögel verlassen uns schon wieder, ein Zeichen dafür, dass der Sommer bald zu Ende geht.

[4] *Die Zauneidechse fühlt sich auf Steinen, die von der Sonne aufgeheizt werden, besonders wohl.*

Wenn es warm ist, sind Eidechsen flink

Eidechsen [4] bevorzugen sonnige, warme Plätze. An heißen Sommertagen bewegen sie sich blitzschnell, immer auf der Suche nach Nahrung. Bei kühlem, regnerischem Wetter hingegen verhalten sie sich eher träge. Meistens bleiben sie in ihren Verstecken. Für Eidechsen ist Wärme wie ein Motor, der sie antreibt und beweglich macht. Ihre Körpertemperatur wird durch die Außentemperatur beeinflusst. Man sagt, sie sind **wechselwarm**. Eidechsen kann man häufig auf sonnenbeschienenen Steinen finden, die wie Wärmespeicher funktionieren. Diese nehmen die Wärme tagsüber auf und geben sie noch lange, nachdem die Sonne untergegangen ist, langsam wieder ab.

Vorsicht – Wärmefalle!

Es ist ja bekannt, dass Igel [3] bedauerlicherweise zu den Tieren gehören, die am häufigsten überfahren werden. Vor allem in der Dämmerung und nachts sind sie auf dem Wärme speichernden Asphalt der Straße zu finden. Hier halten sich viele ihrer wechselwarmen Beutetiere auf. Ein herannahendes Auto signalisiert Gefahr und veranlasst den Igel sich blitzschnell zu einer stacheligen Kugel zusammenzurollen. Vor seinen natürlichen Feinden ist er durch sein Stachelkleid und dieses Verhalten weitgehend geschützt. Gegen Autos allerdings hat der Igel keine Chance.

Merkmal

▶ Der Sommer beginnt am 21. Juni mit dem längsten Tag und der kürzesten Nacht und endet am 22. September.

▶ Eidechsen sind wechselwarme Tiere. Sie können ihre Körpertemperatur nicht gleich warm halten. Mit der Änderung der Außentemperatur verändert sich auch ihre Körpertemperatur.

Denkmal

❶ Erläutere: Tiere sind wechselwarm oder gleichwarm. Nenne Beispiele.

❷ An welchem Tag im Jahr haben wir die längste Nacht und den kürzesten Tag, und wann den längsten Tag und die kürzeste Nacht? An welchem Tag sind Tag und Nacht gleich lang?

❸ Warum halten sich wechselwarme Tiere gerne auf Wärme speichernden Orten auf? Erläutere, warum ihnen dies manchmal auch zur lebensbedrohenden Falle werden kann.

❹ Informiere dich in diesem Buch über Wärmestrahlung und Wärmeleitung. Wie nützt die Eidechse diese Wärmeübertragung?

[5]

[6]

[7]

Projekt-Tipp

1 ... für Wetterkundler

Die **Tagestemperaturen** nehmen im Laufe des Sommers sicherlich zu und werden die höchsten Werte des Jahres erreichen. Schreibt nun auch für den Sommer die Temperaturen, die **Tages-** und die **Schattenlängen** auf, so wie ihr das für die anderen Jahreszeiten auch getan habt.

2 ... für Fotografen und Zeitungsmacher

Die Fotografen unter euch erarbeiten zum Thema „Sommer" eine kleine **Fotoserie**, die etwa fünf Bilder umfassen soll. Schreibt zu den Bildern kleine Texte und legt sie einer gewählten Jury zur Beurteilung vor. Die gelungenste Fotoserie könnte ein abwechslungsreicher Beitrag für eure Schülerzeitung sein. Übrigens: Wer keinen Fotoapparat besitzt, kann bei der Auswahl der passenden Motive wichtige Tipps geben.

3 „Sommer ist, wenn ..."

Ergänzt diesen Satz und vergleicht die unterschiedlichen Vorstellungen und Erfahrungen, die jeder Einzelne von euch hat. Auf diese Weise erstellt ihr ein umfassendes „**Sommerbild**".

[5] *In der Sommersonne reifen die Getreidekörner besonders gut.*

[6] *Heftige Gewitter sind im Sommer eine häufige Erscheinung. Manchmal bringen sie auch die erhoffte Abkühlung.*

[7] *Im Spätsommer fallen in der Landschaft besonders die Felder mit blühenden Sonnenblumen auf. Die großen, gelben Korbblüten schauen alle in eine Richtung. Die Blütenstände öffnen sich bei Sonnenaufgang, und schließen sich erst wieder, wenn die Sonne untergeht.*

Jahreszeiten

1 Es herbstet

Viele Pflanzen verblühen im Sommer. Ihre auffälligen bunten Blüten verwelken und die Früchte reifen heran. Der Herbst ist deshalb die beste Jahreszeit, um Samen und Früchte zu sammeln und zu untersuchen.

a) Sammle verschiedene Samen und Früchte. Finde ihren Namen heraus und bestimme die Pflanzen mithilfe eines Bestimmungsbuches.
b) Überprüfe, wie sich die Samen und Früchte verbreiten. Halte in einer Tabelle die Namen der Pflanzen und die Art und Weise ihrer Samen- und Fruchtverbreitung fest. Beschreibe auch, wie sie das machen.
c) Betrachte die Samen mit der Lupe und zeichne sie.
d) Baue mit einfachen Materialien für jede Verbreitungsart ein Modell.
e) Gestalte mit deiner reichhaltigen Materialsammlung eine Herbstausstellung in der Schule.

2 Die Blätter fallen

In der Herbstsonne leuchten die Blätter der Bäume und Sträucher in ganz verschiedenen Farben – vom kräftigen Rot über Orange bis hin zum leuchtenden Gelb. Wenn dann Mitte bis Ende Herbst alle Blätter von den Laubbäumen fallen, können die Bäume leicht erfrieren.

a) Schneide von einem Baum mit grünen und einem Baum mit bunt gefärbten Blättern vorsichtig jeweils einen kleinen Zweig ab.
b) Entferne ohne Hilfsmittel jeweils ein Blatt. Beschreibe, wie du die Blätter vom Zweig trennen konntest. Erinnere dich an die Blatttrennung im Herbst bei den Kastanien und erkläre deine Beobachtung.
c) Betrachte mithilfe einer Lupe die Abrissstelle und zeichne sie. Wie erklärst du deine Beobachtungen.
d) Das Blätterdach, das sich wie ein Mantel um den Baum legt, wird im Herbst abgeworfen, damit der Baum gesund über den Winter kommen kann. Überlege dir mögliche Vorteile für den Baum, wenn er die Blätter im Herbst abwirft.

3 Jahresuhren der Jahreszeiten

Zeichne eine Jahresuhr mit dem Radius von r = 7 cm in dein Heft. Teile hierfür deinen Kreis in zwölf gleiche Abschnitte für die Monate. Trage den kalendarischen Beginn der Jahreszeiten ein.

Ordne den Jahreszeiten bzw. den Monaten folgende Begriffe zu: Eisheilige, Siebenschläfer, Hundstage, Altweibersommer, Schafskälte, Barbaratag, Muttertag, Tag der Arbeit, dein Geburtstag, Erntedank, Sonnwende, Walpurgisnacht, Sommer-, Herbst-, Winter- Weihnachts- und Pfingstferien.

4 Jahresuhr der Eidechse

Zeichne eine Jahresuhr mit dem Radius von r = 7 cm in dein Heft. Teile hierfür deinen Kreis in zwölf gleiche Abschnitte für die Monate.

Schreibe und zeichne in die Abschnitte der Jahresuhr das typische Verhalten der Eidechse im Verlauf eines Jahres.

5 Jahresuhr der Rosskastanie

Zeichne eine Jahresuhr mit dem Radius von r = 7 cm in dein Heft. Teile hierfür deinen Kreis in zwölf gleiche Abschnitte für die Monate.

Beschreibe die Veränderungen eines Kastanienbaumes im Verlauf der Jahreszeiten und zeichne die jeweiligen Entwicklungsabschnitte ein.

6 Tiere im Winter

Viele Tiere überwintern im Schlaf an sicheren Plätzen. Andere haben ein dichtes Winterfell oder ein Federkleid, das sie vor Kälte schützt. Einige Vögel ziehen in den warmen Süden.

a) Erstelle eine Tabelle mit den vier Möglichkeiten, wie Tiere über den Winter kommen: Winterschlaf, Winterruhe, Winterstarre, im Winter aktive Tiere.
b) Ordne die folgenden Tiere in diese Tabelle ein: Wolf, Reh, Kröte, Kreuzotter, Bär, Eichhörnchen, Salamander, Waldkauz, Hund, Igel, Marienkäfer, Blindschleiche.
c) Finde jeweils drei weitere Beispiele.
d) Worin bestehen die besonderen Anpassungen. Notiere die jeweiligen Merkmale?

7 Im Winter scheint die Sonne anders

Die Sonne ist die Quelle für Wärme und Licht auf der Erde. Sie beleuchtet und erwärmt immer nur den Bereich der Erde, der ihr gerade zugewandt ist. Durch die Drehung der Erde um ihre eigene Achse ist es bei uns einmal Tag und einmal Nacht.

a) Informiere dich, an welchen Daten wir hier in Deutschland die längste Nacht bzw. den längsten Tag haben.
b) Wie lang ist die längste Nacht bzw. der längste Tag?
c) In welcher Jahreszeit hat die Sonne ihren höchsten Stand am Himmel?
d) Besorge dir einen schwarzen Karton, ein Zimmerthermometer und eine Schreibtischlampe. Beleuchte den schwarzen Karton einmal fünf Minuten senkrecht von oben. Stelle die Temperatur am Karton fest.
e) Wiederhole den Versuch, indem du die Schreibtischlampe schräg auf die schwarze Fläche richtest. Miss auch hier die Temperatur.
f) Markiere auf der Pappe die beschienene Fläche.
g) Dieses Modell zeigt dir, wie die Sonnenstrahlen im Sommer und im Winter auf die Erde treffen. Welcher der beiden Versuche steht für welche Jahreszeit? Erkläre und beschreibe die Folgen für das Leben auf der Erde.

9 Bewe

Von den fest verwurzelten Pflanzen unterscheiden sich Menschen und Tiere auf den ersten Blick durch Bewegungen. Das erscheint auch sinnvoll, denn immerhin müssen Tiere sich ihre Nahrung besorgen, vor Feinden fliehen oder sich bei einer Gefahr verbergen können. Und schließlich leben Tiere und wir Menschen in Gemeinschaft und müssen zueinander finden. Beobachtet man jedoch eine Pflanze eine Zeit lang, stellt man fest, dass sie sich auch bewegt. Zumindest wächst sie und kann sich dem Licht zuwenden. Man kann beobachten, wie sich Blüten öffnen und schließen. Bewegung ist ein Kennzeichen von Lebewesen und unterscheidet sie von unbeweglichen, toten Dingen, wie z. B. einem Felsbrocken.

Mit unseren Muskeln bewegen wir Maschinen und Geräte. Mit unseren Beinmuskeln treten wir in die Pedale und mit kräftigen Ruderschlägen bewegen wir Boote. Mit Muskelspannung halten wir uns auf dem Rollbrett.

Radfahren und Rollbrettfahren sind immerhin schneller als Gehen oder Laufen, aber anstrengender. Autos, Eisenbahnen, Schiffe und Flugzeuge sind bequemer und noch schneller. Der menschliche Erfindungsgeist hat dies ermöglicht.

gung

Jetzt machen wir uns fit

Das rasante Wachstum unserer Knochen macht dem Körper ganz schön zu schaffen. Die anderen Organe halten da einfach nicht so schnell mit. Wir fühlen uns dann oft schlapp und müde. Das lange Sitzen in der Schule und zu Hause tut ein Übriges.

Bewegte Schule

In den letzten Wochen hat die Klasse 5a eine ganze Menge Übungen kennen gelernt, die möglichst viele Muskelgruppen beanspruchen. Seit die Schüler und Schülerinnen dreimal in der Woche für etwa zehn Minuten ihr **Fitnessprogramm** durchführen, ist die Klasse ganz schön fit geworden.

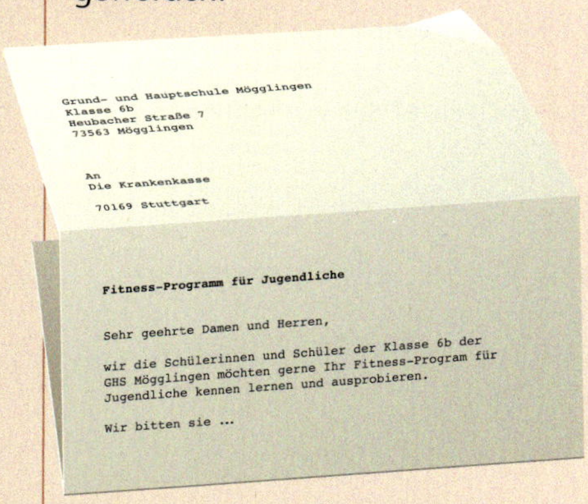

Grund- und Hauptschule Mögglingen
Klasse 6b
Heubacher Straße 7
73563 Mögglingen

An
Die Krankenkasse

70169 Stuttgart

Fitness-Programm für Jugendliche

Sehr geehrte Damen und Herren,

wir die Schülerinnen und Schüler der Klasse 6b der GHS Mögglingen möchten gerne Ihr Fitness-Program für Jugendliche kennen lernen und ausprobieren.

Wir bitten sie ...

[1] *Unser Brief an die Krankenkasse*

[3] *Beim Dauerlauf oder Joggen werden viele Muskeln beansprucht. Wichtig dabei ist die Ausdauer und nicht die Geschwindigkeit. Deshalb gilt: Laufen, ohne zu schnaufen.*

Die Zeit für ihre Übungen können sich die Schüler zu Beginn der zweiten Stunde nehmen, und die meisten Lehrer machen mit. Selbst der Mathelehrer meint, dass ihm das ganz gut tut. Jeder Schüler hat eine Decke oder ein großes Badetuch in die Schule mitgebracht.

Fitnesstraining für alle

Beachtet die Reihenfolge der Übungen und haltet sie unbedingt ein. Man muss wissen, wie viel man sich zumuten darf. Wer sich zu wenig anstrengt, erzielt kaum eine Trainingswirkung. Wer sich überfordert, wird zu schnell müde und muss vorzeitig abbrechen.

Aufwärmen

Euren Kreislauf bringt ihr durch einen leichten Dauerlauf **[2A]** in Schwung. Gleichzeitig erreicht ihr die notwendige Betriebstemperatur und verbessert dadurch die Dehnfähigkeit der Muskeln.

Lockern

Zwischen allen Übungen werden die Arme und Beine „ausgeschüttelt" **[2B]**. Die Muskeln werden jetzt entlastet. Durch Schwingen der Arme aus einer leichten Schrittstellung heraus könnt ihr den Schultergürtel, die Muskulatur des Rumpfes und die Beine lockern. Die Bewegungen werden durch leichtes Federn in den Knien unterstützt.

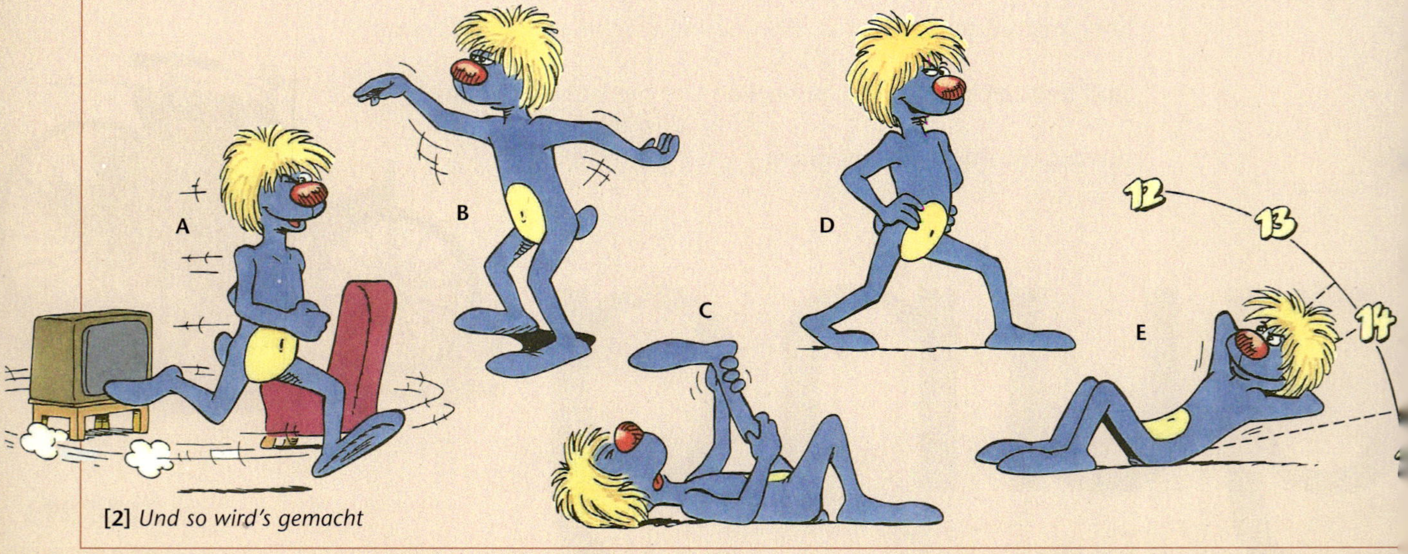

[2] *Und so wird's gemacht*

[4] *Auch hier wird die gesamte Muskulatur gekräftigt. Dadurch verbessert sich auch die Körperhaltung. Mit Musik macht dieser Sport doppelt so viel Spaß.*

[5] *Radfahren ist nicht nur eine Sache für die Muskeln der Beine. Der ganze Körper ist gefordert.*

Dehnen

Beim Dehnen werden bestimmte Muskelgruppen gezielt entspannt. Auf dem Rücken liegend könnt ihr die Bauchmuskulatur dehnen. Umfasst das gestreckte Bein mit beiden Händen und zieht es in Richtung Kopf **[2C]**.

Die Dehnung der Beine erreicht ihr mit einem großen Schritt nach vorn. Das hintere Bein bleibt dabei gestreckt, und der Oberkörper ist nun ganz aufrecht **[2D]**. Verlagert das Gewicht nun langsam nach vorn.

Kräftigen

Mit der folgenden Übung kräftigt ihr die Bauchmuskulatur. Geht dazu in die Rückenlage, winkelt die Beine an und hebt den Oberkörper so weit an, dass ihr die „13.45-Uhr-Haltung" erreicht **[2E]**.

Zur Kräftigung der Rückenmuskulatur legt ihr euch auf den Bauch. Verschränkt die Arme hinter dem Kopf. Versucht jetzt die „14.30-Uhr-Haltung", besser noch die „14.00-Uhr-Haltung" **[2G]** einzunehmen.

Kräftigung der Gesäßmuskulatur: Bleibt in der Rückenlage. Winkelt die Beine an und hebt den Hintern so weit wie möglich vom Boden ab **[2F]**. Die Arme liegen gestreckt neben dem Kopf.

Entspannen

Entspannung schließt das Fitness-Programm ab. Dazu gehören Lockerungsübungen und eine Ruhepause.

F

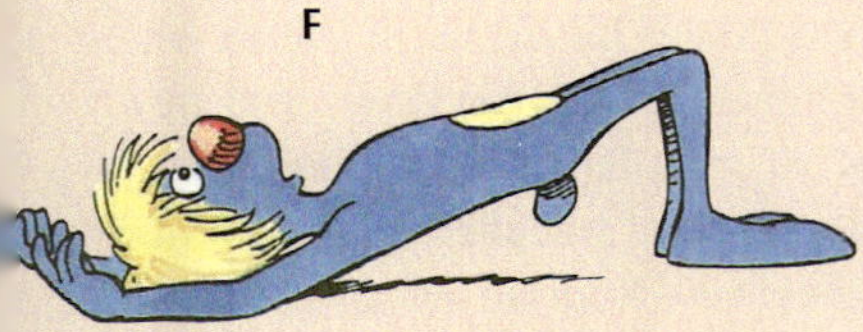

G

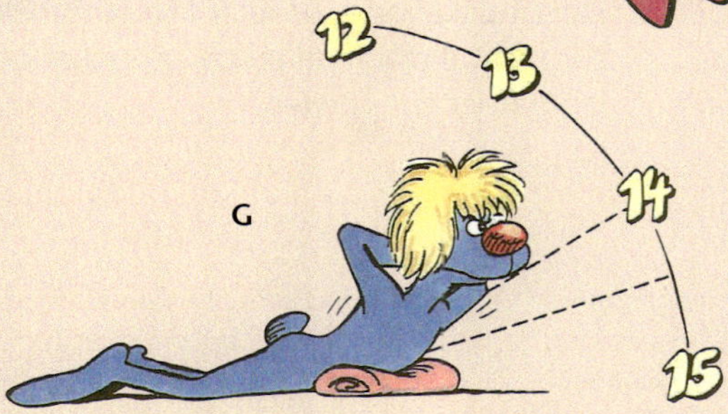

H

Denkmal

❶ Welche Bedeutung hat das Aufwärmen vor einer sportlichen Übung?

❷ Warum gehört eine gesunde Ernährung zu einem leistungsfähigen Körper?

❸ Was ist der Unterschied zwischen einer einseitigen und einer ausgewogenen Ernährung?

❹ Sammelt Spiele für den Schulhof, bei denen man so richtig in Schwung kommt. Beschreibt sie, und veröffentlicht eure Vorschläge als Wandzeitung.

❺ Kranken- oder Gesundheitskassen helfen euch mit mancherlei Ratschlägen weiter. Schreibt doch einfach mal **[1]** und bittet um Tipps zum Essen und Trinken und zu all dem, was euch sonst noch interessiert.

❻ Sammelt Übungen, die besonders für den Rücken eine Wohltat sind. Jeder Sportlehrer und jede Sportlehrerin hilft euch beim Zusammenstellen.

❼ Rezepte für ein gesundes Pausenfrühstück gibt es viele. Stellt sie zu einem kleinen Rezeptebuch zusammen und probiert sie natürlich alle aus.

[6]

Muskeln bewegen uns

Etwa 650 Muskeln umgeben das Skelett des Menschen und halten es aufrecht. Sie formen unseren Körper und führen sämtliche Bewegungen aus.

[1] *Nur mit einer Spezialkamera kann man sehen, wofür das Auge viel zu langsam ist. Auch wenn Bewegungen mühelos und leicht erscheinen, sind sie das Ergebnis einer perfekten Zusammenarbeit von Muskeln, Nerven und Gehirn.*

[2] *Wenn Muskeltraining spielerisch erfolgt, macht es am meisten Spaß.*

Muskeln sorgen dafür, dass wir uns bewegen können. Selbst wenn wir uns scheinbar gar nicht von der Stelle rühren, etwa beim Sitzen oder Stehen, korrigieren bestimmte Muskelgruppen unsere Haltung. Ansonsten würden wir ganz leicht nach hinten fallen oder nach vorn kippen. Ohne Muskeln könnten wir uns untereinander auch gar nicht verständigen. Wenn wir fröhlich oder traurig sind, formen Muskeln den dazu passenden Gesichtsausdruck. Wenn man jedoch weiß, dass allein daran schon 200 verschiedene Muskeln beteiligt sind, kann man sich leicht vorstellen, dass Bewegungen ein hochkompliziertes Zusammenspiel einzelner Muskeln sind.

Bündelweise Fasern

Im Grunde genommen sind **Muskeln** nichts anderes als das, was wir auch als Fleisch bezeichnen. An gekochtem oder gebratenem Fleisch kann man sehr leicht erkennen, dass es aus lauter Fasern besteht.

Jeder Muskel [5] ist aus mehreren **Muskelfaserbündeln** aufgebaut, die in so genanntes Bindegewebe eingebettet sind. Sie liegen alle in der gleichen Richtung nebeneinander. Zwischen den einzelnen Bündeln wird der Muskel von Blutgefäßen und Nervenfasern durchzogen. Jedes Muskelfaserbündel besteht wiederum aus einer Vielzahl von einzelnen Muskelfasern.

Wie Muskeln arbeiten

Arbeitende Muskeln erkennt man daran, dass sie abwechselnd angespannt werden und dann wieder erschlaffen. Das Anspannen der Muskeln kann man fühlen. Sie werden hart und dick. Im entspannten Zustand fühlen sie sich weich an und können seitlich gegen die Knochen verschoben werden. Die Arbeit der **Skelettmuskeln** [4] können wir mit unserem Willen bestimmen. Wenn wir wollen, ziehen sie sich zusammen und bewegen den Körper. Eine solche Beeinflussung ist längst nicht bei allen Muskeln möglich. Beispielsweise können wir unserem **Herzmuskel** oder unserer **Magenmuskulatur** nicht einfach befehlen, schneller oder langsamer zu arbeiten.

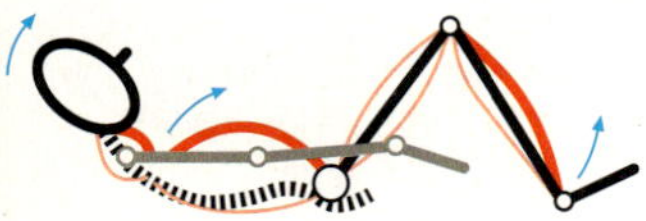

[3]

Projekt-Tipp: Muskeltraining

Erkundigt euch bei eurer Sportlehrerin oder eurem Sportlehrer, beim Trainer im Sportverein, in einem Fitness-Studio oder im Internet nach gezielten Übungen für einzelne Muskelgruppen. Tragt in eine Zeichnung [3] diejenigen Muskeln ein, die bei der entsprechenden Übung besonders gefördert werden und schreibt den Namen der Übung dazu. Ihr könnt aber auch an einfachen Strichzeichnungen selbst die entsprechenden Muskeln einzeichnen.

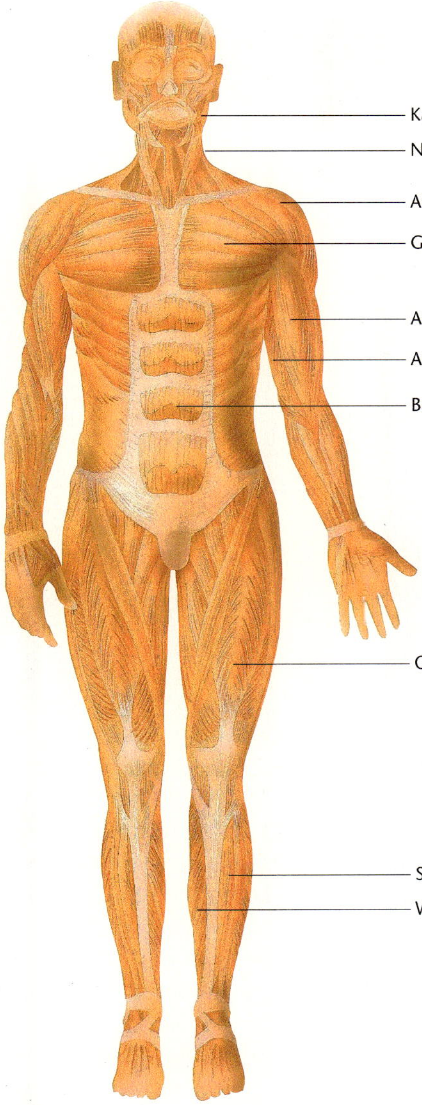

[4] *Die Skelettmuskeln verbinden Knochen und Gelenke, geben dem Skelett festen Halt und formen unseren Körper.*

Training – gezielte Muskelarbeit

Je mehr ein bestimmter Muskel gebraucht wird, desto größer und leistungsfähiger wird er. Werden Muskeln dagegen über längere Zeit, beispielsweise nach einem Beinbruch, nicht beansprucht, baut sich die Muskulatur ab und wird schwächer. Ein gezieltes Kräftigungstraining baut den Muskel wieder auf.

Auch wenn **Aufwärmübungen** zu Beginn der Sportstunde nicht sonderlich beliebt sind, sie sind wichtig und sinnvoll. Die Muskulatur erwärmt sich dabei um etwa 2 °C. Erst dann sind die Muskeln und Sehnen auf Belastungen vorbereitet und können auf plötzliche und ruckartige Bewegungen elastisch reagieren. Aufwärmübungen helfen, Zerrungen und Muskelfaserrisse vermeiden.

Merkmal

▶ Alle Bewegungen unseres Körpers werden durch Muskeln ausgeführt. Aus dem Zusammenspiel von Muskeln, Sehnen und Knochen bringen wir uns in Bewegung. Ein Muskel, der sich zusammenzieht, verkürzt und verdickt sich.

▶ Der Muskel besteht aus mehreren Muskelfaserbündeln, die durch Bindegewebe voneinander getrennt und von der Muskelhaut umgeben sind.

▶ Die Skelettmuskulatur können wir beeinflussen, die Herz- und die Magenmuskulatur nicht.

Denkmal

❶ Ordne die Bauteile eines Muskels vom größten zum kleinsten: Muskelfaserbündel, Muskel, Muskelfaser.

❷ Nenne Beispiele für willentlich beeinflussbare Muskeln und solche, die wir mit unserem Willen nicht beeinflussen können.

❸ Stelle fest, welcher Muskel die Streckung des Unterschenkels bewirkt. Wo liegt er und wie heißt er? Wo liegen Ursprung und Ansatzstelle dieses Muskels?

❹ Erkläre, warum die Aufwärmübungen zu Beginn der Sportstunde oder jeder Form sportlicher Aktivität sinnvoll und wichtig sind.

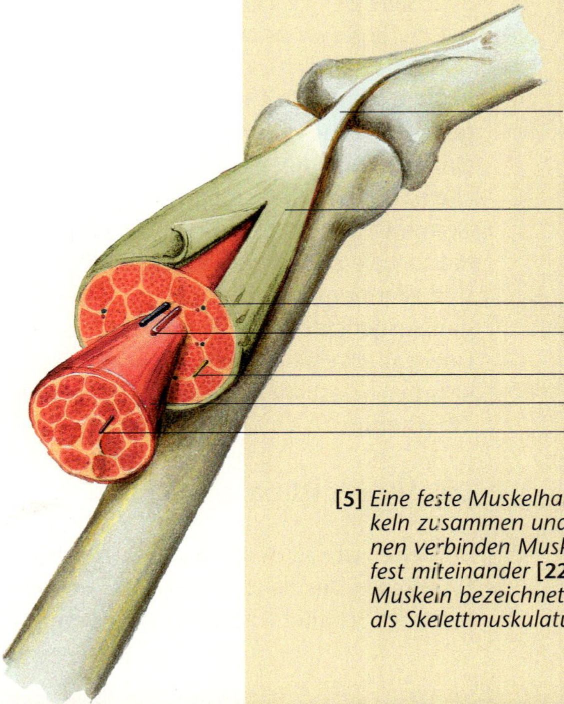

[5] *Eine feste Muskelhaut hält die Muskeln zusammen und schützt sie. Sehnen verbinden Muskeln und Knochen fest miteinander* **[220.4]**. *Solche Muskeln bezeichnet man insgesamt als Skelettmuskulatur* **[4]**.

Viele Knochen – ein Skelett

Die Gesamtheit aller Knochen nennt man Skelett. Es gibt dem Körper Halt und bietet den inneren Organen Schutz.

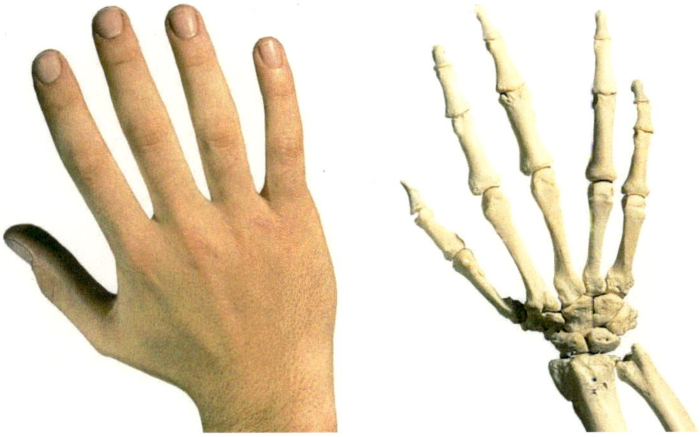

[1] *Haut und Muskeln bedecken das Knochengerüst, das man dennoch weitgehend ertasten kann.*

Beim Umblättern in diesem Buch setzt du ungefähr 54 verschiedene Knochen deiner beiden Hände in Bewegung. Bei den vielen Tausenden Bewegungen, die wir jeden Tag ausführen, spielen die kleinen, aber sehr beweglichen Knochen unserer Hände eine ganz besondere Rolle.

[2] *Der Daumen hat einer Sonderstellung unter den fünf Fingern der Hand. Nur so sind Präzisionsgriffe möglich.*

Hände sind Präzisionswerkzeuge

Ohne den Daumen, den wir der Handfläche gegenüberstellen können, wäre das Umfassen und Heben einer Flasche [2] unmöglich. Vier Finger und der Handballen halten die eine Seite der Flasche. Der Daumen sorgt auf der anderen Seite der Flasche für den nötigen Gegendruck. Beim Öffnen der Flasche halten ein Fingerknochen und der gegenständige Daumen den Verschluss – ein fester und äußerst präziser Griff [2]. Bei allem, was wir auch anpacken, der Daumen ist immer beteiligt. Unsere Füße besitzen genauso viele Knochen wie unsere Hände. Sie sind allerdings weniger auf exakte Bewegungen ausgerichtet. Ihre Aufgabe ist es, das Gewicht unseres Körpers zu tragen. Die Fußknochen selbst wiegen dabei nicht einmal 125 Gramm.

Das Skelett stützt und schützt

Im Gegensatz zu den vielen beweglichen Einzelteilen des Hand- und Fußskeletts besteht der Schädel aus harten Knochenplatten, die fest miteinander verwachsen sind. Sie schützen unser empfindlichstes Organ, das Gehirn, vor Stößen und Verletzungen. Der Schädel sitzt auf der Wirbelsäule, der tragenden Stütze des ganzen **Skeletts** [3]. Ohne sie wäre das aufrechte Gehen schlichtweg unmöglich.

Die Rippen sind immer paarweise angeordnet und mit der Wirbelsäule verbunden. Auf der Bauchseite sind sie fast alle mit dem Brustbein verwachsen. Die Rippen und das Brustbein bilden den Brustkorb. Er schützt die inneren Organe, insbesondere das Herz und die Lungen.

Die flachen Schulterblätter am Rücken und die beiden Schlüsselbeine bilden den Schultergürtel. Er verbindet das Armskelett mit dem Rumpf.

Das untere Ende der Wirbelsäule ist fest mit dem Becken verbunden. Die flachen und schalenförmigen Knochen des Beckengürtels sind ebenfalls fest miteinander verwachsen. Sie schützen in ähnlicher Weise wie der Brustkorb innere Organe und dienen ihnen als Stütze. Gleichzeitig stellt das Becken die Verbindung zum Beinskelett dar.

Arme und Beine bezeichnet man als Gliedmaßen. Sie bestehen aus einer Vielzahl von größeren und kleineren Knochen und sind sehr beweglich.

Solltest du einmal dem Begriff „**Wirbeltiere**" begegnen, sind damit alle Lebewesen gemeint, die wie der Mensch eine Wirbelsäule besitzen.

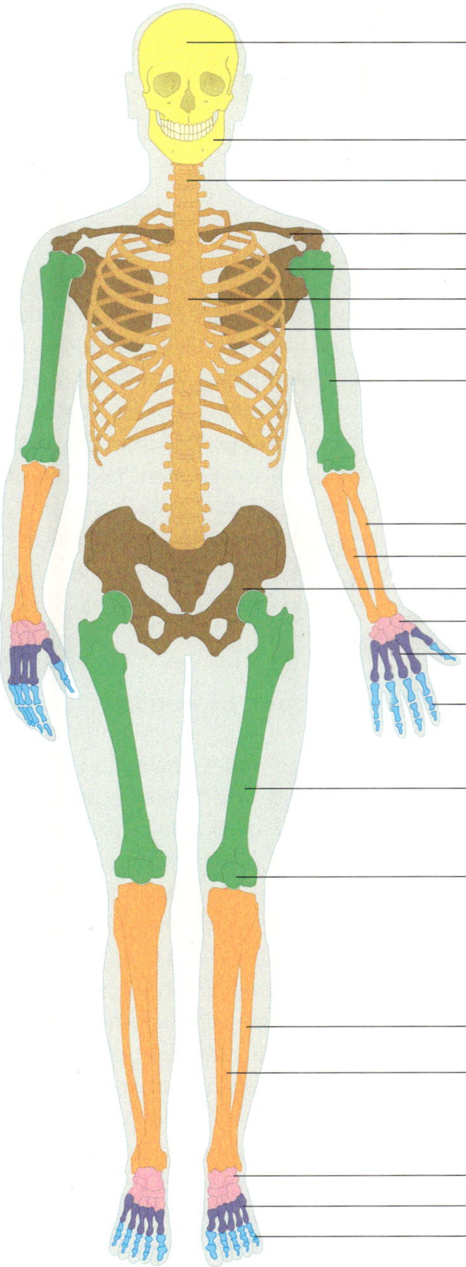

[3] *Die Wirbelsäule ist die Tragsäule unseres Körpers. Mit ihr sind die übrigen Knochen des Skeletts verbunden.*

Merkmal

▶ Das Skelett ist das bewegliche Gerüst unseres Körpers. Es besteht aus mehr als 200 Einzelknochen. Schädel, Brustkorb und der Beckengürtel schützen wichtige innere Organe.

▶ Die Wirbelsäule ist aus einzelnen Wirbeln aufgebaut. Die Wirbelsäule richtet den Rumpf auf. Arme und Beine sind die beweglichen Gliedmaßen, die der Fortbewegung dienen.

Denkmal

❶ Zeichne ein Arm- und Beinskelett. Suche die Übereinstimmungen und die Unterschiede heraus und schreibe sie auf.

❷ Ertaste möglichst viele Knochen deines Körpers und benenne sie mit Hilfe der Abbildung.

❸ Welche Knochen kommen nicht paarweise vor? Schreibe sie auf.

❹ Nenne Beispiele für Knochen, die inneren Organen Schutz bieten.

❺ Was meint der Begriff „Wirbeltier"? Wir Menschen gehören unserem Skelett nach ebenfalls dazu.

❻ Früher wurde als Längenmaß die Elle genommen. Warum nicht die Speiche?

Die Wirbelsäule

Die **Wirbelsäule** muss beinahe Unmögliches leisten: Sie muss stabil sein und beweglich zugleich. Das kann sie nur, weil sie aus vielen Einzelteilen, den **Wirbeln**, zusammengesetzt ist. Die Wirbel – sieben im Hals, zwölf im Brustbereich und fünf in der Lende – können gegeneinander bewegt werden. Wir können uns deshalb bücken und strecken, den Kopf heben und senken, zur Seite neigen und drehen. Die fünf Wirbel im Kreuzbein sind fest miteinander verwachsen. Sie sind die stabile Verbindung zum Becken. Das Steißbein besteht noch einmal aus vier bis fünf verwachsenen Wirbeln. Die Tragsäule des Körpers ist mehrfach gekrümmt. Zwischen den einzelnen Wirbelknochen lagern elastische und dadurch verformbare Polster, die **Bandscheiben**. Sie verhindern, dass sich die Wirbel aneinander reiben, wenn sich die Wirbelsäule biegt. Außerdem können sie Stöße, wie sie beim Laufen, Springen und bei anderen Bewegungen andauernd vorkommen, abfedern. Darüber hinaus schützt die Wirbelsäule das **Rückenmark**.

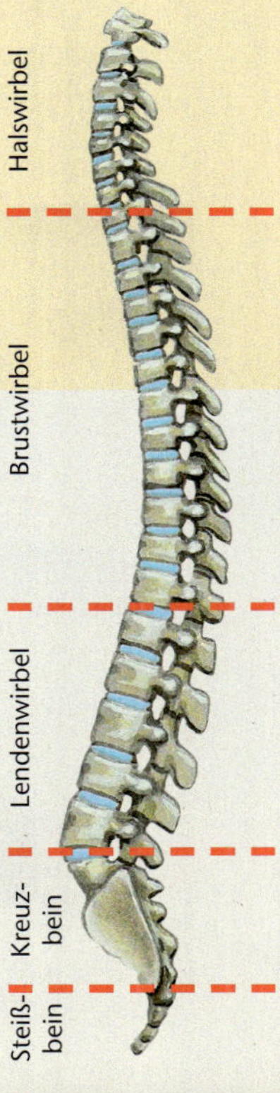

[4] *Die Wirbelsäule kann man sich mit etwas Fantasie als zwei aufeinandergesetzte „S" vorstellen: Doppel-S-Form*

Bewegung ist Teamarbeit

Durch das perfekte Zusammenspiel von Knochen, Bändern, Muskeln und Sehnen sind gleichmäßige und fließende Bewegungen möglich.

[1] *Auch Marionetten werden letztlich durch Muskeln bewegt.*

Marionetten [1] können in unserer Vorstellung durchaus lebendig sein, in Wirklichkeit sind sie es deshalb noch lange nicht. Ein typisches Kennzeichen aller Lebewesen ist es nämlich, sich von allein bewegen zu können, und zwar ohne Fäden.

Gelenke machen gelenkig

Wo sich Knochenteile gegeneinander bewegen können, besitzen wir **Gelenke**. Ohne sie wäre das Skelett starr und jede auch noch so kleine Bewegung unmöglich.

In ihrem Aufbau sind alle Gelenke [5] ähnlich: Ein Knochen ragt mit seinem vorgewölbten Gelenkkopf in eine dazu passende schalenförmige Vertiefung des anderen Knochens – die Gelenkpfanne. Beide Knochenenden sind mit einer Knorpelkappe überzogen. Knorpel ist viel weicher und elastischer als der Knochen. Durch ihn werden Stöße abgefedert und der Druck, der auf den Gelenken lastet, wird schön gleichmäßig verteilt. Knorpel ist außerdem sehr glatt, so dass sich die aufeinander treffenden Knochen ziemlich reibungslos bewegen können. Die Gelenkschmiere im Gelenkspalt zwischen den beiden Knochenenden unterstützt diese Bewegung. Die Gelenkkapsel und die Bänder halten die Knochenenden zusätzlich zusammen.

Muskeln machen beweglich

An den Gelenken findet Bewegung statt [4]. Der eigentliche Motor der Bewegung steckt dagegen in den Fasern jedes einzelnen Muskels. Sie erzeugen die Kraft, durch die Bewegungen erst in Gang kommen. Mit straffen und zähen **Sehnen** ist der Muskel an den Knochen, die bewegt werden sollen, befestigt. Muskeln können sich nur zusammenziehen. Dabei verkürzen sie sich und werden dicker. Kein Muskel kann sich jedoch selbstständig wieder strecken. Dennoch ist es möglich, dass nach einem Klimmzug oder einer anderen Kraft raubenden Betätigung der Oberarmmuskel sich wieder streckt, locker wird und erneut zum Einsatz kommen kann.

[2] *Ganz gleich, welche Bewegungsabläufe wir auch ausführen: Gelenkigkeit, Muskelarbeit, …*

[3] *… Übung und Konzentration gehören immer dazu.*

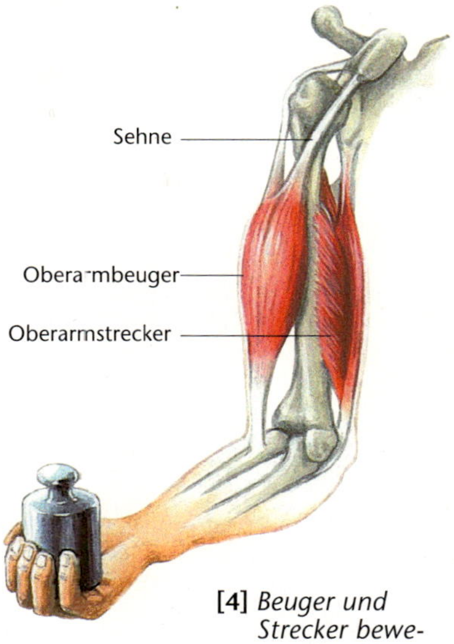

[4] *Beuger und Strecker bewegen den Unterarm.*

Muskeln brauchen einen Gegenspieler

Beim Anwinkeln des Oberarmes [4] zieht sich der Beugemuskel oder Beuger zusammen. Er liegt auf der Vorderseite des Oberarmes und wird durch diese Verkürzung sichtbar fester und dicker. Der Unterarm wird dadurch angehoben. Zum Strecken des Armes wird nun ein zweiter Muskel nötig. Er befindet sich auf der Rückseite des Oberarmes und heißt Streckmuskel oder Strecker. Sobald sich dieser zusammenzieht, wird der Beuger gestreckt. Der Unterarm bewegt sich nach unten. Man sagt deshalb: Beuger und Strecker sind **Gegenspieler**. Wenn sich der eine zusammenzieht und Kraft entfaltet, wird der andere gestreckt und dabei schlaff. Zur Bewegung an einem Gelenk gehören also immer mindestens zwei Muskeln. Dieses Gegenspielerprinzip gilt auch für alle übrigen Bewegungen unseres Körpers.

Merkmal

▶ Durch das Zusammenspiel von Gelenken, Muskeln und Sehnen erlangen wir unsere Beweglichkeit.

▶ An einem Gelenk unterscheidet man Kopf und Pfanne. Über den Gelenkspalt hinweg zieht die Gelenkkapsel, die beide Knochen verbindet. Muskeln sind über Sehnen am Knochen befestigt.

Denkmal

❶ Sicherlich fällt es dir nicht schwer, die Form eines Sattels und einer Kugel zu beschreiben und aufzuzeichnen. Etwas schwieriger ist es schon zu beschreiben, wo Scharniere gebraucht werden und wie sie funktionieren.

❷ Finde ein weiteres Beispiel für ein Kugel- und ein Scharniergelenk.

❸ Erkläre, warum jeweils zwei Muskeln als Gegenspieler bezeichnet werden.

❹ Die Abbildungen [6] – [8] zeigen drei Gelenkarten. Ellbogen, Hüfte und Daumen sind Beispiele dafür.

Projekt-Tipp

Informiert euch über Sportverletzungen an den Gelenken, ihre Ursachen und vorbeugende Maßnahmen. Stellt eure Ergebnisse in einem Merkblatt zusammen.

Gelenkaufbau und Gelenktypen

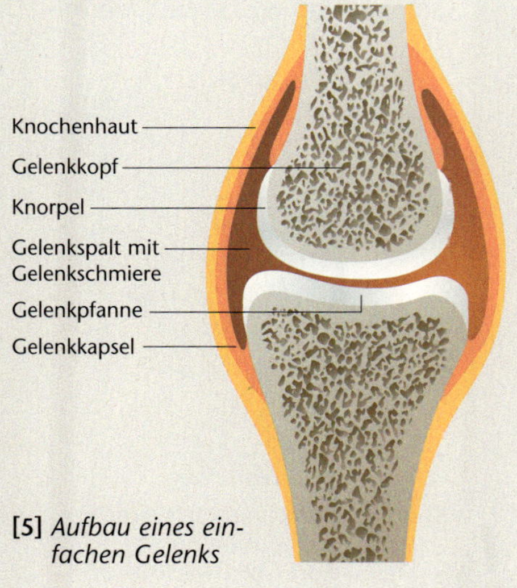

[5] *Aufbau eines einfachen Gelenks*

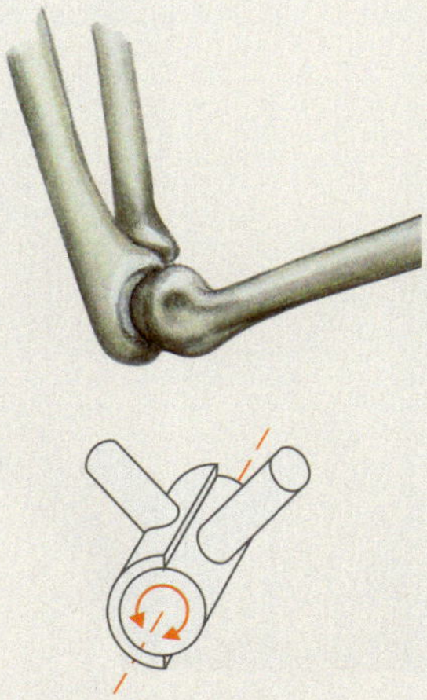

[6] *Scharniergelenk*

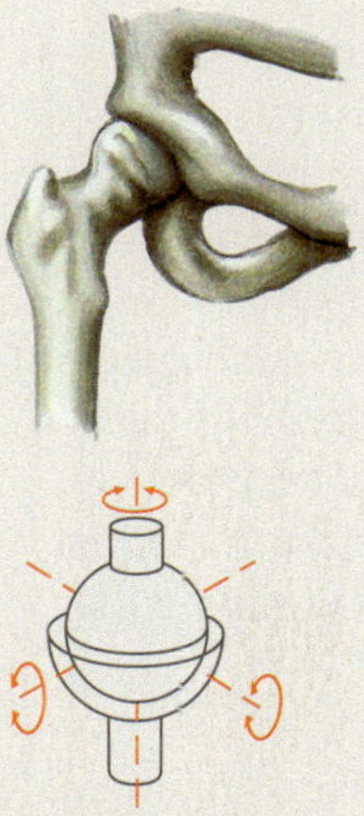

[7] *Kugelgelenk*

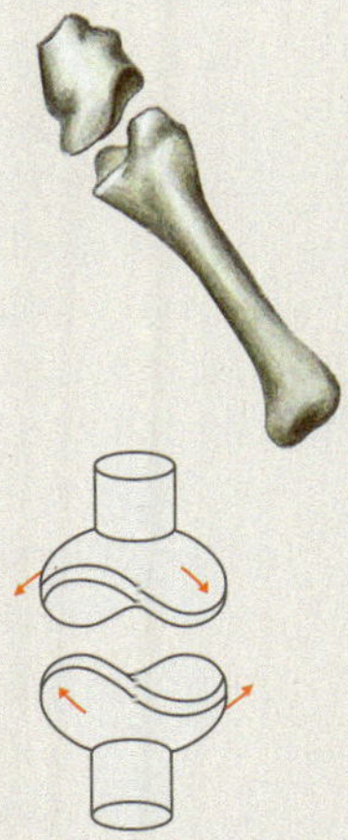

[8] *Sattelgelenk*

Knochenarbeit

„Knochenhart" und „knochentrocken", das sind Wörter, wie wir sie in der Alltagssprache schon einmal gebrauchen. Wir bringen damit zum Ausdruck, dass etwas ganz besonders hart und stabil ist. Wie Knochen wirklich gebaut sind und welche besonderen Eigenschaften sie haben, könnt ihr mit Hilfe der nachfolgenden Aufgaben und Versuche erarbeiten. Damit das Ganze nicht zu einer „Knochenarbeit" wird, ist es sicherlich sinnvoll, wenn ihr die einzelnen Arbeitsbereiche untereinander aufteilt. Jede Gruppe hält ihre Ergebnisse schriftlich fest und stellt ihre Arbeit am Schluss der ganzen Klasse vor. Bilder können dabei hilfreich sein.

[1]

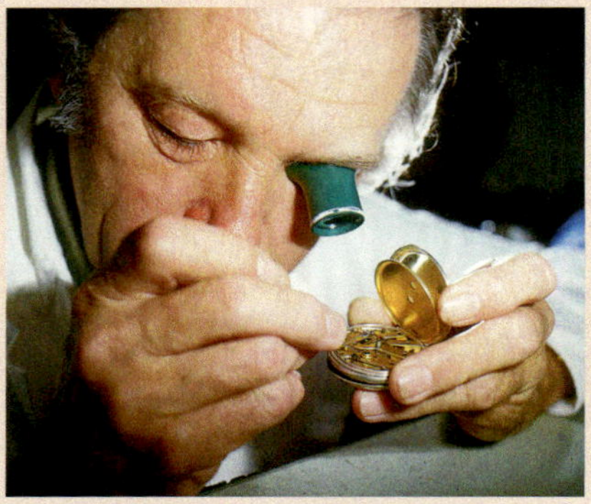

[2] *Solch eine Arbeit ist etwas für Menschen mit Fingerspitzengefühl.*

[4] *Beim einarmigen Handstand müssen Kraft, Ausdauer und Konzentration zusammenkommen – und ganz viel Training.*

Grob oder fein?

Die Hände bestehen aus vielen verschieden großen Knochen [218.1]. Zusammen mit dem besonderen Gelenk des Daumens ermöglichen sie es, dass unsere Hände sehr beweglich sind und vielseitig genutzt werden können. Allerdings packen wir bestimmte Gegenstände ganz unterschiedlich an [218.2]: einmal grob und kräftig, das andere Mal fein und präzise.

1 Nehmt zuerst einen kräftigen Hammer zur Hand und dann einen Bleistift. Beschreibt, wie ihr beide Gegenstände angepackt habt – und schon kennt ihr den Unterschied zwischen dem, was man als **Grob-** bzw. **Feingriff** bezeichnet.

2 Entscheidet, welchen Griff der Reckturner, der Uhrmacher und Obelix gerade anwenden.

3 Haltet alltägliche Griffe, wie zum Beispiel das Öffnen einer Tür, auf Fotos fest und ordnet sie nach Grob- und Feingriff.

Knochenbälkchen und Eiffelturm

4 Betrachtet den Kopf und den Schaft eines aufgesägten Röhrenknochens [3], [5]. Beide Teile haben Gemeinsamkeiten mit technischen Bauwerken. Fertigt hierzu eine Zeichnung an. Beschriftet alle Teile, die ihr erkennen könnt, mit passenden Begriffen. Erklärt, warum man solch einen Knochen auch als **Röhrenknochen** bezeichnet.

5 Viele alte Kirchen, Kellergewölbe, Brücken und auch der weltberühmte Eiffelturm [6] in Paris haben mit dem Bau eines Röhrenknochens entscheidende Gemeinsamkeiten. Beschreibt sie und findet eine Erklärung dafür.

6 Rolle einen dünnen Karton zusammen und wickle ein Gummi-

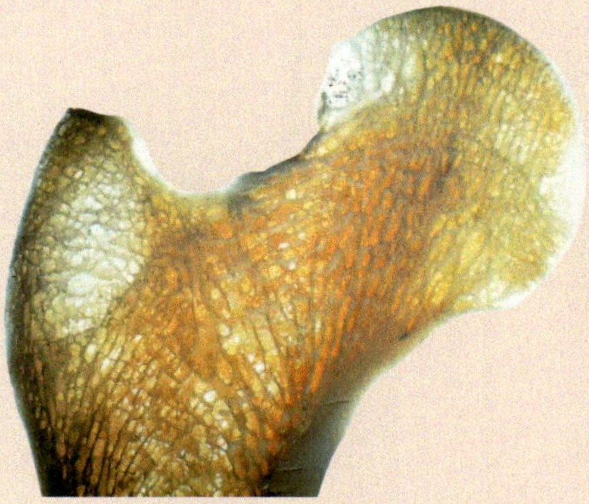

[3] *Trotz seiner vielen feinen Verästelungen trägt der Röhrenknochen selbst die Last eines Personenwagens.*

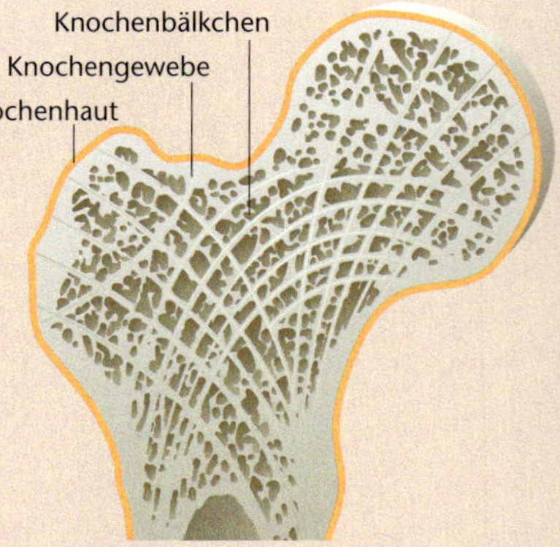

[5] *Im aufgeschnittenen Röhren-Knochen erkennt man im Kopf die Knochenbälkchen besonders gut.*

[6] *Der Eiffelturm in Paris besteht nur aus Stahlstreben, die nach dem Prinzip des Fußgewölbes zusammengesetzt wurden.*

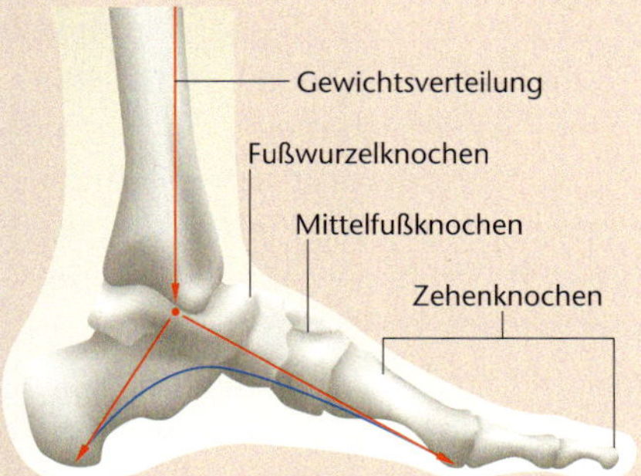

[7] *Die Fußknochen bilden in stabiles Fußgewölbe.*

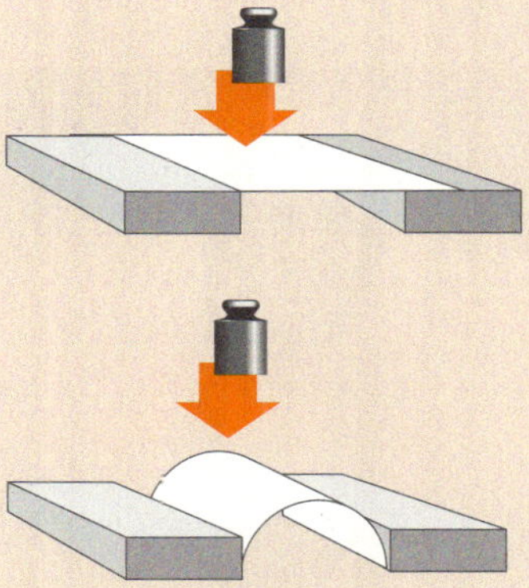

[8] *Ein einfacher, aber anschaulicher Versuch zeigt, wie stabil die Bogenform ist.*

bändchen darum. Lege auf die senkrecht aufgestellte Röhre einen festeren Karton und beschwere ihn mit verschiedenen Gewichten.

Ein Fernsehturm hat Ähnlichkeiten mit der Kartonrolle. Erkläre sie.

7 Bogenstark

Besorgt euch zwei Bücher oder Holzklötze, einen Bogen nicht zu festen Karton und Gewichte. Führt den Versuch so durch, wie er in der Abbildung **[8]** dargestellt ist. Wiederholt den Versuch einige Male mit unterschiedlich schweren Gewichten. Erklärt, was dieser Versuch mit dem Bau eines Fußskeletts **[7]** zu tun hat.

8 ⚠ Der Knochen in Salzsäure

Greift einen abgeschabten Hähnchenknochen, der über Nacht in verdünnter Salzsäure gelegen hat, mit der Tiegelzange und spült ihn sorgfältig mit Wasser ab. Beschreibt nun das Aussehen und die Festigkeit des Knochens. Was ist über Nacht mit dem Knochen geschehen?

9 ⚠ Wirkung von Salzsäure auf verschiedene Stoffe

Stellt drei Glasschälchen mit verdünnter Salzsäure auf den Tageslichtprojektor. Legt in diese Schälchen nacheinander ein Knochenstückchen, ein Stückchen Kalk und ein Holzstückchen. Welche Wirkung hat die Salzsäure auf den Knochen? Was bleibt nach der Behandlung mit Salzsäure vom Knochen noch übrig? Welche Eigenschaften hat der Knochen jetzt?

Protokoll-Tipps

Legt zu den Versuchen 8 und 9 ein Protokoll an und gliedert es in folgende Abschnitte:

- Was soll untersucht werden?
- Welches Material wird benötigt?
- Wie wird der Versuch durchgeführt?
- Was kann beobachtet werden?
- Zu welchem Ergebnis führt der Versuch?

Ist mein Fuß gesund?

Taucht einen Fuß in eine Schüssel mit Wasser. Schüttelt die Tropfen gut ab und drückt dann die Fußsohle auf ein Papierhandtuch. Zeichnet die Umrisse sofort nach und lasst das Papiertuch trocknen. Vergleicht nun mit den abgebildeten Fußabdrücken.

Was für die Finger gut ist, taugt auch für die Füße. Mit etwas Sorgfalt können die Fußabdrücke auch mit Fingerfarben hergestellt werden. Auch feiner, etwas feuchter Sand eignet sich gut für Fußabdrücke.

Beim Gehen, Laufen, Springen und Stehen sind unsere Füße ganz besonders großen Belastungen ausgesetzt. Nur **gesunde Füße [9]** können die Last des Körpers ohne Beschwerden tragen. Die Fußknochen bilden ein Gewölbe, das durch Muskeln und kräftige Bänder gefestigt wird. Barfußlaufen im Sand ist für die Füße eine Wohltat.

Durch Übergewicht, vieles Stehen, falsches Schuhwerk oder durch eine angeborene Schwäche der Bänder und Fußmuskeln wird das Knochengewölbe des Fußskeletts flach. Es entsteht ein **Senk-** oder **Plattfuß [10]**.

Bei einem **Hohlfuß** ist das Fußgewölbe zu stark ausgebildet **[11]**. Fußschäden können schmerzen.

[9]

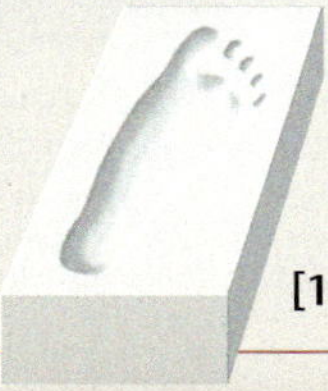

[10]

[11]

Rückenschule

[1] *So ein Sitzball macht Spaß. Er hilft, die richtige Körperhaltung einzunehmen. Mit ihm kann man außerdem eine ganze Menge toller Übungen machen.*

„Setz dich gerade hin!" – „Lieg nicht so auf dem Tisch!" – „Du sollst den Kopf nicht andauernd abstützen. Schließlich meine ich es ja nur gut." Sandra rückt sich missmutig zurecht und seufzt innerlich ganz tief in sich hinein. Wie oft hat sie das schon gehört?

Was der Wirbelsäule alles hilft

Ganz gleich, ob wir stehen, sitzen, uns strecken oder ob wir uns bücken, unsere Wirbelsäule ist bei all diesen Bewegungen ganz schön gefordert. Eigentlich ist das kein Problem für sie. Die Wirbelsäule ist so gut gebaut, dass sie einiges aushalten kann. An jedem einzelnen Wirbel sind Bänder und Sehnen festgewachsen und kreuz und quer verspannt. Sie halten die Wirbel schön an ihrem Platz und sorgen dafür, dass diese nicht verrutschen. Vor allem mit Hilfe der Rücken-, Brust- und Bauchmuskulatur wird die Wirbelsäule aufrecht gehalten und auch bewegt.

Selbst wenn wir uns nicht bewegen, beim Stehen oder Sitzen, leisten die Muskeln ganze Arbeit. Sie halten die Wirbelsäule aufrecht. Sandras „Herumhängen" und Aufstützen des Kopfes ist deshalb so bequem, weil durch diese Haltung die Rücken- und Nackenmuskulatur entlastet wird.

Manches nimmt uns der Rücken einfach krumm

Stundenlanges Sitzen, immer die gleichen Bewegungen und einseitige Belastungen nimmt uns auch der stärkste Rücken krumm. Er protestiert nicht sofort. Erst im Laufe der Zeit signalisieren heftige Schmerzen, dass mit unserem Bewegungsapparat etwas nicht in Ordnung ist.

Bewegungsmuffel, die träge auf dem Sofa liegen, stundenlang herumsitzen und in die Röhre gucken,

[2]

[3] *Sich bewegen heißt auch, dass man sich anstrengen muss. Wie viel Spaß das Toben und Spielen mit Gleichaltrigen macht, wissen die Streetballer schon lange.*

[4] *Schwimmen ist eine besonders geeignete Ausgleichssportart, weil Beine, Gelenke und die Wirbelsäule entlastet werden. Es werden praktisch alle Muskelgruppen trainiert.*

[5] *Gymnastik ist langweilig – auf den ersten Blick vielleicht. Sie tut aber den Gelenken gut, stärkt die Wirbelsäule, macht viel beweglicher und verbessert unsere Geschicklichkeit.*

Gemeinsam macht Sport am meisten Spaß.

verlangen von ihren Muskeln nicht allzu viel. Sie sind auf dem besten Wege, sich mit der Zeit „krank zu sitzen". Regelmäßige und ausgeglichene Bewegungen kräftigen die Muskulatur, und die ist notwendig, damit die Wirbelsäule richtig gehalten werden kann.

Fehlt es an ausreichender Bewegung, so steigt unser Körpergewicht. Unser Bewegungsapparat ist auf Normalgewicht eingerichtet. Übergewicht ist unnötiger Ballast, der zusätzlich auf unseren Knochen lastet und mit herumgeschleppt werden muss.

Schwierig wird es mit der Haltung, wenn wir in die Höhe schießen und unser Wachstum eine rasante Geschwindigkeit erreicht hat. Bei solchen Wachstumsschüben sind die Knochen etwas schneller als die Muskeln. In dieser Zeit haben es die Muskeln besonders schwer, für die richtige und aufrechte Haltung zu sorgen.

Merkmal

▶ Die Wirbelsäule ist die wichtigste Stütze unseres Körpers. Wir können sie durch richtige **Körperhaltung** beim Stehen, Gehen oder Sitzen und durch eine Stärkung der Bauch- und Rückenmuskulatur unterstützen.

Denkmal

❶ Notiere über einen längeren Zeitraum deinen Tagesablauf. Unterscheide dabei zwischen Ruhepausen und Bewegungszeiten.

❷ Informiere dich beim Sportlehrer oder bei der Sportlehrerin über Ausgleichssportarten.

❸ Erkundige dich nach dem Sportangebot an deinem Wohnort. Welche Sportarten werden angeboten, die der Stärkung des Bewegungsapparates besonders gut tun?

❹ Wieso kann die Rücken- und Bauchmuskulatur die Wirbelsäule unterstützen?

❺ Nenne drei Verhaltensweisen, die der Wirbelsäule schaden und drei, die sie unterstützen.

Richtig tragen und sitzen

Es ist nicht gleich, ob wir einen Schulranzen oder einen Rucksack auf dem Rücken tragen oder ob wir eine Mappe unter dem Arm mit uns herumschleppen. Bei der einseitigen Belastung wird die Wirbelsäule [6] ganz unnatürlich verbogen, was mit der Zeit zu einer dauerhaften Schädigung führt. Beim Schulranzen oder Rucksack wird die Last der Schulbücher gleichmäßig auf die Wirbelsäule verteilt. Allerdings sollte das Gewicht deines Schulranzens nicht mehr als ein Zehntel deines Körpergewichts ausmachen.

Flache und niedrige Schul- oder Arbeitstische und ungeeignete Stühle führen dazu, dass wir „mit der Nase" schreiben. Diese Körperhaltung verändert ebenfalls die natürliche Form der Wirbelsäule, und wir krümmen sie zu einem so genannten Rundrücken [7]. Dabei ist es besonders wichtig, die Wirbelsäule möglichst aufrecht zu halten. Was auf den ersten Blick anstrengend und unbequem erscheint, ist für die Wirbelsäule eine Wohltat.

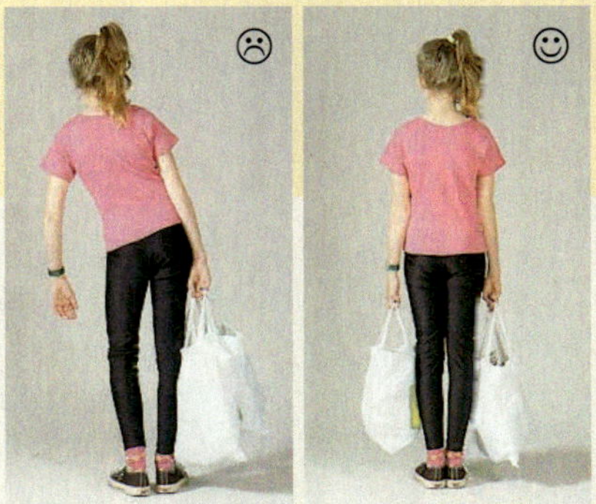

[6] *Falsches (links) und richtiges (rechts) Tragen*

[7] *Falsches und richtiges Sitzen*

Vierbeiner

Vierbeinige Tiere können das Gleichgewicht besser halten als der Mensch, da bei ihnen der Schwerpunkt des Körpers tiefer liegt. Sie können sich unterschiedlich bewegen.

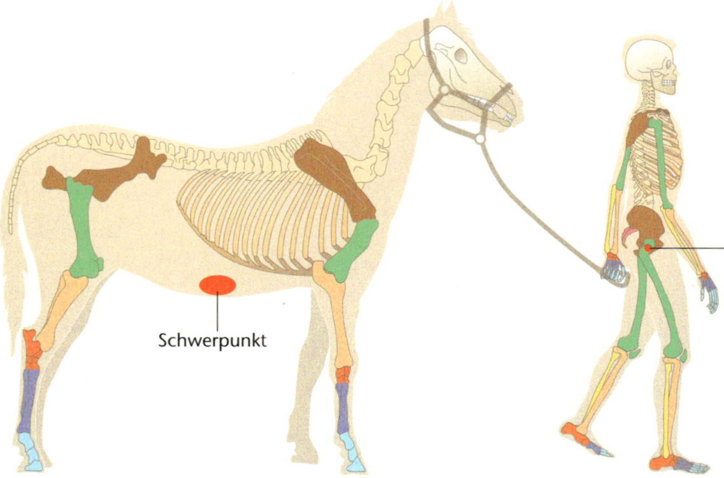

[2] *Die tiefe Lage des Schwerpunkts lässt Vierbeiner sicher stehen.*

[1] *Beim Knöchelgang laufen die Affen auf den Fingerknochen.*

Wir Menschen stehen auf zwei Beinen, das ist einzigartig und unterscheidet uns von den Tieren. Einige können sich zwar auch auf zwei Beinen fortbewegen wie z.B. die Affen, aber nicht ständig und nur über kurze Strecken. Auch wir fangen „vierbeinig" an, wenn wir beginnen, unsere Umwelt zu erkunden, und die ersten Schritte ins Leben müssen richtig geübt werden.

Auf vier Beinen steht man stabiler

Hund, Katze, Maus bewegen sich alle auf vier Beinen. Das gilt für die meisten Säugetiere, vor allem, wenn sie sich auf dem Land fortbewegen. Der Vorteil liegt auf der Hand: Ein Tisch mit vier Beinen steht stabiler als ein dreibeiniger, und zweibeinige Tische gibt es schon gar nicht. Der Rumpf der Pferde beispielsweise ist zwischen vier „Säulen" eingespannt. Dadurch liegt der Schwerpunkt des Körpers **[2]** ziemlich tief. Allerdings ist es in einer solchen Lage schwieriger, den Kopf hoch zu halten. Starke Muskeln und Sehnen im Nacken sind dafür erforderlich. Damit die Eingeweide nicht durchhängen, sind kräftige Bauchmuskeln ausgebildet.

Laufen auf vier Beinen

Stellen wir uns als Zweibeiner das Laufen auf vier Beinen vor, erscheint uns das schwieriger zu sein. Welches Bein muss man zuerst heben und welches folgt dann? Die Beobachtung der Tiere kann uns weiterhelfen: Die meisten Säugetiere laufen im **Kreuzgang**, d. h. sie heben gleichzeitig das rechte hintere und das linke vordere Bein vom Boden und ziehen sie nach vorn. Nach dem Absetzen folgt dann die andere Seite.

Dromedare und Kamele haben eine andere Gangart: Sie heben die beiden Beine einer Seite gleichzeitig an. Damit sie nicht umfallen, müssen sie ihr Gewicht kurzfristig

Geschwindigkeit

[3] *Die Maulwurfsgrille hat Vorderbeine, die aussehen wie die Grabschaufeln des Maulwurfs.*

[4] *Beim Passgang werden gleichzeitig die Beine einer Körperseite bewegt.*

[5] *Die zu Schaufeln umgebildeten Vorderbeine sind ein typisches Merkmal des Maulwurfs.*

auf die andere Seite verlagern. Dadurch erscheint uns dieser so genannte **Passgang** [4] so schaukelnd.

Hände wie Schaufeln

Auch im Boden leben Vierbeiner. Die Beine und Füße bekommen nun noch eine zusätzliche Aufgabe. Sie dienen nicht nur dem Vorwärtskommen sondern müssen auch erst den Weg frei machen. Dazu nimmt man natürlich am besten eine Schaufel. Damit es leichter geht, sollte diese einen möglichst kurzen Stiel haben.

Genau so ist das Vorderbein des Maulwurfs gebaut. Sie ähneln unseren Händen. Die **Schaufelhand** [6] trägt große und kräftige Krallen. Das Vorderbein ist ziemlich kurz, seine Knochen besonders stark. Die Hinterbeine schieben den walzenförmigen Körper mit seinem samtweichen Fell durch die selbst gegrabene Röhre.

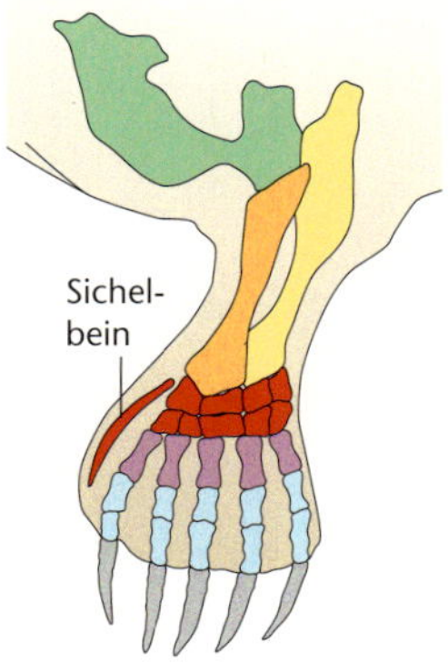

[6] *Der Maulwurf hat Hände wie Baggerschaufeln.*

Merkmal

▶ Vierbeiner können ihr Beine entweder im Kreuz- oder im Passgang bewegen.

▶ Der Bau der Beine und Füße ist eng auf die Fortbewegungsweise abgestimmt.

▶ Beim Maulwurf sind die Vorderbeine wie Grabschaufeln zur Schaufelhand ausgebildet.

Denkmal

❶ Wie heißt die Gangart eines Pferdes und die eines Dromedars?

❷ Wodurch ist der Maulwurf besonders gut an seine unterirdische Lebensweise angepasst?

❸ Versuche Tiere nach ihren Beinen zu ordnen: Zweibeiner, Vierbeiner, Sechsbeiner, Achtbeiner und solche mit mehr als 8 Beinen?

❹ Bewege dich im Kreuzgang und im Passgang fort. Schreibe oder zeichne auf, in welcher Reihenfolge die Beine gesetzt werden.

❺ Im Buch sind mehrere Skelette von Tieren abgebildet. Schreibe auf, mit welchem Teil des Fußes die Tiere auftreten: Sohlengänger, Zehengänger, Zehenspitzengänger?

❻ Stelle ein Wortfeld zu „bewegen" zusammen.

❼ Ordne die Tiere der Abbildung [7] in einer Tabelle nach Zweibeinern, Vierbeiner, nach Säugetieren und Vögeln und innerhalb dieser Gruppen nach der Geschwindigkeit.

❽ Erkundige dich, woher der Name „Maulwurf" kommt.

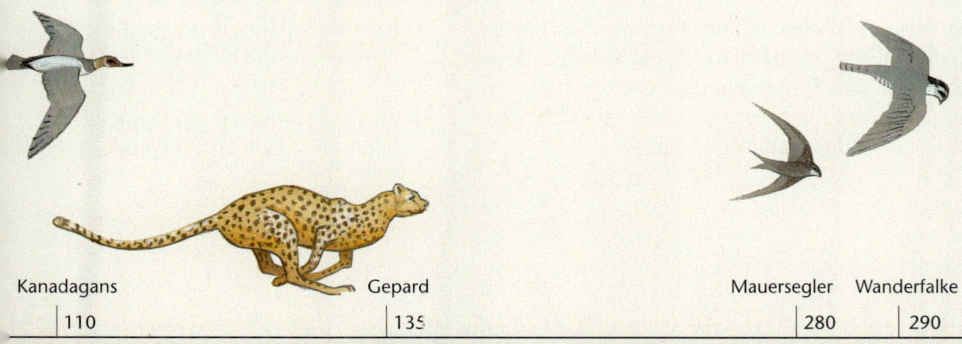

[7] *Bei den Höchstgeschwindigkeiten im Tierreich müssen wir Menschen uns mit einem hinteren Platz begnügen.*

Springen und kriechen

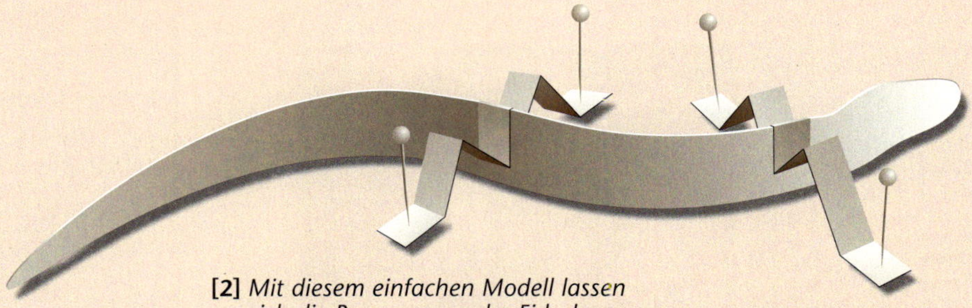

[2] *Mit diesem einfachen Modell lassen sich die Bewegungen der Eidechse gut nachahmen.*

Ein Leben ohne Beine können wir uns nicht vorstellen. Aber eine ganz Reihe von Tieren kommt schneller oder langsamer auch ohne Beine voran.

[1] *Feuersalamander bewegen sich ähnlich fort wie Eidechsen, nur viel langsamer.*

1 Kriechen

Wer schon einmal geritten ist weiß, dass der Rücken eines Pferdes bei jedem Schritt auf und ab geht. Man braucht ganz schön Kondition in den Beinen, um diese Bewegungen abzufangen. Anders bewegen sich Eidechsen fort. Bei ihnen scheint der Bauch fast auf dem Boden zu schleifen und ihr langer Schwanz pendelt von der einen zur anderen Seite. Eidechsen gehören deshalb zu den **Kriechtieren**.

Mit einem einfachen Modell aus Papierstreifen kannst du dir die typische Fortbewegungsweise von Eidechsen [2] veranschaulichen. Schneide aus einem steiferen Papier die Körperumrisse einer Eidechse samt Schwanz aus. Die Beine werden aus einem Papierstreifen gefertigt, den du mit einer Büroklammer am Rumpf befestigst. Damit du das Modell bewegen kannst, steche durch die Füße je eine Stecknadel und bewege das Modell auf einer großen Styroporplatte vorwärts.

[3] *In lockerem Sand hinterlässt diese Klapperschlange ihre Abdrücke.*

Schlangenlinien

Im Gegensatz zu den Eidechsen sind Schlangen bein- und fußlos. Dennoch kommen manche von ihnen rasend schnell voran. Ihr Körper beschreibt die sprichwörtlichen **Schlangenlinien**, weil auch sie eine Wirbelsäule besitzen, die bei der Fortbewegung hin und her pendelt. So können sie sich an Unebenheiten des Bodens abstoßen. Unterstützt wird diese Fortbewegung durch die Rippen, die von Muskeln bewegt werden. Sie drücken von innen auf die großen Bauchschuppen. Diese werden dann bewegt.

Besonders eindrucksvoll sind die in den Wüsten Amerikas vorkommenden Klapperschlangen oder die Hornvipern in Afrika. Sie hinterlassen nicht einmal Schleifspuren im Sand wie die Eidechsen, sondern ihr Körper scheint nur an den Biegungen den Untergrund zu berühren. Das geschieht alles mit den Rippen und den Muskeln.

[4] *Als Ersatz für die fehlenden Beine nehmen Schlangen die Rippen zu Hilfe.*

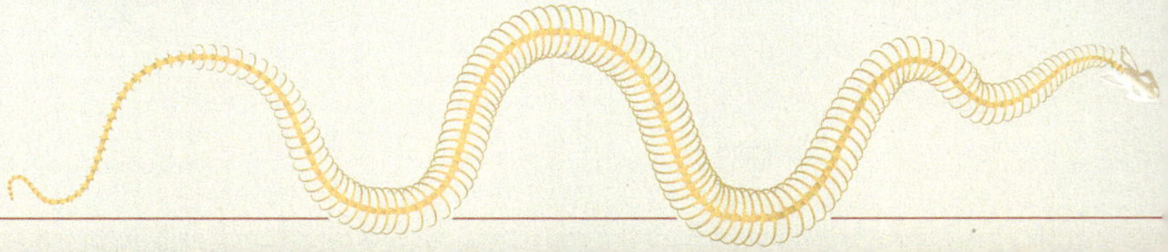

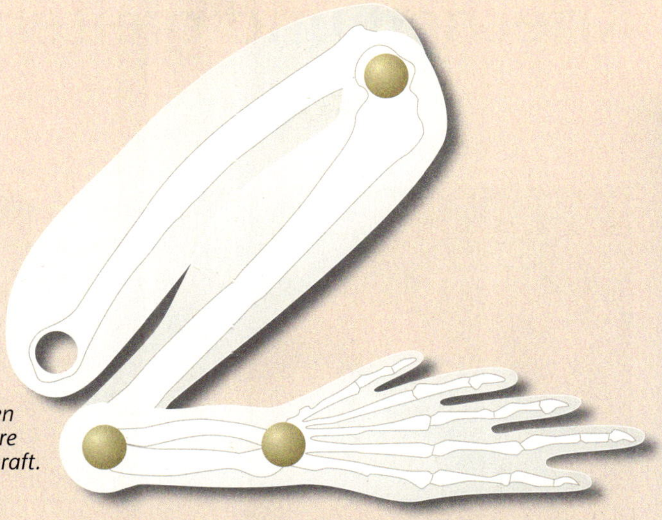

[5] *Sprungbein: Aus diesen Beinen holen Frösche ihre enorme Sprungkraft.*

[8] *Bei einem solchen Sprung kommt die Länge der Hinterbeine besonders zur Geltung.*

2 Springen

Auch wenn wir uns noch so vorsichtig an das Teichufer heranschleichen, hören wir meist nur noch ein „Platsch". Die Frösche haben uns längst bemerkt und sich mit einem gewaltigen Satz in das kühle, schützende Nass gerettet. Schauen wir uns die Hinterbeine einmal genauer an, dann verstehen wir, warum die Frösche so gewaltige Sprünge machen können.

Finde an der Abbildung **[7]** heraus, um wie viel die Hinterbeine eines Frosches länger sind als der Rumpf mit dem Kopf. Vergleiche mit den Abmessungen bei dir.

Vergleiche auch die Anzahl der Gelenke im Hinterbein und -fuß eines Frosches **[8]** mit deinem Bein und Fuß. Ein Modell vom Froschbein, wie es die Abbildung **[5]** zeigt und das du einfach nachbauen kannst, hilft dir bei der Lösung.

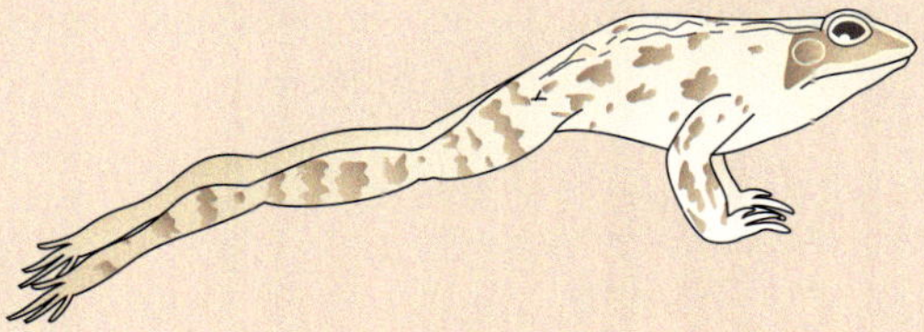

[6] *Wie beim Bocksprung: abstoßen mit den Hinterbeinen, aufkommen auf den „Händen".*

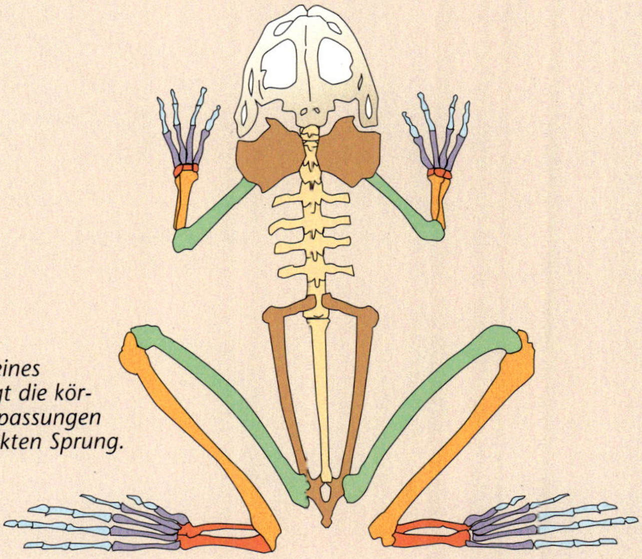

[7] *Das Skelett eines Frosches zeigt die körperlichen Anpassungen an den perfekten Sprung.*

Kriechen und gleiten

Ein Leben ohne Beine können wir uns nicht vorstellen. Schnecken leben zwar auf großem Fuß, aber so richtig laufen sehen wir sie nicht. Regenwürmer haben gar keine Beine, dennoch kommen auch sie ganz flott voran.

[1] *Regenwürmer lockern durch ihre Gänge den Boden.*

Regenwürmer – kriechen in engen Röhren
Wie schaffen es die Würmer, ohne Beine durch die Erde zu kommen? Beobachtungen und Versuche können dir bei der Beantwortung der Frage helfen.

Regenwürmer sind nachtaktiv, deshalb muss man sie abends, bei feuchtem Wetter sammeln. Bewahre sie in einem Regenwurmkasten auf **[134.4]**. Für die Beobachtungen legst du sie in eine feuchte Schale. Da Regenwürmer sehr lichtempfindlich sind, solltest du die Schale zwischen den Versuchen immer abdecken.

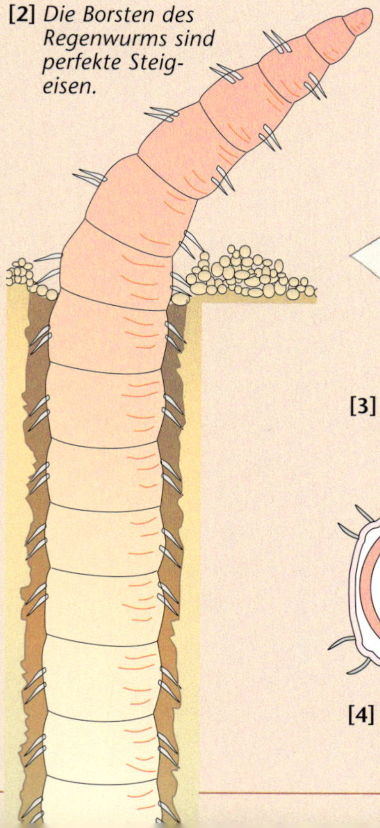

[2] *Die Borsten des Regenwurms sind perfekte Steigeisen.*

1 Unterscheide bei einem Regenwurm vorn und hinten. Die Fortbewegung des Tieres kann dir dabei helfen. Erkennst du noch andere Hinweise?

2 Hat ein Regenwurm eine Bauch- und eine Rückenseite? Drehe dazu einen Wurm auf die Seite, auf der er gerade nicht liegt und beobachte, wie er sich verhält. Kannst du die Ober- und Unterseite auch an anderen Merkmalen unterscheiden?

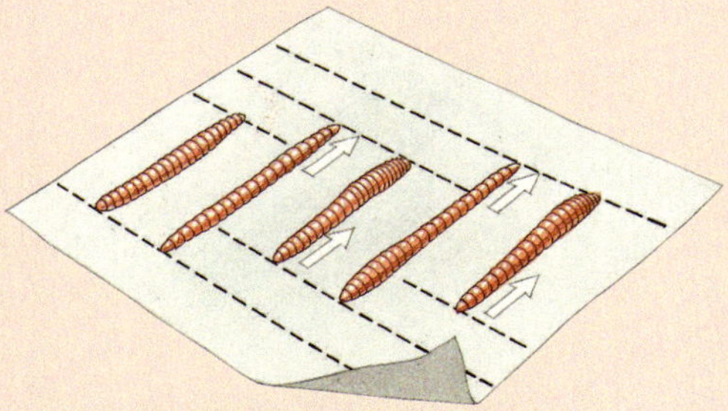

[3] *Bei seinen Bewegungen verändert der Regenwurm fortlaufend seine Form.*

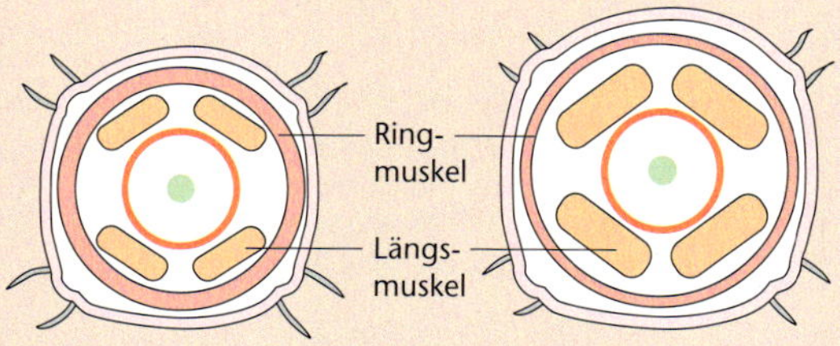

[4] *Durch abwechselndes Zusammenziehen und Erschlaffen kann der Regenwurm sich vorwärtsbewegen.*

3 Beschreibe, wie sich die Gestalt eines Regenwurms verändert, wenn er sich vorwärts bewegt. Der Körper eines Regenwurms enthält viel Flüssigkeit. Versuche zu erklären, was sich in ihm abspielt, wenn er lang und dünn wird.

Als Hilfe kannst du dir eine Zahnpasta-Tube vorstellen. Vielleicht hilft dir auch ein langer Luftballon.

4 Lege den Regenwurm auf ein glattes Papier **[2]** und horch genau hin. Zur Erklärung deiner Feststellung kannst du ihn auf der Bauchseite „streicheln".

5 Drehe aus glattem Papier eine Röhre, so dick wie ein Regenwurm, und lege ein Tier hinein (Vorderende des Wurms oben). Halte die Röhre nun senkrecht. Kannst du dir erklären, wie der Wurm in der senkrechten Röhre hoch kommt?

Diese unterschiedlichen Bewegungsweisen kann der Wurm ohne Beine und Knochen ausführen. Sein Körper ist lediglich von zwei unterschiedlich verlaufenden Muskelschichten **[4]** umhüllt: Einer Ring- und einer Längsmuskulatur **[4]**. In seinem Innern enthält ein Regenwurm, neben den Organen viel Flüssigkeit.

[5] *Fortbewegung in Wellen auf einem Fuß*

[6] *Vorsicht, „scharf"!*

[7] *Weinbergschnecke auf der Glasscheibe.*

Schnecken – gleiten auf der Schleimspur

Schnecken sind ebenfalls nur bei Dunkelheit und feuchter Witterung unterwegs. Für die Untersuchungen eignen sich Weinbergschnecken [7] oder Schnirkelschnecken [8].

6 Setze eine Schnecke auf eine angefeuchtete Glasplatte [5] und warte geduldig, bis sie aus dem Häuschen „quillt" und ihre Kriechsohle ganz ausgestreckt ist. Schaue dir nun die Schnecke von unten an und beschreibe deine Beobachtungen. Kannst du Veränderungen an der Schnecke erkennen. Wie könnte man die Fortbewegung der Schnecke nennen?

7 Lasse eine Schnecke über einen Objektträger kriechen [7] und lege danach einen zweiten Objektträger darauf. Hebe nun den oberen Objektträger langsam hoch. Beschreibe und erkläre deine Beobachtung.

8 Lasse eine Schnecke über verschiedene Unterlagen kriechen: schwarzes Tonpapier, feinkörniges Sandpapier, grobkörniges Sandpapier. Was erkennst du auf dem schwarzen Tonpapier, nachdem es getrocknet ist?

9 Schnecken kommen auch über spitze, scharfe Hindernisse, ohne sich zu verletzen. Spanne eine Rasierklinge (Vorsicht!) [6] zwischen zwei Wäscheklammer ein, so dass sie senkrecht auf dem Tisch steht. Setze nun eine Schnecke so daran, dass sie darüber klettert. Wie sieht die Rasierklinge nachher aus?

[8] *Bei den Schnirkelschnecken gibt es deutliche Unterschiede in den Bändern und der Farbe.*

Pflanzen in Aktion

[1] *Tag- und Nachtstellung von Blattstielen und Blattspreiten der Gartenbohne.*

Wenn der Wind durch eine Baumgruppe fährt oder Wogen über ein Getreidefeld streichen lässt, werden Pflanzen kräftig bewegt. Sonst stehen sie anscheinend ziemlich steif und reglos da. Beim genaueren Hinsehen bemerkt man allerdings, dass sich Pflanzen oder Teile von ihnen auch von selbst bewegen können. Oft stehen solche Bewegungen im Zusammenhang mit Wachsen und Entwickeln.

Wenn Knospenschuppen fallen

Im Frühjahr ergrünen die Laubbäume innerhalb weniger Tage. In Knospen kompakt verpackt, haben sie Blätter und Blüten für die neue Saison sicher über den Winter gebracht. In der wärmenden Frühlingssonne strecken sich die derben Schuppenblätter der Knospen, scheren ein wenig zur Seite aus und setzen die noch unentfalteten Blätter [1] oder Blüten an die Luft. Diese vergrößern sich nun ebenfalls sehr rasch, indem sie viel Wasser aufnehmen. Bei manchen Blättern sind die Knautschfalten noch im Spätsommer zu sehen.

Blätter als Uhrzeiger

Wer nachts mit der Taschenlampe einen Rasen ableuchtet, wird eine erstaunliche Beobachtung machen: Viele Pflanzen sind völlig schlaff, obwohl sie am Nachmittag noch voll im Saft standen. Am nächsten Vormittag sehen sie dagegen wieder normal aus. Der Grund für dieses auffällige Verhalten ist die **Schlafbewegung** der Blätter, die sich im Wechsel von Tag und Nacht wiederholt. Tagsüber sind die Fiederblätter eines Klees flach ausgebreitet, nach Einbruch der Dunkelheit werden sie gefaltet und nach unten geklappt. Auch bei manchen Gartenpflanzen, beispielsweise bei Busch- und Stangenbohnen [1], oder bei Robinien laufen solche Schlafbewegungen ab.

Feste Ladenschlusszeiten

Löwenzahn und Gänseblümchen [3], [4] sehen abends ebenfalls etwas anders aus als tagsüber. Schon in der Dämmerung krümmen sich die äußeren Blüten der Blütenköpfe weit nach innen. Sie schließen somit die „Imbissbude" der Insekten, die sich hier Nektar oder Pollen holen. Auch bei regnerischem Wetter bleiben die Blüten geschlossen. Bei Licht und Trockenheit öffnen sich die Köpfe wieder. Nach der Blüte, zur Zeit der Samen- und Fruchtreife, bleiben die äußeren Hüllblätter längere Zeit geschlossen und biegen erst dann wieder auf, wenn der Blütenkopf zur Pusteblume wird. Alle diese Bewegungen erfolgen durch Änderung des Wasserdrucks in bestimmten Zellen.

[2] *Die Knospenschuppen geben den Weg frei für das noch unentfaltete Laubblatt der Hainbuche.*

[3] *Der Blütenkopf des Gänseblümchens besteht aus zahlreichen Einzelblüten, erscheint aber wie eine Einzelblüte.*

[4] *Abends krümmen sich die Blütenblätter zu einer Halbkugel zusammen.*

[6]

[5] *Die Staubblätter der Berberitze tätscheln ihre Besucher, damit diese nicht ohne eine Ladung Pollen zur nächsten Blüte davon fliegen.*

[7]

[8]

[9]

[7]–[9] *Fangblätter der Venus-Fliegenfalle: Lebensgefährliche Falle für Kleintiere.*

Schlagfertige Staubblätter
Bunte Blumen sind wichtige Proviantstützpunkte von Bienen und Schmetterlingen, denn sie holen sich hier Nahrhaftes. Beim Blütenbesuch beladen sie sich mit Pollen und ermöglichen somit die Bestäubung. Damit die Pollenbefrachtung zuverlässig funktioniert, wenden manche Pflanzen besondere Tricks an. In den Blüten von Berberitzen [5], [6] sind die sechs Staubblätter normalerweise weit nach außen gestreckt. Berührt ein Insekt den Fuß der Staubblätter, klappen diese schlagartig nach innen und bürsten ihren Pollen in den Pelz des Besuchers. Die raschen **Klappbewegungen** kann man auch selbst mit einem Grashalm auslösen, indem man den unteren Teil der Staubblätter berührt.

Venus-Fliegenfalle
Ein besonders eindrucksvolles Beispiel für rasche **Blattbewegungen** ist die Venus-Fliegenfalle [7]–[9], die man in Blumenläden kaufen kann. Sie stammt aus den Sümpfen des südöstlichen Nordamerika. Ihre Nährstoffversorgung bessert sie dadurch auf, dass sie Insekten fängt. Die beiden Blatthälften sind V-förmig aufgestellt. Auf ihrer Mitte stehen drei große Fühlborsten [7]. Wenn ein unvorsichtiges Insekt hier anstößt, klappen die Blatthälften innerhalb einer halben Sekunde zusammen. Die kräftigen Borsten am Blattrand, die wie Käfigstangen ineinander greifen, verhindern jede Flucht. Nun krümmen sich die Blatthälften noch stärker – die Falle wird zum Magen, der das Beutetier verdaut.

Reize weisen die Richtung

Wie kommt es eigentlich, dass die Stängel der Pflanzen immer nach oben streben, die Wurzeln jedoch nach unten und nicht umgekehrt?

[10]

Lege Erbsen oder Bohnen über Nacht in Wasser, so dass sie aufquellen. Stopfe ein paar zerknüllte Papiertaschentücher locker in ein Marmeladenglas. Gib etwa eine Fingerbreite Wasser hinzu, so dass es von unten im Papier hochsteigen kann.

Lege nun die vorgequollenen Samen zwischen Glaswand und Papier. Wenn die Keimlinge ihr erstes grünes Blattpaar und eine deutliche Wurzel zeigen, kannst du sie einzeln mit Stecknadel und Papierstreifen waagerecht auf einer Korkscheibe befestigen [10]. Das so vorbereitete Keimlingsfloß kommt in eine wassergefüllte Petrischale. Die Bauch- oder Rückenlage gefällt den Pflänzchen offenbar überhaupt nicht: Ihr Stängel wird sich bald aufrichten, die Wurzel krümmt sich in das Wasser.

Sie nehmen den **Schwerereiz** der Erdanziehung (Richtung der Schwerkraft) wahr und wachsen so, dass die Wurzel sich zum Erdmittelpunkt und damit in den Boden ausrichtet. Die Spross-Spitze wächst dagegen zum **Lichtreiz** hin und damit genau entgegen der Schwerkraft.

Weiter, schneller, höher

[1] *Die Santa Maria, ein Schiff von CHRISTOPH KOLUMBUS, im Sturm*

Im Laufe von über 200 000 Jahren verbreiteten sich die Menschen von Afrika bis in das heutige Gebiet von China. Dabei besiedelten sie das Land und bewegten sich entlang der Flüsse und im Bereich der der Küsten.

Boote und Schiffe, die ersten Verkehrsmittel

Wasserwege sind die ersten Verkehrswege und Boote die ersten Transportmittel. Mit ausgehöhlten Baumstämmen und mit Flößen fährt der frühe Mensch zum Fischfang und erkundet seine Umgebung. Bootsfahrer entdecken die Kraft des Windes und befestigen ein Segel an ihrem Boot. Nun sind schon größere Reisen möglich. Die Wiederentdeckung Amerikas gelingt CHRISTOPH KOLUMBUS 1492 mit drei Segelschiffen [1].

JAMES WATT stellt 1769 die erste brauchbare Dampfmaschine vor. Diese neue Maschine baut man auch als Antrieb in Schiffe ein, damit diese unabhängig vom Wind fahren können. Die schweren Dampfmaschinen werden im Laufe der Weiterentwicklung durch Dieselmotoren und Gasturbinen ersetzt. Heute kann man, fast unabhängig vom Wetter, mit leistungsfähigen Schiffen die Erde umrunden.

Von der Draisine zum Mountainbike

Der Forstmeister KARL FRIEDRICH DRAIS stellt im Jahre 1813 seine Laufmaschine [3] vor. Sie hat schon Ähnlichkeit mit unseren heutigen Fahrrädern, man muss sich aber mit den Füßen auf dem Boden abstoßen, um vorwärts zu kommen. Gummireifen gibt es auch noch nicht. Erst 1851 wird ein Hochrad [4] gebaut, das eine Tretkurbel und eine Vollgummibereifung hat.

Das Fahrrad wird von vielen Tüftlern immer weiter entwickelt und verbessert. Es erhält Luftreifen, Bremsen, Freilauf, Schaltung, Beleuchtung und Federung und ist trotzdem so preiswert, dass sich viele Menschen ein Fahrrad kaufen können. In einigen Ländern ist das Fahrrad deshalb immer noch das wichtigste Verkehrsmittel. Bei uns kann man unter vielen Modellen auswählen und sich genau das richtige Fahrrad für seine Zwecke aussuchen: Stadtrad, Tourenrad, Mountainbike usw.

Von der Kutsche zum Auto

Wer das Rad erfunden und den ersten Wagen gebaut hat, wissen wir nicht. Auf alten Abbildungen sehen wir aber schon Wagen, die von Pferden gezogen werden [2].

Jahrhundertelang benutzt man auch bei uns als Verkehrsmittel Kutschen, die von Pferden gezogen werden. Sie sind noch ungefedert und unbequem. Für die Pferde muss man unterwegs Futter beschaffen und einen Stall finden. Häufig enden die Reisen auf den unbefestigten Wegen mit dem Bruch eines Rades, und die Kutsche findet sich im Straßengraben wieder.

[2] *Römischer Reisewagen mit 2 PS, vor ca. 2000 Jahren*

[3] *KARL FRIEDRICH DRAIS auf seinem Laufrad, vor fast 200 Jahren*

[4] *Hochradrennen vor 80 Jahren*

[5] *Otto Lilienthal mit seinem Hängegleiter*

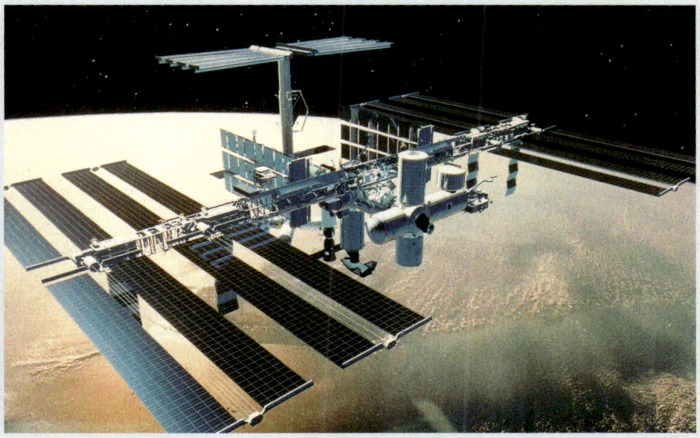

[6] *Die internationale Raumstation ISS*

Nikolaus August Otto entwickelt 1876 einen Motor, der mit Gas betrieben wird. Gottlieb Daimler und Wilhelm Maybach entwickeln den Motor weiter und rüsten ihn mit einer einfachen Zündeinrichtung und einem Vergaser für Benzin aus.

Carl Benz aus Mannheim entwickelt zur gleichen Zeit ebenfalls einen Benzinmotor und baut ihn in eine Kutsche ein. Den ersten motorgetriebenen Wagen stellt er am 3. Juli 1886 der Öffentlichkeit vor. Das erste Auto ist geboren – aber niemand erkennt die Bedeutung der Erfindung! Einige Monate später stellt auch Gottlieb Daimler einen Motorwagen vor. Daimler und Benz haben unabhängig voneinander die gleiche Erfindung gemacht. Erst später, im Jahre 1926, wird die Firma Daimler-Benz gegründet.

In den folgenden Jahrzehnten wird das Auto immer mehr zu einem Massengut entwickelt, und mit ihm verändert sich auch unsere Umwelt. Neue Straßen und Autobahnen werden gebaut und erschließen das ganze Land. Ohne Lastkraftwagen, Omnibusse und Personenkraftwagen ist unser Leben heute nicht mehr denkbar.

Vom Luftgleiter zum Weltraumflug

Wenn wir einen Drachenflieger beobachten, der am Himmel seine Bahnen zieht, scheint der Menschheitstraum vom Fliegen in Erfüllung gegangen zu sein. Von den zahlreichen früher missglückten Versuchen, mit Menschenkraft zu fliegen, ist derjenige des „Schneiders von Ulm" aus dem Jahre 1821 am bekanntesten.

Erst 1896 gelingt Otto Lilienthal [5] der erste Segelflug und 1903 den Brüdern Wright der erste Flug mit einem Motorflugzeug. Charles Lindbergh schafft 1927 den Alleinflug von Amerika nach Europa. Leistungsfähige Maschinen erhalten starke Düsenantriebe und können heute über 500 Personen gleichzeitig mit einer Reisegeschwindigkeit von ungefähr 900 Kilometer pro Stunde befördern. Der regelmäßige und sichere Luftverkehr ist selbstverständlich geworden. Neben dem Flugzeug werden immer wieder auch Sonderformen von Fluggeräten entwickelt und für spezielle Zwecke eingesetzt: Ballon, Segelflugzeug, Zeppelin, Hubschrauber, Rakete usw.

Mit Raketenantrieb fliegt der Russe Juri Gagarin 1961 als erster Mensch in den nahen Weltraum und umrundet die Erde. 1969 landen die Amerikaner Neil Armstrong und Edwin Aldrin als erste Menschen auf dem Mond. Mithilfe von Raumfähren, die Material und Menschen befördern, wird heute eine Raumstation in der Erdumlaufbahn montiert: die International Space Station (ISS) [6]. Auf dieser Station sollen später bis zu sechs Astronauten leben und arbeiten.

[7] *Diesen Stahlradwagen mit Zweizylindermotor konstruierten Gottlieb Daimler und Wilhelm Maybach im Jahre 1889.*

Geschwindigkeit und „100 Sachen“

Schneller ist, wer die gleiche Strecke in der kürzeren Zeit zurücklegt. Schneller ist aber auch, wer in der gleichen Zeit die größere Strecke schafft.

[1] *Schneller ist, wer für die gleiche Strecke weniger Zeit braucht.*

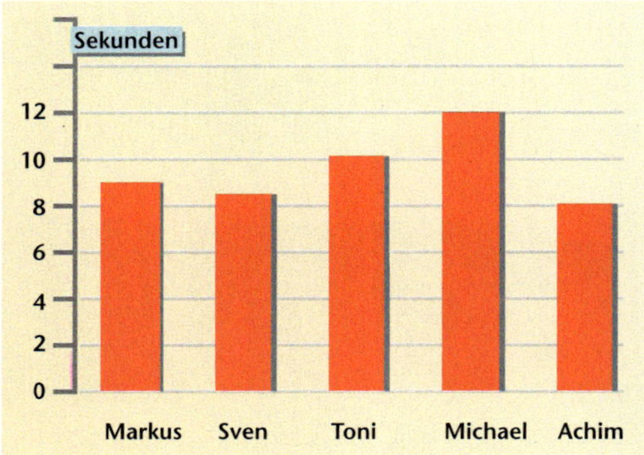

[4] *Laufzeiten verschiedener Schüler für die Strecke von 50 Meter*

Es war nicht anders zu erwarten: Achim lief als Erster über die Ziellinie. „Acht Null, das ist Bestzeit“, freut sich der Sportlehrer. Sven ist sich ganz sicher, dass Achim diesmal mindestens „100 Sachen“ gelaufen ist.

Geschwindigkeit aus Strecke und Zeit

Bei einem Wettlauf ist es leicht herauszufinden, wer am schnellsten ist. Der Sieger braucht am wenigsten Zeit und läuft als erster durchs Ziel. Redewendungen wie „der ist abgezischt wie eine Rakete“ oder „der rennt blitzschnell“ machen deutlich, dass die Bewegungen mit hoher **Geschwindigkeit** ablaufen. Wie schnell jemand tatsächlich ist, kann damit aber nicht ausgedrückt werden. Zur Bestimmung von Geschwindigkeiten müssen zwei Messungen durchgeführt werden. Die zurückgelegte Strecke wird in Metern (m) oder Kilometern (km) angegeben. Die benötigte Zeit misst man in Sekunden (s) oder Stunden (h). Die Geschwindigkeit gibt an, wie viele Meter pro Sekunde (m/s) bzw. wie viele Kilometer pro Stunde (km/h) zurückgelegt wurden.

Für Achims Geschwindigkeit rechnet man das so wie auf dem Zettel [2]. Man sagt auch: Achim hat eine Geschwindigkeit von 6,25 Meter pro Sekunde (6,25 m/s).

Rechenbeispiel:
In 8 s läuft Achim 50 m
In 1 s läuft Achim ? m
In 1 s läuft Achim
50 m : 8 = 6,25 m

[2]

Durchschnittliche Geschwindigkeit

Bei den verschiedensten Fahrzeugen, bei Menschen, bei Tieren und den meisten Dingen, die längere Zeit in Bewegung sind, wird die Geschwindigkeit in der Regel in Kilometer pro Stunde (km/h) angegeben.

Versuche

1 Zur Bestimmung von Geschwindigkeiten braucht ihr eine Messstrecke, deren Länge ihr kennt. Messt mit einem Maßband eine 50 m oder 100 m lange Strecke auf dem Schulgelände aus und markiert den Anfang und das Ende.

Legt eine Tabelle an, die folgende Spalten enthalten soll: Teilnehmer – geschätzte Geschwindigkeit – Strecke – gemessene Zeit – errechnete Geschwindigkeit.

Einige von euch legen die Strecke zu Fuß zurück oder durchfahren sie mit dem Fahrrad. Messt die benötigten Zeiten mit einer Stoppuhr und berechnet die Geschwindigkeit. Das Rechenbeispiel [6] hilft euch dabei.

[3]

Ganz langsam und blitzschnell	
Weinbergschnecke	2 mm/s
Fußgänger	5 km/h
Radfahrer	18 km/h
fallender Regentropfen	32 km/h
100-Meter-Sprinter	36 km/h
Rennpferd	69 km/h
Gepard	120 km/h
ICE	300 km/h
Verkehrsflugzeug	900 km/h
Schall	1 224 km/h
Satellit	11 000 km/h
Erde um die Sonne	107 228 km/h
Licht	300 000 km/s

[5]

Ein Auto, das mit einer gleich bleibenden Geschwindigkeit von 50 km/h unterwegs ist, hätte dann nach einer Stunde 50 Kilometer zurückgelegt. Ein Radfahrer, der in 3 Stunden 54 Kilometer zurückgelegt hat, ist mit einer **durchschnittlichen Geschwindigkeit** von 18 km/h gefahren.

Momentangeschwindgkeit

Jeder Verkehrsteilnehmer weiß, dass man aus Rücksicht und Vorsicht des Öfteren anhalten und wieder anfahren muss, das Tempo verlangsamt und wieder beschleunigt. Geschwindigkeiten ändern sich ständig. Die Geschwindigkeit, die der Tachometer anzeigt, gibt nur an, wie schnell man sich im Augenblick fortbewegt. Man sagt auch: Der Tacho zeigt die **Momentangeschwindigkeit** an.

Merkmal

▶ Zur Bestimmung der Geschwindigkeit misst man die zurückgelegte Strecke und die benötigte Zeit. Man bestimmt so die durchschnittliche Geschwindigkeit.

▶ Die Geschwindigkeit wird in Meter pro Sekunde (m/s) oder Kilometer pro Stunde (km/h) angegeben.

▶ Der Tachometer zeigt die Momentangeschwindigkeit an.

Denkmal

❶ Was muss man messen, um die Geschwindigkeit zu bestimmen?

❷ Wie gibt man die Geschwindigkeit an?

❸ Schau dir die Ergebnisse aus dem Sportunterricht **[4]** an und ordne vom schnellsten zum langsamsten Läufer.

❹ Achim hat eine Geschwindigkeit von 6,25 m/s. Wie schnell ist er in km/h?

❺ Vergleiche die Geschwindigkeiten in der Tabelle **[5]**. Rechne dazu alle Geschwindigkeiten in m/s um.

Rechenbeispiel:

Ein Fahrzeug braucht für die ausgewählte Teststrecke von 100 Metern 5 Sekunden.
In 5 s fährt das Auto 100 m
In 1 s fährt das Auto 100 m : 5 = 20 m
Seine Geschwindigkeit beträgt 20 m/s
In 3 600 s fährt das Auto 3 600 · 20 m = 72 000 m
In 1 h fährt das Auto 72 km
Seine Geschwindigkeit beträgt 72 km/h

1 Stunde hat 3 600 Sekunden

1 Kilometer hat 1000 Meter

[6]

2 Falls es in der Nähe eurer Schule eine Landstraße gibt, zu der parallel ein Feldweg läuft, könnt ihr als Messstrecke auch den Abstand zwischen zwei Leitpfosten nehmen, das sind normalerweise 50 m.

Wie in Versuch 1 könnt ihr die Geschwindigkeiten von Schülerinnen und Schülern auf dem Feldweg bestimmen. Beobachtet vom Feldweg aus auch Verkehrsteilnehmer auf der Landstraße und bestimmt deren Geschwindigkeit.

Rechtzeitig anhalten können

Anhalten ist mehr als nur die Bremse betätigen. Wer sicher fahren will, muss Geschwindigkeiten einschätzen können und über den Anhalteweg und den Straßenzustand Bescheid wissen.

Mit deinem Fahrrad hast du vielleicht schon eine gefährliche Situation erlebt: Du musstest plötzlich bremsen, um einen Unfall zu vermeiden.

Anhalten heißt schnell reagieren und gut bremsen können

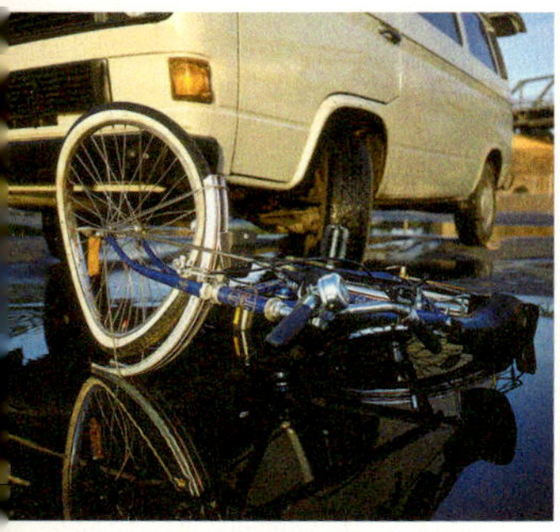

[1] *Falsches Einschätzen von Verkehrssituationen und die Folgen*

Es ist unmöglich das Rad aus voller Fahrt plötzlich zum Stehen zu bringen, selbst wenn die Bremsen tadellos funktionieren. Was erst einmal in Fahrt ist, muss mit ziemlichem Aufwand zum Stehen gebracht werden. Sobald der Radfahrer die Gefahr erkennt, wird er bremsen. Jeder Mensch braucht aber etwas Zeit, um auf eine gefährliche Situation reagieren zu können. Während dieser **Reaktionszeit** fährt er mit unverminderter Geschwindigkeit weiter und legt noch einige Meter zurück, den **Reaktionsweg.** Erst jetzt beginnt er zu bremsen und braucht noch einmal einige Meter, den **Bremsweg**, bis er zum Stillstand kommt.

Straße ist nicht gleich Straße

Auch wenn man schnell reagiert, nicht zu schnell fährt und gute Bremsen und ein ordentliches Reifenprofil hat, spielt die Straße selbst eine wichtige Rolle. Der Bremsweg wird länger, wenn die Straße nass, mit Laub bedeckt oder mit Erde verschmutzt ist. Dann ist die Reibung zwischen den Reifen und der Straße so gering, dass man leicht ins Rutschen kommt. Sandkörner oder Rollsplitt wirken wie winzige Rollen unter den Reifen. Die Reibung zwischen den Reifen und der Fahrbahn ist dann besonders gering.

Äußerst lang wird der Bremsweg, wenn die Straße mit Öl verschmutzt ist oder gar bei Glatteis. Auch beim Anfahren oder Beschleunigen muss die Reibung zwischen den Reifen und der Fahrbahn hoch sein, wenn die Räder nicht durchdrehen oder gar wegrutschen sollen.

Bremsen mit Reibung

Geradezu lebensgefährlich ist es, wenn man sich ohne gut funktionierende Bremsen auf ein Fahrrad setzt. Es gibt zu viele Situationen, in denen man langsamer fahren oder plötzlich bremsen muss. Kein Fahrzeug kann schlagartig anhalten. Die Bremsen bringen es erst allmählich zum Stehen.

Die Bremsklötze des Fahrrades werden mit dem Bremsgriff am Lenker betätigt [5]. Über den Seilzug werden sie mit hohem

[3]

Versuch

Bereitet auf dem Schulhof unterschiedliche „Straßenbeläge“ vor [2] oder sucht euch in der Nähe der Schule einen passenden Versuchsort aus, z. B. den Sportplatz.

Fahrt mit etwa gleicher, keinesfalls aber zu hoher Geschwindigkeit auf die Versuchsfelder zu. Bei einer für den Fahrer nicht sichtbaren Markierung wird mit einer Klappe ein Knall erzeugt. Das ist das Signal, dass er mit dem Bremsen beginnen muss. Messt den Reaktionsweg, den Bremsweg und den Anhalteweg auf den verschiedenen „Straßenbelägen“. Notiert die Messwerte im Protokoll [3] und vergleicht sie.

[2]

[4] *Nicht immer ist Reibung erwünscht. Beim Eisstockschießen soll sie möglichst klein sein.*

Druck auf die Felge gepresst. Die Felge und die Bremsklötze reiben nun aneinander. Dabei entsteht die Bremswirkung durch Reibung. Wenn man behutsam bremst, ist die Reibung am Anfang noch gering. Sie wird mit zunehmendem Druck der Bremsklötze auf die Felgen größer. Die Geschwindigkeit des Rades verringert sich, bis es steht.

Die Bremswirkung darf aber nicht so groß sein, dass die Räder blockieren und auf der Straße rutschen. Dann ist die Reibung zwischen den Reifen und der Straße so gering, dass man fast keine Bremswirkung spürt.

Anhalteweg = Reaktionsweg + Bremsweg

Der **Anhalteweg** setzt sich aus dem Reaktionsweg und dem Bremsweg zusammen [6]. Während der Reaktionszeit fährt ein Fahrzeug ungebremst weiter. Diese Strecke nennt man Reaktionsweg. Wenn die Bremse zu wirken beginnt, rollt das Fahrzeug noch weiter. Diese Strecke nennt man Bremsweg. Seine Länge hängt von der Geschwindigkeit, dem Straßenzustand und dem Reifenprofil ab.

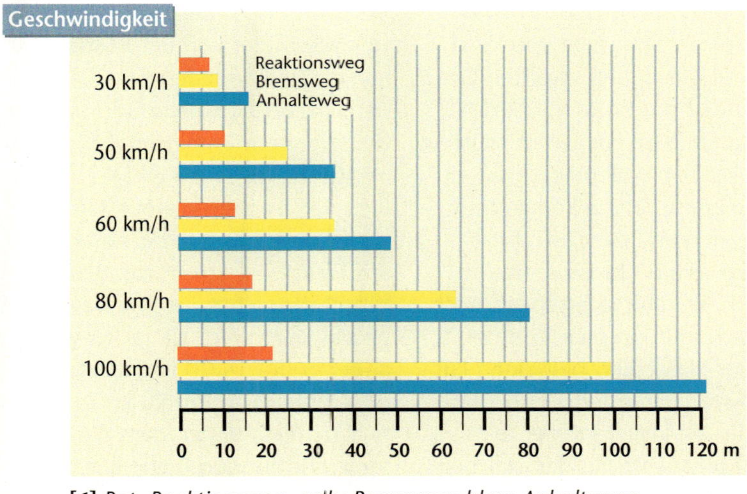

[6] *Rot: Reaktionsweg; gelb: Bremsweg; blau: Anhalteweg*

Merkmal

▶ Je höher die Geschwindigkeit ist, desto länger wird der Anhalteweg.

▶ Der Bremsweg ist abhängig von den Bremsen, der Geschwindigkeit und dem Zustand der Straße.

▶ Anhalteweg = Reaktionsweg + Bremsweg

▶ Die Reibung zwischen Reifen und Fahrbahn ist groß bei trockener und sauberer Straße. Sie ist klein bei Glatteis und verschmutzter, feuchter Straße.

[5]

Denkmal

❶ Der Anhalteweg ist länger als der Bremsweg. Wie kann man das erklären?

❷ Bei welchen Straßenoberflächen ist das Bremsen schwierig und der Anhalteweg lang? Begründe deine Antwort.

❸ Wenn beim Bremsen die Räder blockieren und über die Straße rutschen, wie ist dann die Bremswirkung?

❹ Schaue dir das Diagramm [6] mit den unterschiedlichen Bremswegen bei verschiedenen Geschwindigkeiten an. Kann man einen Zusammenhang zwischen der Geschwindigkeit und dem Anhalteweg erkennen?

❺ Aus welchen Gründen kann sich der Reaktionsweg stark verlängern?

❻ Informiere dich über Unfälle, an denen Fahrradfahrer beteiligt waren. Was waren die Hauptursachen?

Der Weg ins Freibad

Das Wetter zeigt sich von seiner besten Seite. Was liegt also näher, als den Tag mit Freunden im Freibad zu verbringen?

„Abgemacht! Wir treffen uns wie immer am Eingang."

[2] *Radeln macht durstig.*

[1] *Startklar für die Fahrt ins Freibad!*

Steffen startet pünktlich um 14.00 Uhr. Er hat es nicht besonders eilig und fährt deshalb ganz gemütlich. Sein Fahrrad-Tacho zeigt gerade einmal 20 km/h. Er ist sich sicher, dass er die drei Kilometer in wenigen Minuten schafft und pünktlich am Treffpunkt ankommen wird.

Hans geht schon in die 7. Klasse. Er wohnt im Nachbarhaus auf der anderen Straßenseite. Im Frühjahr hat er von seinem Patenonkel ein neues Fahrrad geschenkt bekommen – ein toller Flitzer und Steffens ganzer Stolz. „Bis gleich!", ruft er Hans über die Straße zu und fährt los. Er legt gleich den zwölften Gang ein und düst mit flotten 30 km/h Richtung Freibad. Für ihn ist es keine Frage: Wer sich ordentlich ins Zeug legt und kräftig in die Pedale tritt, kommt auch als Erster an. Unterwegs legt er am Kiosk eine kleine Pause ein. Er kauft sich schnell noch eine Limo, trifft ein paar Kumpels aus seiner Klasse und hält einen kurzen Schwatz mit ihnen. „Die 5 Minuten hol ich locker wieder rein", denkt er und fährt mit der gleichen Geschwindigkeit weiter.

Anja und Kerstin wohnen im selben Haus wie Steffen und machen sich zur selben Zeit auf den Weg wie Steffen und Hans. Die beiden Mädchen sind dicke Freundinnen. Sie unternehmen viel gemeinsam und haben sich ständig die längsten Geschichten zu erzählen. Deshalb brauchen sie für die 500 Meter bis zur Bushaltestelle ganze 10 Minuten. Sie kommen gerade noch rechtzeitig zum Bus. Der Bus bringt sie nun mit einer durchschnittlichen Geschwindigkeit von 40 km/h ihrem Ziel näher. Die letzten 500 Meter von der Bushaltestelle zum Freibad legen sich die beiden mächtig ins Zeug und schaffen die Strecke in immerhin 4 Minuten.

Katti hat es um einiges weiter. Sie muss immerhin vier Kilometer hinter sich bringen, bis sie endlich am Treffpunkt ankommt. Aber das macht ihr nichts aus. Irgendwie hat sie die Ruhe weg. Sie radelt wie die anderen um 14.00 Uhr los, fährt ganz gemütlich mit 20 km/h und ist sich ziemlich sicher, dass die anderen nicht unnötig lange auf sie warten müssen.

[3] *Busfahren ist unterhaltsam.*

[4]

	Steffen	Hans	Anja u. Kerstin	Katti
Verkehrsmittel	Fahrrad			
Strecke (Weglänge)	3000 m			
Geschwindigkeit	20 km/h			
benötigte Zeit				
Zeit für Fußwege	keine			
Zeit für Pausen	keine			
Gesamtzeit				
Start um	14.00 Uhr			
Ankunft um				

Tempo-Detektive brauchen keine Lupe für die Spurensuche. Ein paar Rechenhilfen reichen da völlig aus.

Bei einer Geschwindigkeit von 20 km/h braucht man für eine Strecke von 100 m immerhin 18 s

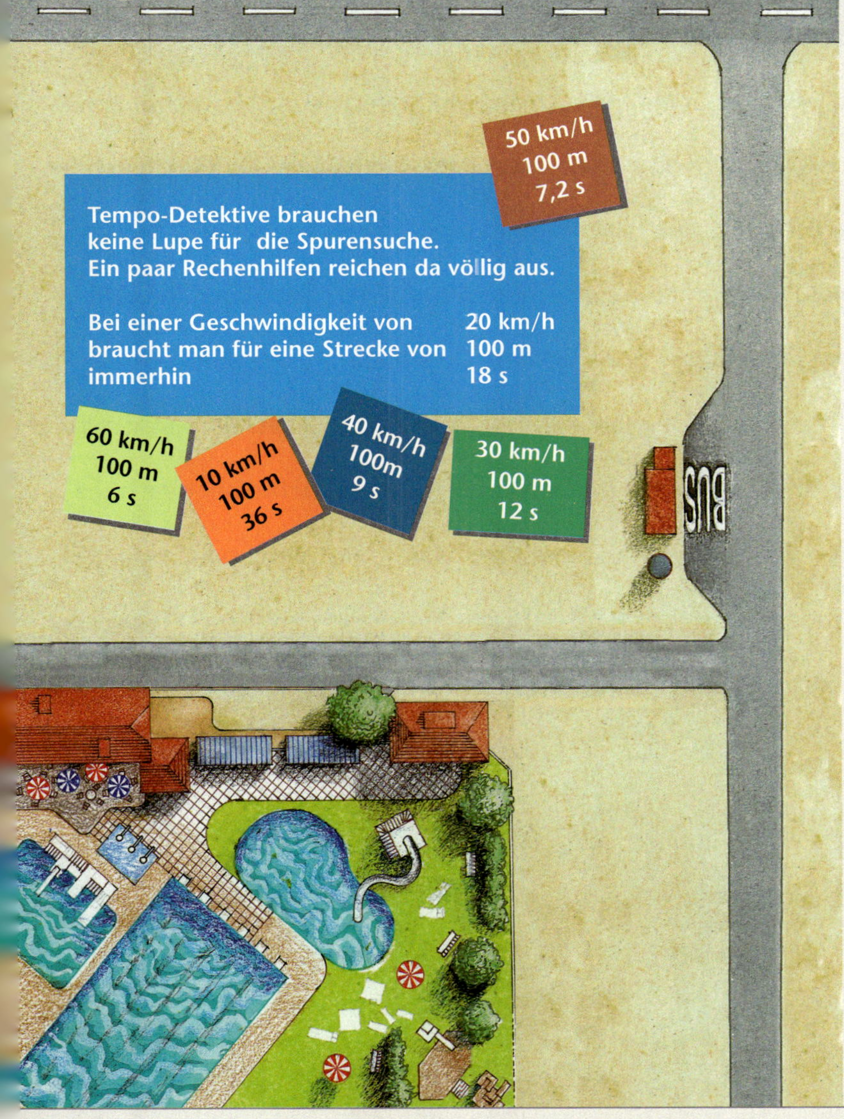

1 Übertrage die Tabelle [4] in dein Heft. Lies die Geschichte noch einmal durch und ergänze die Tabelle.

a) Wie lange sind Hans, Steffen, Anja, Kerstin und Katti jeweils unterwegs?
b) Um welche Uhrzeit treffen sie jeweils im Freibad ein?
c) In welcher Reihenfolge treffen sie nacheinander im Freibad ein?
d) Katti und Steffen fahren mit derselben Geschwindigkeit. Trotzdem kommt Katti später an. Woran liegt das? Formuliere einen Je-desto-Satz, in dem die Begriffe „Strecke" und „Zeit" vorkommen. Fange den Satz so an: „Bei gleicher Geschwindigkeit gilt: Je länger die Strecke ist, … benötigt man".

2 Fertige ein Poster an, das den Zusammenhang von Reaktionsweg, Bremsweg und Anhalteweg übersichtlich zeigt. Unter welchen Umständen ist der Anhalteweg besonders lang und wann besonders kurz?

3 Informiere dich im Fahrradgeschäft über die verschiedenen Arten von Reifen. Erstelle eine Tabelle:

a) Wann setzt man welchen Reifentyp ein?
b) Frage nach den Gründen dafür und schreibe sie zu den Reifentypen.

4 Vergleiche in einer Tabelle die Höchstgeschwindigkeit von Fahrzeugen und mit der von Tieren. Der Vergleich ist sehr problematisch. Was muss man bei diesem Vergleich unbedingt beachten?

5 Sportler sind meist nur in einer Disziplin gut. Sie haben ein spezielles Trainingsprogramm, mit dem sie ganz bestimmte körperliche Leistungen steigern wollen.

Suche dir zehn unterschiedliche Sportarten aus. Zeichne in Strichmännchen diejenigen Muskeln ein, die bei der entsprechenden Sportart besonders beansprucht werden. Überprüfe deine Zeichnung, indem du die Sportart nachahmst.

6 Beobachte Bewegungen bei Menschen oder Tieren. Suche dir selbst ein Beispiel aus: Fahrradfahrer, Stabhochspringer, Fußballspieler, Pferd usw. Stelle mithilfe eines einfachen Modells aus Pappe den Bewegungsablauf dar.

7 Wirbeltiere mit vier Beinen bewegen sich ganz unterschiedlich fort: Es gibt schnelle Renner, weite Springer und gute Kletterer.

a) Suche zu jedem Typ einige Beispiele und beschreibe, welche Besonderheiten an den Beinen und Füßen zu erkennen sind.
b) Wähle zu jedem Typ eine Tierart. Erstelle einen Steckbrief zu dieser Tierart und bastle ein Modell, das die besondere Leistungsfähigkeit zeigt.

Sobald der geliebte Teddybär und beste Freund vergangener Kindertage ziemlich achtlos liegen bleibt und die Clique für uns immer wichtiger wird, sind das deutliche Anzeichen dafür, dass wir gerade einen bedeutenden Entwicklungsschritt vollziehen. Ganz allmählich verlassen wir dabei die Geborgenheit unseres Kinderzimmers. Nach einem festgelegten Entwicklungsplan verändert sich in dieser Zeit nicht nur unser Körper, sondern auch das Seelenleben. Wir müssen uns erst einen Reim auf den „neuen" Körper machen und mit den Veränderungen vertraut werden. Vieles, was wir jetzt erleben, passiert im Kopf oder man fühlt es einfach aus dem Bauch heraus. Wir haben andere Einstellungen als früher, meistens auch andere Interessen, und Erwachsene werden nicht mehr widerspruchslos als Vorbilder gesehen. Obwohl wir als Mädchen oder Jungen geboren werden und alles ganz klar und eindeutig zu sein scheint, braucht es viel Zeit, bis wir schließlich die Geschlechterrolle als Frau oder Mann im Laufe unseres Heranwachsens erlernt haben werden. Gegenseitige Zuneigung, Wertschätzung und das Gefühl der Liebe ist dabei eigentlich gar nichts Neues. Wir kennen das ja schon seit frühester Kindheit, als die Eltern, Oma und Opa, die Geschwister oder aber die Spielkameraden unsere wichtigsten Bezugspersonen waren. Heimliche oder zaghafte Schwärmereien für das andere Geschlecht und das erste zumeist unsterbliche Verliebtsein sind von nun an ein deutliches Zeichen für das Erwachen unserer Sexualität.

10 Sich ent

wickeln

Wir entwickeln uns ein Leben lang

7

1

4

2

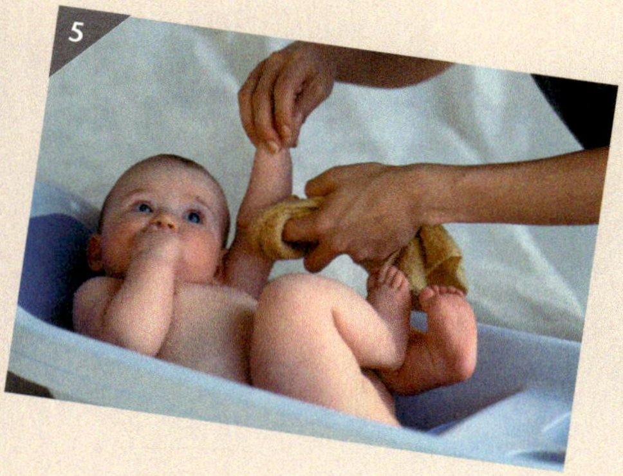

5

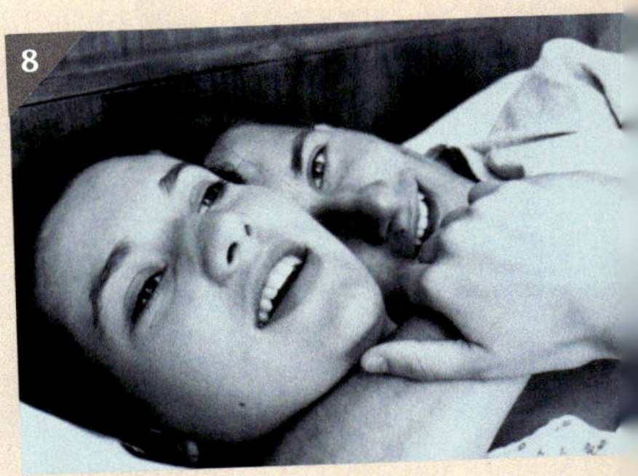

8

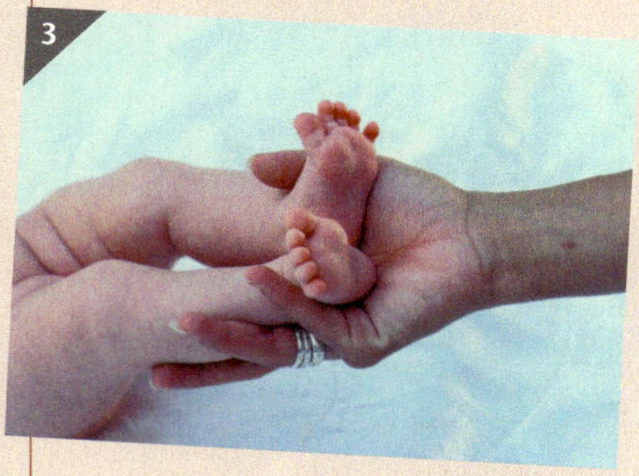

3

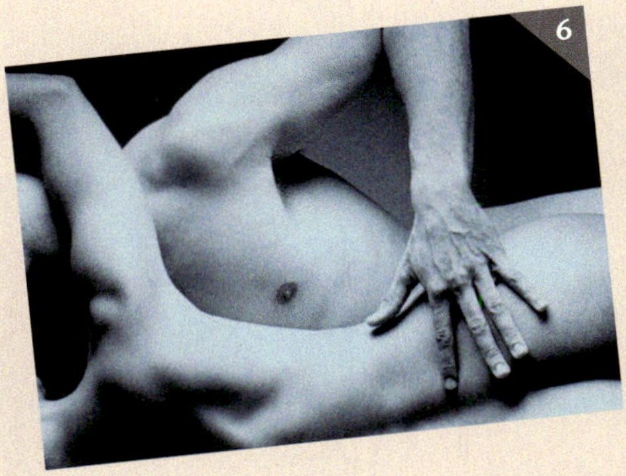

6

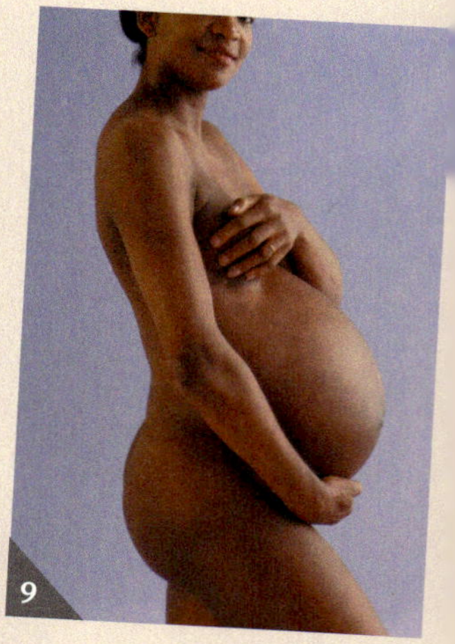

9

„**S**ich entwickeln“ heißt „sich verändern“. Die Entwicklung des Menschen umfasst körperliche, geistige und seelische Veränderungen.

Wer ganze Romane erzählt und wie ein Wasserfall redet, denkt kaum daran, dass alles mit unverständlichen Lauten begann. Wer mit dem Scooter, dem Skateboard oder dem Fahrrad ganz elegant dahinflitzt, hat die wackeligen Versuche ganz am Anfang und die ersten Stürze schon wieder vergessen. Wir haben in vielen Dingen schon große Fortschritte gemacht, wir haben uns in den vergangenen Jahren ständig entwickelt und Vieles hat sich dabei für uns verändert. Unsere Entwicklung kennt allerdings keine Pause. Manchmal ist sie unmerklich langsam und manchmal ist sie atemberaubend schnell und heftig. Entwicklung ist ein Kennzeichen aller Lebewesen und hält ein Leben lang an.

Schwärmereien für den so genannten Märchenprinzen oder weiche Knie bei der Begegnung mit dem tollsten Mädchen weit und breit, Herzklopfen, das Gefühl

10

11

12

13

14

15

16

17

des unsterblichen Verliebtseins sind deutliche Zeichen dafür, dass allmählich unsere Sexualität erwacht. Sie ist ein deutliches Zeichen für den Beginn eines neuen und besonders spannenden Entwicklungsschrittes. Vieles, was bisher eindeutig war, verändert sich. Die Sehnsucht nach Geborgenheit, Glück und nach einer vertrauensvollen Partnerschaft machen deutlich, dass wir uns auf dem Weg des Erwachsenwerdens befinden und wieder ein großes Lernpaket zu bewältigen haben. Es braucht eben Zeit, bis man sich mit seiner Geschlechterrolle zurechtfindet und klare Vorstellungen von dem gewinnt, was Sexualität, Partnerschaft, Freundschaft, Vertrauen und Verantwortung bedeuten.

Merkmal

▶ Entwicklung ist ein typisches Kennzeichen aller Lebewesen. Sie umfasst körperliche, geistige und seelische Veränderungen. Jeder Mensch entwickelt sich nach einer ganz persönlichen inneren Uhr. Die Entwicklung selbst verläuft jedoch immer nach denselben biologischen Gesetzmäßigkeiten.

Denkmal

❶ Suche dir aus den Fotos dieser Seite dein Lieblingsbild aus. Stelle es der Klasse vor und begründe in einem vollständigen Satz deine Wahl.

❷ Welche Bilder passen gut zueinander und lassen sich deshalb zu Gruppen zusammenfassen? Formuliere für jede Bildgruppe eine Überschrift.

❸ Lege eine Tabelle mit sechs Spalten an.
Gib den Spalten folgende Überschriften: Partnerschaft, Sexualität, Verantwortung, Freundschaft, Vertrauen und Geborgenheit.
Ordne nun die einzelnen Bildnummern in die Tabelle ein. Am besten löst du diese Aufgabe im Team.

❹ Findet für eure Tabelle eine passende Überschrift.

❺ Bringt die Bilder nun in eine sinnvolle Reihenfolge.

❻ Formuliert zu jedem einzelnen Foto eine passende Überschrift.

❼ Übertragt nun den Pfeil der verschiedenen Lebensabschnitte auf ein DIN-A-4 Blatt (Querformat). Notiert zu jedem der folgenden Lebensabschnitte drei typische Kennzeichen (Entwicklung vor der Geburt – Säugling – Kleinkind – Kind – Jugendlicher – junger Erwachsener – Erwachsener – Senior – Greis).

Pickel, Pop und Pubertät ♀

Den Wandel vom Kind zum jungen Erwachsenen nennt man Pubertät. Es ist die Zeit tief greifender körperlicher Veränderungen und einer recht turbulenten Gefühlswelt.

[1] *Mädchen unter sich. Es gibt sehr viel zu besprechen.*

[2] *Eine von vielen möglichen Frauenrollen*

„Manchmal behandelt mich meine Mutter wie eine Achtjährige. Sie sucht mir Kleidungsstücke aus und kapiert einfach nicht, dass sich mein Geschmack total verändert hat." Lena ist sichtlich empört, zutiefst beleidigt und ganz schlecht gelaunt, als sie ihren Freundinnen davon erzählt. Dabei versteht sie sich mit ihren Eltern eigentlich ganz gut. Nur manchmal ist das eben anders.

Die Mädchen haben viele Themen zu besprechen. Von nervenden Müttern und Vätern, die einen wie Kleinkinder behandeln, ist genauso die Rede wie von megaschrillem Nagellack, dem süßesten Jungen, der heiß verehrten Boy-Group und natürlich von sich selbst. So vielfältig all diese Themen auch sein mögen, sie lassen sich eben nur unter guten Freundinnen so richtig besprechen. Wer sonst könnte verstehen, dass Gefühle so heftig schwanken und ganz schnell von „himmelhochjauchzend" bis „zu Tode betrübt" und umgekehrt wechseln können? Wem sonst könnte man auch anvertrauen, was sowieso kein Erwachsener richtig versteht?

Ein Blick voll Sorge und voll Stolz

Während der Blick in den Spiegel bislang gar nicht so wichtig war, ist er nun ziemlich häufig geworden. Aufmerksam und mit großem Interesse verfolgen wir jede Veränderung unseres Körpers, die er im Laufe der etwa zwei bis drei Jahre dauernden **Pubertät** seinem ganz persönlichen Entwicklungstempo gemäß vollzieht. Bei Mädchen beginnt diese Entwicklung etwa zwischen dem 11. und dem 14., bei Jungen etwas später zwischen dem 13. und 16. Lebensjahr.

Mädchen bemerken den Beginn der Pubertät zumeist daran, dass im Schambereich **[6]** Härchen wachsen. Anfangs sind sie noch sehr fein, erst mit der Zeit werden sie kräftiger. Etwa zur gleichen Zeit fängt die Brust an zu wachsen, und das Wachstum der Achselbehaarung setzt ein. Die Körperform wird im Bereich der Hüften etwas breiter und bleibt an den Schultern schmal. Durch Fetteinlagerungen unter der Haut wirkt der gesamte Körperumriss weicher und weiblicher. Die erste **Regel**- oder **Monatsblutung** ist

Weibliche Geschlechtsorgane

Mädchen und Jungen im Kleinkindalter sind nicht immer zweifelsfrei auseinanderzuhalten, es sei denn sie haben gerade kein Höschen an. Durch die Geschlechtsorgane sind sie allerdings eindeutig voneinander zu unterscheiden. Die Geschlechtsorgane werden deshalb auch als primäre Geschlechtsmerkmale bezeichnet. Erst mit der Pubertät, wenn körpereigene Wirkstoffe unsere Entwicklung heftig vorantreiben, werden die **sekundären Geschlechtsmerkmale** ausgebildet, die Kinder von Jugendlichen und Erwachsenen unterscheiden.

Von den primären Geschlechtsmerkmalen bei Mädchen und Frauen sind nur die großen und kleinen Schamlippen sichtbar. Die kleinen Schamlippen umschließen den Eingang der Scheide, die Harnröhrenöffnung und den Kitzler. Beim Mädchen ist der Scheideneingang zusätzlich vom so genannten Jungfernhäutchen verschlossen und geschützt. Dieses Häutchen reißt spätestens beim ersten Geschlechtsverkehr auf. Allerdings kann dies schon vorher, etwa bei sportlichen Aktivitäten, passieren.

Die Scheide führt zur **Gebärmutter**. Diese ist von einer Schleimhaut ausgekleidet. In die Gebärmutter münden die beiden **Eileiter**. Jeden Monat reift in den Eierstöcken abwechselnd nur eine Eizelle **[4]** heran. Die reife Eizelle gelangt in den Eileiter und wird zur Gebärmutter transportiert. Trifft nun eine Spermienzelle auf eine Eizelle, wird sie befruchtet und kann sich in die stark durchblutete und während der Eizellenreifung dicker gewordene Gebärmutterschleimhaut einnisten. Aus der befruchteten Eizelle wächst dann ein Kind.

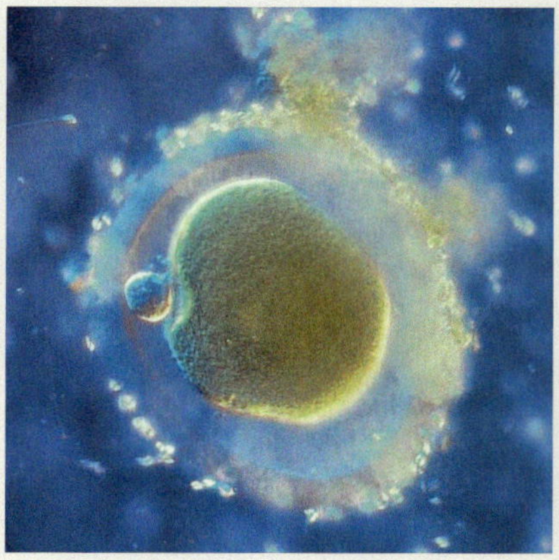

[3] *Die menschliche Eizelle hat einen Durchmesser von etwa 0,1 mm.*

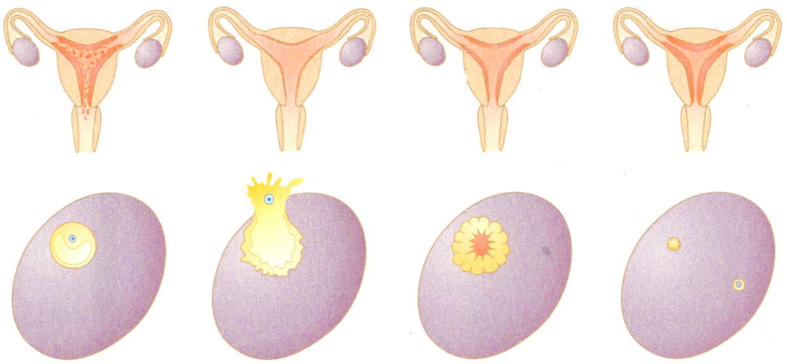

[4] *Das fein aufeinander abgestimmte Zusammenspiel der Vorgänge im Eierstock und in der Gebärmutter.*

ein Zeichen dafür, dass die Geschlechtsorgane nun voll ausgebildet sind. Die regelmäßiger werdenden Blutungen, die man auch **Menstruation** nennt, sind anfangs häufig von Unwohlsein und Bauchschmerzen begleitet und der Grund dafür, warum Mädchen am Sportunterricht manchmal nicht teilnehmen. Obwohl es anfangs schwierig ist, mit dem „neuen" Körper zurechtzukommen, sind diese Wechseljahre auch eine schöne Zeit, in der man langsam selbständiger wird und zunehmend mitwirken kann, wie man einmal seine neue Rolle als Heranwachsender gestalten möchte.

♀ Biologisches Zeichen für Frau

Merkmal

▶ Mit dem Beginn der Pubertät entwickeln sich die sekundären Geschlechtsmerkmale.

▶ Die Regel- bzw. Monatsblutung ist ein Zeichen für die Geschlechtsreife des Mädchens.

Denkmal

❶ Schreibt nachfolgende Sätze auf Papierstreifen und gestaltet mithilfe der Abbildung **[4]** ein Lernplakat zum Thema „Menstruation".

- *Die Gebärmutterschleimhaut bleibt erhalten. Das Heranreifen einer neuen Eizelle unterbleibt. Eine Schwangerschaft hat begonnen.*
- *Während die Eizelle noch heranreift, wird die Gebärmutterschleimhaut bereits dicker.*
- *Wird die Eizelle befruchtet, nistet sich diese in der Gebärmutterschleimhaut ein.*
- *Im Eierstock reift eine neue Eizelle heran und in der Gebärmutter wird eine neue Schleimhaut aufgebaut.*
- *Die Eizelle gelangt in den Eileiter. Die Gebärmutterschleimhaut wächst weiter und wird dicker.*
- *Wird die Eizelle nicht befruchtet, geht sie zugrunde und die Gebärmutterschleimhaut löst sich ab.*

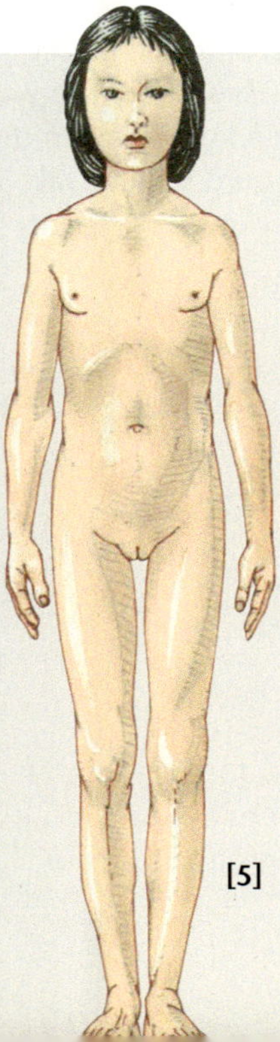

[5]

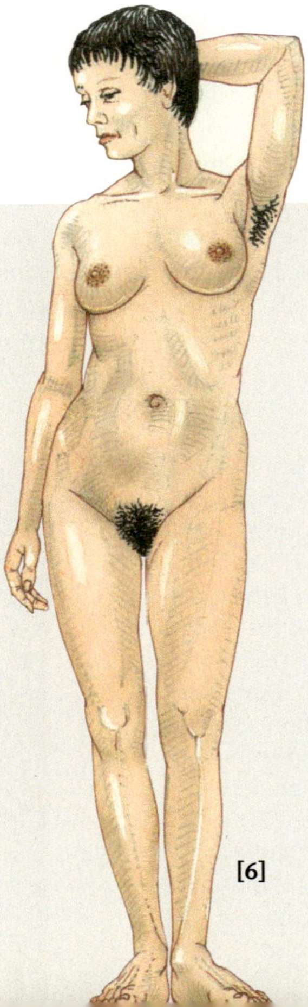

[6]

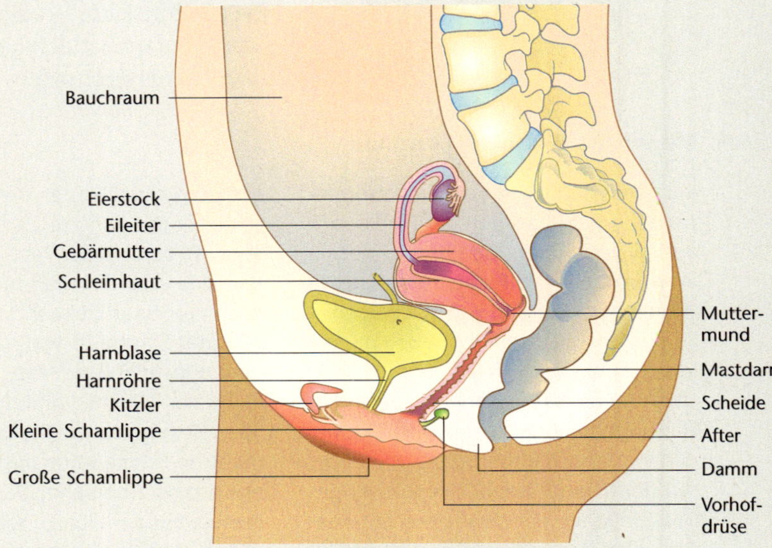

[7] *Weibliche Geschlechtsorgane*

Pickel, Pop und Pubertät ♂

Pubertät – ein Wort für gemischte Gefühle, für verwirrende Zeiten und für den spannenden Beginn eines ganz neuen Lebensabschnittes.

♂ Biologisches Zeichen für Mann

[1] *Manchmal möchte man einfach seine Ruhe haben und allein sein.*

„Es ist voll ätzend, wenn ich mal ein bisschen Computer spiele und meine Mutter dann immer so vorwurfsvoll fragt, wann ich endlich damit aufhöre. Außerdem krieg ich regelmäßig so nervige Dinge wie „Hausaufgaben“ oder „Aufräumen“ zu hören. Es ist kaum auszuhalten.“ Marcel weiß selbst nicht so recht, was mit ihm los ist. Seine schlechten Schulleistungen, seine Weigerung, im Haushalt mitzuhelfen, und das vermeintliche Chaos in seinem Zimmer führen in letzter Zeit jedenfalls häufig zu Auseinandersetzungen. Obwohl Marcels Eltern wissen, dass ihr Sohn in die Pubertät gekommen ist, tun sie sich mit seinem kratzbürstigen und muffeligen Verhalten etwas schwer.

Aus der Haut fahren, das geht nicht

Auch Jungen orientieren sich in dieser Zeit lieber an der Clique Gleichaltriger [4]. Hier fühlen sie sich verstanden und geborgen. Man findet entweder alles „irre“, „supertoll“ und „geil“ oder einfach nur „öde“ und „krass“. Dazwischen scheint es gar nichts mehr zu geben. Gemeinsames Musikhören, gemeinsam erlebte Abenteuer, die Bewunderung von Stars, die besondere Art sich anzuziehen und die für Teenies typische Sprache sind gleichsam eine „Eintrittskarte“ in die Clique. Man gehört dazu und grenzt sich gleichzeitig ab von der Welt der Erwachsenen.

Obwohl unser seelisches Gleichgewicht ein bisschen aus den Fugen geraten ist und die Vertrautheit mit dem gewohnten Körper allmählich verloren geht, können wir nicht einfach aus unserer Haut fahren und sofort in eine neue schlüpfen. Die Entwicklung am Ende der Kindheit braucht eben Zeit. Trotzdem betrachten Jungen und Mädchen gleichermaßen ängstlich die Veränderungen ihres Körpers. Vermeintliche Mängel, wie zum Beispiel Pickel, können einem schon ordentlich zu schaffen machen. Gleichzeitig ist man beim Blick in den Spiegel aber auch ein bisschen stolz.

Wegen Umbau geschlossen

In der **Pubertät** entwickelt man eigene Ideen, will diese ausprobieren und durchsetzen. Aufmüpfiges Verhalten ist ebenso an der Tagesordnung wie der Wunsch, alleine zu sein und seine Ruhe zu haben. Der junge Mensch ist gerade im „Umbau“ begriffen, und das dauert eben. Jungen bemerken den Beginn der Pubertät zumeist daran, dass sich der Oberkörper streckt und die Schultern breiter werden, während die Hüften recht schmal bleiben. Die Geschlechtsteile werden größer. Auch die Veränderung der sekundären Geschlechtsmerkmale zeigen die Entwicklung vom Jungen zum Mann. Das Muskelwachstum nimmt von nun an deut-

Männliche Geschlechtsorgane

Bei den männlichen Geschlechtsorganen sind der Penis und der Hodensack äußerlich sichtbar. Man bezeichnet sie als **primäre Geschlechtsmerkmale**. Im Hodensack befinden sich die beiden Hoden. In ihnen reifen mit Beginn der Pubertät unzählig viele Spermien heran. Über die beiden Spermienleiter und die Harn-Spermien-Röhre gelangen sie über den Penis nach außen. Zusätzliche Drüsen (Bläschendrüse, Schleimdrüse) geben Stoffe ab, die zusammen mit den Spermien das milchigtrübe Sperma bilden. Der Penis, auch Glied genannt, besteht aus Schaft und Eichel. Der Schaft enthält Schwellkörper, die sich bei sexueller Erregung rasch mit Blut füllen können, so dass der Penis größer wird und sich versteift. Man spricht dann auch von einer Erektion. Zu Beginn der Pubertät kommt es vor, dass man morgens aufwacht, und harte, fleckige Stellen in der Wäsche vorfindet. Der erste Spermienerguss, die **Pollution**, erfolgt meist im Schlaf, ohne dass man irgendetwas davon bemerkt. Das braucht keineswegs peinlich zu sein. Es ist ein ganz natürlicher Vorgang. Der Spermienerguss zeigt lediglich an, dass ein Junge geschlechtsreif geworden ist.

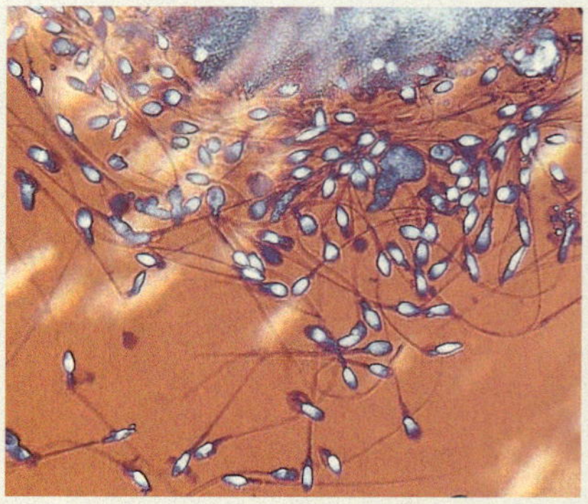

[2] *Spermienzellen gehören mit einer Länge von 0,06 mm zu den kleinsten Zellen des menschlichen Körpers.*

[3] *Vorbilder sind mögliche Modelle dafür, wie man einmal werden möchte.*

[4] *Jungs, die zusammen richtig stark sind und sich sicher fühlen.*

lich zu. Außerdem sprießen jetzt die ersten Körperhaare, vor allem im Schambereich und in den Achselhöhlen. Der Kehlkopf tritt deutlicher hervor und die Stimmbänder verlängern sich. Dadurch wird die Stimme tiefer. Gelegentlich „kippt" sie noch um. Man sagt, „der Junge ist im Stimmbruch". Die „neuen" Stimmbänder sind eben noch nicht richtig geübt.

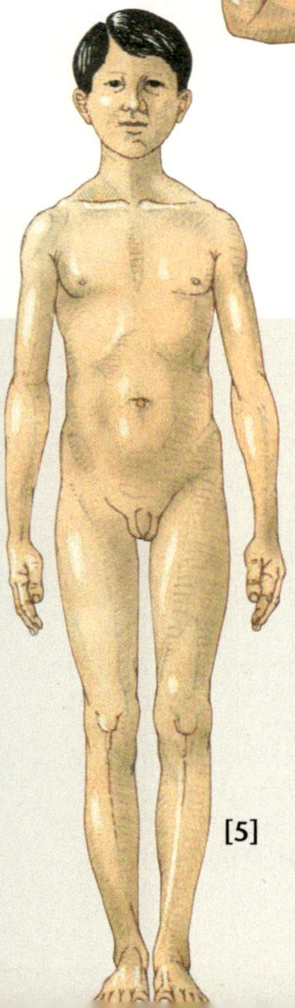

[5]

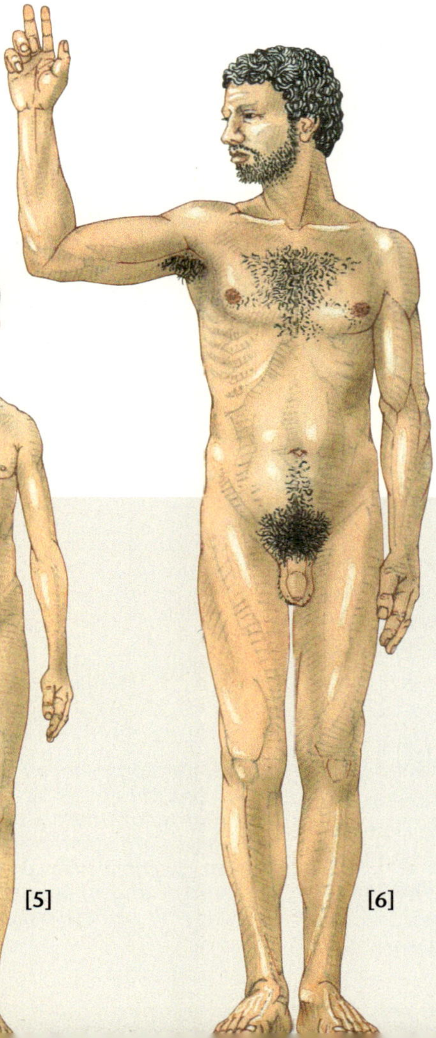

[6]

Merkmal

▶Pubertät bezeichnet die Entwicklung vom Kind zum Jugendlichen. Sie dauert mehrere Jahre und ist eine Zeit tief greifender körperlicher und seelischer Veränderungen.

▶Bei den männlichen Geschlechtsorganen sind Penis und Hoden äußerlich sichtbar. Man bezeichnet sie als primäre Geschlechtsmerkmale.

▶Zu den sekundären Geschlechtsmerkmalen gehören die markanten Körperformen, die Scham- und Achselbehaarung sowie die ganz unterschiedlich ausgeprägte Körperbehaarung und die tiefere Stimme.

Denkmal

❶ Notiere zu folgenden Fachbegriffen die passende Erklärung: Sperma – Erektion – Pollution. Tipp: Das genaue Lesen dieser Seite bietet dir eine Hilfe.

❷ Stelle in einer Tabelle die primären und sekundären Geschlechtsmerkmale des Mannes gegenüber.

❸ Bei etlichen Jungen und Männern wird die Vorhaut durch eine kleine Operation entfernt. Erkundige dich, warum diese Beschneidung manchmal notwendig, oft aber auch gewünscht ist. Schreibe die möglichen Gründe dafür auf.

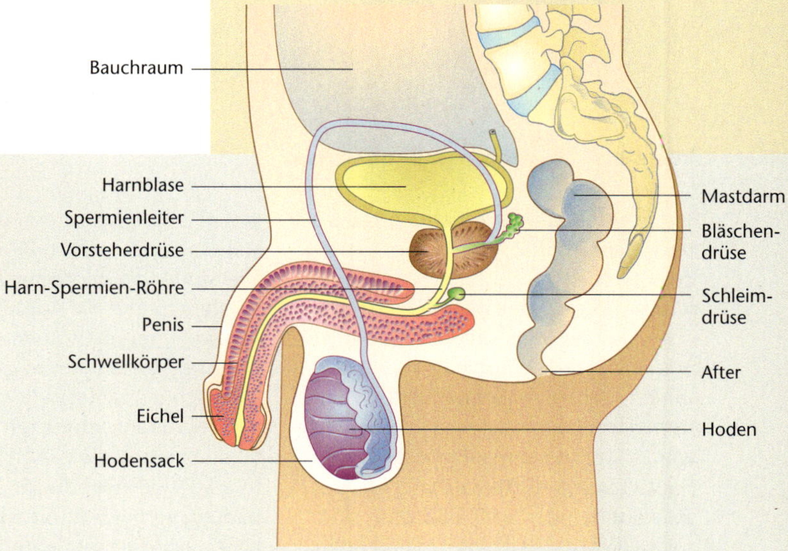

[7] *Männliche Geschlechtsorgane*

Hygiene

Der Körper und somit auch unser Erscheinungsbild machen jetzt einige Veränderungen durch. Jungen und Mädchen verlieren allmählich die kindliche Körperform, Frisuren werden mit allerlei Hilfsmitteln gestylt und beim Anziehen achtet man auch mehr darauf, was zur Zeit „in“ ist. Wir sind gerade dabei, uns ein neues Bild von uns zu machen, und probieren daher einiges aus.

Pubertät geht an die Haut

Auch die Haut verändert sich und verlangt von nun an ganz besonders sorgfältige und vor allem regelmäßige Pflege. An den wenigen Körperstellen, an denen die Behaarung zunimmt, vor allem im Schambereich und in den Achselhöhlen, entwickeln sich Duftdrüsen. Irgendwann fällt einem auf, dass man anders riecht als früher. Der Körpergeruch insgesamt nimmt zu, weil unsere Schweißdrüsen mehr Schweiß bilden. Talgdrüsen münden meist in den Haarkanal und haben die Aufgabe, die Haare und die Hautoberfläche mit Fett zu versorgen. Während der Pubertät verläuft die Talgproduktion zumeist sehr unregelmäßig. Es kommt deshalb häufig zu unreiner Haut oder zu auffallend fettenden Haaren. Auf unserer Haut sammeln sich außer dem üblichen Schmutz auch Talg und die unangenehm riechenden Stoffe, die entstehen, wenn sich Schweiß zersetzt.

Wasser schadet nirgendwo

Das beste Reinigungsmittel ist natürlich warmes Wasser und eine zum Hauttyp passende Seife oder Waschlotion. Gerade der Intimbereich darf bei der täglichen Körperpflege nicht vergessen werden. Beim Waschen sollte die Vorhaut vorsichtig zurückgeschoben werden, um auch den Bereich darunter gründlich reinigen zu können. Talgabsonderungen, Feuchtigkeit und abgestorbene Hautzellen führen gerade hier sehr schnell zu einem unangenehm riechenden und schmierigen Belag. Die Scheide ist von einer Schleimhaut ausgekleidet. Ihre Absonderungen erfordern auch bei Mädchen eine gründliche Reinigung der Ge-

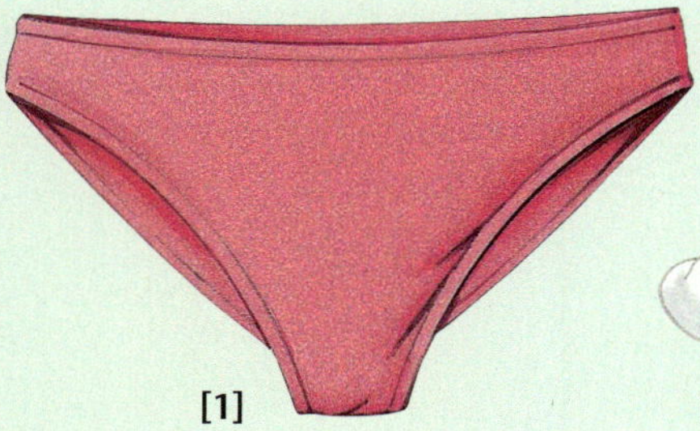

[1]

[2]

[3]

[4]

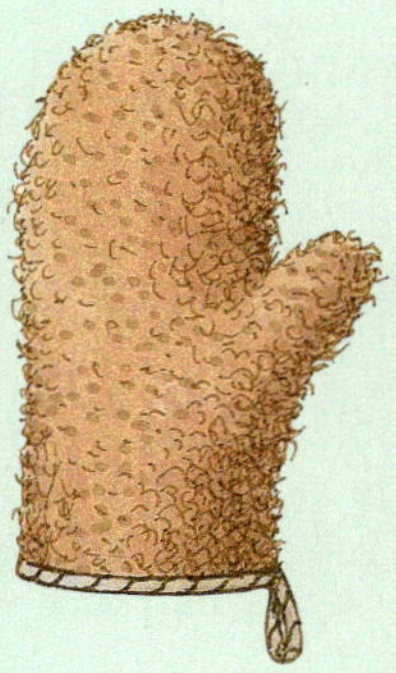

[5]

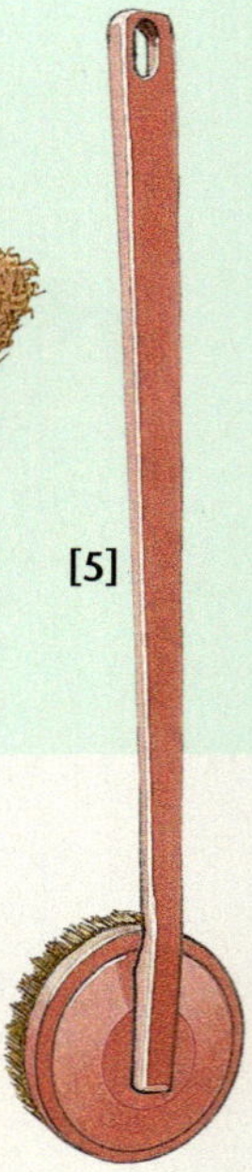

Wie Gerüche unangenehm werden

Wir besitzen auf der gesamten Hautoberfläche etwa 2,4 Millionen Schweißdrüsen. Allerdings sind diese nicht gleichmäßig verteilt. Auf den Handflächen, auf der Stirn, auf den Fußsohlen und in den Achselhöhlen sind sie besonders zahlreich. Schweißdrüsen bestehen aus langen unverzweigten und wie zu Wollknäueln aufgewickelten Hautschläuchen. Die salzhaltigen Ausscheidungen der Schweißdrüsen sind zunächst fast geruchlos. Unangenehme Ausdünstungen entstehen erst, wenn der Schweiß durch Bakterien, die natürlicherweise auf der Hautoberfläche leben, zersetzt wird und die dabei entstehenden Geruchsstoffe verdunsten. Die Stoffe, die bei dieser Zersetzung entstehen, und die Ausscheidungen der winzigen, mit dem Auge unsichtbaren Bakterien bilden den so genannten Säureschutzmantel auf der Haut.

Deodorants enthalten häufig Desinfektionsmittel, die diese Bakterien abtöten. So wird zwar die lästige Geruchsbildung verhindert, oft wird dadurch aber auch die Haut angegriffen und deren Säureschutzmantel zerstört. Eine Dusche nach dem Sportunterricht etwa ist da schon wirkungsvoller.

[1]–[8] *Der Körper ändert sich. Von nun an braucht er eine besonders sorgfältige und vor allem regelmäßige Pflege – Wäschewechsel eingeschlossen. Beschreibe die körperlichen Veränderungen, die eine sorgfältige Körperpflege notwendig machen.*

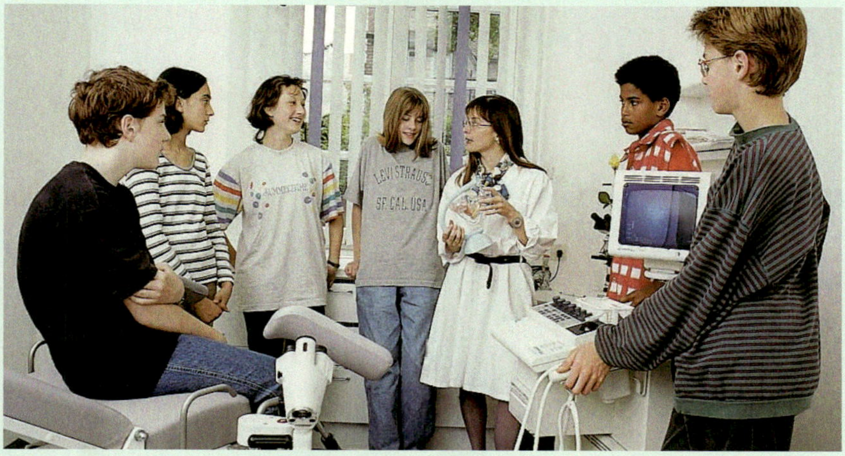

[9] *Alltägliche Fragen zu monatlichen Problemen. Die Frauenärztin fand es übrigens toll, dass so viele Jungs mit in die Praxis gekommen waren.*

schlechtsorgane. Der tägliche Wechsel der Unterwäsche sollte übrigens für Jungen und Mädchen gleichermaßen ganz selbstverständlich sein.

Tipps zur Monatshygiene

Viele Mädchen sind während der Menstruation ziemlich angespannt und gereizt. Oft erleben sie nun ihren Körper als etwas Unberechenbares und die ungewohnten und anfangs oft unregelmäßigen Blutungen als etwas Belastendes. Die Blutungen sind jedoch ein ganz natürlicher Vorgang. Während der wenige Tage dauernden Menstruation muss allerdings auf eine besonders gründliche Reinigung der Geschlechtsorgane geachtet werden. Mit Hilfe saugfähiger Binden, Tampons und Slipeinlagen wird das ausfließende Blut aufgesaugt. Die Blutmenge, die dabei verloren geht, beträgt etwa 50 bis 150 ml, was etwa dem Inhalt einer kleinen Tasse entspricht.

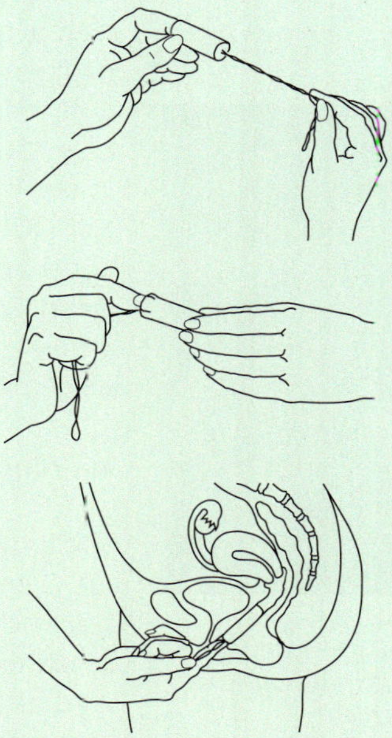

[10] *Tampons sind Röllchen aus gepresster Watte. Sie werden in die Scheide eingeführt, wo sie das Menstruationsblut aufsaugen. An einem Rückholbändchen können sie wieder herausgezogen werden.*

[6]

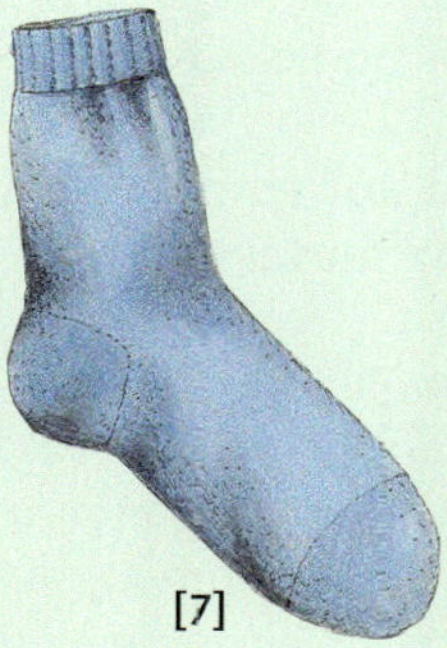

[7]

[8]

Wenn Talgdrüsen Verstopfung haben

Wegen der verstärkten Fettabsonderung in den Talgdrüsen bilden sich Talgknötchen und verstopfen den Ausgang dieser Drüsen. Um die Lippen oder an der Nase erkennt man dann kleine schwarze Punkte, die so genannten Mitesser. Eindringende Hautbakterien zersetzen das Hautfett, und es kommt zu Entzündungen. Aus den Mitessern können so die unangenehmen, eitrigen Pickel entstehen. Ein flächenhaftes Auftreten von Mitessern und Pickeln im Gesicht oder auf dem Rücken bezeichnet man als Pubertäts-Akne. Das Ausdrücken der eitrigen Pickel ist auf gar keinen Fall eine Lösung, diese unangenehmen Begleiterscheinungen der Pubertät wieder loszuwerden. Dadurch werden die Bakterien erst recht verteilt. Außerdem können Narben zurückbleiben. Wer mit Akne zu tun hat, fühlt sich häufig unsauber und getraut sich kaum mehr unter die Leute. Dabei ist Akne überhaupt kein Zeichen für nachlässige Körperpflege. Die lästigen Pickel kriegt man am ehesten wieder los, wenn man sie ganz in Ruhe lässt. Die Haut sollte lediglich morgens und abends mit viel Wasser und einer sanften Waschlotion gereinigt werden.

[11] *Manchmal hat man wirklich keine Zeit, sich über seine Pickel aufzuregen.*

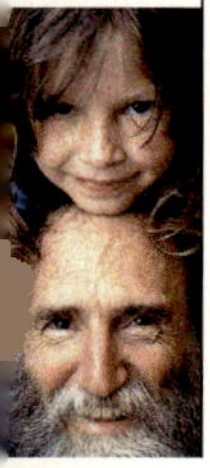

Wenn ein Kind unterwegs ist

Schwangerschaft bedeutet neun Monate des Heranreifens und die Zeit besonderer Umstände für die werdenden Eltern.

„Ich bin schwanger" oder „Wir bekommen ein Kind" sind wirklich nur zwei ganz kleine Sätze. Sie kündigen jedoch ohne jeden Zweifel den Beginn ziemlich großer Veränderungen an. Schwangerwerden bedeutet, dass ein neues Leben anfängt. Eine befruchtete Eizelle hat sich nun schon mehrfach geteilt und in die Gebärmutterschleimhaut eingenistet. Aus dem winzigen und nur aus wenigen Zellen bestehenden „Klümpchen" werden im Schutz des Mutterleibes in den folgenden neun Monaten mehrere Milliarden Zellen entstehen, die fein aufeinander abgestimmt arbeiten und als Ganzes einen kleinen Menschen ausmachen, der schon vor der Geburt fühlen und sich bewegen kann.

[1] *Partnerschaft braucht Zeit und muss auch gelernt werden.*

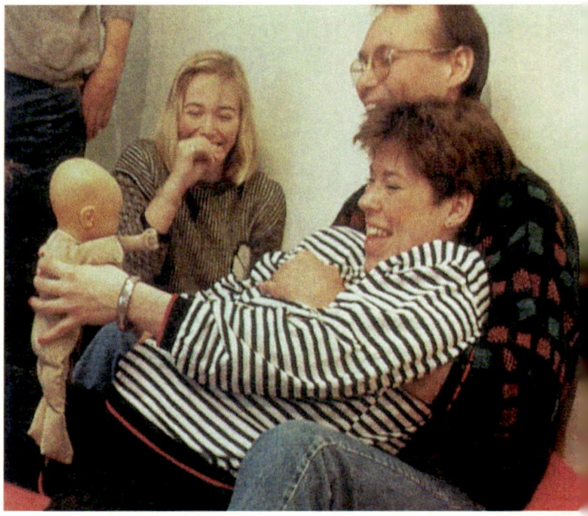

[2] *Schwangerschaft, die Zeit der besonderen Umstände und der Vorbereitung*

Merken, dass man schwanger ist

Sobald sich der bläschenförmige Keim in die Gebärmutterschleimhaut eingenistet hat, stellt sich der Körper auf die Schwangerschaft ein. Die Gebärmutterschleimhaut wird dicker, die Regelblutung bleibt aus, und das erneute Heranreifen einer Eizelle wird während dieser Zeit verhindert. Die Milchdrüsen beginnen zu wachsen, und Spannungsgefühle in der Brust sind ein weiteres Anzeichen dafür, dass ein Kind unterwegs ist. Ganz bestimmte Wirkstoffe, die den Körper auf Schwangerschaft „umstellen", werden mit dem Urin ausgeschieden. Mit Teststäbchen aus der Apotheke kann deshalb ein so genannter Schwangerschaftstest durchgeführt werden. Die endgültige Gewissheit bringt allerdings erst eine Untersuchung beim Arzt.

Und auf einmal wird alles ganz anders

Bevor ein Kind geboren wird, sorgt es bei seinen Eltern schon ein bisschen für Wirbel und bringt einiges ganz schön durcheinander. In die Vorfreude auf das Kind mischen sich von Zeit zu Zeit auch ganz andere Gefühle. Dazu gehört vor allem die Sorge, ob

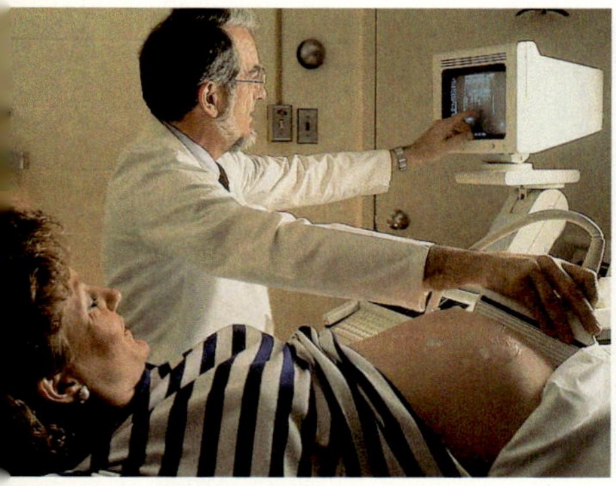

[3] *Mit Ultraschall kann das ungeborene Kind gefahrlos auf „Herz und Nieren" untersucht und „abgetastet" werden.*

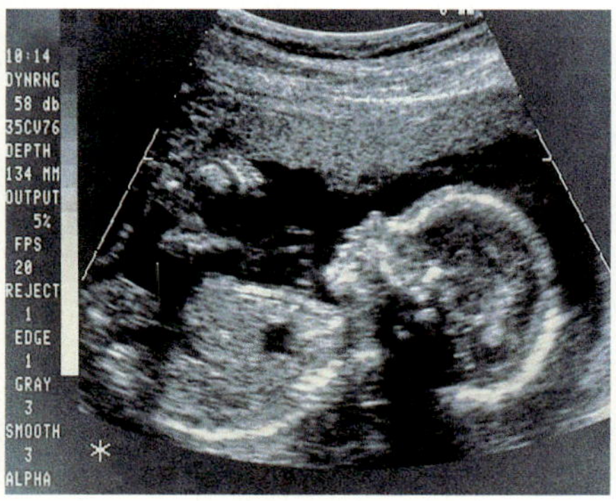

[4] *Blickkontakte – spannende Momente der Begegnung und beruhigende Gewissheit einer normalen Entwicklung.*

[5] *Schwangerschaftsgymnastik, gezielte Atemübungen und eine gesunde Ernährung zur Vorbereitung auf den Tag „X".*

sich das Kind normal entwickelt und gesund zur Welt kommen wird. Die ängstliche Frage, ob man die Rolle als werdende Mutter und zukünftiger Vater auch richtig ausfüllen wird und die Zukunft des neuen Erdenbürgers verantwortungsbewusst begleiten kann, führen oftmals zu einem Wechselbad der Stimmungen. An den Gedanken, dass aus einer Partnerschaft nun eine Familie wird, muss man sich eben erst einmal gewöhnen. Die Natur gibt den werdenden Eltern allerdings neun Monate Zeit, sich auf die veränderten Umstände und auf die neuen Aufgaben als Mutter und Vater einzustellen.

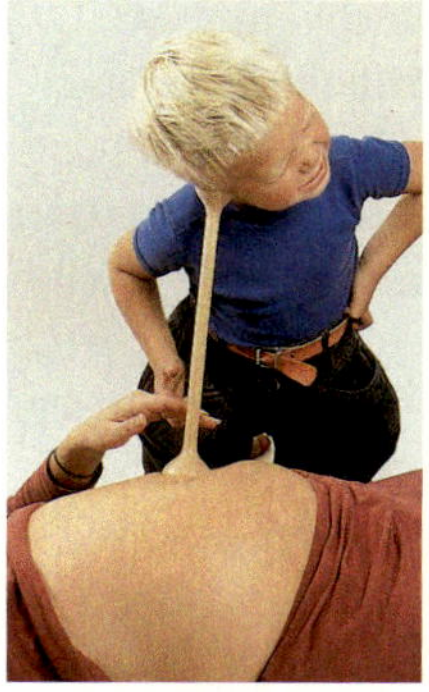

[6] *Mal prüfen, ob was zu spüren und zu hören ist. Manchmal ist man eben schon ein bisschen ungeduldig.*

Bald ist es soweit

Eine Schwangerschaft bringt für jede Frau erhebliche körperliche Veränderungen mit sich, die mit der Zeit auch recht beschwerlich werden. Spätestens im fünften Monat bemerkt die Mutter wie aktiv ihr Kind geworden ist. Es bewegt sich und kann in seiner mit Fruchtwasser gefüllten „Badewanne" ganz langsam Purzelbäume „schlagen". Der Mutterkuchen dient dabei als „Tauchgerät" und versorgt das Kind über dessen Nabelschnur mit Sauerstoff. Die Lungen reifen währenddessen noch heran und bereiten sich auf ihren ersten Einsatz nach der Geburt vor. Zwischen der Mutter und dem heranreifenden Kind hat sich jetzt bereits ein sehr enges und vertrautes Verhältnis entwickelt.

[7] *Kondome*

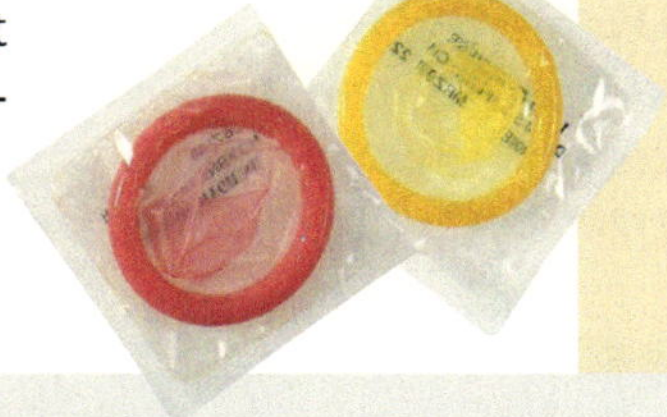

Verantwortung und Verhütung

Das Gefühl flatternder Schmetterlinge im Bauch, wenn man sich richtig verliebt hat, ist Ausdruck unserer **Sexualität**. Sie erwacht mit der **Pubertät**. Dem einen bleibt die Luft weg, wenn er das tollste Mädchen entdeckt. Manch einer bleibt das Herz stehen, wenn ihr der „Traummann" begegnet. Schwärmereien werden ganz unterschiedlich erlebt. Gemeinsam ist ihnen der Wunsch nach partnerschaftlicher Nähe, nach Geborgenheit und Glück. Sexualität ist jedem Menschen angeboren. Trotzdem braucht es schon ein paar Jahre, bis man Sicherheit und Reife gewonnen und den richtigen Partner gefunden hat. Werdende Eltern tragen große **Verantwortung** für ihr Kind. Sexualität bedeutet für Mädchen von Anfang an immer auch schwanger werden zu können. Kondome **[7]** sind eine Möglichkeit, eine frühe und ungewollte Schwangerschaft zu verhindern. Das Kondom wird über den versteiften Penis gestreift. Die dünne Gummihülle fängt das Sperma auf und verhindert so die Befruchtung. Außerdem schützt es vor sexuell übertragbaren Krankheiten.

Merkmal

▶ Schwangerschaft bedeutet neun Monate Des Heranreifens und die Zeit der besonderen Umstände für die werdenden Eltern.

▶ Mit der Einnistung des bläschenförmigen Keims in die Gebärmutterschleimhaut beginnt die Schwangerschaft. Aus einem winzigen Zellklümpchen entstehen schließlich mehrere Milliarden Zellen, die fein aufeinander abgestimmt arbeiten und als Ganzes einen kleinen Menschen ausmachen.

▶ Während dieser Zeit setzt die Regelblutung aus. Ebenso wird das Heranreifen einer neuen Eizelle verhindert.

Denkmal

❶ Gestalte ein Plakat (DIN A 3) zum Thema „Mein Geburtstag". (Zeitpunkt der Geburt, Gewicht, Größe, das erste Foto, Name, wenn du ein Junge bzw. ein Mädchen geworden wärest, ... Befrage auch deine Eltern nach der Zeit der „besonderen Umstände".

❷ Ein Mädchen ist ungewollt schwanger und wird Mutter. Erarbeitet eine Liste mit all den Schwierigkeiten, die sich für die junge Mutter bzw. für das Kind ergeben.

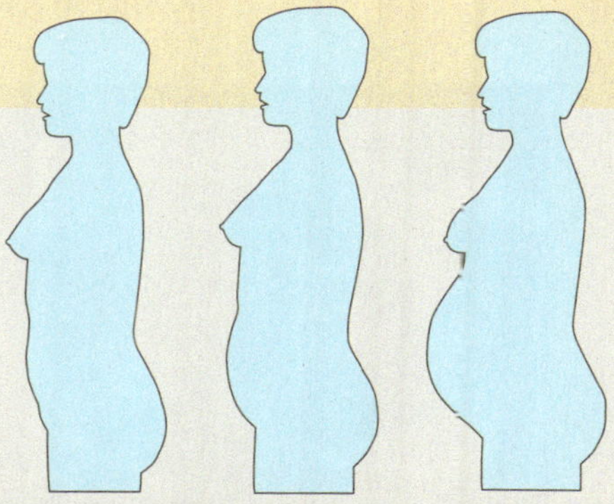

[8] *In den ersten drei Monaten ist der werdenden Mutter die Schwangerschaft kaum anzumerken. Erst wenn das Wachstum des Kindes einsetzt, kommt es ganz allmählich und unübersehbar zur Zunahme des Bauchumfangs.*

Sind die doof …

[1] *Wer malt wohl das schönste Bild? Mehr Probleme gab es damals nicht.*

„Unsere heutige Jugend liebt den Luxus. Sie legt schlechte Manieren an den Tag, verachtet alle Autorität und lässt es an der Ehrerbietung gegenüber älteren Leuten fehlen. Kinder sind heutzutage zu Tyrannen geworden. Sie widersprechen ihren Eltern, schlingen ihr Essen hinunter und tyrannisieren ihre Lehrer." So jedenfalls urteilte Sokrates, ein griechischer Philosoph, vor weit mehr als 2000 Jahren über Jugendliche.

Eigentlich ist es ja schon etwas verwunderlich, dass sich heutzutage viele Erwachsene einer so uralten Meinung anschließen. Irgendwie scheint sich jedenfalls im Verhältnis zwischen Erwachsenen und Jugendlichen nicht allzu viel geändert zu haben. Für Kinder gelten Erwachsene, vor allem die Eltern, noch als Vorbilder. Man kann sich auf sie verlassen. Was sie sagen, ist uneingeschränkt richtig. Alles, was bislang so problem- und reibungslos funktionierte, gerät zu Beginn der Pubertät immer wieder ins Wanken.

Und alles ist ein bisschen anders

Manche Dinge wirken wie Nadelstiche, die einen innerlich oder auch laut vernehmlich aufschreien lassen, wenn sie auch nur angesprochen werden. Es wirkt ja schon ein bisschen verletzend, ja fast schon beleidigend, wenn einem die angebliche Unordnung im „Kinderzimmer" vorgehalten wird – ausgerechnet im „Kinderzimmer". Türen können schon einmal zuknallen, vor allem wenn man seine Forderungen nach den neuesten Jeans oder dem absolut besten Computerspiel nicht durchsetzen konnte. Obwohl man sie eigentlich mag, findet man Eltern manchmal „völlig abgedreht" oder hoffnungslos altmodisch. In der Pubertät, mit der man gerade selbst genug zu tun hat, kommen einem die Eltern jedenfalls schon ein bisschen schwierig vor. Der Umgang miteinander ist nicht immer einfach, und überall scheinen unsichtbar Fettnäpchen aufgestellt zu sein, in die sowohl die Eltern als auch ihre heranwachsenden Kinder treten können. Beim Stichwort „Disco" oder „Party" fühlt man sich behandelt wie im Kindergarten, und neulich gab es richtig Krach, bloß weil es eine Stunde später geworden ist. Immer wieder kommt es zu einer dieser unangenehmen Krisen. Am schlimmsten ist es aber, wenn Erwachsene unüberhörbar tuscheln, dass man eben ein pubertierender Teenie sei. Keiner von denen

[2] *Mit den Regeln in der Clique kennt man sich aus.*

[3] *Vieles sieht man neu – auch sich selbst.*

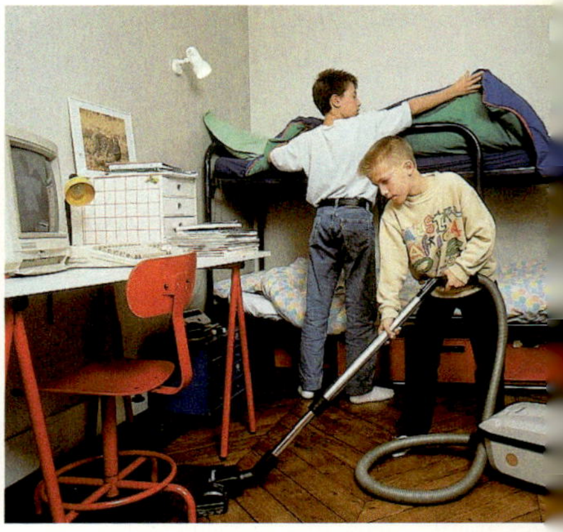

[4] *Aufräumen ist weder „männlich" noch „weiblich" – oft aber nötig.*

Das ist ja wohl das Allerletzte!

nimmt einen ernst, nur weil ihnen der Gedanke an die zunehmende Selbstständigkeit ihrer Kinder ein bisschen Angst und Sorge macht.

Unsichtbare Grenzen

Plötzlich gibt es unsichtbare Grenzen zwischen Kindern und ihren Eltern, die es vorher so nicht gegeben hat. Aber auch Jungen und Mädchen grenzen sich mehr voneinander ab und bleiben viel lieber unter sich. Man findet sich plötzlich ziemlich doof, albern oder einfach ein bisschen durchgeknallt. Schwierigkeiten gibt es in der Clique, wenn diese Grenzen „unerlaubt" überschritten werden. Sobald man sich etwa mit einem Mädchen oder einem Jungen einmal auch nur ein bisschen länger unterhält, macht die Clique ein Drama daraus, und zwar ein Liebesdrama. Man sei verknallt, heißt es dann – und das ist ja wohl lächerlich. Trotz aller Unannehmlichkeiten und dem ganzen Wirrwarr der Gefühle ist die Pubertät auch eine schöne Zeit, weil man zunehmend daran mitwirken kann, wie man einmal werden möchte. Es ist die Zeit, in der man selber zu entscheiden lernt, was künftig für einen wichtig sein soll. Dies gelingt natürlich nicht von heute auf morgen. Auf dem Weg dorthin gibt es viele Stolpersteine, die alles manchmal ganz schön durcheinander schütteln können.

[5] *In der Clique fühlt man sich sicher und wohl.*

[6] *Man grenzt sich ab. Jungen und Mädchen sind jetzt lieber unter sich.*

Lass mich damit bloß in Ruhe!

Denkmal

❶ „So etwas tut ein Mädchen nicht" – „Ein Junge weint doch nicht." Ergänzt die Liste solcher Äußerungen. Was meint ihr dazu?

❷ Sicher ist man mal beleidigt und trotzig, benimmt sich angeblich ein wenig rüpelhaft oder gar taktlos. Wenn man sich wieder einmal so richtig pickelig fühlt, ist man leicht ungenießbar. Oft ist alles nur ätzend, und auf vieles reagiert man sehr empfindlich. Gefühlsmäßig ist eben einiges durcheinander geraten. Die Anfangsbuchstaben all dieser Eigenschaften in die richtige Reihenfolge gebracht, machen deutlich, warum das so ist.

❸ Wenn wir „cool" sagen, heißt das „ruhig" oder „gelassen". „Geil" bedeutet nichts anderes als „sehr gut" oder „toll". Jugendliche ziehen auch mit ihrer Sprache Grenzen zur Welt der Erwachsenen. Erstellt ein kleines Wörterbuch mit solch abgrenzenden Ausdrücken.

❹ Suche in den Bereichen Frisur, Kleidung, Musik und bei der Freizeitgestaltung nach Unterschieden zwischen der heutigen Jugend und den jetzigen Erwachsenen.

NEIN sagen können

Gute und schlechte Geheimnisse

Es gibt gute und schlechte Geheimnisse. Gute Geheimnisse machen Freude, wie zum Beispiel eine Geburtstagsüberraschung. Schlechte Geheimnisse machen Kummer und bedrücken einen. Sie sind eigentlich keine echten Geheimnisse, da es besser ist, sie jemandem zu erzählen.

1 Überlegt euch, welches der beiden folgenden Geheimnisse ein gutes und welches ein schlechtes Geheimnis ist.

a) Eure Eltern sind seit einigen Tagen verreist. Du machst mit deinem großen Bruder die ganze Wohnung blitzeblank sauber. Dein Bruder schlägt vor, die Eltern zu überraschen und nichts am Telefon zu erzählen.

b) Eine deiner Klassenkameradinnen beobachtet dich, wie du im Kaufhaus ein T-Shirt mitgehen lässt. Nach der Schule hält sie dich auf und sagt: „Wenn du mir nicht jede Woche zehn Euro gibst, erzähle ich deinen Eltern, dass du stiehlst.“

2 Denkt euch weitere Geheimnisse aus und schreibt sie in euer Heft. Lest sie euren Klassenkameraden vor. Diese sollen dann entscheiden, ob es sich um gute oder um schlechte Geheimnisse handelt.

Gefühle erkennen und mitteilen können

Die eigenen Gefühle sind richtig und wichtig. Es hilft uns, wenn wir unsere Gefühle erkennen und anderen mitteilen können. Unangenehme und komische Gefühle sagen uns, dass etwas nicht in Ordnung ist.

3 Schneidet aus Zeitschriften Gesichter aus, die verschiedene Gefühle ausdrücken. Ordnet die „Gefühlsgesichter“ in zwei Gruppen. Gruppe A: „Diese Person fühlt sich gut.“, Gruppe B: „Diese Person fühlt sich schlecht.“ Erstellt dann auf einem Plakat eine Collage. Beschreibt anschließend die Gefühlsausdrücke. Eure Beschreibungen könnt ihr auch anschließend miteinander vergleichen.

4 Schildere Situationen, in denen du dich: glücklich, wehrlos, ängstlich, bedrängt, verstanden, bestärkt, ernst genommen und oder betrogen gefühlt hast.

Sag Nein!

Wenn uns etwas nicht gefällt oder wir uns nicht wohl fühlen, haben wir das Recht, Nein zu sagen. Nein sagen bedeutet, nicht unhöflich oder frech zu sein, sondern zeigt dem Gegenüber, dass man seine eigene Meinung vertritt und selbstbewusst ist. Dies gilt vor allem für Berührungen, die einem unangenehm sind.

5 Überlege dir, welche von diesen Situationen angenehm oder unangenehm sind. Sind die Situationen immer unangenehm?

- Du wirst gezwickt.
- Jemand hält dich am Arm.
- Jemand klopft dir auf die Schulter.
- Du wirst geküsst

- Jemand gibt dir einen Klaps auf den Po.
- Du sollst dich jemandem auf den Schoß setzen.
- Du sollst jemandem die Hand geben.
- Jemand gibt dir ein Küsschen auf die Wange.

Wenn dir eine dieser Situationen unangenehm ist, darfst du NEIN sagen, um deinem Gegenüber zu zeigen, dass du das nicht willst.

6 Überlegt euch in eurer Gruppe Situationen, in denen ihr auch mal gerne laut NEIN gesagt hättet. Spielt diese Szene euren Klassenkameraden vor. Zur Verdeutlichung dürft ihr das NEIN auch schreien.

Der Magische Kreis

Du hast sicher schon einmal das Gefühl gehabt, dass eine fremde Person dir so nahe kommt, dass du ein ungutes Gefühl dabei hast. Bei anderen Personen wieder macht es dir nichts aus, wenn sie ganz nahe an dich heranrücken.

Dieses mehr oder weniger nah an sich heranlassen kann man sich auch in gedachten Kreisen um den eigenen Körper vorstellen.

Der persönliche Abstand ist die Entfernung, in der man niemanden duldet. Man kann sich diese Entfernungen wie magische Kreise um einen herum vorstellen. Eigentlich sind es sogar zwei Kreise. Der innere Kreis: In ihn lässt man nur Menschen, die einem sehr nahe stehen, wie Eltern und gute Freunde.

Der äußere Kreis: In ihm halten sich Menschen auf, die einem nicht so nahe stehen.

11 Wald

Irgendwie erinnert das Wort an Waldeslust, an den Sonntagsausflug oder die Sommerferien mit Blätterrauschen, Moosteppichen, Beerensammeln und Pilzesuchen, aber auch an Tiere von Ameise und Buchfink bis zu Wildschwein und Zilpzalp. Mal erleben wir ihn als heimlichen Ort, wo man sich ganz toll verstecken kann, mal als unheimlichen Ort, als finsteren Urwald, in dem die Wurzeln nach den Füßen langen und die Stämme Grimassen schneiden. Die enge Beziehung des Menschen zum Wald spiegelt sich auch in vielen Redewendungen wider. Manche sehen dann vor lauter Bäumen den Wald nicht mehr. Oder wenn im Alltag die Verwirrung besonders groß ist, glaubt man wirklich, man steht im Wald. Für die meisten Stadtmenschen ist der Wald ein vergnüglicher Erholungspark, wo man Lärm und Last des Alltags hinter sich lässt. Viele Leute mögen das Schweigen im Walde, und nicht umsonst heißen hier viele Ausflugslokale Waldfrieden oder Waldesruh. Von der Waldeslust schwärmt auch so manches Volkslied. Und wer sich im Wald wohl fühlt, hat noch lange kein Brett vor dem Kopf. Wald ist nicht allein ein Ort zum Träumen. Wald ist wichtig, sogar lebenswichtig. Er ist von großem Nutzen für Land und Leute, verbessert das Klima, bietet Erholung, liefert Holz, versorgt mit Früchten und ist ein unentbehrlicher Lebensraum für Pflanzen, Pilze und Tiere.

Dem Wald auf der Spur

Menschen aus Großstädten und Industriegebieten suchen im Wald Ruhe und Entspannung. Bei Spaziergängen genießen sie die saubere Luft, das wohltuende Klima sowie die Tiere und Pflanzen, die ihnen begegnen. Geht man dem Wald auf die Spur, kann man eine Vielzahl von unbekannten Dingen entdecken.

Protokoll Vegetationsaufnahme		
1. Waldart: *Rotbuchenwald*		
2. Ort: *Hierfelder Wald*	Schichtung	Höhe
Rotbachtal	B (Bäume)	*25 m*
3. Datum: *30.04.04*	S (Sträucher)	*2,5 m*
4. Höhe (ü. NN): *30 m*	K (Kräuter)	*max. 60 cm*
5. Flächengröße: *100 m²*	M (Moose)	*bis 5 cm*
Liste der gefundenen Pflanzenarten		
B. Rot-Buche		*B*
Berg-Ahorn		*B*
S. Haselstrauch		*S*
Heckenkirsche		*S*
Weißdorn		*S*
K. Aronstab		*K*
Busch-Windröschen		*K*
Sauerklee		*K*
Wald-Veilchen		*K*

[1] *Protokoll: Vegetionsaufnahme*

Pflanzen registrieren
Der Wald ist Lebensraum vieler Pflanzen und Tiere.

1 Wenn man Art und Anordnung der Pflanzen im Wald ermitteln will, muss man nach einem System vorgehen. Sonst kann es leicht passieren, dass man den Überblick verliert und zu falschen Ergebnissen kommt. Für diese so genannte **Vegetationsaufnahme** wählt man sich eine ca. 100 m² (10 m · 10 m) große Probefläche, die man am besten mit einem Baustellenband oder einer Schnur eingrenzt. Anschließend bestimmt man mit Hilfe von Bestimmungsbüchern die Pflanzenarten, die innerhalb der Probefläche wachsen, und notiert diese auf einem **Protokollbogen** [1]. Dabei trägt man die Kräuter, Sträucher und Bäume am besten getrennt ein.

Temperaturen messen und Helligkeit bestimmen
Außer den Pflanzen kann man innerhalb der Probefläche noch weitere Faktoren untersuchen:

2 Messt die **Temperaturen** in 1 m Höhe an den gleichen Stellen und vergleicht eure Werte mit den Temperaturen außerhalb des Waldes.

[2] *Bei der Aufnahme der Waldvegetation ermittelt man die Pflanzenarten einer abgegrenzten Probefläche und deren Zugehörigkeit zu den verschiedenen Wuchsschichten.*

[3] *Zaunkönig*

[4] *Eine Vegetationsaufnahme kann auch klein beginnen – mit 1 m · 1 m.*

[5] *So bunt kann der Wald sein.*

3 Mit einem besonderen Gerät, dem Belichtungsmesser [8], kann man die Helligkeit bestimmen. Messt die **Lichtverhältnisse** in Boden-, Kraut- und Strauchnähe. Vergleicht eure Messergebnisse.

Boden ist nicht gleich Boden

Böden besitzen verschiedene Eigenschaften, die vom Untergrund, von der Korngröße und dem Humusgehalt abhängen. Mit einfachen Messmethoden kann man diese Eigenschaften bestimmen.

4 ⚠ Der Boden hat einen großen Einfluss auf die Pflanzen, die auf ihm wachsen. Bedeutsam ist, ob der Boden **Kalk** enthält oder nicht. Dies kannst du dadurch feststellen, indem du ein paar Spritzer verdünnte Salzsäure auf eine kleine Bodenprobe tropfst. Schäumt die Probe enthält der Boden Kalk. Je stärker sie aufbraust, desto mehr Kalk ist enthalten.

5 Ferner ist es wichtig, ob ein Boden **sauer** oder **basisch** reagiert. Das kann man mit einem kleinen Testkit und einer Flüssigkeit herausfinden. Die Abbildung [7] zeigt dir, wie du vorgehen musst.

Farbpalette des Waldes

Grün, grün, grün ist alles was ich sehe. Ist es wirklich nur die Farbe grün, die wir im Wald antreffen?

6 Schneide dir aus Pappe eine Farbpalette aus. Sammle anschließend verschiedene Farben der Natur und klebe sie auf deine Palette. Die Farbpalette [5] wirkt besonders künstlerisch, wenn du nur kleine Teile verschiedener Pflanzen aufklebst. Auch der Fruchtsaft von Waldbeeren oder zerriebener Waldboden ergeben eine intensive Farbe und erschließen dir die unendlich vielen Farbnuancen des Waldes.

Denkmal

❶ Warum kann eine Baumart auch in der Strauchschicht vorkommen?

❷ Mit welchen Untersuchungsmethoden kannst du etwas über die Beschaffenheit des Bodens erfahren?

Bodenarten	Körnigkeit Verformbarkeit
Sand	körnig nicht formbar
lehmiger Sand	wenig körnig wenig formbar
Lehm	wenig körnig formbar
Tonboden	klebrig gut formbar

[6] *Mit den Eigenschaften „körnig" und „verformbar" lassen sich die Arten des Bodens unterscheiden.*

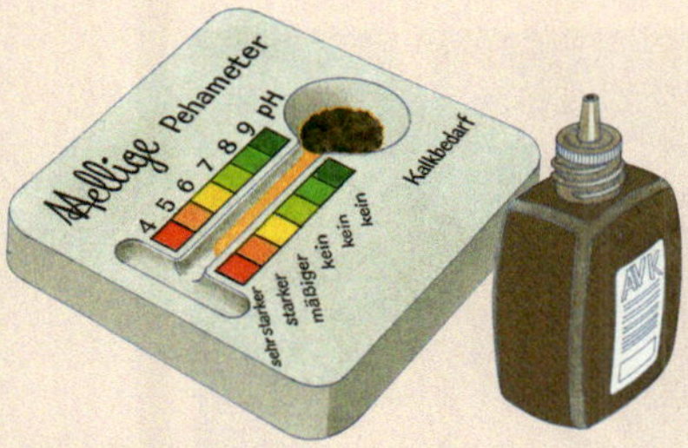

[7] *Gib eine Bodenprobe in die Vertiefung des Pehameters und tropfe ein wenig Testflüssigkeit darauf.*

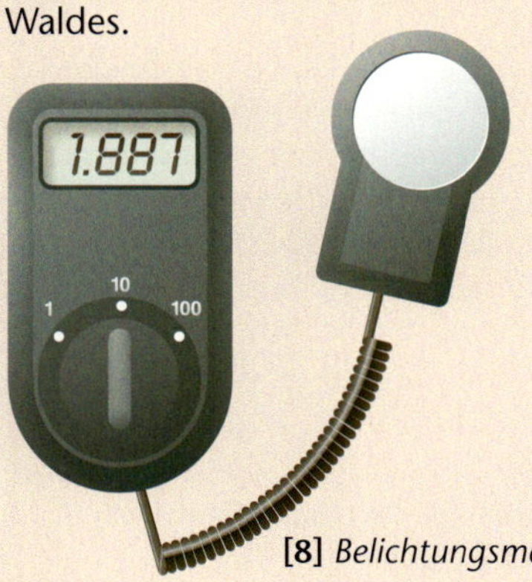

[8] *Belichtungsmesser*

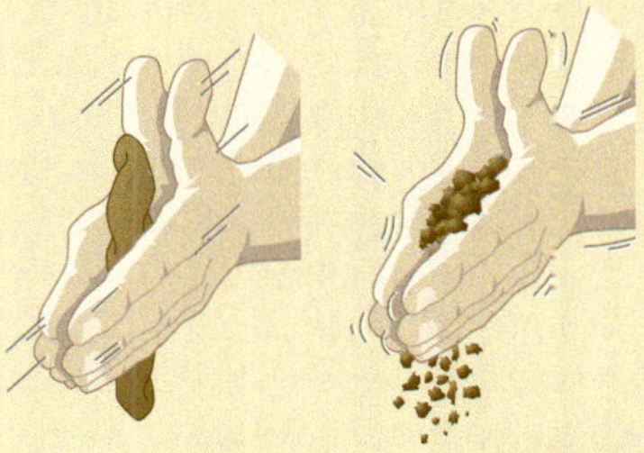

[9] *Fingerprobe*

Stockwerke des Waldes

Wie in einem Mehrfamilienhaus verteilen sich die Pflanzen eines Waldes auf mehrere Stockwerke. Sie beginnen in der Wurzelschicht und enden in den Baumkronen.

Aus größerer Entfernung zeigt sich der Wald meist als geschlossene, aufragende Wand aus sehr hohen Bäumen. Erst aus der Nähe oder vom Waldweg aus kann man erkennen, dass es im Wald außer hohen Bäumen auch noch verschiedene Sträucher und zahlreiche noch kleinere Waldpflanzen gibt. Ihre Staffelung nach Höhe und Tiefe ergibt verschiedene Schichten, die man mit den Stockwerken eines Hauses vergleichen kann.

Von unten nach oben

Besonders deutlich ist der Stockwerkbau [3] in einem lichten Mischwald entwickelt. Die **Moosschicht** stellt darin die unterste Etage. Viele winzige Moospflänzchen bilden filzige Rasen, kleine Polster, rundliche Kissen oder ausgedehnte Teppiche. Sie überkleiden Steine, verhüllen Baumwurzeln und bilden an den Baumstämmen grüne Behänge. Zur Moosschicht gehören auch die Boden bewohnenden Flechten sowie die Pilze.

Das nächsthöhere Stockwerk nennt man **Krautschicht**. Es besteht aus vielen Arten von Gräsern, Kräutern und Farnen, von denen die meisten nur hand- bis kniehoch werden. Eine Ausnahme ist der bis über 2 m hohe Adlerfarn – mit Abstand unser größter heimischer Waldfarn. Er leitet über zum folgenden Stockwerk, das nur noch von Holzpflanzen beherrscht wird.

Bis 4 m hoch reicht die Etage der **Strauchschicht**, zu der beispielsweise Hasel und Holunder, Faulbaum und Pfaffenhütchen gehören.

Darüber folgt schließlich die bis 40 m hoch aufragende **Baumschicht** mit mächtigen Stämmen und weit ausladenden Kronen.

[1] *Wenn der Sturm eine Fichte von der Seite packt und sie umwirft, kann man ihr gesamtes Wurzelwerk als so genannten Windwurfteller sehen.*

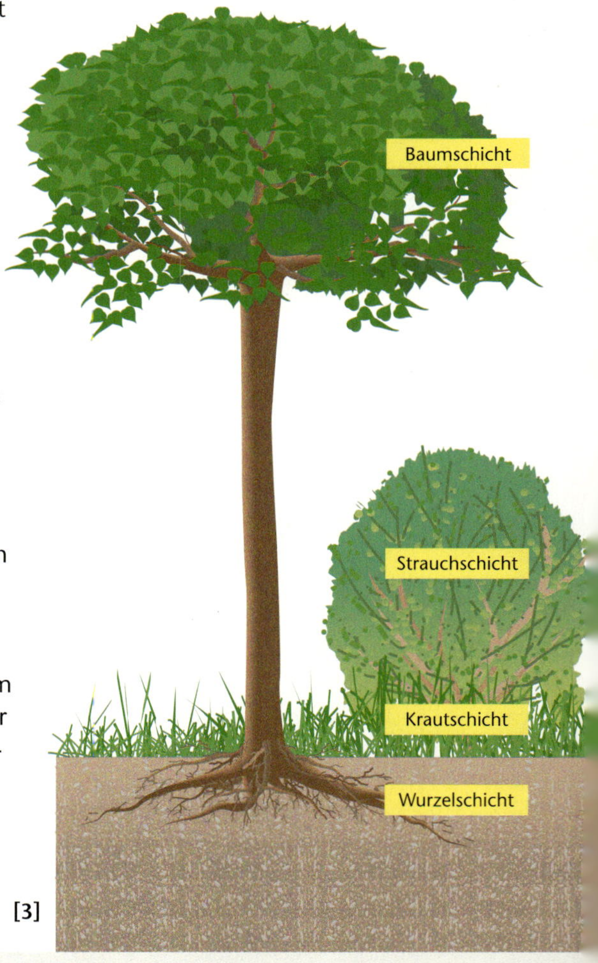

[3]

Bäume mit Fußpilzen

Erfahrene Pilzsammler wissen natürlich, dass man Pfifferlinge oder Steinpilze nur unter bestimmten Baumarten findet. Die meisten Waldbäume gehen nämlich mit den Bodenpilzen ein besonders inniges Verhältnis ein: Feine Pilzfäden umspinnen die Wurzeln der Bäume mit einem dichten Geflecht, das erleichtert beiden das Leben. Die Pilze erhalten aus der Baumwurzel Nährstoffe, die von dem Baum produziert wurden. Umgekehrt versorgen sie den Baumpartner mit Mineralstoffen aus dem Boden. Mit dem weitreichenden Pilzgeflecht vergrößern die Baumwurzeln ihren Aktionsraum für die Stoffaufnahme ganz erheblich.

[2] *Pilzwurzel nennt man diese lebenswichtige Verbindung zwischen Baum und Bodenpilz.*

[4] *Samtig weich überzieht die Moosschicht die Steine.*

[5] *Wie ein Mini-Wald präsentieren sich die Farnwedel in der Krautschicht.*

Baum oder Strauch

Bäume sind die einzigen Waldpflanzen, die während ihrer verschiedenen Lebensabschnitte zwischen Keimung und Reifung nacheinander allen Waldstockwerken angehören. Streichholzkurz beginnen sie als Keimlinge in der Moosschicht, sind dann für wenige Jahre Bestandteil der Kraut- und Strauchschicht und lassen beim weiteren Längenwachstum alle anderen Pflanzen weit unter sich.

Bäume und Sträucher unterscheiden sich nicht allein in der Höhe, sondern vor allem in der Form. Schon kleine, allenfalls mannshohe Bäume zeigen das typische Aussehen: ein einzeln aufragender Stamm und weiter oben sitzt eine verzweigte Krone. Den Sträuchern fehlt dagegen der durchgehende Einzelstamm. Ihre Sprossachse verzweigt sich schon unmittelbar über dem Boden in mehrere gleich starke Stämme.

Merkmal

▶ Die Pflanzen eines Waldes lassen sich in verschiedene Stockwerke einordnen: Moosschicht, Krautschicht, Strauchschicht und Baumschicht. Auch die Wurzelschicht gehört zu den Stockwerken.

Denkmal

❶ Ein Baum gehört im Laufe seines Lebens allen Schichten des Waldes an. Erkläre.

❷ Warum wirft ein starker Sturm vor allem Fichten um, nicht aber Buchen und Eichen – und warum fallen nicht alle Fichten um? Erkläre.

❸ Nenne jeweils drei Vertreter der Kraut-, Strauch- und Baumschicht.

❹ Erkläre mit eigenen Worten, was man unter Pilzgeflecht versteht.

❺ Schlage in einem Bestimmungsbuch die im Text genannten Pflanzenarten nach und versuche diese bei einem Waldspaziergang zu finden.

❻ Erläutere den Ausdruck „Herzwurzel".

❼ Sieh dir die Abbildung **[260.2]** an und grenze die Stockwerke voneinander ab.

❽ Einen Strauch kann man etwas überspitzt als Baumkrone bezeichnen, der unmittelbar dem Boden aufsitzt. Erkläre.

Wurzelschicht

Am unteren Stammende der Sträucher und Bäume ist der Wald lange noch nicht zu Ende, denn die **Wurzelschicht** gehört ebenfalls zum Wald. Die Hauptmasse der Wurzeln reicht in den meisten Waldböden bis etwa 50 cm Tiefe. Einigen Baumarten, wie z. B. der Fichte, fehlen die tief in den Waldboden wachsenden Wurzeln. Ihre so genannten **Flachwurzeln** bieten bei starken Stürmen keinen sicheren Halt. Andere Baumarten, wie z. B. die Eichen, Tannen und Kiefern, sind dagegen ausgesprochene **Tiefwurzler**. Ihre so genannten Pfahlwurzeln können viele Meter tief in den Boden vordringen. Buchen und Erlen besitzen **Herzwurzeln**, das ist eine Mischform aus Flach- und Pfahlwurzeln. Sie entwickeln ihr Wurzelwerk sowohl in die Tiefe als auch in die Breite und sind daher für Windwurf weniger anfällig.

[6] *Wurzeltypen – von Flach- über Herz- zu Pfahlwurzeln*

Bäume wie im Bilderbuch

Die Buche ist eine der wichtigsten heimischen Laubwaldbäume. Auf weiten Flächen bildet sie hohe Hallenwälder.

Der Waldspaziergang macht es deutlich: Hier wachsen zwar viele Bäume, aber im Unterschied zur Fülle einer bunten Wiese sind es auffallend wenige Arten. Meist sind es stattliche Buchen, die man an der glatten, grauen Rinde erkennt, oder knorrige Eichen, deren Rinde rau und rissig ist.

[1] *Buchenhallenwald: Bevor die Blätter im Herbst als Falllaub zu Boden gehen, ruft der Baum daraus alle verwertbaren Stoffe zurück.*

Die Buche ist eine Leitart

Die Mehrzahl der Bäume gehören entweder zur Buche [7] oder zur Eiche. Man nennt sie deswegen auch **Leitarten** des Laubwaldes. Die wenigen übrigen Baumarten wie Birke und Hainbuche, die hier vorkommen, sind dagegen die **Begleitarten**.

Mit bis zu 40 m Wuchshöhe ist die Buche einer der größten heimischen Laubbäume. Zur besseren Unterscheidung von der nicht näher verwandten Hain- oder Weißbuche nennt man sie auch **Rot-Buche**, weil sie ein leicht rötliches Holz hat. Da es fest und beständig ist, verwendet man es gerne für Möbel und Treppenstufen. Durch Beizen kann man Buchenholz in viele verschiedene Fartöne umfärben.

Knospen, Blätter und Blüten

Buchen sind wie fast alle anderen heimischen Laubbaumarten sommergrün. Im Winter sieht man nur die schlanken, spindelförmigen Buchenknospen [2] – sie stehen am Zweig einzeln und leicht abgewinkelt. Zum Saisonstart strecken sich die Knospenschuppen und setzen die anfangs buchstäblich maigrünen Laubblätter [3] an die Luft. Erst im Lauf der nächsten Wochen dunkeln sie zum kräftigen Sommergrün nach. In Parkanlagen sieht man manchmal Buchen mit tief dunkelroten Blättern, die **Blutbuchen** heißen.

Wie die meisten Waldbäume sind auch die Buchen windblütig, denn in einem großen Wald gibt es nicht genügend Insekten, um alle Blüten einzeln zu bestäuben. Die einhäusig verteilten Blüten öffnen sich schon vor dem Laubaustrieb. Aus den weiblichen Blüten entwickeln sich die kantigen, ölreichen **Bucheckern** [4]. Für viele Waldtiere wie Waldmäuse und Eichhörnchen, aber auch Wildschweine, sind sie eine wichtige Nahrung.

[2] *Buchenknospe*

[3] *Buchenblüte*

[4] *Frucht mit Bucheckern*

[5] *Keimende Buchecker*

Nicht verwechseln: Hainbuche

Zusammen mit den Ess-Kastanien bilden Rot-Buchen und Eichen die Buchengewächse. Die heimische **Hain- oder Weißbuche** ist damit trotz ihrer Namensähnlichkeit nicht näher verwandt. Sie gehört zu den Birkengewächsen. Ihr Blatt ist am Rand nicht glatt, sondern gesägt und immer leicht gefaltet wie eine Ziehharmonika [9]. Hainbuchenstämme sind von einem Netz- und Leistenmuster überzogen, das sich bei alten Exemplaren zu dicken Wülsten vergrößert. In vielen Waldtypen ist die Hainbuche eine wichtige Begleitart. Ihr festes, helles Holz nutzt man als Grillkohle, für Hackbretter und Werkzeugstiele.

[7] *Eine frei stehende Buche kann ein mächtiger Baum werden.*

Deutschland ist Buchenland

Die Buche besiedelt alle Waldstandorte, die nicht zu trocken, zu nährstoffarm und zu feucht sind. Ihr natürliches Verbreitungsgebiet reicht daher vom nordwesteuropäischen Tiefland bis zu den Alpen. In Deutschland liegen die größten zusammenhängenden Buchenvorkommen Europas. Von Natur aus wären sogar mehr als zwei Drittel der Landesfläche von Buchenwäldern bedeckt, weil sich die Buche im gegenwärtigen Klima besonders wohl fühlt.

[6] *Die ersten Blätter des Rot-Buchenkeimlings sehen völlig anders aus als die Laubblätter des großen Baums.*

Merkmal

▶ Die Rot-Buche ist eine unserer häufigsten und höchsten Baumarten. Man nennt sie deshalb eine Leitart.

▶ Die ölhaltigen Früchte der Buche, die Bucheckern, sind eine wichtige Nahrungsquelle für viele Tiere des Waldes.

[8] *Die Germanen ritzten ihre Schriftzeichen, die Runen, oft in Stäbe aus Buchenholz. Daraus entstanden die Begriffe Buchstabe und Buch.*

Denkmal

❶ Benenne wichtige Artunterschiede zwischen Buche, Eiche und Hainbuche.

❷ Schlage den Begriff „Hain" in einem Wörterbuch nach.

❸ Erläutere, warum man bei solchen Buchenwäldern wie in Abbildung [1] von einem Buchhallenwald spricht.

❹ Erläutere, woher unser Wort „Buchstabe" und „Buch" kommt.

❺ Erkläre, was man unter einer einhäusigen Pflanze versteht.

❻ Was ist eine Blutbuche?

❼ Warum heißt die Buche eigentlich „Rot-Buche"?

❽ Vergleiche Rot- und Hainbuche miteinander.

[9] *Blätter der Hainbuche*

Ameisenburg

Oberflächlich sehen wir nur den aus Hölzchen, Nadelstreu und sonstigem Waldbodenbelag aufgeschichteten Teil eines Ameisenhaufens. Der größte Teil liegt jedoch unter der Bodenoberfläche.

Die Bezeichnung Ameisenhaufen ist eigentlich recht unzutreffend. Auch wenn das massenhaft aufgehäufte Streugut von außen wirr und zufällig aussieht, besteht sein Inneres aus planvoll angelegten Kammern, Verbindungsgängen und Eingangsröhren. Ameisenburg [1] wäre eine viel passendere Bezeichnung. Auf dem Erdboden sind sie meist 1 bis 2 m breit und oft fast ebenso hoch. Damit sind sie mit Abstand die größten Bauwerke, die Insekten bei uns zu Stande bringen.

Bergbau im Teamwork

Ameisen bauen im Unterschied zu Wespen, Hummeln oder Bienen keine Wachswaben mit gleichmäßigen Sechseckzellen. Sie nagen Hohlräume in Holz und räumen Gänge oder Kammern im Boden aus. Der dabei anfallende Abraum wird zur sichtbaren Ameisenburg aufgetürmt und ebenfalls durchtunnelt. Die Abdeckung der kegelförmigen Burganlage mit totem Pflanzenmaterial wie Nadeln, Zweigstückchen und anderem Streugut ist für die Wärmeregulation im Nestinneren wichtig.

Leben in der Unterwelt

Die auffälligen, oft an einen Baumstamm angelehnten Ameisenburgen sind die Bauwerke der **Kleinen Roten Waldameise**. Zur Besatzung gehören bis zu eine Million Ameisen – sie bilden zusammen ein Ameisenvolk. Die meisten Nestbewohner sind Arbeiterinnen, die nicht geschlechtsreif werden und ungeflügelt bleiben.

Die geschlechtsreifen Weibchen nennt man bei den Ameisen wie bei den Bienen und Hummeln Königinnen. Zumindest während der Zeit des Hochzeitsfluges sind sie geflügelt, werfen ihre Flügel aber nach der Begattung ab. Danach besteht ihre Aufgabe nur noch in der Eiproduktion. Eine Ameisenkönigin kann pro Tag bis zu 200 Eier legen. Da sie bis 10 Jahre lang lebt, sorgt sie also für eine sehr zahlreiche Nachkommenschaft. Im Unterschied zu anderen Insekten, die sich zu wohl geordneten Staa-

Zerstöre keine Ameisenburgen und trampele auch nicht unmittelbar im Nestbereich herum.

[1] *Viele Arbeiterinnen eines Ameisenvolkes sind als Sammlerinnen unterwegs und tragen Baumaterial und Nahrung zusammen. Dabei benutzen sie festgelegte Routen, die mit dem nesteigenen Duft markiert sind. Auf diesen „Ameisenstraßen“ kann man Arbeiterinnen beobachten, die sich gegenseitig mit den Fühlern betasten und durch eine besondere „Fühlersprache“ verständigen.*

[2] *Säureattacke*

[3] *Verständigung mittels „Fühlersprache"*

[4] *Abwehrhaltung*

ten zusammenschließen, leben in den Burgen der Kleinen Roten Waldameise immer zahlreiche Königinnen, manchmal sogar mehr als tausend. Insekten, die in Völkern oder Staaten leben und eine strenge Arbeitsteilung zeigen, nennt man **soziale Insekten**.

Nützlinge im Wald

Waldameisen sind bei ihrer Nahrung nicht sehr wählerisch. Im Sommer ernähren sie sich von Pflanzensäften, beispielsweise dem Blutungssaft von Birken, aber auch vom zuckerigen Honigtau, den an Pflanzen saugende Blattläuse ausscheiden. Dazu steigen sie den Blattläusen bis hoch in die Bäume nach. Außerdem tragen sie, vor allem als Wintervorrat, öl- und stärkereiche Pflanzensamen in ihre Burgen – im Durchschnitt etwa 50 000 im Laufe eines Sommers. Damit leisten sie einen aktiven Beitrag zur Verbreitung vieler Pflanzenarten. Auf die Verbreitung durch Ameisen spezialisiert sind beispielsweise Veilchen, Taubnessel und viele Gräser. Deren Samen tragen als Lockspeise für die Ameisen besonders nahrhafte Anhängsel.

Förster schätzen Waldameisen besonders als Schädlingsvertilger. An einem Tag verbraucht ein großes Ameisenvolk bis zu 10 000 Beuteinsekten, darunter vor allem massenhaft auftretende Forstschädlinge.

Säureattacke

Waldameisen sind mit den Bienen und Wespen verwandt. Sie haben ihren Giftstachel zurückgebildet, besitzen aber noch Giftdrüsen, deren Inhalt aus der Hinterleibsspitze verspritzt wird **[4]**. Hauptbestandteil des Abwehrstoffes ist Ameisensäure **[2]**. Wenn man eine Ameise auf Indikatorpapier setzt, verfärbt es sich rot.

Merkmal

▶ Die Rote Waldameise errichtet große Bauten aus abgestorbenen Pflanzenteilen.

▶ Weil Ameisen als Futter hauptsächlich Pflanzen fressende Insekten eintragen, werden sie als Nützlinge bezeichnet.

Denkmal

1. Beobachte in der Nähe einer Ameisenburg den Fernverkehr auf einer Ameisenstraße. Ist dort Material- oder Nahrungstransport zu erkennen?
2. Versuche Ameisen mit Picknickresten (Käsekrümel, Brot) anzufüttern. Berichte.
3. Waldameisen sind geschützt, obwohl es so viele gibt. Erkläre.
4. Wedele mit einem Blatt oder der Hand über einer Ameisenstraße – die Arbeiterinnen gehen sofort in Abwehrhaltung und verspritzen ihre Ameisensäure. Teste die Ameisensäure mit Indikatorpapier.
5. Ameisen werden auch als „Waldpolizei" bezeichnet. Erkläre.
6. Vergleiche einen Ameisenstaat mit dem von Honigbienen.
7. Warum werden Ameisen und Bienen als soziale Insekten bezeichnet?
8. Erkläre den Begriff sozial.

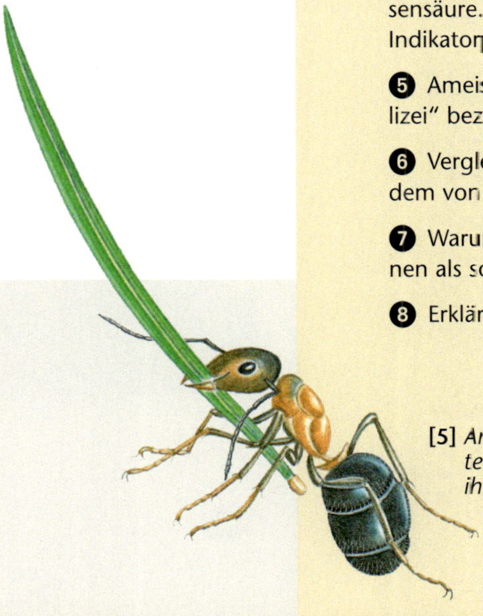

[5] *Ameisen sind Schwertransporter. Sie können ein Mehrfaches ihres Körpergewichts tragen.*

Spuren suchen, Fährten lesen

Heimlichtuer und Leisetreter sind sie fast alle, und Meister im Versteckspiel dazu: Welche und wie viele Tiere überhaupt im Wald wohnen, von denen man sonst fast nichts bemerkt, zeigen die vielen Spuren, Fährten und Trittsiegel. Auf weichem Grund hinterlassen die zwei- und vierbeinig laufenden Tiere so manchen guten Eindruck, und erst recht im frisch gefallenen Schnee.

Fußspuren

Nach dem Bau der Füße und der Art des Gehens kann man die Säugetiere in die drei Gruppen der Sohlen-, Zehen- und Zehenspitzengänger einteilen. Sohlengänger, außer uns selbst beispielsweise die Bären, stehen immer mit der gesamten Fußfläche im Leben. Die Zehengänger, darunter Mäuse, Marder, Dachs, Fuchs, Katze und Hund, treten bereits wesentlich vorsichtiger auf – sie berühren den Boden nur mit den Zehen, nicht mit Mittelfuß oder Fußwurzel. Ihre Füße nennt man Pfoten. Auf deren Unterseite ist hinter jedem Zeh ein Zehenballen und dahinter ein Hauptballen entwickelt. Alle Huftiere wie Reh, Hirsch und Wildschwein oder Ziege, Schaf, Pferd und Rind sind Zehenspitzengänger – sie gehen praktisch immer nach Art einer Primaballerina. Paarhufer wie Hirsche und Wildschweine laufen auf zwei Schalen, Unpaarhufer wie Pferde und Rinder auf Hufen und damit auf der Spitze nur eines, allerdings besonders groß und tragfähig entwickelten Fingers. Die Schalen und Hufe entsprechen unseren Fuß- und Fingernägeln.

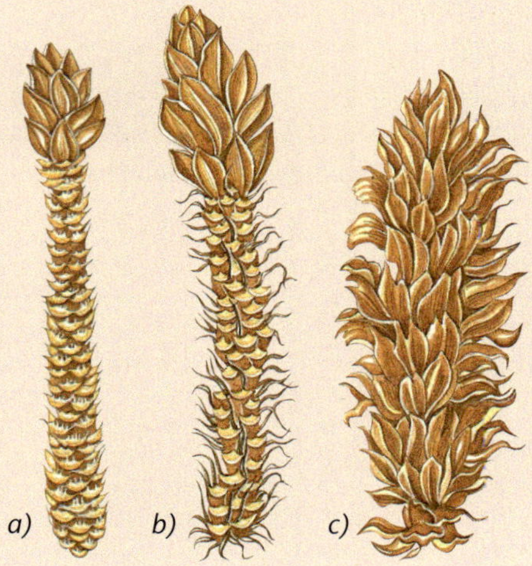

[1] *a) Waldmaus, b) Eichhörnchen und c) Specht hinterlassen beim Verzehr der Samen unterschiedliche Spuren bei den Fichtenzapfen.*

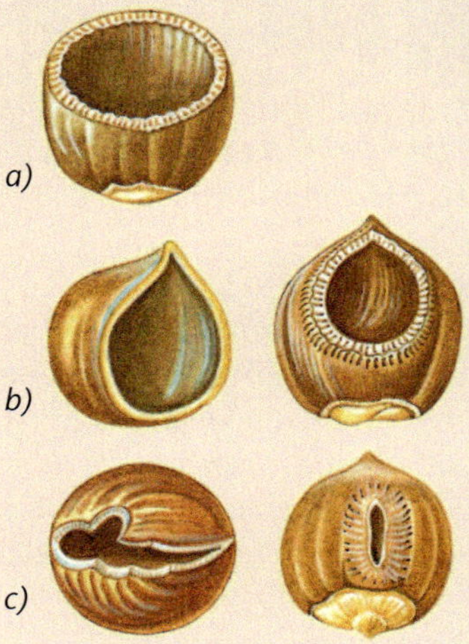

[2] *Besonders verräterisch sind diese so genannten Fraßspuren, wenn a) Rötelmaus, b) Kohlmeise oder c) Eichhörnchen eine Haselnuss öffneten.*

Trittsiegel

Den einzelnen Abdruck, den ein Vogelfuß, ein Huf, eine Schale oder eine Pfote im weichen Untergrund hinterlässt, nennt man Trittsiegel. Erst eine Serie hintereinander angeordneter Trittmarken ergeben bei den Sohlen- und Zehengängern die Spuren und bei den Huftieren die Fährten.

Fährten konservieren

Lege eine Kartonmanschette um ein deutliches Trittsiegel in feuchtem Boden z. B. auf einem Waldweg und gieße sie mit Gips aus. Nach dem Ausgießen lässt du den Gips etwa 15 bis 20 min aushärten.

[3] *Eulen verspeisen Waldmäuse mit Haut und Haar. Alles Unverdauliche wird in ihrem Magen zusammengepresst und anschließend als Gewölle wieder ausgewürgt – auch die Knochen.*

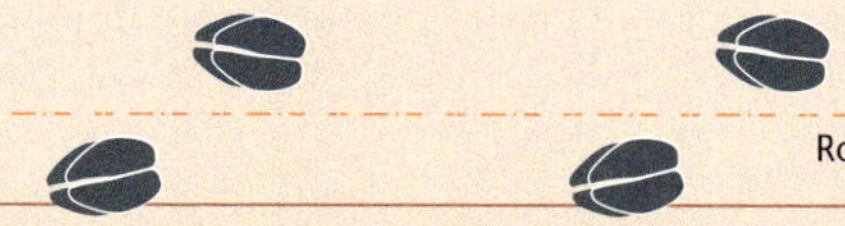

Rothirsch-Fährte

[4] *Zum besseren Halt steckt der Specht die Zapfen in eine Vertiefung am Baumstamm. Derartige Futterstellen bezeichnet man als Spechtschmiede.*

[5] *Spuren im Schnee verraten nicht nur die Tierart, sie lassen auch erkennen, wann die Tiere hier wechselten.*

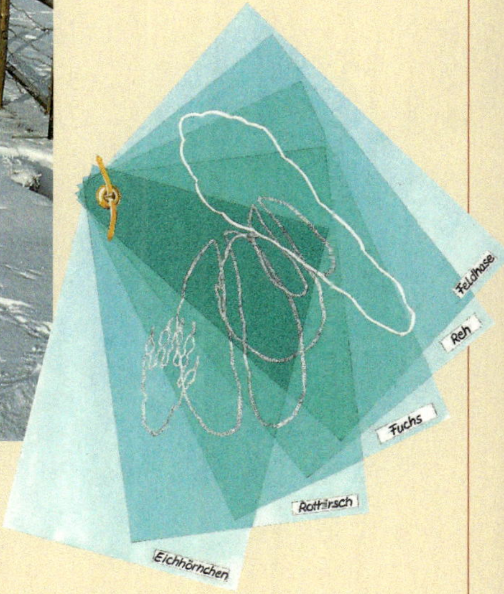

Federlesen

Greifvögel wie Habicht oder Sperber sortieren die unverdaulichen Federn ihrer Beute vor der Mahlzeit aus und hinterlassen dabei Rupfungen.

Sammle Mauser- oder Rupfungsfedern, klebe sie auf Karton und beschrifte sie entsprechend mit Brust-, Schwanz-, Rücken- und Flügelfeder.

[6] *Hier wurde eine Ringeltaube zum Opfer. Die Rupfungsfedern kann man sammeln und sortieren.*

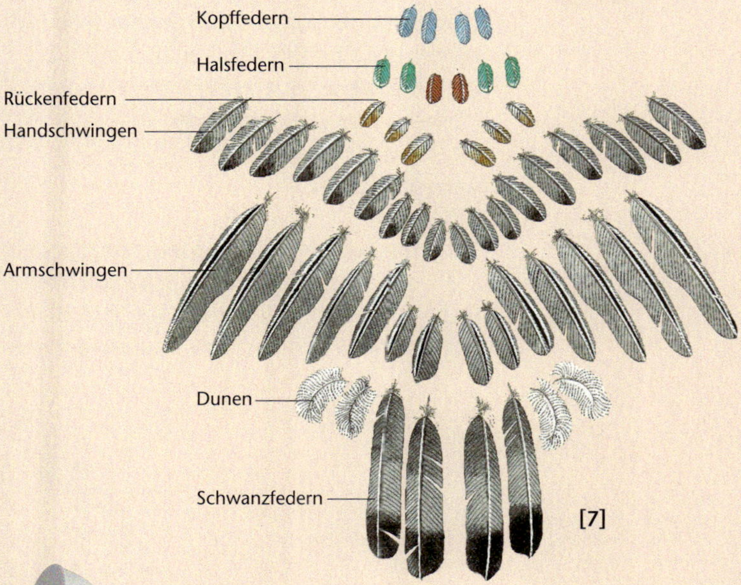

[7]

Merkmal

- ▶ Wildtiere hinterlassen Trittsiegel, an denen man sie erkennen kann. Sohlen- und Zehengänger hinterlassen Spuren, bei Huftieren sind es Fährten.
- ▶ Auch Nahrungsreste oder Rupfungen lassen auf den Verursacher schließen.

[8]

Denkmal

❶ Erkläre den Unterschied zwischen Trittsiegel und Fährte.

❷ Warum sagt man zu einem Fußabdruck auch Siegel, und was bedeutet der Ausdruck Rupfung? Schlage in einem Wörterbuch nach.

❸ Schlag nach, was ein Gewölle ist und erkläre, wie es zu Stande kommt.

❹ Wem entsprechen Schalen und Hufe bei unseren Händen und Füßen?

Der Baum – eine Welt für sich

Viele Tiere treibt es auf die Bäume, denn hier gibt es reichlich Lebensraum und zusätzlich ergiebige Nahrungsquellen.

Auf einer Eiche leben ungefähr 100 verschiedene Algen-, Moos-, Pilz- und Flechtenarten und fast 300 Arten Insekten. In einem Eichenwald kommen insgesamt etwa 7000 Tierarten vor, darunter rund 100 Arten Wirbeltiere. Die Tiere finden hier nicht nur Unterschlupf oder Rast- und Brutraum, sondern auch ihre Nahrung. Manche ernähren sich nur von Pflanzenteilen, viele nutzen aber auch andere Tierarten als Nahrungsquelle.

[1] *1 Buntspecht, 2 Eichhörnchen, 3 Waldkauz, 4 Habicht, 5 Singdrossel, 6 Waldlaubsänger, 7 Gartenkreuzspinne, 8 Raupe des Eichen-Zahnspinners, 9 Brauner Bär, 10 Wurmfarn, 11 Echtes Springkraut, 12 Wildschwein, 13 Zauneidechse, 14 Eichen-Wirrling (Baumpilz), 15 Fahler Röhrling, 16 Große Wegschnecke, 17 Schmetterlingspuppe, 18 Pilzmyzel, 19 Regenwurm, 20 Rollassel, 21 Erdläufer, 22 Rothals-Aaskäfer, 23 Rötelmaus, 24 Puppe des Braunen Bären, 25 Eichenbock, 26 Wolfsspinne, 27 Rote Waldameise*

Nahrungskette

Das grüne Blattwerk der Eiche ist die Raupennahrung des Eichenwicklers. Kohlmeisen fressen die Schmetterlingsraupen, werden aber ihrerseits zur Beute des Sperbers. Die Eiche, der die Blätter weggeknabbert werden, ist der Nahrungserzeuger. Die Blatt verzehrende Wicklerraupe ist der Erstverbraucher, die Raupen fressende Kohlmeise der Zweitverbraucher, der Baummarder der dritte Verbraucher und der Greifvogel der Endverbraucher. Die Nahrungsbeziehungen bilden in diesem Fall eine Kette aus fünf Gliedern. Über solche **Nahrungsketten [3]** hängen die Organismen voneinander ab, denn die Meise frisst keine Blätter und der Sperber keine Wicklerraupen.

Nahrungsnetz

Die gegenseitige Abhängigkeit der Pflanzen und Tiere auf einer Eiche ist in Wirklichkeit noch viel beziehungsreicher. Von den Blättern ernähren sich auch die Raupen anderer

[2] *Nahrungsnetze zeigen, dass die Tiere nicht nur einer Nahrungskette angehören. Verbindet man einzelne Nahrungsketten miteinander, ergeben sich netzartige Muster. Die Pfeile im Nahrungsnetz geben an, wer wen frisst: Grassamen werden von der Waldmaus, die wiederum vom Baummarder oder vom Waldkauz gefressen.*

[3] *Beispiel einer Nahrungskette im Eichenwald: Eichenblatt mit Eichenwicklerraupe, Kohlmeise, Baummarder, Sperber*

Schmetterlinge oder auch Käferlarven. Rehe und Hirsche äsen ebenfalls Eichenlaub. Die Raupen werden von Blaumeisen gefressen, und die Meisen sind nicht nur die Beute des Sperbers, sondern auch des Habichts. Nachts fallen sie gelegentlich sogar dem Waldkauz zum Opfer. Auch Baummarder decken einen Teil ihres Nahrungsbedarfs mit Kleinvögeln, beispielsweise mit Drosseln, die sich ihrerseits von Würmern, Schnecken oder Beeren ernähren.

Die Nahrungskette vom Eichenblatt bis zum Greifvogel stellt die Nahrungsbeziehung also sehr vereinfacht dar. Da die meisten Tiere mehrere Nahrungsquellen nutzen, verzweigen sich die Nahrungsketten vielfach und entsprechen eher den Maschen eines Netzes. Man spricht dann von einem **Nahrungsnetz** [2].

Die Pflanzen und Tiere des Waldes, die vom **Lebensraum** Baum abhängen, werden durch solche Nahrungsnetze zu einer **Lebensgemeinschaft**. Der Lebensraum und die Lebensgemeinschaft bilden gemeinsam das **Ökosystem Wald**.

[4] *Baummarder nutzen Astlöcher oder verlassene Spechthöhlen gerne als Wohnraum. Sie lassen sich an ihrem gelben Kehlfleck gut vom Steinmarder mit weißem Fleck unterscheiden.*

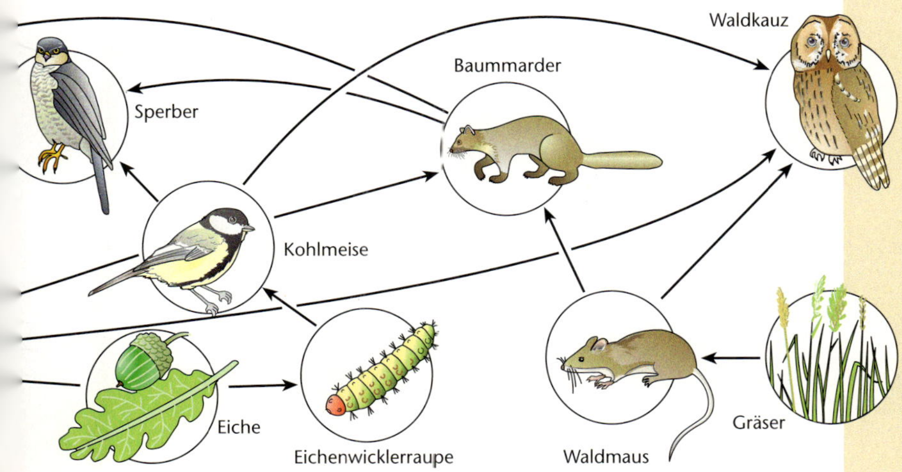

Merkmal

▶ Im Lebensraum Wald bilden die darin lebenden Pflanzen und Tiere eine Lebensgemeinschaft.

▶ Eine Nahrungskette besteht aus Erzeugern und Verbrauchern. Die Pflanzen sind die Nahrungserzeuger, von ihnen leben die Erstverbraucher, es sind Pflanzenfresser. Zweitverbraucher ernähren sich von den Erstverbrauchern. Die Endverbraucher stehen am Ende dieser Nahrungskette.

▶ Da die Lebewesen sich von verschiedenen Mitgliedern der Lebensgemeinschaft ernähren, spricht man von einem Nahrungsnetz. Je mehr Glieder ein Nahrungsnetz hat, desto stabiler ist die Lebensgemeinschaft.

Denkmal

❶ Setze aus den folgenden Gliedern eine Nahrungskette zusammen: Buntspecht, Fichte, Sperber, Borkenkäfer.

❷ Erweitere diese Nahrungsbeziehung um die folgenden Tiere: Eichhörnchen, Blattlaus, Waldmaus, Fuchs, Fichtenkreuzschnabel, Eichelhäher, Wildschwein.

❸ Kannst du eine Nahrungskette vom Buchenblatt bis zum Bussard zusammenstellen? Ergänze deine Nahrungskette durch eine „Speisenliste" mit der bevorzugten Nahrung der einzelnen Glieder deiner Nahrungskette.

❹ Manchmal vermehren sich die Verbraucher sehr stark und werden dann zu Schädlingen. Wie ist das möglich und wie könnte man dem entgegenwirken?

Vom Kreislauf der Stoffe

Am Boden geht es unauffällig rund. Pflanzliche und tierische Stoffe werden um- und abgebaut. So bleiben lebenswichtige Stoffe im Umlauf.

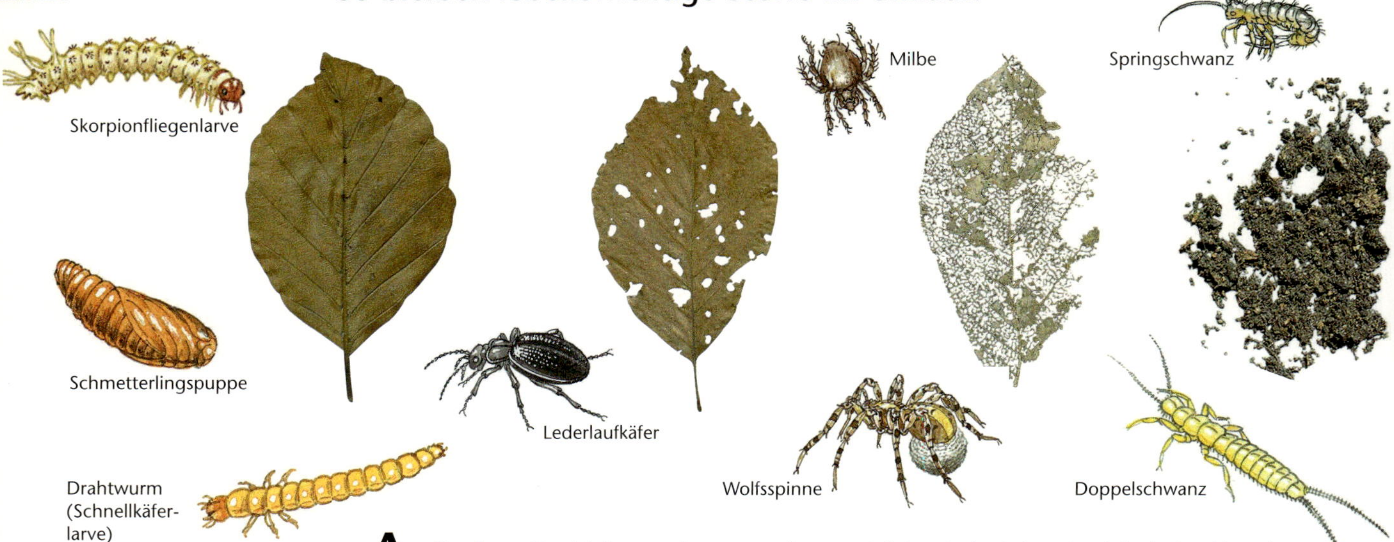

[1] *Zersetzer sind Spezialisten im Abbau von toten pflanzlichen und tierischen Stoffen.*

Am Beginn aller Nahrungsketten stehen immer lebende Pflanzen. Ohne sie hätten die Pflanzenfresser keine Nahrung, und auch Fleischfresser wären hungrig.

Pflanzen bauen energiereiche Stoffe auf, und Tiere leben davon

Grüne Pflanzen erzeugen aus Wasser, Kohlenstoffdioxid und einigen Mineralstoffen energiereiche organische Stoffe [4]. Diese Stoffe sind die Grundlage für die Ernährung der weiteren Glieder der Nahrungskette [5]. Daraus bilden sie beispielsweise Wurzelmasse, Blätter und Blüten.

Ob Säugetiere, Vögel oder Fische, alle Tiere leben von Pflanzen. Die Tiere wandeln die aufgenommenen pflanzlichen oder tierischen Stoffe in körpereigene Stoffe um. Sie bilden beispielsweise Muskeln, Knochen und Haare oder nutzen diese Stoffe für ihre Bewegung und die Erzeugung von Körperwärme. Einen Teil speichern sie auch als Reserve in Form von Fett.

Zersetzer verwerten den Rest

Bäume werden nicht unendlich alt, und Tiere werden gefressen oder sterben eines natürlichen Todes. Tote Pflanzen und Tiere hinterlassen organisches Material. Das bildet die Nahrungsgrundlage für die Gruppe der **Zersetzer**. Auch die Ausscheidungen der Tiere gehören dazu.

Eigentlich müsste der Wald in seinem eigenen Abfall ersticken, da jedes Jahr zentnerweise Falllaub auf den Boden landet. Ein kurzer Blick unter die Decke der Laubstreu [2] zeigt jedoch, dass ein ganzes Heer an Zersetzern am Abbau abgestorbener Pflanzenteile beteiligt ist. Die Bodentiere machen sich jedoch nicht wahllos über tierisches und pflanzliches Abfallgut her. Vielmehr gibt es für den Abbau die jeweils zuständigen Spezialisten [1]. Laubschnecken wie die Schließmundschnecke, Springschwänze und Rindenläuse fressen zunächst nur kleine Löcher (Lochfraß) in die Blätter und eröffnen den Zugang unter die Blatthaut. Asseln, Saftkugler, Fadenwürmer und Zweiflügellarven erweitern die Löcher zu größeren Fenstern (Fensterfraß).

[2] *Unter den bunten Blättern herrscht ein reges Treiben.*

[3] *Für die Zersetzer sind tierische Ausscheidungen ein gefundenes Fressen.*

[4] *Am Anfang einer jeden nährstoffreichen Beziehung steht die Sonne.*

[5] *Grüne Pflanzen stehen am Anfang einer Nahrungskette.*

Dann nagen Hundertfüßer wie der Steinkriecher und Tausendfüßer wie der Schnurfüßer, Ohrwürmer und größere Moosmilben die weiteren Gewebe säuberlich von den Rippen ab (Skelettfraß).

Was zuletzt noch als Fetzen in dieser krümeligen Masse übrig bleibt, dient kleinen Bodenwürmern, Springschwänzen, Insektenlarven und kleinen Milben als Mahlzeit. Bakterien und Pilze machen sich schließlich über die unverdaulichen Reste her. Schließlich fressen sich die Regenwürmer durch ihren Lebensraum. Sie nehmen dabei die von den Bakterien aufbereiteten Stoffe zusammen mit Bodenteilchen auf und scheiden sie miteinander vermengt wieder aus. Die Mineralstoffe stehen nun den Pflanzen wieder zur Verfügung. Zusammen mit Wasser und dem Kohlenstoffdioxid der Luft können sie wieder energiereiche organische Stoffe erzeugen. Damit ist der **Kreislauf der Stoffe** geschlossen.

Merkmal

- ▶ Grüne Pflanzen erzeugen aus Wasser, Kohlenstoffdioxid und Mineralstoffen energiereiche organische Stoffe. Diesen Vorgang nennt man Fotosynthese.
- ▶ Verbraucher leben von grünen Pflanzen.
- ▶ Zersetzer sind die Verbraucher tierischer Ausscheidungen und toter pflanzlicher sowie tierischer Stoffe.
- ▶ Zersetzer zerlegen die organischen Stoffe in ihre Bestandteile, die Mineralstoffe. Die Pflanzen nehmen diese Mineralstoffe über ihre Wurzeln wieder auf.
- ▶ Im Kreislauf der Stoffe stehen die von Pflanzen erzeugten organischen Stoffe, nach einem komplizierten Aufbau, Umbau und Abbau, anderen Pflanzen als Ausgangsstoff wieder zur Verfügung.

Denkmal

❶ Weshalb kann man sagen, dass alle Tiere von den Pflanzen leben?

❷ Warum gibt es im Wald viel mehr Pflanzen als Tiere?

❸ Beschreibe die Aufgaben der Zersetzer im Kreislauf der Stoffe.

❹ Welche Tiere verursachen Fenster-, welche Lochfraß?

❺ Beschreibe mit eigenen Worten den Kreislauf der Mineralstoffe.

Projekt-Tipp

1 Trage im Frühjahr oder Sommer das Falllaub am Waldboden auf einer tellergroßen Fläche vorsichtig Schicht für Schicht ab. Achte dabei auf die fortschreitende Blattzersetzung mit Löcher-, Fenster- und Skelettfraß. Sammle verschiedene Stadien, trockne sie unter sanftem Druck zwischen Zeitungspapier, und stelle dir daraus Ablaufbilder zusammen. Sie zeigen dir den Weg vom Blatt zum Bodenkrümel.

2 Untersuche die Laubstreu auf Tiere. Betrachte sie mit der Lupe. Finde heraus, um was für eine Art von Zersetzer [1] es sich handeln könnte.

3 Auch Baumstümpfe werden mit der Zeit wieder zu „fruchtbarer Erde". Untersuche einige Stümpfe. Finde heraus, wo der Abbauprozess beginnt und wie er langsam fortschreitet. Untersuche unterschiedlich alte Baumstümpfe.

4 Wie in der Laubstreu sind auch auf Baumstümpfen verschiedene Zersetzer zu finden. Bestimme sie mithilfe eines Bestimmungsbuches.

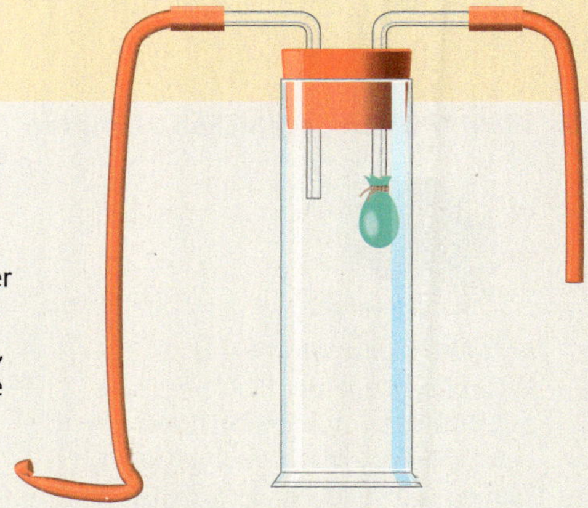

[6] *Mit einem Exhaustor lassen sich auch kleinste Bodenlebewesen aufsammeln.*

Wohltäter Wald

Der Wald ist nicht nur ein Lebensraum für Pflanzen und Tiere. Auch für uns Menschen bietet er viele Vorteile. Wie wichtig der Wald für uns ist, merken wir erst, wenn er fehlt.

Wer heute durch den Wald geht, denkt kaum noch daran, dass der Wald früher als bedrohlich empfunden wurde. Mühsam rodeten Menschen den „dunklen, düsteren, schwarzen Wald". Bäume wurden gefällt, Äcker, Wege und Siedlungen nach und nach angelegt. In Notzeiten trieb man das Vieh zum Weiden in den Wald. Und wenn es wegen schlechter Ernte kein Stroh mehr gab, nahm man aus dem Wald die Streu, um die Stallböden damit zu bedecken.

Der Wald, so wie wir ihn heute kennen, ist in vielen Jahrhunderten entstanden. Niemand möchte mehr auf die Annehmlichkeiten des Waldes verzichten.

[1] *Erholung im Wald*

[2] *Wälder am Rande der Großstädte sind wichtige Erholungsgebiete.*

[5]

Frischluft und sauberes Wasser

Ein Waldspaziergang ist an einem heißen Sommertag für viele Menschen die schönste Erholung. Eine angenehme Kühle sowie die frische und saubere Luft sorgen für Entspannung.

Die frische Luft geht auf die Verdunstung von Wasser auf den unzähligen Blättern und Pflanzen zurück. Gleichzeitig saugen ihre Wurzeln Wasser aus dem Boden. Gefäße leiten es durch Stamm und Äste in die Blätter. Hier verdunsten mehrere 100 l Wasser pro Tag und kühlen damit die trockene und heiße Luft. Bei der Verdunstung des Wassers wird der Luft Wärmeenergie entzogen, sie kühlt ab.

Geht einmal ein heftiger Gewitterregen auf das Blätterdach nieder, zerplatzen die großen Regentropfen und erreichen als feintropfiger Sprühregen den Boden. Die kleinen Tropfen haben nicht mehr die Kraft, den Humus weg zu schwemmen. Damit bewahrt der Wald seinen Nährstoffvorrat. Das Wasser versickert langsam im Boden. Was der Waldboden nicht festhalten kann, fließt ins Grundwasser.

In der Stadt dagegen fallen die Regentropfen auf versiegelte Flächen wie Hausdächer und Asphalt. Es bilden sich kleine Bäche, die sofort im Gulli und dann im nächsten Klärwerk oder Fluss verschwinden. Nur wenig Wasser findet den Weg in den Boden. Als Folge heizt sich die Stadt nach dem Regen schnell wieder auf.

Wälder filtern, schlucken, dämpfen

[6]

Luft-Filter und Wind-Fang
Während sich in der Stadtluft über 500 000 Ruß- und Staubteilchen pro m^3 Luft befinden, ist die Waldluft extrem sauber. Selbst Pollenallergiker können hier richtig durchatmen. Außerdem bietet der Wald Windschutz. Starke Windböen verlieren durch die Verwirbelung an den Ästen ihre Geschwindigkeit.

[7]

Klima-Anlage
Durch Beschattung und Wasserverdunstung ist es im Wald an heißen Sommertagen mindestens 5 °C kühler als im freien Umland.

[8]

Schall-Schlucker
Der Wald setzt Lärm einen Dämpfer auf: Hinter einem 200 m breiten Waldstreifen hört sich Verkehrslärm an wie auf freiem Feld aus 2 000 m Entfernung.

[9]

Boden-Schützer
Die Pflanzen des Waldes halten mit ihrem Wurzelwerk den Boden fest. Eine Abschwemmung des Bodens wird damit erschwert.

[3] *Brennholz – nachwachsender Rohstoff aus dem Wald.*

[4] *Wälder halten die Erde an steilen Berghängen.*

Wald bewahrt den Boden

Nach einem Sommerregen saugt sich der Waldboden wie ein Schwamm voll. Gerade in steilen Hanglagen halten die vielen feinen Wurzeln der Bäume und Sträucher das Erdreich und damit die wichtige Humusdecke fest. In entwaldeten Gebieten mit starker Hanglage kann die Erde schnell abrutschen. Im Bergland ist Wald außerdem ein natürlicher und unentbehrlicher Lawinenschutz [4].

Das Blätterdach einer 30 m hohen und 100 Jahre alten Buche trägt ungefähr 200 000 Blätter: Mit ihnen erzeugt sie an einem Sommertag so viel Frischluft wie zwölf ausgewachsene Menschen pro Tag benötigen.

Ruhen und Relaxen

Abgesehen von der Meeresküste sind die Landschaften mit Wald die beliebtesten Erholungsgebiete. In der Nähe von Ballungsgebieten dienen Waldflächen wie der Schwarzwald, der Odenwald oder die Schwäbische Alb mit vielfältigen Sport-, Erlebnis- und Entspannungsangeboten als Naherholungsgebiete.

Grillplätze und Trimm-dich-Pfade sind attraktive Freizeiteinrichtungen. Auf Waldlehrpfaden kann man Tiere und Pflanzen kennen lernen und etwas mehr über die Zusammenhänge im Wald erfahren. Beeren und Pilze sammeln ist für viele Menschen immer noch eine schöne und lohnende Freizeitbeschäftigung. Wer sich mit den Waldfrüchten nicht richtig auskennt, sollte sich lieber einem Fachmann anschließen.

Merkmal

- Wälder reinigen und befeuchten Luft.
- Regenwasser wird im Waldboden gespeichert und langsam an das Grundwasser abgegeben.
- Das Wurzelwerk des Waldes verhindert Abschwemmungen und Erdrutsche.
- Wald dämpft Lärm.
- Windböen werden von Wäldern in ihrer Geschwindigkeit herabgesetzt.
- Der Wald ist ein wichtiges Erholungsgebiet.

Denkmal

1. Wie verhindert das Blätterdach die Abschwemmung von Humus?
2. Weshalb sind viele Wälder als Wasserschutzgebiete gekennzeichnet?
3. Werden Berghänge für Skipisten abgeholzt, kann dies schwerwiegende Folgen haben. Erkläre diese Aussage.
4. Erkundige dich, ob es einen Waldlehrpfad in deiner Nähe gibt. Beschreibe drei Stationen.
5. Manche Förster haben etwas gegen Grillplätze und Trimm-dich-Pfade. Suche Argumente für und gegen diese Einrichtungen.
6. Informiere dich, wo es Naturschutzgebiete in deiner Umgebung gibt.
7. Finde heraus, was es für Unterschiede zwischen Natur- und Landschaftsschutzgebieten gibt.
8. Wie unterscheidet sich die Nutzung des Waldes heute von der Nutzung früher?
9. Waldspaziergänge sind gesund für Körper und Seele. Erkläre diese Aussage.

[10] *Selbst gekochte Heidelbeermarmelade schmeckt doch anders als gekaufte, zumal wenn die Früchte aus dem Wald stammen.*

Werkstoff Holz

Holz ist ein natürlicher Werkstoff, den man schon seit Urzeiten nutzt. Auch heute begegnet er uns vom Dachbalken bis zum Zahnstocher in zahllosen Alltagsgegenständen.

[1] *Mithilfe der Leimbindertechnik lassen sich große Flächen mit Holz überspannen.*

[2] *Furnierhölzer – feinste Holzscheiben mit dem Messer vom Baumstamm getrennt.*

Bei einem Waldspaziergang kann man mit einem Blick Kräuter von jungen Bäumen oder Sträuchern unterscheiden. Schon der Versuch, einen Stängel abzureißen zeigt, dass dies bei Sträuchern viel schwieriger ist als bei Kräutern. Holzgewächse wie Sträucher und Bäume enthalten den Holzstoff **Lignin.** Er verleiht ihnen die Festigkeit und macht sie damit für den Menschen zu einem wertvollen Roh- und Werkstoff. Außerordentlich praktisch ist zudem, dass die entstandenen Abfälle problemlos als Heizmaterial verwendet werden können.

Holz-Ernte

Während man früher das Holz mit der Motorsäge, der Axt oder dem Beil einschlug, werden die Bäume heute von Erntemaschinen [5] entastet, geschält und in gleich lange Stücke zerteilt. Damit diese schweren Maschinen überhaupt im Wald arbeiten können, müssen Zufahrtswege ausgebaut sein. Auf diesen unbefestigten Wegen besteht die Gefahr, dass der Boden bei starken Regenfällen fortgeschwemmt wird. Für den Wald ist das Holzrücken mit Pferden [3], so nennt man den Holztransport aus dem Wald, zwar schonender, es dauert aber auch länger.

Wenn die Bäume nach ungefähr 100 Jahren hiebreif sind, fahren die Holzfäller mit ihren Erntemaschinen in den Wald. Je nach Dicke und Qualität wird der Baum bereits an seinem Standort für die weitere Verwendung zugeschnitten. Minderwertiges Holz geht in die Papierindustrie oder wird als Brennholz verkauft. Nur die dicken und geraden Stämme fährt man zu den Sägewerken.

[3] *Rückepferde schonen den Waldboden.*

[4] *Mit der Motorisierung der Waldarbeit verschwanden die Holzflößer.*

[5] *Moderne Erntemaschinen fällen, entasten und längen die Bäume maßgerecht ab.*

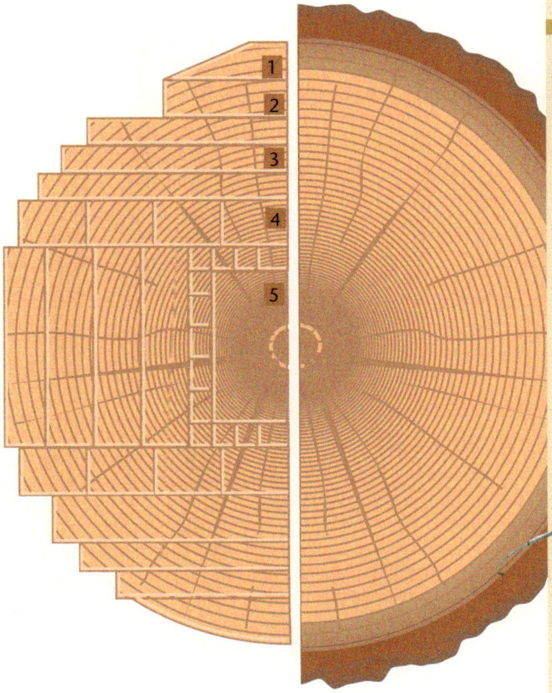

[6] *Schnittholz – was das Sägewerk aus dem Baumstamm macht:*
1 Schwarten
2 Bretter
3 Bohlen
4 Leisten
5 Kanthölzer

Vom Baum zum Brett

In den Sägewerken zerlegen große Gattersägen [7] die Baumstämme in Schwarten, Bretter, Bohlen, Leisten und Kanthölzer [6]. Vor der Nutzung des zugeschnittenen Holzes muss das Holz trocknen. Um lange Lagerzeiten und damit Kosten für das Austrocknen zu sparen, gibt man das Holz in Trockenkammern. Luftgetrocknetes Holz wird nur noch bei hochwertigen Möbelstücken eingesetzt. Trockenes Holz reißt nicht so schnell wie Holz mit einer höheren Feuchtigkeit.

Moderne Holzkonstruktionen in Gebäuden verwenden heute zusammengeleimte Kanthölzer als so genannte Leimbinder [1]. Leimbinder ermöglichen Holzbauweisen, die an Spannweite die Möglichkeiten eines geraden einzelnen Balkens weit übertreffen.

[7] *Gattersäge*

Merkmal

- Der Holzstoff Lignin verleiht den Holzgewächsen ihre Festigkeit.
- Holz ist ein nachwachsender Rohstoff, der je nach Baumart ca. 100 Jahre bis zu seiner Ernte braucht.
- Holz nutzt man auch als Energiequelle.

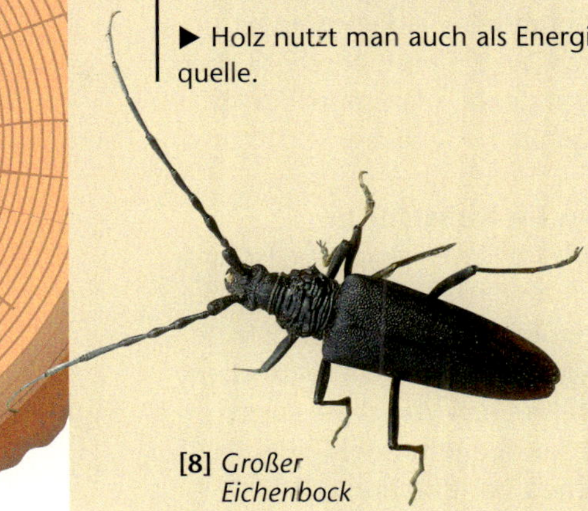

[8] *Großer Eichenbock*

Denkmal

1. Woran kannst du ein Kraut von einem Holzgewächs unterscheiden?
2. Beschreibe die Vor- und Nachteile von modernen Holzerntemaschinen.
3. Viele kleine Waldbesitzer rücken ihr Holz wieder mit Pferden. Was könnten die Gründe dafür sein?
4. Beschreibe mithilfe der Grafik [9] den Aufbau eines Baumstamms und die Aufgaben der einzelnen Schichten.
5. Erkundige dich, welche Verwendung die verschieden zugesägten Hölzer beim Bau und in der Schreinerei finden. Erstelle dazu eine Tabelle.

Weiche Schale, fester Kern

An einem gefällten Baum kannst du unter der glatten, rissigen oder schuppigen Borke eine Schicht erkennen, die sich weich und feucht anfühlt. In diesem so genannten **Bast** liegen winzige Leitungsbahnen. Sie verteilen die von den Blättern gebildeten Nährstoffe im ganzen Baum. Dieser süße und klebrige Saft war schon immer, für Mensch und Tier, ein begehrter Nährstoff. Indianer ritzten die Rinde der Ahornbäume an und gewannen so den Ahornsirup. Heute noch essen Amerikaner zu Pfannkuchen gerne Ahornsirup.

Auch Insekten nutzen ihn als Energiespender, wenn er bei Verletzung der Rinde heraustritt. Die Hauptmasse des Baumes bildet der Holzkörper. Neben dem helleren Splintholz findet man bei manchen Baumarten noch ein dunkleres Kernholz.

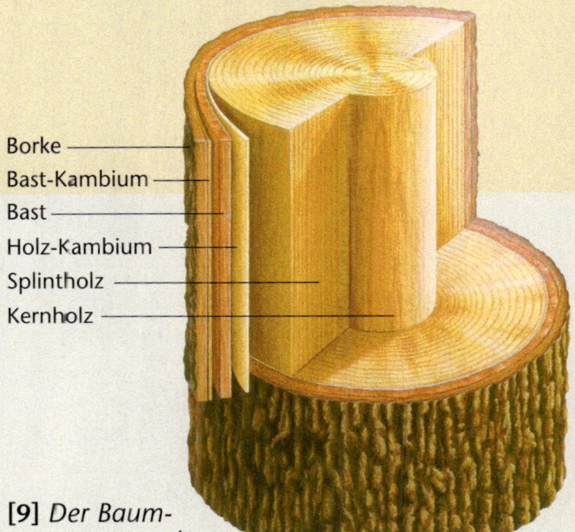

[9] *Der Baumstamm und seine Schichten*

Lebensräume

[2] *Eine Wasser gefüllte Wagenspur kann zum Kleintümpel werden.*

In unseren Siedlungsräumen herrscht weit mehr tierisches Leben, als man denkt. Man muss nur einmal genau hinschauen.

Leben im Kunstfelsen

Natürliche Felsen sind Lebensräume unterschiedlicher Tiere. Aber auch Häuser, Fabriken und lückenreiche Mauern stellen für viele Tiere ebenfalls Felsen dar. Wer diese künstlichen Biotope untersucht, wird so manche Überraschung erleben.

Kreuz- und Zebraspinnen weben hier ihre Radnetze, Weberknechte liegen auf der Lauer oder suchen nach Tier- und Pflanzenresten. Im Efeu verbirgt sich die Raupe des Nachtpfauenauges. Wespen, Bienen und Hummeln bauen Brutkammern in Ritzen und Fugen. In der Vorstadt mit ihren Gärten und Mauern, vor allem in aufgeschichteten Feldsteinen in und an Dörfern kann man sogar auf Zauneidechsen und Blindschleichen treffen. Auch Heuschrecken und Raubfliegen haben hier ihr Jagdrevier. Kein Wunder, dass sich in diesem vielfältigen, wenn auch künstlichen Lebensraum Insekten fressende Vögel wie Dorngrasmücke, Goldammer und Neuntöter angesiedelt haben.

[1] *Zwischen kantigen Steinen städtischer Gemäuer finden Turmfalken einen Nistplatz*

Schutz in der Hecke

Wer sich schon einmal durch das dichte Gestrüpp einer Hecke gezwängt hat, der weiß, wie viel Schutz das dichte Netz aus Ästen und Zweigen bieten kann. Wichtigste Voraussetzung für ein artenreiches Tierleben ist jedoch die Vielfalt der einheimischen Sträucher, aus denen eine Hecke bestehen sollte. Von den roten Früchten des Trauben-Holunders leben zum Beispiel 47 Vogelarten, vom Schwarzen Holunder sogar 62. Viele Gefiederte bauen ihr Nest mitten in diese Speisekammern. Füchse laben sich an den Früchten von Kornelkirschen, Berberitzen, Weißdorn, Schlehen, Hagebutten und einem Dutzend anderer Heckenpflanzen, von denen auch der längst verstädterte Steinmarder nascht. Eidechsen, Grasfrösche, Erdkröten, Feuersalamander und Molche verkriechen sich hier mit Vorliebe, Igel finden einen Schlafplatz. Die größte Artenvielfalt unter den Heckenbewohnern weisen – wie bei den Mauern – jedoch Insekten und Spinnen auf. Für viele Schmetterlingsarten sind Hecken sogar unverzichtbar.

Gekrabbel in der Wagenspur

Die intensive Land- und Forstwirtschaft hat viele natürliche Kleingewässer verschwinden lassen. Aber gerade sie schafft auch neue: In den Wagenspuren schwerer Nutzfahrzeuge sammelt sich Wasser, in dem manche Lurche einen neuen Lebensraum entdecken. Tiere, die anderswo vom Aussterben bedroht sind, finden hier eine Zuflucht. Hier trifft man zum Beispiel Molche, Gelbbauchunken und deren Laich oder gar die Larven des so selten gewordenen Feuersalamanders. Insekten legen ihre Eier ins Wasser oder an und in die Pflanzenstängel solcher Kleinbiotope.

[2] *Siebenschläfer halten in den Baumhöhlen von Obstbäumen ihren siebenmonatigen Winterschlaf.*

[4] *Die alten knorrigen Bäume einer Streuobstwiese bieten den verschiedenen Vogelarten Lebens- und Nistraum*

Streuobstwiese für die Vielfalt

Zu den wichtigsten Lebensräumen in der Kulturlandschaft gehört die Streuobstwiese. Hier gedeihen zwar Obstsorten, die nach EU-Normen kaum noch Marktwert haben, aber die alten und vielfältigen Baumbestände bieten so selten gewordenen Tieren wie Steinkauz und Raubwürger, Gartenschläfer und Haselmaus Unterkunft.

Vögel fliegen Obstbaumwiesen wesentlich häufiger an als eintönige Plantagen. Dementsprechend ist die Zahl der Vogelarten dort fast viermal so hoch. Die Artenzahl der Fluginsekten ist in Streuobstwiesen fünfmal höher als in Obstplantagen. Die Gründe sind eindeutig: Plantagen lassen mit ihrer Einheitskultur Abwechslung vermissen, damit bieten sie nur wenigen Arten einen Lebensraum. Diese wenigen Arten, es sind vor allem Insekten, können sich rasch vermehren. Dadurch werden sie zu Schädlingen, sie gefährden den wirtschaftlichen Ertrag und werden mit Insektengiften bekämpft. Die ungestörte Streuobstwiese mit ihrer Fruchtvielfalt hat dagegen vorwiegend alte, knorrige Gehölze mit unzähligen Unterschlupfmöglichkeiten in Baumhöhlen, Rinde und Unterwuchs. Und unbestreitbar: Das Obst von Streuobstwiesen liefert einen besonders schmackhaften Apfelsaft.

Trockenmauern und Steinhaufen

Mit unverputzten, „trockenen" Steinmauern wurden früher steile Weinberge in Terrassen verwandelt, Gärten eingefasst und Felder abgegrenzt. Aus den Äckern las man die lästigen Steine heraus und häufte sie am Feldrain auf. Solche Trockenmauern und Lesesteinhaufen sind ein idealer Lebensraum für viele seltene Tiere und Pflanzen. Wickenwidderchen, Schachbrettfalter, Goldlaufkäfer, Feldgrille und die Hainbänderschnecke finden Unterschlupf, die Zauneidechse macht Jagd auf Insekten. Bald siedeln sich Zimbelkraut und Streifenfarn neben Mauerpfeffer, Dachhauswurz, Küchenschelle und Rundblättriger Glockenblume zusammen mit Sand- und Karthäusernelke an.

[5] *Eine Trockenmauer bietet vielen Pflanzen und Tieren Lebensraum.*

Merkmal

▶ Der Mensch hat viele Lebensräume für Pflanzen und Tiere zerstört. Durch seine Tätigkeit entstehen aber auch neue Lebensräume, wie z. B. Hecken oder Trockenmauern. Manche sind nur von kurzer Dauer, wie wassergefüllte Wagenspuren. Streuobstwiesen sind besonders wertvolle Kulturlandschaften.

Wald

1 Walderkundung

Zu Beginn der neuen Unterrichtseinheit „Wald" sollt ihr in den nahe gelegenen Wald gehen und einige Untersuchungen vornehmen. Du bist mit deiner Gruppe dafür verantwortlich, dass die richtigen Geräte mitgenommen werden.

a) Was müsst ihr einpacken, um ein abgegrenztes Waldstück so richtig unter die Lupe nehmen zu können?
b) Schreibt euch eine Packliste und gebt in der zweiten Spalte an, was ihr mit den eingepackten Gegenständen untersucht.

2 Mein Baum-Buch

Für die Abschlussarbeit zum Wald kannst du ein Produkt herstellen, z. B. ein Baum-Buch über die Rot-Buche.

In einem flachen Karton mit Deckel sammelst und ordnest du alle Gegenstände, die für die Rot-Buche typisch sind. Vergiss die Beschriftung nicht. Du ordnest die Teile der Rot-Buche übersichtlich an und beschriftest sie. Wie musst du vorgehen, damit die gesammelten Stücke möglichst lange halten?

3 Ordnung im Wald

Die Abbildung „Lebewesen auf und um die Eiche" zeigt dir eine Reihe von Lebewesen, darunter auch viele Tiere. Ordne sie so, wie du es in diesem Buch gelernt hast.
Nach welchen Merkmalen kannst du sie einteilen?

Erstelle am besten eine Tabelle, in der du die wichtigsten Erkennungsmerkmale einträgst und darunter die entsprechenden Tiere auflistest.

4 Wald-Sammlung

In einer Wald-Ausstellung könnt ihr in eurem Klassenzimmer oder dem Schulhaus eure Arbeiten aus dem Wald vorstellen. In kleinen Führungen zeigt ihr den Mitschülerinnen und Mitschülern anderer Klassen eure Wald-Objekte. Überlegt euch, nach welchen Gesichtspunkten ihr eure Wald-Sammlung ordnen könnt.

5 Kahlfraß – und dann?

In manchen Jahren nehmen die Raupen des Schwammspinners – das ist ein Schmetterling – zahlenmäßig derart zu, dass sie die Laubbäume in einem Waldstück kahl fressen. Dann sieht es dort im Sommer aus wie sonst in der kalten Jahreszeit.

a) Überlege, welche Auswirkungen das für die Bäume hat.
b) Bilde Nahrungsketten, die an den befallenen Bäumen beginnen.
c) Welche anderen Auswirkungen könnte solch ein Kahlfraß für das betroffene Waldstück haben?

6 Stockwerke im Wald

Die Bezeichnung „Stockwerke" im Wald legt den Vergleich mit einem Haus nahe.

a) Zeichne ein Haus, das genau so viele Stockwerke hat wie der Wald. Schreibe oder male daneben, welchem Wald-Stockwerk die einzelnen Etagen des Hauses entsprechen.
b) Erkläre, warum der Bodenraum Ähnlichkeiten mit dem Keller hat.

7 Leben in der Wagenspur

Die Reifen der schweren Fahrzeuge verdichten den Waldboden so stark, dass sich tiefe Wagenspuren bilden. Diese füllen sich nach Regengüssen mit Wasser, und Tiere besiedeln schnell diesen neuen Lebensraum. Aber er ist nicht ohne Tücken.

a) Überlege, was mit der Wagenspur im Laufe eines Jahres passieren kann und welche Folgen dies für die Lebewesen hat.
b) Informiere dich über die in der Abbildung abgebildeten Tiere. Stelle mögliche Nahrungsnetze auf.

Register

Bildnachweis

AKG, Berlin: 114.1, 234.1–234.5 • Albert Bonniers Förlag AB, Stockholm (Lennart Nilsson): 246.3 • Angermayer, Holzkirchen: U1.3 + 118.1 + 118.4 + 120.4 + 200.4 + 230.1 + 230.5 + 230.7 + 266.2–4 + 270.3 (Hans Pfletschinger), 78.6 + 110.6 + 112.6 + 116.8 + 258.5 (H. Reinhard), 130.2 (Harald Lange), 196.7 (Gerhard Wendl) • Animals Media International (Manfred Karremann), Wien: 108.4 • ARDEA London Limited, London (Adrian Warren): 116.4 • Astrofoto, Sörth (Shigemi Numazawa): 154.2 • Aug. Hedinger GmbH & Co.KG, Stuttgart: 8.14, 34.6 • Bilderberg, Hamburg: 10.1 (Wolfgang Kunz), 114.8 (Hans-Jürgen Burkard), 190.2 (Frieder Blickle), 248.3 (C. Anderson), 254.5 (M. Kirchgessner), 276.1 • Botanik-Bildarchiv Laux, Biberach (H. E. Laux): 90.6, 270.4 • Bravo-Redaktion, München: 242.1 (Kay Blaschke) • Bruce Coleman Collection, Cahlfont St Peter Bucks: 72.3 (Jane Burton), 74.1 (H. Reinhard) • Corbis, Düsseldorf: 10.3 (Owen Franken), 24.1 (Wolfgang Kaehler), 48.5 (Paul Barton), 106.6 (Joseph Sohm), 138.5 (Michael Boys), 154.4 (Dick Durrance/The Stock Market), 156.2 (Raymond Gehman), 178.6b (Stocktrek) • Corel Corporation, Unterschleissheim: 20.7, 68.6, 70.4, 144.2, 154.3, 156.4 • Creativ Collection Verlag GmbH, Freiburg: 198.3, 208.7 • DaimlerChrysler, Stuttgart: 212.8, 234.7 • Danegger, Manfred; Owingen: 204.4, 208.3 • Das Fotoarchiv, Essen (Dirk Eisermann): 248.4 • dpa, Frankfurt: 56.4 (Ernest), 176.4 (Pfeiffer) • Elsner, Gert; Stuttgart: 10.6, 14.3, 160.6 • EMSA Werke Wulf GmbH & Co. KG, Emsdetten: 22.9 • Ernst Klett Verlag, Stuttgart: 1.3, 8.3–4 (Eberhard Theophel), 8.6 (Eberhard Theophel), 12.1 (Silberzahn), 20.2, 20.8, 24.3, 26.2, 26.5, 28.1, 30.1, 32.1, 32.2 + 194.2 (Höllerer), 32.3 (C. Höllerer/Elsner), 32.4a + 56.1 + 174.1–3 + 174.6 + 174.7 + 236.1 (Michael Steinle), 32.6, 34.6b, 36.2, 44.1 (Fabian H. Silberzahn), 44.7 (Werkstatt Fotografie Neumann und Zörlein), 52.1, 52.6a + b, 52.7a + b, 52.11, 54.4, 54.6, 56.2–3, 58.2, 64.2, 102.3, 114.9, 118.6, 126.4, 130.3, 130.6, 136.4, 138.4, 144.4, 148.2, 156.5–8, 164.3, 164.8, 166.2, 166.4, 166.8, 168.2, 182.1a–c (Eberhard Theophel), 192.5–7 (Michael Ludwig), 220.1, 224.2, 224.6–7, 238.5, 242.6, 248.1, 250.9, 252.7, 272.1 • F1 online digitale Bildagentur, Frankfurt/Main: 170.1 (Bowmann) • Faber-Castell GmbH, Stein: 164.7 • Flir AG Infrarottechnik, Kriens: U1.4, 180.5 • FOCUS, Hamburg: 28.3 (Sheila Terry/Science Photo Library), 34.2, 156.1 (Georgette Douwma/SPL) • Gartung, Werner; Freiburg: 152.5 • Getty Images Stone, München: 68.1 + 68.4 (Tim Davis), 152.4 (Ivette Cardozo), 158.3 (Will & Deni McIntyre) • Getty Images, München: 1.6 (Stone/Yvette Cardozo), 112.4 (Stone/Kathi Lamm), 152.6, 154.5, 164.2 (Stone/Kelvin Murray), 174.4 (Kim Heacox), 174.5 (Art Wolfe), 180.7 (Mickey Sexton), 190.1, 242.3 (Stone/Stanley Brown), 242.4 (Stone/Steve Weinberg), 252.4 (Stone/UHB Trust), 254.1 (Stone/Charles Thatcher), 254.3 (Stone/Farnak Siteman), 254.6 (Stone/Penny Tweedie) • Greiner & Meyer, Braunschweig: 80.1 (Kratz), 88.1 + 142.3 (Schrempp) • GU Tier-Ratgeber "Meerschweinchen richtig pflegen" von Karin Behrend: 76.9 • Haala, Gert; Wesel: 232.3–4 • Hansmann Bildarchiv, München: 24.2d • Harald Lange Naturbild, Bad Lausick: 72.2, 72.4, 74.5, 114.6 • Heinze, Bernhard; Stuttgart: 32.5 • Helga Lade, Frankfurt: U4.1 + 56.5–7 (H. R. Bramaz), 16.3 (W. Krecichwost), 20.5, 22.6, 40.1c, 40.1e, 50.3 (Fey), 110.1, 162.1 (E. Röhrich), 190.3 (FLAC), 190.4 (Rainer Binder), 190.5 (Hilgert), 192.1 + 222.2 (Norbert Fischer), 212.2 • Henseler, Andreas; Stuttgart: 14.5b • Höllerer, Conrad; Stuttgart: 8.12, 14.1 + 14.5c (Elsner), 20.1, 20.9, 24.2a–24.2c, 24.6, 122.1, 124.3, 182.1e • IFA, Ottobrunn: 124.5 (Reinhard), 162.5 • Image Bank, München: 46.5, 158.4 (G. & M. David de Lossy), 212.1 (Steven Sutton), 216.2 + 220.2 + 224.4 + 224.5 (Duomo) • Juniors Bildarchiv, Ruhpolding: 64.9 • Kage, Manfred P. und Christina; Lauterstein: 32.4b, 222.3, 248.2 • Kaiser, Claus; Rantum/Sylt: 98.1, 182.1d • Kaiser, Harald; Alfdorf-Vordersteinenberg: 52.4 • Keystone, Hamburg: 108.5 • König, Dr. Rudolf; Kiel: 94.6, 196.6 • Krebs, Albert; Agasul: 122.9 • Kremer, Dr. Bruno P.; Wachtberg: 10.2, 84.1, 84.3–4, 86.1, 86.5–8, 90.4, 136.5–7, 140.7, 148.3, 232.2, 232.5–9, 262.1–2, 264.1, 264.9, 278.4 • Labhardt, Felix; Bottmingen: 84.6 • Leybold Didactic, Hürth: 44.2d • Lindberg, Jan; Nyköping: 218.2 • Ludwig, Michael; Heimsheim: 46.4, 70.6, 84.5, 94.4, 140.3, 144.3, 202.1, 226.3, 272.4, 274.3 • Mauritius, Mittenwald: 1.4 + 52.8 (Blockhuis), 188.1 (J. Beck), 152.1 + 214.3 (E. Gebhardt), U1.2, 14.2 (Stallmann), 20.6 (T. Müller), 40.1a–b, 40.1d, 46.6 (H. Schön), 50.1, 64.1 + 72.1 + 208.5 (ACE), 64.8 (Hackenberg), 70.5 + 278.2 (Lacz), 70.7 (Mitterer), 70.8 (Steimer), 70.9 + 188.6 (Poehlmann), 84.2, 110.2, 126.3, 130.4, 130.5 (D. Weber), 132.1 (Ausloos), 144.7, 146.9, 152.3, 152.7 (Cash), 154.6, 156.3, 162.6 (Simon Sims), 188.2 (Mallaun), 188.3 (Palmer), 188.4 (Habel), 188.5, 192.2, 192.3 (O'Brien), 196.5 (H. Lies), 200.5 (Helmut Payer), 208.1 (Sun Star), 222.4 (Leser), 224.1 (C. Bayer), 224.3 (Ridder), 238.1, 246.1 (Kat 32), 254.4, 272.2, 272.5, 274.4 (Cupek), 276.2, 276.7 (Eberle) • MEV Verlag GmbH, Augsburg: 64.4, 178.3, 178.4, 252.1, 274.2 • Millibar Optic Berger GmbH, Monheim am Rhein: 164.6 • Mosaik Verlag, München: 252.2 (Lennart Nilsson) • Natural History Phot. Agency, Ardingly Sussex: 66.4 (P. A. Javes) • Niehoff, Ulrich; Bienenbüttel: 34.5 • Normaldesign, Schwäbisch Gmünd: 40.4, 42.1, 42.5, 44.2a–c, 49.9+10, 60.1+4, 61.5, 184.3 • Okapia, Frankfurt: 1.5 + 258.3 (Dr. E. Pott), U4.2 + 258.4 (Dietrich Rose), 38.2, 46.1 (Oswald Eckstein), 54.1 + 58.3 (Herbert Sch-wind), 66.2 (Christine Steiner), 70.1–2 + 108.3 + 140.2 + 148.4 (Hans Reinhard), 74.2 (J. J. Etienne, BIOS), 80.2 (R. Jackmann), 94.5 (A. Wellmann), 102.4 (J. De Meester), 102.7 (Ernst Schacke/Naturbild), 106.2 + 122.2 + 122.4 + 124.4 + 126.1 + 264.2 (K.G. Vock), 108.1 (Martin Wendler), 114.2 (Janfot/Naturbild), 116.6 (Klein & Hubert/BIOS), 118.3 + 118.5 (A. Shay), 120.3 (Ben Osborne), 122.6, 124.1–2 (W.Kratz), 126.2 (Wolfgang Lummer), 134.2 (David Thompson, OSF), 136.2 (H. Farkaschovsky), 160.3 (London Science Films/OSF), 180.8 (Roland Günter), 194.3 (Claudia Schäfer), 200.3 (Lothar Lenz), 208.6 (Kent Wood), 212.6, 218.1 (G.I. Bernard/OSF), 228.3 (NAS/T. Mc Hugh), 234.6, 252.3 (W. & D. McIntyre), 252.5 (Wolfgang Weinhäupl), 252.6 (A. Jorgensen), 258.2 (Eberhard May), 260.3 + 268.4 + 270.7 (Manfred Danegger), 262.4 (Martin Rügner), 270.5 (Eric A. Soder), 274.1 (Dan McCoy), 274.9 (L. West), 276.8 (Ingo Arndt) • Paysan, Klaus; Stuttgart: 72.5, 72.7, 78.1 • Pforr, Manfred; Langenpreising: 268.3, 268.5, 270.6 • PhotoAlto (Eric Audreas), Paris: 246.2 • Photonica amana, Hamburg: 244.1–17 • Phywe AG, Göttingen: 22.9 • Picture-Alliance, Frankfurt: 12.2 (dpa/Bernd Settnik), 38.7 (Jörg Mischke/ Okapia), 70.3 (Bernd Brinkmann/Okapia), 170.6 (dpa/ZB-Fotoreport/Tom Maelsa), 254.2 (Picture Press/Frank P. Wartenberg), 276.5 (ZB-Fotoreport) • Pott, Dr. Eckart; Stuttgart: 268.6 • Premium Stock Photography, Düsseldorf: 1.1 + 26.1 (Damm), 124.6 (Schütz), 130.1 (Hänel), 220.3 (Pictor/ Robert Llewellyn) • Rehfuess, Prof. Dr.; Freising: 58.1, 132.5 • Reinhard-Tierfoto, Heiligkreuzsteinach: 16.4, 38.5, 68.2, 76.7a, 78.2, 78.4–5, 88.2, 92.3, 92.5, 94.3, 106.1, 108.9, 110.3, 114.7, 116.2, 116.5, 124.7–8, 142.1, 146.2, 198.1–2, 198.8, 206.1, 206.3, 206.5, 206.7, 222.6, 226.1, 226.4–5, 258.1, 262.5, 278.1 • S. Siedle & Söhne Stiftung & OHG, Furtwangen: 44.4b • SAVE-Bild, München: 92.4 (I. Birkhold), 116.7 (Flip Nicklin/Minden Pictures), 142.2 (D. Nill), 212.4 (F. Rauschenbach) • Schillinger Verlag, Freiburg: 276.4 • Schleich Produktions- und Handelsgesellschaft, Schwäbisch Gmünd: 22.5 • Schrempp, Heinz; Breisach: 80.5 • Siemens AG, Berlin: 16.5 • Siemens AG, München: 10.5 • Silberzahn, Fabian H.; Stuttgart: 8.7, 10.4, 14.4 + 14.5a + 14.6, 22.1, 22.9, 26.6, 28.7, 34.1, 36.1, 42.6–7, 44.4a, 52.10, 64.3, 64.5, 64.7, 90.1–2, 136.1, 172.3–5, 182.6, 184.1–2, 260.4 • Silvestris, Dießen: 50.2 (Simon Rausch), 58.4, 74.6 (Danegger), 76.7b (Lange), 76.7c (Pelka), 102.2, 104.3 (Josef Kuchelbauer), 108.2, 110.5 (The Telegraph colour), 112.2 (Lenz), 116.1 (Nill), 116.3 (Fritz Pölking), 134.3, 138.3, 140.4, 144.6 (Partsch), 160.2 (Otto Werner), 162.2 + 162.4 (Kerscher), 162.3 (Legler), 200.2 (Stefan Meyers), 204.2 (Thielscher), 204.5 (Roger Wilmshurst), 264.7 (Alfred Albinger) • SONY, Köln: 16.6 • Sports Illustrated, New York: 216.1 • Steinle, Michael; Stuttgart: 240.1–3 • Stockfood Photo Stock Agency, München: 20.4 (Bodo A. Schieren), 38.1 (Maximilian Stock LTD) • STUDIO X, Limours: 26.4 (Gamma) • Südwestdeutsche Salzwerke, Heilbronn: 52.5 • Superbild, Unterhaching: 160.4 (Petra Loewen), 178.2 (Sierpinski/Scope), 250.11 (F. Bouillot) • The J. Allan Cash Photolibrary, London: 176.5 • Theophel, Eberhard; Gießen: 182.2 • Thiermeyer, Richard; Landau: 272.3 • Usis (Nasa, Skylab), Bonn: 152.2 • Vario-Press, Bonn: 54.2 • Verkehrswacht, Meckenheim (Matthias Kehrein, Bonn): 46.7 • Viscom Fotostudio (Siegfried Schenk), Schwäbisch Gmünd: U1.1 • Vogel, Uwe; Herrenberg: 166.5 • Werner, Otto; Oberhausen: 48.6 • ZEFA, Düsseldorf: 10.7 + 72.6 (H. Spichtinger), 16.1–2, 20.3 + 26.3 (Hummel), 68.3 + 68.5 (J. Brandenburg), 102.6, 112.1 (Gollnow), 112.3 (W. Wisniew-ski), 158.1 (K + H Benser), 192.4 + 204.3 (Masterfile/Sytnyk), 194.5 (Lothar Lenz), 200.1 (G. Kalt), 204.1 (M. Ruckszio), 208.2 (Andreas), 212.3, 212.5 (Blankenburg), 214.4 (Stockmarket), 238.4 (Damm), 242.2 + 242.5 (K + H Benser), 242.7 (Norman)

Expedition zur Erde

Sie fühlen sich wohl, wenn es kühl ist und sie beständig vor sich hin frösteln können. Richtig schön ist es aber erst, wenn das Thermometer –30 °C anzeigt und die klirrende Kälte es zulässt, dass sie so richtig ins Schnattern und Bibbern kommen. Zugegeben, ihr Äußeres hat schon etwas klirrend Kaltes an sich, und das liegt nicht allein an der stets bläulichen Gänsehaut. An ihren Nasen und Ohren hängen immerzu Eiszäpfchen, auf die sie besonders stolz sind, je größer sie ausfallen. Der feine und glitzernde Eisstaub auf ihrer Haut aber macht aus einem Klirrus-Bewohner erst einen richtigen Klirrling. Das Leben ohne Kälte, Eis und Schnee ist für sie undenkbar.

Nachdem das neue, mit meterdickem Eis bepackte Teleskop seinen Betrieb aufgenommen hat, ist auf dem Planeten Klirrus jedoch alles ein bisschen anders geworden. Irgendwie ist die wohltuende Kälte langweilig geworden, seit die Klirrlinge Signale von dem weit entfernten Planeten Erde empfangen haben, der von einer Sonne beschienen wird, wo es Wärme und sogar verschiedene Jahreszeiten gibt. Die Neugierde ist so groß, dass Klirrax der Frostige, Herrscher auf dem Planeten Klirrus, seinen Forschern den Auftrag erteilt, in Erfahrung zu bringen, was es mit der Wärme auf dem Planeten Erde auf sich hat. Kurz vor der Abreise empfiehlt er den Klirrlingen, die Expedition in Begleitung von Erdbewohnern durchzuführen, die sich auf dem Gebiet der Wärme sicherlich besser auskennen.

Abenteuer Wärme – Spielvorbereitungen
Für die Durchführung der Expedition sind umfangreiche Vorbereitungen nötig. Zuerst braucht ihr einen Spielplan, den ihr auf Zeichenkarton aufmalen könnt. Die wichtigsten Stationen des Wärme-Abenteuers sind fünf Wissensfelder. Die sind schon nötig, damit die Klirrlinge auch etwas über Wärme erfahren können. Außerdem müssen viele Fragekärtchen vorbereitet werden, die während der Expedition zum Einsatz kommen. Auf jedem Kärtchen stehen zwei Fragen, eine leichte und eine etwas schwierigere. Schließlich braucht ihr noch einen Würfel, Spielfiguren und für jeden Expeditionsteilnehmer etwa 40 rote Punkte, die ihr leicht mit einem Locher aus rotem Zeichenkarton herstellen könnt. Jeder Punkt ist ein Wärmegrad, und von denen möchten die Klirrlinge natürlich möglichst viele ergattern. Gewonnen hat, wer am Ziel die meisten Wärmegrade gesammelt hat.

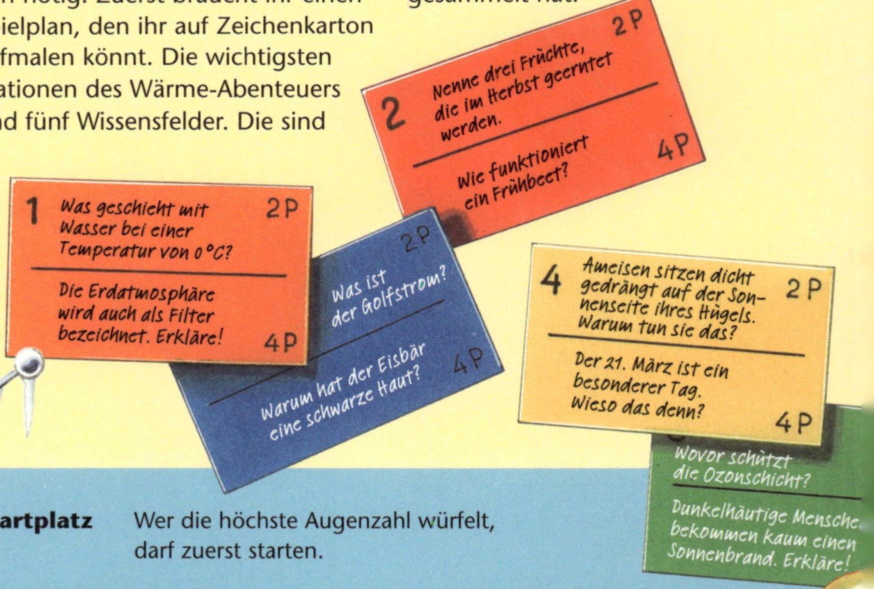

Startplatz	Wer die höchste Augenzahl würfelt, darf zuerst starten.
Wissensfeld	Nur mit der exakten Augenzahl des Würfels ist der Zutritt zum Wissensfeld möglich. Auf gar keinen Fall darf es aber übersprungen werden. Hier musst du dich entscheiden: links oder rechts, schwierige oder leichte Frage, 4 oder 2 Wärmegrade. Frage nicht gewusst? 10 Felder zurück.
Gelbes Feld	Du erhältst zwei Wärmegrade.
Blaues Feld	Rücke vor bis zum nächsten Wissensfeld.
Ziel	Die Reihenfolge beim Zieleinlauf verbessert noch einmal den Punktestand. Der Erste erhält 3 Wärmegrade, der Zweite 2 und der Dritte 1 Wärmegrad. Wer wird wohl die höchste Punktzahl erhalten und sich zur Belohnung zwei Wochen in der Südsee aufhalten dürfen, während die anderen das Raumschiff polieren müssen?